# THE SCIENCE BOOK 科学大図鑑

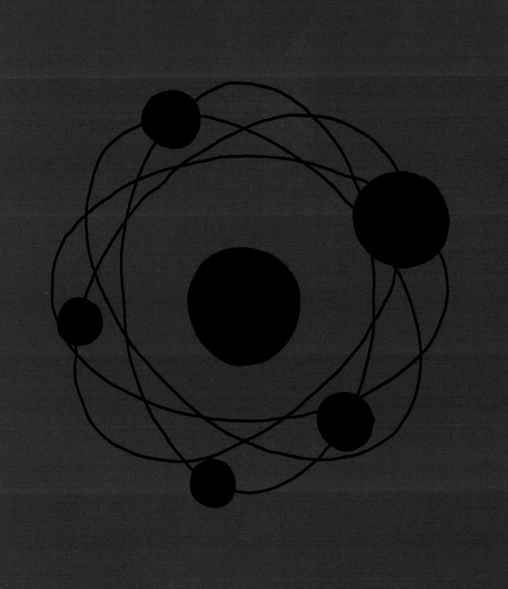

# 科学大図鑑

アダム・ハート＝デイヴィス ほか著

田淵健太 訳

三省堂

Original Title: The Science Book

Copyright © 2014 Dorling Kindersley Limited

A Penguin Random House Company

Japanese translation rights arranged with

Dorling Kindersley Limited, London

through Fortuna Co., Ltd. Tokyo.

For sale in Japanese territory only.

Printed and bound in China

**A WORLD OF IDEAS:**
**SEE ALL THERE IS TO KNOW**

www.dk.com

# 執筆者紹介

### アダム・ハート=デイヴィス（編集顧問）
オックスフォード大学とヨーク大学、カナダのアルバータ大学で化学者としての教育を受けた。5年間、科学関係の本の編集に携わり、30年間、科学と技術、数学、歴史に関するテレビ番組とラジオ番組を、プロデューサー、司会者として作ってきた。科学と技術、歴史に関する30冊の本を書いている。

### ジョン・ファーンドン
サイエンスライター。王立協会の子供向け科学書の賞の最終選考や作家協会の教育賞の最終選考にも残る。著書に『海と環境の図鑑』(2012)のほか、DK社の『サイエンス大図鑑』(2014)、『世界科学史大年表』(2015)の執筆者でもある。

### ダン・グリーン
作家、サイエンスライター。ケンブリッジ大学の自然科学の修士号を持ち、40冊以上の本を書いている。2冊が2013年の「王立協会の若者の本賞」の最終選考に残る。著書に『科学キャラクター図鑑シリーズ』など。

### デリク・ハーヴィー
進化生物学に特に関心のある博物学者。DK社の『サイエンス大図鑑』(2014)、『地球博物学大図鑑』(2012)などの著書がある。リバプール大学で動物学を研究し、コスタリカとマダガスカルへの調査旅行を率いた。

### ペニー・ジョンソン
航空技師として仕事を始め、10年間、軍用機の整備に携わる。その後、科学の教師になり、学校の科学の教科書を制作する。10年以上、専任の教育関係のライターを務めた。

### ダグラス・パーマー
サイエンスライター。過去14年間に20冊を超える本を出す。最近、ロンドンの自然史博物館のためのアプリとDK社の子供向きの『こども大図鑑恐竜』2013)を出した。ケンブリッジ大学の継続教育研究所の講師を務めてもいる。

### スティーヴ・パーカー
300冊を超える、科学、特に生物学などの生命科学を専門に扱う情報をまとめた本の作家および編集者。動物学の学士号を持ち、ロンドン動物学会の上級科学研究員。多数の賞を受賞。

### ジャイルズ・スパロー
ユニヴァーシティ・カレッジ・ロンドンで天文学を、インペリアル・カレッジ・ロンドンで科学コミュニケーションを研究。科学と天文学の分野の作家。著書に『ビジュアル大宇宙 上・下』(2014)のほか、DK社の『宇宙大図鑑』(2014)や『ビジュアル宇宙大図鑑』(2012)などの執筆者でもある。

訳者
### 田淵健太（たぶち・けんた）
翻訳家。京都大学農学部卒業、同大学院農学研究科修士課程修了。訳書にガードナー『リスクにあなたは騙される』、ダンカン『知性誕生』、ブラウン『数学で読み解くあなたの一日』、ウィリアムズ『元素をめぐる美と驚き』（以上、早川書房）、モーブッシン『偶然と必然の方程式』（日経BP社）ほか。

翻訳協力［科学者人名録］
矢能千秋（やのう・ちあき）

# 目次

はじめに 10

## 科学の始まり
紀元前600年～1400年

日食は予測できる
**ミレトスのタレス** 20

さあ、万物の四根について聞いてくれ
**エンペドクレス** 21

地球の円周の長さを測る
**エラトステネス** 22

人間は下等生物に関係している
**アル＝トゥーシー** 23

浮いている物体は、
液体中のそれ自体の体積を
押しのけている
**アルキメデス** 24

太陽は火のようで、月は水のようだ
**張衡** 26

光は直線で進み、目に入る
**アルハゼン** 28

## 科学の革命
1400年～1700年

万物の中心にあるのは太陽だ
**ニコラウス・コペルニクス** 34

あらゆる惑星の軌道は楕円である
**ヨハネス・ケプラー** 40

落下している物体は一律に加速する
**ガリレオ・ガリレイ** 42

地球は磁石である
**ウィリアム・ギルバート** 44

議論によってではなく、
試みることによって
**フランシス・ベーコン** 45

空気のばねに関して
**ロバート・ボイル** 46

光は粒子か波か？
**クリスティアーン・ホイヘンス** 50

金星の太陽面通過の最初の観測
**エレミア・ホロックス** 52

生物は一連の段階で発生する
**ヤン・スワンメルダム** 53

すべての生物は細胞でできている
**ロバート・フック** 54

岩の層は別の岩の層の上にできる
**ニコラウス・ステノ** 55

微小生物の顕微鏡観察
**アントーニ・ファン・レーウェンフック** 56

光の速度を測る
**オーレ・レーマー** 58

ある種は別の種の種子からは
決して生じない
**ジョン・レイ** 60

重力は宇宙に存在する万物に影響する
**アイザック・ニュートン** 62

## 広がる地平
**1700年〜1800年**

自然は飛躍的に生じない
**カール・フォン・リンネ** 74

水が蒸気になる過程で
消えたように見える熱は失われていない
**ジョゼフ・ブラック** 76

引火性の空気
**ヘンリー・キャヴェンディッシュ** 78

赤道に近づくと、東風が多くなる
**ジョージ・ハドレー** 80

強い海流がフロリダ沖を流れている
**ベンジャミン・フランクリン** 81

脱フロギストン空気
**ジョゼフ・プリーストリー** 82

自然界では、何も生み出されず、
何も失われず、ただ変化するだけだ
**アントワーヌ・ラヴォアジェ** 84

植物の重量は空気から来る
**ヤン・インゲンホウス** 85

新しい惑星を発見する
**ウィリアム・ハーシェル** 86

光の速度の減少
**ジョン・ミッチェル** 88

電気の流れを起こす
**アレッサンドロ・ボルタ** 90

始まりの痕跡がなく、
終わりの見込みがない
**ジェームズ・ハットン** 96

山の重力
**ネヴィル・マスケリン** 102

花の構造と受精における自然の神秘
**クリスティアン・シュプレンゲル** 104

元素は常に同じように結合する
**ジョゼフ・プルースト** 105

## 進歩の世紀
**1800年〜1900年**

太陽が輝いているとき、その実験は
とても簡単に再現できるかもしれない
**トマス・ヤング** 110

究極の粒子の相対的重量を突き止める
**ジョン・ドルトン** 112

電気によって生み出される化学的効果
**ハンフリー・デービー** 114

国の地質図を作る
**ウィリアム・スミス** 115

彼女はその骨がどの動物に近縁かが
すぐにわかる
**メアリー・アニング** 116

獲得形質の遺伝
**ジャン＝バティスト・ラマルク** 118

あらゆる化合物は
2つの部分からできている
**イェンス・ヤコブ・ベルセリウス** 119

電気の効果は導線に限定されない
**ハンス・クリスティアン・エルステッド** 120

いつか、税金をかけることに
なるかもしれませんよ
**マイケル・ファラデー** 121

熱は宇宙のあらゆる物質に入っていく
**ジョゼフ・フーリエ** 122

無機物質からの有機物質の人工的生産
**フリードリヒ・ウェーラー** 124

風は決して直線的に吹かない
**ガスパール＝ギュスターヴ・ド・コリオリ** 126

連星が発する色のついた光について
**クリスチャン・ドップラー** 127

氷河は神の偉大な鋤(すき)だった
**ルイ・アガシー** 128

自然はひとつの巨大な全体として
表すことができる
**アレクサンダー・フォン・フンボルト**
130

光は空気中より水中でゆっくり進む
**レオン・フーコー** 136

活力は熱に変わるかもしれない
**ジェームズ・ジュール** 138

分子運動の統計的分析
**ルートヴィッヒ・ボルツマン** 139

プラスチックは
意図して発明したものではない
**レオ・ベークランド** 140

わたしはこの原理を「自然選択」と呼ぶ
**チャールズ・ダーウィン** 142

天気を予報する
**ロバート・フィッツロイ** 150

すべての生命は生命から
**ルイ・パスツール** 156

一匹のヘビが自分の尾をくわえていた
**アウグスト・ケクレ** 160

はっきりと現れた平均3：1の割合
**グレゴール・メンデル** 166

鳥類と恐竜の進化上のつながり
**トマス・ヘンリー・ハクスリー** 172

性質の明白な周期性
**ドミトリ・メンデレーエフ** 174

光と磁気は同じ実体の異なる姿だ
**ジェームズ・クラーク・マクスウェル** 180

光線はガラス管から出ていた
**ヴィルヘルム・レントゲン** 186

地球の内部を調べる
**リチャード・ディクソン・オールダム** 188

放射線は元素の原子特性だ
**マリ・キュリー** 190

感染性の生きている液体
**マルティヌス・ベイエリンク** 196

# パラダイム・シフト
**1900年～1945年**

量子はエネルギーの離散的な塊だ
**マックス・プランク** 202

もう、原子がどんなものかわかる
**アーネスト・ラザフォード** 206

重力は時空連続体のゆがみだ
**アルベルト・アインシュタイン** 214

移動する大陸は、絶えず変化する
ジグソーパズルの巨大なピースだ
**アルフレート・ヴェーゲナー** 222

染色体は遺伝において
重要な役割を果たしている
**トマス・ハント・モーガン** 224

粒子は波のような性質を持つ
**エルヴィン・シュレーディンガー** 226

不確定性は避けられない
**ヴェルナー・ハイゼンベルク** 234

宇宙は大きい……そして、より大きく
なりつつある
**エドウィン・ハッブル** 236

空間の半径はゼロで始まった
**ジョルジュ・ルメートル** 242

物質の粒子には、
すべて対となる反物質がある
**ポール・ディラック** 246

崩壊している星の核が
不安定になる上限がある
**スブラマニアン・チャンドラセカール**
248

生きること自体が
知識を獲得する過程だ
**コンラート・ローレンツ** 249

宇宙の95%は正体不明だ
フリッツ・ツビッキー 250

万能計算機
アラン・チューリング 252

化学結合の性質
ライナス・ポーリング 254

恐ろしい力が
原子核の内部に閉じ込められている
J. ロバート・オッペンハイマー 260

# 基本的構成要素
## 1945年〜現在

われわれは星くずでできている
フレッド・ホイル 270

動く遺伝子
バーバラ・マクリントック 271

光と物質のふしぎな理論
リチャード・ファインマン 272

生命は奇跡ではない
ハロルド・ユーリー
スタンリー・ミラー 274

デオキシリボ核酸（DNA）の構造を
提案したい
ジェームズ・ワトソン
フランシス・クリック 276

起きうるすべてのことは起きる
ヒュー・エヴェレット3世 284

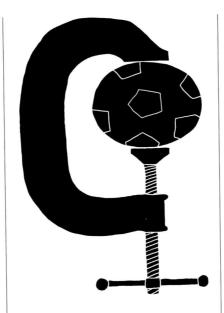

三目並べの完全試合
ドナルド・ミッキー 286

基本的な力の統一
シェルドン・グラショー 292

われわれは地球温暖化の原因だ
チャールズ・キーリング 294

バタフライ効果
エドワード・ローレンツ 296

真空は何もないわけではない
ピーター・ヒッグス 298

共生はどこででも起きている
リン・マーギュリス 300

クォークは3つずつ現れる
マレー・ゲル＝マン 302

万物の理論？
ガブリエーレ・ヴェネツィアーノ 308

ブラックホールは消滅する
スティーヴン・ホーキング 314

ガイアという有機体
ジェームズ・ラブロック 315

雲は小さな雲が
積み重なってできている
ブノワ・マンデルブロ 316

計算の量子モデル
ユーリ・マニン 317

遺伝子は種から種へ移動できる
マイケル・シヴァネン 318

このサッカーボールは
高い圧力に耐えることができる
ハリー・クロトー 320

遺伝子を導入して、病気を治す
ウィリアム・フレンチ・アンダーソン 322

コンピュータの画面上で
新しい生物を設計する
クレイグ・ヴェンター 324

自然の新しい法則
イアン・ウィルムット 326

太陽系の外の世界
ジェフリー・マーシー 327

**科学者人名録** 328

**用語解説** 340

**索引** 344

**出典一覧** 352

# はじめに

科学は現在進行形の真理の探求だ。宇宙の仕組みを発見しようとする果てしのない戦いであり、その始まりは最初期の文明にまでさかのぼる。科学は人間の好奇心に突き動かされ、論理的思考と観察、実験に頼ってきた。古代ギリシアの哲学者アリストテレスは、科学上の問題について幅広く書き、のちにおこなわれることになる研究の多くの基礎を築いた。優れた自然観察者だったが、思考と議論に完全に頼り、実験をおこなわなかった。その結果、多くのことを誤った。たとえば、大きな物体は小さな物体より速く落下し、ある物体が別の物体の2倍の重さなら2倍の速さで落下すると主張した。この誤りを誰も疑わず、17世紀になってイタリアの天文学者ガリレオ・ガリレイがようやくこの考えを反証した。優れた科学者が実験的証拠に頼らなければならないことは、今日では明白のように思われるかもしれないが、ずっと明白であったわけではない。

### 科学的方法

科学的方法のための論理体系は、イギリスの哲学者フランシス・ベーコンによって、17世紀初頭に初めて提案された。ベーコンの科学的方法は、600年前のアラブの科学者アルハゼンの仕事に基づいたものだ。観察をして、それを説明する理論を作り、そのあと実験して、その結果と理論が適合しているかを確認する。そして理論が正しいようなら、結果は査読者に送られ、査読者は議論の穴を見つけ、その理論が誤りであることを証明するか、実験を繰り返して結果が正しいことを確認する。この方法は、ベーコンのあと、すぐにフランスの哲学者ルネ・デカルトによって強固なものとなった。

検証可能な仮説を作るか予測することは常に有用だ。イギリスの天文学者エドモンド・ハレーは、1682年に彗星を観察して、1531年と1607年に報告された彗星と似ていることに気づ

すべての真実は、
いったん発見してしまえば、
たやすく理解できる。
大事なのは発見することだ。
**ガリレオ・ガリレイ**

き、その3つがすべて太陽の周りを回る軌道上の同じ物体であると提案した。それが1758年に戻ってくると予測し、その年内ぎりぎりの12月25日に見つかった。今日、この彗星はハレー彗星として知られている。天文学者はめったに実験をおこなえないので、証拠はもっぱら観測から得られる。

実験は理論を検証するかもしれないし、思索をもたらすだけかもしれない。ニュージーランド生まれの物理学者アーネスト・ラザフォードは、学生がアルファ($\alpha$)粒子を金箔に向けて放射し、$\alpha$粒子の曲がる様子を調べているのを見て、検出器を$\alpha$線源の近くにも置くよう勧めた。すると、驚いたことに、$\alpha$粒子の一部が紙のように薄い金箔に当たって跳ね返った。ラザフォードは、大砲の砲弾が薄紙に当たって跳ね返ったようだと言い、このことで彼は原子の構造についての新しい考えにたどりついた。

科学者が、新しいメカニズムや理論を提案して実験をおこなう場合、実験結果を予測できれば、それだけその実験は説得力を持つ。予測された結果が実験で出れば、科学者は理論を支持する証拠を得たことになる。しかし、たとえそうでも、科学は、ある理論が正しいことを証明はできない。20世紀

の科学哲学者カール・ポパーが指摘しているように、科学は物事を反証できるだけだ。予測に一致する実験結果はすべて、理論を支持する証拠となるが、一致しないたったひとつの実験結果が、理論全体を崩壊させる。

何世紀にも渡って支持されてきた概念、たとえば地球中心の宇宙、火の元素フロギストン、神秘的な媒質エーテルなどは、すべて反証され、新しい理論に置き換えられた。しかし、その新しい理論も、いつか反証されるかもしれない。もっとも、理論を支持する証拠があれば、そうはなりにくい。

## 知識の進歩

科学が単純で合理的な過程を経て進展していくことはめったにない。発見は、独立に研究している科学者が同時にすることもある。しかし、ほとんどすべての進歩が、ある程度、以前の研究や理論に依存している。大型ハドロン衝突型加速器（LHC）として知られている巨大な装置を建設するひとつの理由は、ヒッグス粒子を探すことであり、その存在は40年前の1964年に予測された。その予測は、数十年に及ぶ原子の構造についての理論的研究に基づいており、その研究はラザフォードや1920年代のデンマークの物理学者ニールス・ボーアの研究にさかのぼる。そして、それらの研究は1897年の電子の発見に依存し、さらにその発見は1869年の陰極線の発見によっている。陰極線は、真空ポンプと1799年の電池の発明がなければ、発見されなかった。だから、研究の連鎖は数十年、数百年さかのぼる。偉大なイギリスの物理学者アイザック・ニュートンは、よく知られているように「わたしが先を見たとすれば、それは、巨人の肩に立つことによってなされた」と言った。それは、おもにガリレオのことだが、ニュートンはアルハゼンの光学の本も見ていただろう。

## 最初の科学者

科学的なものの見方をした最初の哲学者は、紀元前6世紀から前5世紀の古代ギリシアにいた。ミレトスのタレスは、紀元前585年に日食を予測した。ピタゴラスは、その50年後、現在の南イタリアに数学の学校を設立した。また、クセノパネスは山で貝殻を見つけ、地球全体がかつて海に覆われていたに違いないと論じた。紀元前5世紀、シチリア島で、エンペドクレスは、土、空気、水、火が「万物の四根」だと主張した。また、追随者を連れて、エトナ山の火山クレーターまで行き、飛び込んで、自分が不死であることを示したらしい。その結果、われわれは彼を今日まで覚えている。

## 星を観察する人

同時代のインドと中国、地中海で、人々は天体の運動を理解しようとした。星の地図を作り——移動の補助手段にも役立った——、星と星群に名前をつけた。空を見ると「位置を変えない星々」の中に不規則な軌道をたどる星があることにも気づいた。ギリシア人はこのさまよう星を「惑星」と名づけた。中国では紀元前240年にハレー彗星が、1054年には、現在かに星雲として知られる超新星が見つかった。»

真実を本気で探求するつもりなら、人生において少なくとも一度、あらゆることをできる限り深く疑うことが必要だ。

**ルネ・デカルト**

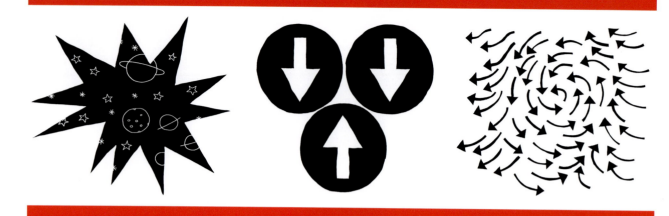

## 知恵の家

紀元前8世紀後半、アッバース朝は、新しい首都バグダードに、壮大な図書館「知恵の家」を建てた。このことが、イスラムの科学と技術に急速な発展をもたらした。多くの精巧な機械的装置が発明され、その中には星の位置を用いる航海用機器アストロラーベもあった。錬金術が栄え、蒸留のような技術が現れた。図書館の学者は、ギリシアとインドの最も重要な本を集め、アラビア語に翻訳した。そのおかげで、のちに西洋は、古代人の著書を再発見し、インドから輸入されたゼロを含むアラビア数字を知ることができた。

## 近代科学の誕生

1543年、教会による科学的事実の独占が西洋で弱まり始めた頃、2冊の画期的な書物が出版された。ベルギーの解剖学者アンドレアス・ヴェサリウスは『人体の構造について』を出版した。この本は、精緻な解剖図を用いて人体の構造を説明した。またポーランドの医者ニコラウス・コペルニクスは『天球回転論』を出版した。この本は、太陽が宇宙の中心であることを強く主張し、千年以上前にアレクサンドリアのプトレマイオスによって考案された地球中心のモデルをくつがえした。

1600年、イギリスの医者ウィリアム・ギルバートは『磁石（および電気）論』を出版した。彼はこの本で、地球自体が磁石であることから磁針が北を指すと説明し、地球の核が鉄でできていると主張した。1628年、イギリスの医学者ウィリアム・ハーベーは、心臓がポンプのように働いて血液を全身に送るという仕組みを初めて説明し、そのことで、ローマ帝国時代のギリシアの医者ガレノスにまで1400年さかのぼる、それまでの理論を永遠に打ち砕いた。1660年代、アイルランド出身の化学者ロバート・ボイルは一連の本を出版し、その中の『懐疑の化学者』で元素を定義した。このことは、化学が科学として誕生し、母体である神秘的な錬金術とは異なることを示した。

一時期ボイルの助手として働いていたロバート・フックは、1665年、科学書の最初のベストセラー『ミクログラフィア』を出版した。本に折り込まれたハエの目やノミをはじめとする観察物の素晴らしいイラストは、誰も見たことのなかった微視的世界を切り開いた。1687年、多くの人が史上最も重要な科学書と考える、アイザック・ニュートンの『自然哲学の数学的原理』が出版された。この本は、一般に『プリンキピア』として知られ、ニュートンの運動の法則と万有引力の原理は古典物理学の基礎となっている。

## 元素、原子、進化

18世紀、フランスの化学者アントワーヌ・ラヴォアジェは、燃焼における酸素の役割を発見し、フロギストンの古い理論は信用を失った。まもなく、多くの気体とその特性が調べられた。イギリスの気象学者ジョン・ドルトンは、大気中の気体について考察し、個々の元素はそれぞれ特有の原子からできていることと、さらに原子量の考えを提案した。その後、ドイツの化学者アウ

自分は、海岸で遊んでいて、ときどき滑らかな小石を見つけて喜んでいる少年に過ぎないようだ……そのあいだも、真実の大海はまったく未発見のまま目の前に横たわっている。

**アイザック・ニュートン**

 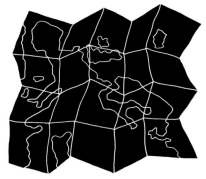 

グスト・ケクレは、分子構造の基礎を築き、ロシアの発明家ドミトリ・メンデレーエフは、初めて一般に認められた元素の周期表を提示した。

1799年、イタリアのアレッサンドロ・ボルタが電池を発明し、科学の新分野が切り開かれた。その新分野では、デンマークの物理学者ハンス・クリスティアン・エルステッドとイギリスのマイケル・ファラデーによって電磁気に関する理解が進み、それが電動機の発明につながった。その間に、古典物理学の考え方が大気や星、光の速度の研究に応用され、熱の性質の研究は、熱力学へと発展した。

岩石層を調べていた地質学者は、地球の過去を再構築し始めた。絶滅した生物の化石が見つかるようになり、古生物学が流行するようになった。正規の教育を受けていないイギリスの少女メアリー・アニングは世界的に有名な化石の収集家になった。この頃、進化の考えが現れた。その中で最も有名なのは、イギリスの博物学者チャールズ・ダーウィンによる生物の起源と生態に関する新理論だった。

### 不確定性と無限

20世紀初頭、アルベルト・アインシュタインというドイツの青年が相対性理論を提案して、古典物理学を揺さぶり、絶対的な時間と空間という考えを終わらせた。原子の新しいモデルが提案され、光は粒子と波の両方としてふるまうことが示された。また、ドイツのヴェルナー・ハイゼンベルクは宇宙が不確定であることを示した。

しかし、前世紀に関して最も印象的だったことは、技術の進歩によって、科学がこれまで以上に速く進歩し、考えがますます正確になったことだ。これまで以上に強力な粒子加速器によって、物質の新しい基本単位が明らかになった。より性能の高い望遠鏡によって、宇宙は膨張していて、ビッグバンで始まったことが明らかになった。ブラックホールの考えが定着し始めた。暗黒物質と暗黒エネルギーは、それが何であれ、宇宙を満たしているようだ。そして、天文学者は新しい世界を発見し始めた。それは、遠方の恒星の周りを回る軌道上の惑星のことで、そのうちのいくつかには生物が住んでいるかもしれない。イギリスの数学者アラン・チューリングは「万能チューリングマシン」を考案し、それから50年もたたないうちに、われわれはパソコンとインターネット、スマートフォンを手に入れた。

### 生物の秘密

生物学では、染色体が遺伝の基礎にあることが示され、DNAの化学構造が解読された。このことは、わずか40年後、ヒトゲノム計画につながり、それは困難な仕事と思われたが、コンピュータの使用に助けられ、進むにつれてますます速く進んだ。DNAの塩基配列決定法は現在、実験室でほぼ日常的に使われるようになり、遺伝子治療は夢から現実へと動き出し、哺乳類のクローンが初めて作成された。

今日の科学者はこのような達成に基づいて研究をおこない、真理の探求は絶え間なく続いている。これからも、答えより疑問が常に多いだろうが、未来の発見がわれわれを驚かせ続けることは間違いない。■

現実は錯覚に過ぎない。
とても根強いものではあるが。
**アルベルト・アインシュタイン**

# 科学の始まり
## 紀元前600年～1400年

# 18　はじめに

| 紀元前585年 | 紀元前500年頃 | 紀元前325年頃 | 紀元前250年頃 |
|---|---|---|---|
| ミレトスのタレスは「ハリスの戦い」を終わらせる**日食**を予測する。 | クセノパネスは、山で貝殻を見つけて、**地球全体がかつて水に覆われていた**と考える。 | アリストテレスは、**物理学や生物学、動物学**などをテーマとした一連の本を書く。 | サモスのアリスタルコスは、地球ではなく、**太陽が宇宙の中心である**と提案する。 |

| 紀元前530年頃 | 紀元前450年頃 | 紀元前300年頃 | 紀元前240年頃 |
|---|---|---|---|
| ピタゴラスは、現在の南イタリアにあるクロトンに**数学の学校**を設立する。 | エンペドクレスは、地球上の万物が**土、空気、火、水**の組み合わせからできていると提案する。 | テオフラストスは『植物誌』と『植物原因論』を書き、**植物学の分野**を創設する。 | アルキメデスは、**押しのけられた水の押し上げる力を測定すること**によって、王冠が純金でないことを明らかにする。 |

世界の科学研究はメソポタミアで始まった。農業と書くことを発明したのち、人々には研究する時間と、研究の結果を次世代に伝える手段があった。初期の科学は夜空の不思議によって生まれた。紀元前4000〜前3000年頃から、シュメールの司祭は星を研究し、その結果を粘土板に記録した。彼らは研究方法の記録を残さなかったが、紀元前1800年の粘土板には、直角三角形の性質について示されている。

## 古代ギリシア

古代のギリシア人は、科学と哲学を別のテーマと考えていなかったが、その研究が明らかに科学的だった最初の人物はミレトス（現在のトルコにある）のタレスだろう。あまりにも長時間、夢想にふけり、星を見ていたため、一度井戸に落ちたと、プラトンは彼について言った。紀元前585年、タレスは、おそらく前の時代のバビロニア人のデータを用いて、日食を予測し、科学的方法の力を実証した。

古代ギリシアは単一の国ではなく、ゆるく結びついた都市国家の集合体だった。ミレトスは数人の有名な哲学者の出身地だった。その他多くの初期ギリシアの哲学者はアテネで研究した。ここで、アリストテレスは鋭い観察者だったが、実験をおこなわず、賢い人間を十分な数集められれば、真実が現れると考えていた。技術者アルキメデスはシチリア島のシラクサに住み、液体の性質を調べた。学問の新しい中心地が、紀元前331年、アレクサンドロス大王がナイル川の河口に建設したアレクサンドリアに移った。ここで、エラトステネスは地球の大きさを測り、クテシビウスは正確な時計を作り、ヘロンは蒸気エンジンを発明した。その間、アレクサンドリアの司書は見つけられる最高の本を集め、世界最高の図書館を作り上げた。この図書館はローマ人とキリスト教徒がこの都市を占領したとき焼失した。

## アジアの科学

科学は中国で独立して発展した。火薬（火薬を用いた花火、ロケット、銃も）が発明され、金属を精錬するためのふいごが作られた。最初の地震計とコンパスも発明された。1054年、

# 科学の始まり

**紀元前240年頃**
アルキメデスの友人エラトステネスは、夏至の正午の太陽の影から**地球の円周の長さを**計算する。

**紀元前130年頃**
ヒッパルコスは、**地球の軌道の歳差運動**を発見して、西洋で初めての星表を編集する。

**150年頃**
クラウディオス・プトレマイオスの『アルマゲスト』には誤りが多くあったが、西洋では、**天文学の権威ある原典**となる。

**964年**
ペルシアの天文学者アブドゥル・ラフマーン・アル=スーフィーは、『アルマゲスト』を新しくし、**多くの星に、**今日使われている**アラビア語の名前をつける。**

**紀元前230年頃**
クテシビウスは、**水時計**を作り、それは何世紀も世界で最も正確な時計だった。

**120年頃**
中国で、張衡は食の性質を論じ、**2,500の星の星表**を編集する。

**628年**
インドの数学者ブラフマグプタは、**ゼロを用いる**最初の規則を概説する。

**1021年**
最初の実験科学者のひとりアルハゼンは、**視覚と光学**に関する独創的な研究をおこなう。

中国の天文学者は超新星を観測し、それは1731年、かに星雲として特定された。1〜1000年頃に最も進歩した技術の一部は、糸車も含めてインドで開発され、インドの農業技術を調べるために中国の使節団が派遣された。インドの数学者は負数やゼロを含む、現在アラビア数字と呼んでいるものを開発し、三角関数のサインとコサインを定義した。

## イスラムの黄金時代

8世紀中頃、イスラムのアッバース朝は、首都をダマスカスからバグダードに移した。コーランの標語「学者のインクは殉教者の血より神聖である」に導かれて、カリフのハールーン・アル=ラシードは、新しい首都に「知恵の家」を設立し、図書館および研究の中心施設にすることを目指した。学者は、古代ギリシアとインドの本を集め、アラビア語に翻訳した。こうして多くの古代の原典が、中世以降、西洋に届くことになった。9世紀中頃までに、バグダードの図書館はアレクサンドリアの図書館を見事に受け継ぐものとなっていた。

「知恵の家」に刺激を受けた者には数名の天文学者、特にアル=スーフィーがいて、彼はヒッパルコスとプトレマイオスの研究に基づいて研究した。天文学はアラブの遊牧民にとって、移動のために実際に役立つものだった。彼らは夜、ラクダを歩かせて砂漠を横断していたからだ。バスラで生まれ、バグダードで教育を受けたアルハゼンは、最初の実験科学者のひとりであり、光学についての著書は、のちに、その重要性でアイザック・ニュートンの研究にたとえられた。アラブの錬金術師は、蒸留などの新しい技術を考案し、アルカリやアルコールなどの言葉を作った。医者アル=ラーズィーは石けんを導入し、初めて天然痘とはしかを識別し、著書に次のように書いた。「医者の目的は役に立つことだ。敵に対してでも」。アル=フワーリズミーなどの数学者は代数学とアルゴリズムを考案した。また、技術者アル=ジャザリーは、クランクと連接棒のシステムを発明し、これは自転車と自動車で今も使われている。ヨーロッパの科学者がこれらの成果に追いつくには、数世紀かかることになった。■

# 日食は予測できる
## ミレトスのタレス（紀元前624年〜前546年）

### 前後関係

**分野**
天文学

**以前**

**紀元前2000年頃** ストーンヘンジのようなヨーロッパの遺跡が食を計算するために用いられたかもしれない。

**紀元前1800年頃** 古代のバビロンで、天文学者は天体の運動を初めて数学的に記述する。

**紀元前2000年〜前1000年頃** バビロニアの天文学者は、食を予測するための方法を開発するが、それは月の観測に基づくものであり、数学的な周期に基づくものではなかった。

**以後**

**紀元前140年頃** ギリシアの天文学者ヒッパルコスは、太陽と月の運動のサロス周期を用いて食を予測する方法を開発する。

小アジアのギリシアの植民地で生まれたミレトスのタレスは、西洋の哲学の創始者と考えらえることが多いが、科学の初期の発展における重要人物でもあった。数学と物理学、天文学についての思索で生前から有名だった。

おそらく、タレスの最も有名な業績は、最も物議をかもすものでもある。出来事の一世紀以上あとのギリシアの歴史家ヘロドトスの記述によると、タレスは、日食（紀元前585年5月28日に起きたと推定されている）を予測し、その日食で、リュディア人とメディア人のハリスの戦いが停止した。

### 異議を唱えられた歴史

タレスの業績は数世紀再現されず、科学史家は、タレスがどうやって成し遂げたのか、そもそも成し遂げたのかを長いあいだ議論してきた。ヘロドトスの説明は不正確で曖昧だが、タレスの偉業は広く知られるようになったようで、ヘロドトスの言葉を用心して扱っている後世の作家にも事実と受け取られた。それが真実だと仮定すると、タレスは、太陽と月が18年周期で運動していることを発見していた可能性が高い。この周期はサロスの周期として知られ、後世のギリシアの天文学者が食を予測するために用いた。

タレスがどんな方法を用いたとしても、彼の予測した日食は、その戦いだけでなく、リュディア人とメディア人の15年に及ぶ戦争も終わらせた。■

……昼が夜になった。そして、ミレトス人のタレスが予言していたこの日のこの変化は……
**ヘロドトス**

**参照** 張衡 p.26-27 ■ ニコラウス・コペルニクス p.34-39 ■ ヨハネス・ケプラー p.40-41 ■ エレミア・ホロックス p.52

科学の始まり　21

# さあ、万物の四根について聞いてくれ
## エンペドクレス（紀元前490年〜前430年）

### 前後関係

**分野**
化学

**以前**
**紀元前585年頃**　タレスは、全世界は水でできていると提案する。

**紀元前535年頃**　アナクシメネスは、万物は空気からできていて、その空気から水が、続いて石ができると考える。

**以後**
**紀元前400年頃**　ギリシアの思想家デモクリトスは、世界は根源的に分割できない小さな粒子——原子——でできていると提案する。

**1661年**　ロバート・ボイルは、著書『懐疑の化学者』の中で、元素を定義している。

**1808年**　ジョン・ドルトンの原子論には、個々の元素は異なる質量の原子を含んでいると述べられている。

**1869年**　ドミトリ・メンデレーエフは、元素を、その共通の性質に従ってグループに分けて配置する周期表を提案する。

多くのギリシアの思想家が物の性質に関心があった。ミレトスのタレスは、液体の水と固体の氷、気体の蒸気を見て、万物は水でできているはずだと考えた。アリストテレスは「万物の栄養は湿っていて、熱いものでさえ、湿ったものから生じ、湿ったものによって存在する」と提案した。タレスから二世代後、アナクシメネスは、世界は空気でできていると提案し、空気は濃縮すると蒸気を、続いて雨を、最終的に石を生み出すと論じた。

シチリア島のアグリゲントゥムで生まれた医者で詩人のエンペドクレスは、もっと複雑な理論を考案した。万物は土、空気、火、水の四根（彼は元素という言葉を用いなかった）でできているというものだ。これらの根が結合すると、熱や湿気のような性質が生じ、土と石、すべての動植物が生じる。もともと、四根は完全な球を成し、愛すなわち求心力によって一緒になっ

**エンペドクレスは**、物の四根を、結合して万物を生み出す、二組の反対のもの——火／水と空気／土——と考えた。

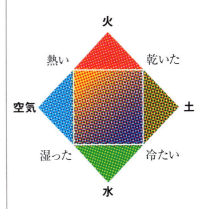

ていた。しかし、徐々に、争いすなわち遠心力が、それらを引き離し始めた。エンペドクレスにとって、愛と争いは宇宙を作るふたつの力だ。この世では、争いが優勢になりがちで、そのために生きることが難しくなっている。この比較的単純な理論は、「四体液」に関連してヨーロッパの思想を支配し、17世紀の近代化学の発展を迎えた。■

**参照**　ロバート・ボイル p.46-49　■　ジョン・ドルトン p.112-113　■　ドミトリ・メンデレーエフ p.174-179

# 地球の円周の長さを測る
## エラトステネス（紀元前276年〜前194年）

**前後関係**

分野
**地理学**

以前

**紀元前6世紀** ギリシアの数学者ピタゴラスは、地球が球形で、平らではないと提案する。

**紀元前3世紀** サモスのアリスタルコスは、既知の宇宙の中心に太陽を置いた最初の人物であり、三角法を用いて、太陽と月の相対的な大きさと地球からのそれぞれの距離を見積もる。

**紀元前3世紀後半** エラトステネスは、緯線と経線の考え方を自分の地図に導入する（現代の緯度と経度に相当する）。

以後

**18世紀** 地球の正確な円周の長さと形は、フランスとスペインの科学者による膨大な労力を経て明らかになる。

ギリシアの天文学者で数学者のエラトステネスは、地球の大きさを測った最初の人物として最もよく知られているが、地理学の創始者でもあり、その用語を作っただけでなく、地球上の位置を測るために用いられる多くの基本的な原理を確立してもいる。キュレネ（現在のリビア）で生まれたエラトステネスは、古代ギリシア世界を広く移動し、アテネとアレクサンドリアで研究したのち、最終的にアレクサンドリア図書館の司書になった。エラトステネスは、アレクサンドリアにいるとき、その南にあるスウェネトという町で、夏至（太陽が空の最も高いところに昇る、一年で最も昼が長い日）に太陽が真上を通ったという報告を聞いた。彼は、太陽は非常に遠方にあるので、その光線は地球に当たるとき、どれもほぼ平行であると仮定し、夏至のときアレクサンドリアで、垂直の棒すなわち「グノモン」を使って、太陽の光によってできる影の角度を測定した。すると、太陽は天頂の7.2度（円周の50分の1）南にあった。したがって、南北の経線に沿ったふたつの都市の距離は地球の円周の50分の1のはずだと、彼は推論した。これにより彼は、地球の大きさを230,000スタジア、すなわち39,690kmと算出した。これは2％未満の誤差だった。■

**太陽光はスウェネトでは**垂直に届くが、アレクサンドリアでは影を作る。グノモンによって作られる影の角度によって、エラトステネスは地球の円周の長さを計算することができた。

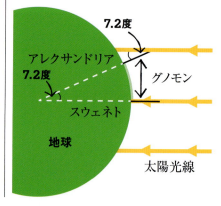

参照　ニコラウス・コペルニクス p.34-39　■　ヨハネス・ケプラー p.40-41

科学の始まり 23

# 人間は下等生物に関係している
## アル＝トゥーシー（1201年～1274年）

### 前後関係

**分野**
生物学

**以前**
**紀元前550年頃** ミレトスのアナクシマンドロスは、動物の生命は水に始まり、そこから進化したと提案する。

**紀元前340年頃** プラトンのイデア論で、種は不変であると論じられる。

**紀元前300年頃** エピクロスは、過去に多くの種が生み出されたが、最も成功した種だけが生き残って子孫を残していると述べる。

**以後**
**1377年** イブン・ハルドゥーンは、著書『歴史序説』の中で、人間はサルから進化したと書いている。

**1809年** ジャン＝バティスト・ラマルクは、種の進化の理論を提案する。

**1858年** アルフレッド・ラッセル・ウォレスとチャールズ・ダーウィンは、自然選択による進化の理論を提案する。

イスラム黄金時代の1201年にバグダードで生まれたペルシアのナーシル・アル＝ディーン・アル＝トゥーシーは、詩人・哲学者・数学者・天文学者で、進化の仕組みを提案した最初の人物のひとりだった。宇宙はかつて同一の成分でできていたが、それらが徐々に離ればなれになって、鉱物になるものもあれば、より素早く変化して、植物や動物に発展するものもあったと提案した。

アル＝トゥーシーは、『ナーシルの倫理学』の中で、生命形態の階層について述べ、そこでは動物は植物より高等で、人間はその他の動物より高等だとし、動物の意思を人間の意識への一段階と見なした。動物は、意識的に動いて食べ物を探すことができ、新しいことを学べる。彼はこの学ぶ能力に、論理的に考える能力を認めた。そして「訓練されたウマや狩猟用のタカは、動物界の進化の高い段階にいる」と述べ、「人間としての完成の最初の段階はここから始まる」と付け加えた。アル＝トゥーシーは、生物は時間とともに変化すると考え、この変化を、完全への進化ととらえた。人間は「進化の階段の中間の段」にいて、意思によって、より高い段階に達する可能性があると考えていた。彼は、生物が時間とともに変化するだけでなく、あらゆる種類の生物が、生物がまったく存在しない時代から進化したと提案した。■

> 新しい特性をより速く獲得できる生物は、より変化できる。その結果、ほかの生物より有利になる。
> **アル＝トゥーシー**

**参照** カール・フォン・リンネ p.74-75 ■ ジャン＝バティスト・ラマルク p.118 ■ チャールズ・ダーウィン p.142-149 ■ バーバラ・マクリントック p.271

# 浮いている物体は、液体中のそれ自体の体積を押しのけている

## アルキメデス（紀元前287年〜前212年）

### 前後関係

**分野**
物理学

**以前**

**紀元前3000年〜前2000年頃** 金属加工職人は金属を溶かして、混ぜ合わせれば、元のどちらの金属よりも強い合金ができることを発見する。

**紀元前600年** 古代ギリシアで、硬貨は、エレクトラムと呼ばれる金と銀の合金で作られる。

**以後**

**1687年** アイザック・ニュートンは、『自然哲学の数学的原理』の中で重力の理論を概説し、万物を地球の中心へ、逆に地球の中心を万物へ引っぱる力がどのように存在しているかを説明する。

**1738年** スイスの数学者ダニエル・ベルヌーイは、流体の運動論を考案し、どのように流体がその中の分子の不規則な運動によって物体に圧力を及ぼすかを説明する。

---

紀元前1世紀に、ローマの作家ウィトルウィウスは、二世紀前に起きた嘘のような本当のような出来事について詳述している。シチリア島の王ヒエロン2世は、新しい金の王冠を注文していた。王冠が届けられたときヒエロンは、王冠の製造者が金の一部を銀で置き換えて金と一緒に溶かし、色が純金と同じに見えるようにしたのではないかと疑った。王は科学者の長であるアルキメデスに調べるように依頼した。

アルキメデスはこの問題に頭を悩ませた。新しい王冠は貴重で、決して

---

**銀は金より密度が低いので、銀塊は、同じ重さの金塊より大きな体積を占める。**

→ **王冠に銀が混じっていれば、王冠と同じ重さの純金の塊に比べて、より大きな体積で、より多くの水を押しのけるはずだ。**

↓

**押しのけられた水は押し上げる力をもたらす。銀の混じった王冠は金に比べて、より大きな押し上げる力を受ける。**

← **両者の押し上げる力の違いは小さいが、水の中で、はかりにそれらをつるせば検出できる。**

↓

**ユーレカ！**

# 科学の始まり

**参照** ニコラウス・コペルニクス p.34-39 ■ アイザック・ニュートン p.62-69

破損してはならない。彼はシラクサの公衆浴場に行き、この問題を熟考した。浴槽には縁まで湯があり、彼は湯に入ったとき、ふたつのことに気づいた。湯が縁からあふれ出たことと、体重がなくなったように感じたことだ。彼は「ユーレカ！（答えを見つけた！）」と叫び、全裸で走って家に帰った。

## 体積を測る

縁まで水の入ったバケツに王冠を沈めると、王冠はそれ自体の体積と同じ量の水を押しのけ、こぼれた水の量を測れることにアルキメデスは気づいた。これで、王冠の体積がわかる。また、銀は金より密度が低いので、同じ重さの銀の王冠は金の王冠より大きく、より多くの水を押しのけるはずだ。したがって、不純物の混じった王冠は、純金の王冠より、そして同じ重さの金塊より、多くの水を押しのけるはずだ。実際には、この効果は小さく、測るのが難しかっただろう。しかし、液体中に沈められた物体は、それが押しのけた液体の重さと等しい押し上げる力（上向きの力）を受けることにもアルキメデスは気づいていた。

アルキメデスはこの難問をおそらく次のように解いた。王冠と、それと同じ重さの純金を棒の両端につるし、その棒を、ふたつの重さが釣り合うようにつるした。それから、容器の水の中に全体を沈めた。王冠が純金であれば、棒は水平のままのはずだ。しかし、王冠が銀を含んでいれば、王冠の体積は金塊の体積より大きくなるはずで、王冠はより多くの水を押しのけ、棒ははっきりと傾くはずだ。

アルキメデスの考えは、アルキメデスの原理として知られるようになった。それは、液体中の物体に働く押し上げる力は、その物体が押しのけた液体の重さに等しいというものだ。この原理は、高密度の材料でできた物体が水に浮く理由を説明する。1トンの重さの鋼鉄製の船は、1トン以上の水を押

> 液体より重い固体は、液体の中に入れると、液体の底まで沈む。その固体は、液体中で重さを測れば、押しのけられた液体の重さの分だけ真の重さより軽いはずだ。
>
> **アルキメデス**

しのければ沈まないはずだ。船の船体は中空で、同じ重さの鉄塊に比べて体積が大きく、より多くの水を押しのけるので、より大きな押し上げる力によって浮くことができる。

ヒエロンの王冠は銀を含んでいることが実際に見つかり、王冠の製造者はしかるべく処罰されたと、ウィトルウィウスは述べている。■

---

### アルキメデス

アルキメデスはおそらく古代世界で最も偉大な数学者だった。紀元前287年頃生まれ、紀元前212年、故郷の町シラクサがローマ人に占領されたとき、兵士によって殺された。シラクサを攻撃するローマの軍艦を寄せつけないためのいくつかの恐ろしい武器を考案していた。投石器と船首を水から持ち上げるクレーン、太陽光線を集め、船に火をつける恐ろしい多数の鏡だ。エジプト滞在中に、おそらく、今日なお灌漑に使われているアルキメデスのスクリューを発明した。また、アルキメデスはパイ（円周の長さと円の直径の比）の近似値を算出し、てこ滑車の法則について記した。アルキメデスが最も誇りに思っていた業績は、球が入る最小の円筒は球の体積のちょうど1.5倍であることを数学的に証明したことだった。球と円筒がアルキメデスの墓石に彫刻してあったらしい。

**重要な著書**

紀元前250年頃　浮体について

# 太陽は火のようで、月は水のようだ
## 張衡（78年〜139年）

## 前後関係

**分野**
物理学

**以前**

**紀元前140年** ヒッパルコスは、日食を予測する方法を考案する。

**150年** プトレマイオスは、ヒッパルコスの研究を改良して、天体の未来の位置を算出するための実用的な表を作り出す。

**以後**

**11世紀** 沈括は『夢渓筆談』を書き、その中で月の満ち欠けを用いて、すべての天体（地球は含まれない）が球形であることを説明する。

**1543年** ニコラウス・コペルニクスは『天球回転論』を出版し、太陽中心説を説明する。

**1609年** ヨハネス・ケプラーは、惑星の運動を、自由に動く天体が楕円を描いていると説明する。

---

日光のため、昼間、地球は明るく、影がある。

↓

月はときどき明るくて、影がある。

↓

日光のため、月は明るいに違いない。

↓

したがって、太陽は火のようで、月は水のようだ。

---

紀元前140年頃、おそらく古代世界の最も優れた天文学者であるギリシアの天文学者ヒッパルコスは、約850の星の星表を編集した。また、太陽と月の運動と食の日付を予測する方法を説明した。アレクサンドリアのプトレマイオスは、150年頃の著書『アルマゲスト』に、1,000の星と48の星座を載せた。この著書の大部分は実質上、ヒッパルコスが書いたものの改訂版だったが、より実用的な形式になっていた。西洋では、『アルマゲスト』が中世を通して標準的な天文学の原典になった。その表は、太陽と月、惑星、おもな恒星の未来の位置、および太陽と月の食を算出するために必要な情報をすべて含んでいた。

120年、中国の博学家、張衡は『霊憲』あるいは『崇高な宇宙の構造』という題の著書を出版した。この中で、「空は鶏の卵のようで、石弓の玉のように丸く、地球は卵の黄身のようで、中心に単独で存在している。空は大きく、地球は小さい」と書いた。これは、ヒッパルコスとプトレマイオスに続い

科学の始まり

**参照** ニコラウス・コペルニクス p.34-39 ■ ヨハネス・ケプラー p.40-41 ■ アイザック・ニュートン p.62-69

> 月と惑星は陰(いん)だ。
> それらは、形はあるが、光がない。
> **京房**(けいぼう)

### 張衡

張衡は78年、漢王朝の中国で、現在の河南省にあった西鄂(せいがく)という町で生まれた。17歳で家を離れ、文学を勉強し、作家になるための教育を受けた。張衡は20代後半までに、熟練した数学者になっていて、安帝の宮廷に召され、安帝は115年、彼を占星術師の長に任命した。

張衡は科学が急速に発展する時代に生きた。天文学の研究だけでなく、水力で動くアーミラリ天球儀（天体の模型）を考案し、世界初の地震計を発明した。その地震計は、初めは嘲笑の的となったが、138年、400km離れた地震を記録することに成功した。乗り物で移動した距離を測る最初の走行距離計や、二輪馬車の形の非磁性の、南を指すコンパスも発明した。張衡は名高い詩人であり、その作品によって、彼の時代の文化的な生活が鮮明に理解できる。

**重要な著書**

| | |
|---|---|
| 120年頃 | 霊憲 |
| 120年頃 | 霊憲図 |

て、地球が中心にある宇宙だった。張衡は2,500の「明るく輝く」星と124の星座の目録を作り、「非常に小さな星は11,520ある」と付け加えた。

### 月食と惑星

張衡は食に魅了された。「太陽は火のようで、月は水のようだ。火が光を発し、水がそれを反射する。このように、月の明るさは、太陽の輝きから生み出され、月の暗さは太陽の光が遮られることによる。太陽に向いている側は十分に照らされ、太陽に向いていない側は暗い」と書いた。また、張衡は、地球が間に入るため、太陽の光が月に達することができない月食について説明した。惑星も「水のよう」で、光を反射するので、やはり食があることに気づいた。「（同様の効果が）惑星で起きるとき、それを掩蔽と呼ぶ。月が太陽の通り道を横切るとき、日食になる」。

11世紀、中国の別の天文学者、沈括(しんかつ)は、張衡の研究を重要な点においてさらに詳述した。すなわち、月の満ち欠けの観測結果が、天体が球形であることを証明していることを示した。■

**金星の三日月形の輪郭**が月によって**掩蔽**(えんぺい)されようとしている。張衡は観察によって、月のように、惑星は自身の光を生み出さないと結論づけた。

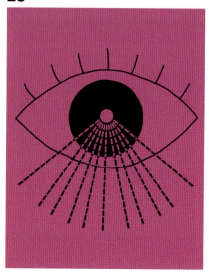

# 光は直線で進み、目に入る
## アルハゼン（965年頃～1040年）

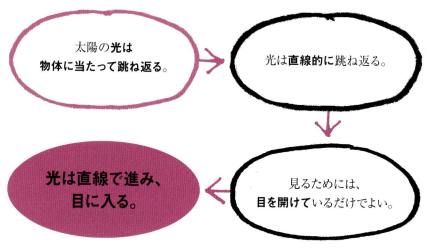

## 前後関係

**分野**
物理学

**以前**

**紀元前350年** アリストテレスは、視覚は、物体から目に入る物理的形態から生じると主張する。

**紀元前300年** ユークリッドは、目が光線を発して、それが跳ね返されて目に戻ると主張する。

**980年代** イブン・サフルは、光の屈折を調べて、屈折の法則を導き出す。

**以後**

**1240年** イギリスの司祭ロバート・グロステストは、光学の実験に幾何学を用い、正確に色の性質を説明する。

**1604年** ヨハネス・ケプラーの網膜像の理論は、アルハゼンの研究に直接、基づいている。

**1620年代** アルハゼンの考えはフランシス・ベーコンに影響を与え、ベーコンは実験に基づいた科学的方法を提唱する。

イスラム文明の黄金期に、アラブの天文学者で数学者のアルハゼンは、現在のイラクのバグダードで暮らした。彼は、ほぼ間違いなく世界初の実験科学者だった。以前のギリシアやペルシアの思想家は様々な形で自然界を説明しているが、それは抽象的な推論によるもので、科学的な実験から導き出されたものではなかった。アルハゼンは、好奇心と探究心が旺盛なイスラム文化の中で研究し、現在、科学的方法とわれわれが呼んでいるもの——仮説を立て、それを実験で系統的に検証する——を用いた最初の人物だった。彼は次のように述べた。「真理の探求者は、古代人の著書を研究し、それらを信用する人ではなく、自分がそれらを信用していることを疑い、それらから推測できることに疑問を持つ人、議論と実証を受け入れる人だ」。

### 視覚の理解

アルハゼンは今日、光学の創設者として記憶されている。彼の最も重要な研究は、目の構造と視覚の過程の研

# 科学の始まり

参照　ヨハネス・ケプラー p.40-41　■　フランシス・ベーコン p.45　■　クリスティアーン・ホイヘンス p.50-51　■　アイザック・ニュートン p.62-69

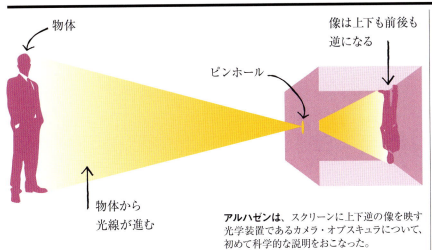

アルハゼンは、スクリーンに上下逆の像を映す光学装置であるカメラ・オブスキュラについて、初めて科学的な説明をおこなった。

究だった。ギリシアのユークリッドや、のちのプトレマイオスは、視覚が、目から発せられ、人が見ているものから跳ね返ってくる「光線」から生じると考えていた。アルハゼンは、影と反射の観察を通して、光は物体に当たって跳ね返り、直線に進んで目に入ることを示した。視覚は、少なくとも光が網膜に達するまでは、能動的な現象というより受動的な現象だ。彼は次のように書いている。「光で照らされた、色のついたあらゆる物体の各点から、その点から引くことができるあらゆる直線に沿って、光と色が発する」。物を見るには、目を開けて、光を取り入れるだけでよい。たとえ可能だとしても、目が光線を発する必要はない。

アルハゼンは、雄牛の目を使った実験で、光が小さな穴（瞳孔）に入って、レンズによって目の後ろにある敏感な表面（網膜）に集中することも発見した。しかし、目をレンズとして理解していたものの、像がどのようにして形成されるかは明らかにしなかった。

### 光を用いた実験

アルハゼンは、その記念碑的な7巻からなる『光学の書』で、彼の光の理論と視覚の理論について述べた。650年後にニュートンの『プリンキピア』が出版されるまで、この本はこのテーマに関するおもな典拠であり続けた。この本は、光とレンズの相互作用を探究し、光の屈折の現象を説明している。それは、オランダの科学者ヴィレブロト・ファン・ロイエン・スネルによる屈折の法則の700年前のことだ。彼は、大気による光の屈折も調べ、影と虹、食を説明している。『光学の書』は、のちの西洋の科学者に大きな影響を与えた。フランシス・ベーコンは、ルネサンス期にアルハゼンの科学的方法を復活させる役割を担った。■

科学者の著書を研究する
人間の義務は、
真実を知ることが目的であるなら、
読むものすべての
敵になることだ。
アルハゼン

## アルハゼン

アブー・アリー・アル＝ハサン・イブン・アル＝ハイサム（西洋ではアルハゼンとして知られている）は、現在のイラクのバスラで生まれ、バグダードで教育を受けた。若いとき、バスラで政府の仕事を与えられたが、すぐに飽きてしまった。ひとつ逸話があって、彼は、エジプトのナイル川の毎年の洪水のもたらす問題について聞かれると、カリフのハーキムに手紙を書き、ダムを建設して、大洪水を管理することを提案した。彼は礼をもってカイロに迎えられたが、実際にこの都市の南に行き、川の大きさ（アスワンでほぼ1.6 kmの幅がある）を見てみると、その当時利用できる技術でその仕事をおこなうことはできないことに気づいた。そこで、カリフの懲罰を程度の低いものにするため、気が触れたふりをして、12年間自宅監禁のままだった。この時期に、最も重要な研究をおこなったのだった。

### 重要な著書

1011年〜1021年　光学の書
1030年頃　　　　光についての話
1030年頃　　　　月の光について

# 科学の革命
## 1400年～1700年

## はじめに

ニコラウス・コペルニクスは『天球回転論』を出版し、**太陽中心の宇宙**を概説する。

↑ **1543年**

ヨハネス・ケプラーは、火星が**楕円軌道**だと提案する。

↑ **1609年**

フランシス・ベーコンは『ノヴム・オルガヌム』と『ニュー・アトランティス』を出版し、**科学的方法**を概説する。

↑ **1620年代**

エヴァンジェリスタ・トリチェリは、**気圧計**を発明する。

↑ **1643年**

---

**1600年** ↓

天文学者ウィリアム・ギルバートは、磁気についての著書『磁石(および電気)論』を出版し、**地球は磁石である**と提案する。

**1610年** ↓

ガリレオは、**木星の衛星**を観察して、斜面を転がり落ちるボールを使って実験する。

**1639年** ↓

エレミア・ホロックスは、**金星の太陽面通過**を観察する。

**1660年代** ↓

ロバート・ボイルは、**空気の圧力**について調べ、『物理学的・機械学的新実験――空気のばねとその効果に関して』を出版する。

---

イスラムの黄金時代は、8世紀中頃、アッバース朝の首都バグダードで始まり、約500年続いた。科学と技術の最盛期であり、実験と現代の科学的方法の基礎を築いた。しかしヨーロッパでは、同じ時期にさしたる変化もなく数百年が過ぎ去り、その後ようやく科学的思考が宗教的教義の制限を乗り越えた。

### 危険な考え

数世紀ものあいだ、カトリック教会の宇宙の見方は、すべての天体の軌道の中心に地球があるというアリストテレスの考えに基づいていた。その後、1532年頃、ポーランドの医者ニコラウス・コペルニクスは、何年も複雑な計算に取り組んだ末、太陽が中心にある宇宙のモデルを完成させた。彼は、自分の考えが異端であると知っていたので、用心してこれは数学的モデルにすぎないと述べ、死ぬ直前に『天球回転論』を出版した。彼のモデルはすぐに多くの支持者を獲得した。ドイツの占星術師ヨハネス・ケプラーは、デンマークの師ティコ・ブラーエによる観測結果を用いて、コペルニクスの説を改良し、火星の軌道が楕円であると算出し、他の惑星の軌道も楕円であると推測した。1610年、イタリアの博学家ガリレオ・ガリレイは、改良された望遠鏡によって、木星の4つの衛星を識別した。新しい宇宙論が説明する力は、否定し難くなりつつあった。

ガリレオは科学における実験の力も実証し、落下する物体の物理的仕組みを調べ、振り子を効果的な時計として用いることを考案した。この時計は、オランダのクリスティアーン・ホイヘンスが1657年に最初の振り子時計を作るのに用いられた。イギリスの哲学者フランシス・ベーコンは、科学的方法に関する著書を2冊書き、実験と観察、測定に基づく近代科学が発達する理論的基礎を築いた。

新しい発見が次々に続いた。ロバート・ボイルが空気ポンプを用いて空気の性質を調べる一方で、ホイヘンスとイギリスの物理学者アイザック・ニュートンは、光の進み方に関する対立する理論を提案し、光学を確立した。デンマークの天文学者オーレ・レーマーは、木星の衛星が食を起こす時刻を記した表における差異に気づき、

# 科学の革命

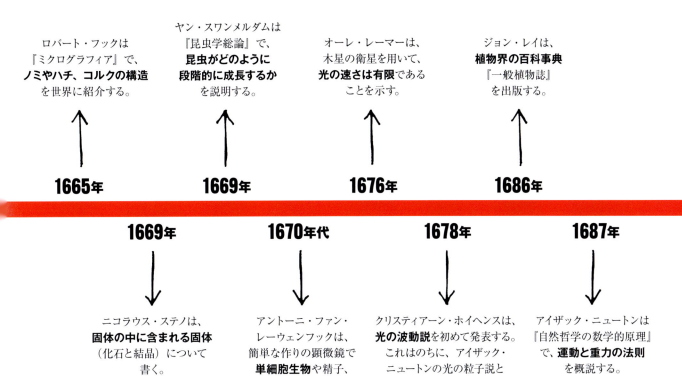

これを用いて光の速さの近似値を算出した。レーマーの同国人ニコラウス・ステノ司教は、多くの古代の知恵に懐疑的で、解剖学と地質学の両方において自分の考えを発展させた。層位学（地層の研究）の原理を定め、地質学の新しい科学的基礎を確立した。

## ミクロの世界

17世紀を通して、技術の発達がミクロの世界の発見を促した。1600年代初頭、オランダの眼鏡製造業者が最初の顕微鏡を開発し、のちにロバート・フックは自作の顕微鏡で観察したものを美しく描いて、ノミなどの小さな虫の複雑な構造を初めて明らかにした。オランダの織物商アントーニ・ファン・レーウェンフックは、おそらくフックの絵に触発されて、何百もの顕微鏡を自作し、水中のようなそれまで誰も見ようと思わなかった場所に小さな生物を発見した。レーウェンフックは原生生物と細菌のような単細胞生物を発見し、それを「微小動物」と呼んだ。彼が自分の発見をイギリスの王立協会に報告すると、協会は彼が本当にそのようなものを見たことを証明するため3人の司祭を送った。オランダのヤン・スワンメルダムは、顕微鏡を用いて卵と幼虫、さなぎ、成虫が、すべて同じ昆虫の成長段階であり、神によって創造された別の動物ではないことを明らかにした。アリストテレスにさかのぼる古い考えは、これらの新しい発見によって一掃された。また、イギリスの生物学者ジョン・レイは植物の膨大な百科事典を編集し、それは体系的な分類への最初の試みとなった。

## 数学的な分析

これらの発見は、啓蒙運動の到来を告げながら、天文学と化学、地質学、物理学、生物学といった近代科学の各分野の基礎を築いた。16世紀の最高の業績は、運動と重力（万有引力）の法則について述べたニュートンの『自然哲学の数学的原理』によってもたらされた。ニュートン物理学は、2世紀以上のあいだ物理的世界の最良の説明であり続けることになり、ニュートンとゴットフリート・ヴィルヘルム・ライプニッツによって別々に考案された微積分学の解析手法とともに、将来の科学研究の強力な道具となった。■

# 万物の中心にあるのは太陽だ

ニコラウス・コペルニクス（1473年〜1543年）

## ニコラウス・コペルニクス

### 前後関係

**分野**
天文学

**以前**

**紀元前3世紀** アルキメデスは著書『砂粒を数えるもの』の中で、サモスのアリスタルコスの考えを伝えている。アリスタルコスの考えによると、宇宙は通常考えらえているよりもずっと大きく、太陽がその中心にある。

**150年** アレクサンドリアのプトレマイオスは、数学を用いて、宇宙の地球中心モデルを説明する。

**以後**

**1609年** ヨハネス・ケプラーは、楕円軌道を提案することによって、太陽中心モデルにおける未解決の論争を解決する。

**1610年** ガリレオは、木星の衛星を観察したあと、コペルニクスが正しいと確信するようになる。

---

西洋の思想は、その初期の歴史を通して、地球が万物の中心にあるという宇宙観によって形成されてきた。この「地球中心モデル」は最初、日常の観察と常識——自分が立っている地面が動くのを感じないし、地球が動いているという表立った証拠もない——に由来したようだ。確かに、最も単純な説明は、太陽と月、惑星、恒星がすべて地球の周りを異なる速度で回っているというものだ。この説は古代世界で広く受け入れられ、紀元前4世紀にプラトンやアリストテレスの著書を通して古典哲学に定着するようになった。

しかし、古代ギリシア人が惑星の運動を測定したとき、地球中心説には問題があることがわかった。既知の惑星（空をさまよう5つの光）の軌道は複雑だったのである。水星と金星はいつも朝と夕方の空に見え、それは太陽のすぐ近くでその周りを回っていることを表していた。その一方で、火星、木星、土星は背景の恒星に対してそれぞれ780日、12年、30年で一周し、複

> 万能の神が創造に着手する前にわたしに相談していたなら、わたしはもっと単純なものを推薦していたはずだ。
>
> **カスティーリャの王
> アルフォンソ10世**

雑な「逆行」ループ——ループに入ると動きが遅くなり、通常の運動方向と一時的に逆行する——をたどった。

### プトレマイオスの説

ギリシアの天文学者は、このような複雑さを説明するために周転円の考えを導入した。「副軌道」を惑星が回り、その副軌道の中心が太陽の周りを回るという考えだ。この説は2世紀に、古代ギリシア・ローマの偉大な天文学者・地理学者アレクサンドリアのプトレマ

---

- 地球は静止していて、その周りを太陽と月、惑星、星々が回っているようだ。

- しかし、**地球が中心にある宇宙のモデル**は、非常に複雑な仕組みを用いなければ**惑星の運動**を表すことができない。

- 太陽を中心に置けば、地球と惑星が太陽の周りを回り、星々がはるかかなたにある**ずっとエレガントなモデルになる。**

- **万物の中心にあるのは太陽だ。**

# 科学の革命

**参照** 張衡 p.26-27 ■ ヨハネス・ケプラー p.40-41 ■ ガリレオ・ガリレイ p.42-43 ■ ウィリアム・ハーシェル p.86-87 ■ エドウィン・ハッブル p.236-241

イオスによって最も洗練されたものとなった。しかし、古代ギリシア・ローマの世界にも、異なる考えはあった。たとえば、ギリシアの思想家サモスのアリスタルコスは、紀元前3世紀に、巧妙な三角法の測定を用いて太陽と月の相対的な距離を計算した。彼は太陽が巨大であることに気づき、そのことから太陽が宇宙の運動の中心である可能性が高いと提案した。

しかし、プトレマイオスの説は結局、対抗する説に勝ち、広範囲に影響を及ぼすことになった。その後の数世紀にローマ帝国は縮小したが、キリスト教会はローマ帝国が前提としていたことの多くを引き継いだ。地球は万物の中心であり、人間は神の創造物の頂点として地球を支配しているという考えはキリスト教の中心教義となり、16世紀までヨーロッパを席巻した。

しかし、これは、プトレマイオス後1500年間天文学が停滞していたことを意味するのではない。惑星の運動を正確に予測することは、科学や哲学の難問であるだけでなく、占星術という迷信にとって実用的な目的があった。すべての流派の占星術者には、これまで以上に正確な惑星の運動の測定を試みるもっともな理由があった。

## アラビアの学問

6世紀から10世紀にかけては、アラビアの科学が初めて大きく花開いた時期に当たる。7世紀に始まった中東と北アフリカへのイスラム教の急速な拡大は、アラブの思想家たちに古代ギリシア・ローマの原典と接触する機会をもたらし、その中にはプトレマイオスなどの天文学の書籍も含まれていた。

天体の位置を計算する「位置天文学」の実践は、イスラム教とユダヤ教、キリスト教の活気に満ちたるつぼのスペインで最盛期に達した。13世紀後半には、カスティーリャの王アルフォンソ10世が「アルフォンソ表」編集のスポンサーになった。これは、新しい観測結果と数世紀に及ぶイスラム圏の記録を結びつけ、プトレマイオスの説に新たな正確さをもたらした。そのデータは、17世紀初頭まで惑星の位置を計算するのに用いられることとなった。

## プトレマイオスに疑問を呈す

この時点までにプトレマイオスのモデルは、ばかばかしいほど複雑なものとなり、予測を観測結果と一致させるため、さらに周転円が加えられていた。1377年、フランスの哲学者でリジューの司教ニコル・オレームは『天体・地体論』でこの問題に正面から取り組んでいる。彼は、地球が静止しているという観測による証拠がないことを指摘し、地球が動いていないと想定する理由がないと主張した。しかし、プトレマイオス説の根拠を粉砕したにもかかわらず、自分では地球が動いているとは思わないという結論を下した。»

**プトレマイオスの宇宙のモデルは**、地球は中心にあって動かず、太陽と月、5つの既知の惑星は、地球の周りの円軌道をたどる。プトレマイオスは、それぞれの惑星の軌道を観測結果と一致させるため、各惑星の運動に小さな周転円を加えた。

# ニコラウス・コペルニクス

16世紀の初頭までに状況は非常に異なってきていた。ルネサンスと宗教改革によって、多くの古い宗教の教義が疑問視されるようになった。こういった背景のもと、ポーランドのカトリック教会の司教座聖堂参事会員ニコラウス・コペルニクスは、最初の現代的な太陽中心説を提案し、宇宙の中心を地球から太陽に変えた。

コペルニクスは最初、自分の考えを『コメンタリオルス』という小冊子で公表し、それは1514年頃から友人たちに配布された。彼の説はアリスタルコスが提案した説と本質的に同じで、それまであったモデルの欠点の多くを克服していたが、プトレマイオスの考えのある部分——天体の軌道が完璧な円運動で回転する透明の球に組み込まれているという考え——にはしがみついたままだった。その結果、コペルニクスは、軌道のある部分における惑星の運動速度を調節するために独自の「周転円」を導入する必要があった。コペルニクスのモデルがもたらした重要な結果は、宇宙のサイズを大幅に増したことだ。地球が太陽の周りを回っていれば、そのことは、視点を変える

> 太陽は動かないのだから、太陽の運動と見えるものはすべて、地球の運動による。
> **ニコラウス・コペルニクス**

**コペルニクスの説を示した17世紀の挿絵は、**惑星が太陽の周りの円軌道にあることを示している。コペルニクスは惑星が天球にくっついていると考えていた。

ことで起きる視差効果を通して明らかになるはずだ。つまり、恒星は一年を通じて空を前後に動くように見えるはずだ。しかし、実際にはそのように見えないことから、恒星は非常に遠くになければならないことになる。

コペルニクスのモデルはすぐに、古いプトレマイオスの説を改良したものよりずっと正確であることがわかり、そのことはヨーロッパ中の知識人に伝わった。そのモデルの話はローマにまで届き、一般的な考えに反して、最初いくつかのカトリックの教会で歓迎された。ドイツの数学者ゲオルク・ヨアヒム・レティクスは、その新しいモデルに大いに感動し、1539年からコペルニクスの弟子および助手になった。そして、『ナラチオ・プリマ』として知られる最初に広く配布されたコペルニクスの説の説明書を1540年に出版し、年老いたコペルニクスに、完全版を出版するように強く勧めた。それは、コペルニクスが長年にわたって熟考してきたもので、彼は1543年になってようやくその出版を認めたが、そのときには死の床に就いていた。

### 数学的な道具

死後に出版された『天球回転論』は、当初から怒りを持って迎えられたわけではない。もっとも、地球が動いているという提案は、聖書の数節と直接的に矛盾しており、そのためカトリックとプロテスタントの神学者の両方から異端と見なされた。この問題を避ける

# 科学の革命

ため、序文で、太陽中心モデルは予測のための純粋に数学的な道具であって、物理的な宇宙の記述ではないと説明されていた。しかし、コペルニクス自身は生前そのような言い訳を示したことはなかった。異端と判定される恐れがあるにもかかわらず、コペルニクスのモデルは、ローマ教皇グレゴリウス13世によって1582年に導入された大がかりな改暦に関わる計算に用いられた。

しかし、このモデルの予測の正確性に関わる新たな問題がすぐに生じ始めた。それはデンマークの天文学者ティコ・ブラーエ（1546～1601年）の詳細な観測によるもので、その観測はコペルニクスのモデルが惑星の運動を適切に表していないことを示していた。ブラーエはこの矛盾を自分自身のモデルを用いて解決しようと試みた。そのモデルでは惑星は太陽の周りを回るが、太陽と月は地球を中心とする軌道に残った。本当の答え、すなわち楕円軌道による答えはブラーエの弟子、ヨハネス・ケプラーによって初めて見つかることになる。

コペルニクスの説は60年を経て、宗教改革がヨーロッパに引き起こした

> まるで王座に就いたかのように、太陽は自分の周りを回っている惑星の家族を支配している。
> **ニコラウス・コペルニクス**

分裂を象徴するものとなった。そのおもな原因は、イタリアの科学者ガリレオ・ガリレイをめぐる論争だった。ガリレオは、金星が相を示すことと、木星の周りを回る衛星が存在することを1610年に観測し、太陽中心説が正しいことを確信した。ガリレオはカトリック教国イタリアの中心地から熱心にこの説を支持した（その内容は最終的に『天文対話』（1632年）で述べられた）。そのためガリレオはローマ教皇庁と争うことになり、1616年に『天球回転論』の問題となる部分の遡及的検閲がおこなわれた。その結果、その書籍は閲覧禁止となり、それは2世紀以上解除されなかった。■

## ニコラウス・コペルニクス

1473年にポーランドのトルン市で生まれたニコラウス・コペルニクスは、裕福な商人の4人の子供の末っ子だった。父親はニコラウスが10歳のとき亡くなった。叔父が彼の面倒をみて、クラクフ大学での彼の教育を見守った。彼は数年間イタリアで過ごして医学と法律を学び、1503年にポーランドに戻って、当時ヴァルミアの領主司教だった叔父のもとで司教座聖堂参事会員に加わった。

コペルニクスは語学と数学の両方に優れ、数冊の重要な著書を翻訳したり、経済学に関するアイデアを発展させたりしながら、天文学の理論に取り組んだ。彼が『天球回転論』で概説した理論は数学的複雑さにおいて気を萎えさせるものだったため、多くの人がその重要性を認めたものの、日常的に用いる目的で天文学者に幅広く採用されることはなかった。

### 重要な著書

1514年　コメンタリオルス
1543年　天球回転論

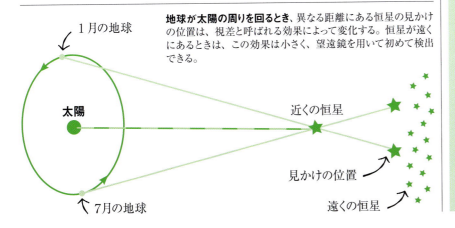

**地球が太陽の周りを回るとき**、異なる距離にある恒星の見かけの位置は、視差と呼ばれる効果によって変化する。恒星が遠くにあるときは、この効果は小さく、望遠鏡を用いて初めて検出できる。

# あらゆる惑星の軌道は楕円である
## ヨハネス・ケプラー（1571年～1630年）

## 前後関係

**分野**
天文学

**以前**
**150年** アレクサンドリアのプトレマイオスは、『アルマゲスト』を出版する。そこでは、地球が宇宙の中心にあり、太陽と月、惑星、恒星は、天球に固定された円軌道に沿って地球の周りを回っているという前提に基づいて築かれた宇宙のモデルが述べられている。

**16世紀** 太陽中心の宇宙の考えは、ニコラウス・コペルニクスの考えを通して支持者を得るようになる。

**以後**
**1639年** エレミア・ホロックスは、ケプラーの考えを用いて、金星の太陽面通過を予測し、観測する。

**1687年** アイザック・ニュートンの運動と重力（万有引力）の法則は、ケプラーの法則を生み出した物理的原理を明らかにする。

1543年に出版されたニコラウス・コペルニクスの天体の軌道に関する研究が、宇宙の太陽中心モデルに対する説得力のある説となる一方で、彼の説は重要な問題を抱えていた。天体は水晶のような天球にはめ込まれているという古代の考えから自由になることができず、コペルニクスは惑星が完全な円軌道で太陽の周りを回ると述べ、惑星の不規則な動きを説明するために自分のモデルに様々な複雑さを導入せざるを得なかった。

### 超新星と彗星

16世紀後半、デンマークの貴族ティコ・ブラーエ（1546～1601年）は、この

---

超新星爆発は、惑星より先の**天が不変でないこと**を示している。

→ 彗星の観測結果は、**彗星**が、惑星の軌道を横切って、**惑星の間を移動している**ことを示している。

↓

これは、天体が、固定された**天球にくっ付いていない**ことを示している。

← 惑星が天球に固定されていないのなら、太陽の周りの**楕円軌道**が、観測された動きを最もよく説明する。

↓

**あらゆる惑星の軌道は楕円である。**

科学の革命 | 41

参照　ニコラウス・コペルニクス p.34-39　■　エレミア・ホロックス p.52　■
　　　アイザック・ニュートン p.62-69

問題を解決するのに欠かせないものを観測した。1572年にカシオペア座で観測された明るい超新星爆発は、惑星より先の宇宙は不変であるというコペルニクスの考えを弱めた。1577年、ブラーエは彗星の運動を図に描いた。彗星は月より近い、局所的な現象と考えられていたが、ブラーエの観測結果は彗星が月よりかなり遠くにあること、さらに、惑星の間を移動していることを示していた。この証拠は一撃で「天球」の考えを粉砕した。しかし、ブラーエは自分の地球中心モデルの円軌道の考えに固執したままだった。

1597年、ブラーエはプラハに招かれ、皇帝ルドルフ2世の宮廷数学者として晩年を過ごした。ここでドイツの占星術師ヨハネス・ケプラーと一緒になり、ケプラーはブラーエが死んだあとその研究を継続した。

## 円を捨てる

ケプラーは、ブラーエの観測結果から火星の新しい軌道を計算し、それは完全な円ではなく卵形に違いないと結論した。ケプラーは卵形の軌道を用いて太陽中心モデルを説明してみたが、観測結果とは一致しなかった。1605年、火星は太陽の周りを卵形ではなくて楕円――2つの焦点の1つに太陽がある「引き伸ばした円」――で回っていると結論した。1609年の『新天文学』で、惑星の運動の2つの法則を概説している。第一法則では、あらゆる惑星の軌道は楕円であると述べ、第二法則では、惑星と太陽を結ぶ線は同じ長さの期間に、同じ大きさの面積を通ると述べた。これは、惑星が太陽に近づけばそれだけ惑星の速度が増すことを意味する。1619年に発表された第三法則は、惑星の軌道周期と太陽からの距離の関係についてのもので、惑星の軌道周期（年）の2乗は、太陽からの距離の3乗に比例する、という内容だった。したがって、太陽からの距離が別の惑星の2倍ある惑星は、別の惑星のほぼ3倍の長さの軌道周期となる。

惑星を軌道に保持している力の性質はわかっていなかった。ケプラーは磁気の力によると考えていたが、1687年にようやくニュートンが、その力が重力であることを明らかにした。■

## ヨハネス・ケプラー

1571年、ドイツ南部のシュトゥットガルト近くのヴァイル・デア・シュタットという都市で生まれたヨハネス・ケプラーは、幼い頃に「1577年の大彗星」を目撃し、それ以来彼は天に魅せられるようになった。テュービンゲン大学で勉強しているあいだに、優れた数学者かつ占星術師としての評判を得た。ティコ・ブラーエを含む当時の一流の天文学者と文通し、1600年にプラハに移動したあとは、ブラーエの生徒で学問の継承者となった。

1601年のブラーエの死後、ケプラーは、宮廷数学者の役職を引き継ぎ、惑星の運動を予測するための、いわゆる「ルドルフ表」に関するブラーエの研究を完成させるように王室から委任された。この研究をオーストリアのリンツで完成させ、そこで1612年から1630年に死ぬまで研究を続けた。

### 重要な著書

| | |
|---|---|
| 1596年 | 宇宙の神秘 |
| 1609年 | 新天文学 |
| 1619年 | 宇宙の調和 |
| 1627年 | ルドルフ表 |

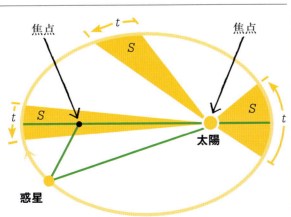

**ケプラーの法則**は、惑星が、2つの焦点の1つが太陽である楕円軌道をたどると述べている。一定時間 $t$ に、惑星と太陽を結ぶ線は楕円内の等しい面積 $S$ を通る。

# 落下している物体は一律に加速する
## ガリレオ・ガリレイ（1564年～1642年）

### 前後関係

**分野**
物理学

**以前**
**紀元前4世紀** アリストテレスは、力と運動についての考えを発展させるが、それを実験的に検証することはしていない。

**1020年** ペルシアの学者イブン・シーナー（アヴィセンナ）は、動いている物体は内在的な「運動力」を持ち、それは空気抵抗のような外部要因によってのみ弱まると書く。

**1586年** フランドルの技術者シモン・ステヴィンは、異なる重さのふたつの鉛の玉を、デルフトの教会の塔から落とし、それらが同じ速度で落ちることを示す。

**以後**
**1687年** アイザック・ニュートンは、『プリンキピア』で、運動の法則を定式化する。

**1971年** アメリカの宇宙飛行士デイヴ・スコットは、空気抵抗の原因となる大気がほとんどない月で、ハンマーと羽が同じ速度で落ちることを示すことによって、落体についてのガリレオの考えを実証する。

2000年間、物が動き続けるには外力を加え続ける必要があり、重い物は軽い物より速く落下するというアリストテレスの主張に、ほとんど誰も異議を唱えなかった。17世紀になって初めて、イタリアの天文学者で数学者のガリレオ・ガリレイが、その考えを検証する必要があると主張した。彼は、どのようにして、またどのような理由で物体が動き、動くのをやめるのかを調べる実験を考案し、慣性の原理――物体が同じ運動状態を保とうとすること――を明らかにした最初の人物だった。ガリレオは物体が落下する時間を計ることによって、落下速度がすべての物体で等しいことを明らかにし、速度が小さくなることに対する摩擦の役割に気づいた。1630年代に利用できる装置では、自由に落下する物体の速度や加速度を直接測ることはできなかった。そこで彼は、一方の斜面ではボールを下に転がし、もう一方の斜面では上に転がすことによって、斜面の底でのボールの速度が、ボールのスタートする高さによって決まり、斜面の傾きでは決まらないこと、また、斜面の傾きにかかわらず、ボールは常にスタートしたのと同じ高さまでのぼることを示した。

また、ガリレオは、摩擦を減らすため滑らかな物質を表面につけた5 mの長さの斜面を使って実験した。ボールを斜面の異なる地点から転がすことによって、転がった距離は、かかった時

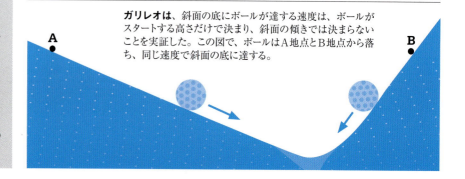

ガリレオは、斜面の底にボールが達する速度は、ボールがスタートする高さだけで決まり、斜面の傾きでは決まらないことを実証した。この図で、ボールはA地点とB地点から落ち、同じ速度で斜面の底に達する。

# 科学の革命

**参照** ニコラウス・コペルニクス p.34-39 ■ アイザック・ニュートン p.62-69

> 数えられるものを数え、
> 測れるものを測り、
> 測れないものがあれば、
> 測れるようにせよ。
> ガリレオ・ガリレイ

間の2乗で決まる、つまりボールは斜面の下方に加速することを示した。

## 落下している物体の法則

ガリレオの結論は、物体はすべて真空中では同じ速度で落下するというもので、この考えはのちにアイザック・ニュートンによって発展した。より大きな質量には、より大きな重力がかかるが、より大きな質量は加速するのにより大きな力が必要でもある。このふたつの効果は相殺するので、他の力が働かなければ、落下する物体はすべて同じ割合で加速する。日常生活では、物体によって異なる速度で落下するように見えるが、それは空気抵抗のためで、空気抵抗は物体の性状に応じて、異なる割合で物体を減速する。たとえば、同じ大きさのビーチボールとボウリング用のボールは最初同じ割合で加速する。動き出すと空気抵抗が働くが、この力の大きさは、ボウリング用のボールに比べて、ビーチボールにかかる下向きの力に対してずっと大きな割合で働くので、ビーチボールはより遅くなる。

注意深い観察と測定可能な実験によって理論を検証するというガリレオの主張は、彼をアルハゼンのように、近代科学の創設者のひとりとして特徴づけている。力と運動に関するガリレオの考えは、50年後のニュートンの運動の法則への道を開き、原子から銀河まで、宇宙における運動の理解を現在も支えている。■

- 異なる質量の**物体**は、異なる速度で落下するように見える。
- 動いている物体はすべて、**空気抵抗**の影響を受ける。
- **空気抵抗**がなければ、物体はすべて、同じ速度で落下する。
- **落下している物体は一律に加速する。**

## ガリレオ・ガリレイ

ガリレオはイタリアのピサで生まれたが、のちに家族とともにフィレンツェに移住した。1581年、ピサ大学に入学し、医学を学び、その後、数学と自然哲学に方向を変えた。科学の多くの分野を研究し、おそらく、木星の四大衛星(今でもガリレオ衛星と呼ばれている)の発見で最も有名だ。自分の観測結果から太陽系の太陽中心モデルを支持するようになり、それは当時、ローマ・カトリック教会の教えに反していた。1633年、ガリレオは裁判にかけられ、このモデルやその他の考えを撤回させられた。自宅監禁を宣告され、それは人生の残りのあいだ続いた。監禁中、運動学(運動の科学)に関する自分の研究を要約した本を書いた。

### 重要な著書

1623年　偽金鑑識官
1632年　天文対話
1638年　新科学対話

# 地球は磁石である
## ウィリアム・ギルバート（1544年～1603年）

### 前後関係

**分野**
地質学

**以前**
**紀元前6世紀** ギリシアの思想家ミレトスのタレスは、磁気を帯びた鉱物すなわち磁鉄鉱に注目する。
**1世紀** 中国の易者が、旋回して南を指す鉄製のれんげを用いた原始的なコンパスを作る。
**1269年** フランスの学者ピエール・ド・マリクールは、磁気吸引、磁気反発、磁極の基本的な法則について述べる。

**以後**
**1824年** フランスの数学者シメオン＝ドニ・ポアソンは、磁場内の力のモデルを作る。
**1940年代** アメリカの物理学者ウォルター・モーリス・エルサッサーは、地球の磁場は、地球が回転するとき、地球の外核の中で鉄が回転することで生じると考える。
**1958年** エクスプローラ1号の宇宙飛行によって、地球の磁場が宇宙に向かって遠くまで広がっていることが明らかになる。

16世紀後半までには、船は大洋を横断するのに磁性コンパスを利用するようになった。しかし、その仕組みについては誰も知らなかった。コンパスの針が北極星に引きつけられると考える者もいれば、北極地方の磁気を帯びた山に引きつけられると考える者もいた。地球自体が磁気を帯びていることを発見したのはイギリスの医者ウィリアム・ギルバートで、17年に及ぶ綿密な実験からなされたことだった。ギルバートは船長とコンパス製造業者から様々なことを学び、磁気を帯びた鉱物である磁鉄鉱から、模型の地球「テレラ」を作って、コンパスの針を近づけて調べた。針はテレラの周りで、船のコンパスと同じように反応し、偏角（地磁気の強さの水平成分と、地理上の真北方向のなす角度）も伏角（地磁気の方向と水平面のなす角度）も同じパターンを示した。

ギルバートは、地球は全体が磁石であり、鉄の核を持っていると、正しく結論した。1600年、自分の考えを著書『磁石（および電気）論』で発表し、大評判となった。特に、ヨハネス・ケプラーとガリレオは、当時の多くの人が考えていたのとは異なり、地球は回転している天球に固定されているわけではなく、地球自体の磁気の見えない力によって回転するというギルバートの提案に刺激を受けた。■

> もっともらしい憶測と
> 哲学的思想家の見解によるよりも、
> 信頼できる実験と
> 実証された主張によって、
> より強固な根拠が得られる。
> **ウィリアム・ギルバート**

**参照** ミレトスのタレス p.20 ■ ヨハネス・ケプラー p.40-41 ■ ガリレオ・ガリレイ p.42-43 ■ ハンス・クリスティアン・エルステッド p.120 ■ ジェームズ・クラーク・マックスウェル p.180-185

# 議論によってではなく、試みることによって
## フランシス・ベーコン（1561年〜1626年）

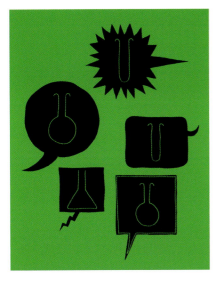

## 前後関係

**分野**
実験科学

**以前**
**紀元前4世紀** アリストテレスは推論し、議論し、書いているが、実験をおこなって調べてはいない――そのやり方は、その後1000年以上続く。

**750年〜1250年頃** アラブの科学者はイスラムの黄金時代に実験をおこなう。

**以後**
**1630年代** ガリレオは、落下している物体を用いて実験する。

**1637年** フランスの哲学者ルネ・デカルトは、著書『方法序説』で、徹底的に疑い、問うことを主張している。

**1665年** アイザック・ニュートンは、プリズムを使って光を調べる。

**1963年** オーストリアの哲学者カール・ポパーは、著書『推測と反駁（はんばく）』の中で、理論は検証され、間違いであると証明されることはあるが、最終的に正しいと証明されることはありえないと主張する。

イギリスの哲学者・政治家で、科学者でもあるフランシス・ベーコンは、実験をおこなった最初の人物ではなかったが、帰納的推論の方法を説明し、科学的方法について述べた最初の人物だった。科学を「欠乏と困窮をいくぶんか克服して和らげる、発明という成果を生み出す源泉」としても見ていた。

### 実験からの証拠

ギリシアの哲学者プラトンは、賢い人である権威者が長いあいだ議論すれば、結果として真実が生じると考えた。プラトンの弟子アリストテレスも実験の必要を認めなかった。一方、ベーコンは「権威者」を、自分の物質で巣を作るクモとしてパロディー化した。彼は、現実世界からの、特に実験からの証拠を強く求めた。

ベーコンは、2冊の重要な著書で科学的探究の未来について述べている。1620年の『ノヴム・オルガヌム』では、

> いずれにせよ、何事も、議論によってではなく、試みることによってわかるし、解決できる。
> **フランシス・ベーコン**

科学的方法の3つの基本――観察、観察されたことを説明する理論を考案するための推論、その理論が正しいかどうかを検証する実験――について記した。また1623年の『ニュー・アトランティス』では、架空の島とそこにあるソロモンの館――学者たちが、実験を中心とした基礎研究をおこない、発明をおこなう研究機関――を描いた。その研究機関と同様の目的を持って、1660年、ロンドンに王立協会が創設された。■

**参照** アルハゼン p.28-29 ■ ガリレオ・ガリレイ p.42-43 ■ ウィリアム・ギルバート p.44 ■ ロバート・フック p.54 ■ アイザック・ニュートン p.62-69

# 空気のばねに関して
## ロバート・ボイル（1627年〜1691年）

**前後関係**

分野
**物理学**

以前

1643年　エヴァンジェリスタ・トリチェリは、水銀の管を用いて気圧計を発明する。

1648年　ブレーズ・パスカルとその義理の兄弟は、高度とともに気圧が低下することを実証する。

1650年　オットー・フォン・ゲーリケは、空気と真空に関する実験をおこない、1657年に初めて発表する。

以後

1738年　スイスの物理学者ダニエル・ベルヌーイは、気体の分子運動論について述べた著書『流体力学』を出版する。

1827年　スコットランドの植物学者ロバート・ブラウンは、水面上の花粉の運動を、でたらめな方向に動いている水分子と花粉の衝突の結果として説明する。

17世紀、ヨーロッパで数人の科学者が空気の性質を調べた。彼らの研究から、アイルランド出身のイギリスの科学者ロバート・ボイルは、気体の圧力を表す数学的法則を導き出した。

ボイルの研究は、恒星間および惑星間の空間の性質について広範囲に及ぶ議論をもたらした。「原子論者」は、天体間の空間には何もないと考えたが、デカルト派（フランスの哲学者ルネ・デカルトの支持者）は、空間はエーテルという未知の物質によって満たされていて、真空を生み出すことはできないと考えた。

# 科学の革命

**参照** アイザック・ニュートン p.62-69 ■ ジョン・ドルトン p.112-113 ■ ロバート・フィッツロイ p.150-155

> われわれは、空気という海の底に沈んで生きていて、空気には、疑問の余地のない実験によって、重さがあることがわかっている。
>
> **エヴァンジェリスタ・トリチェリ**

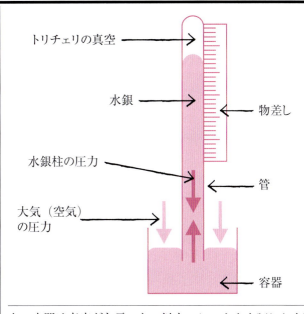

**エヴァンジェリスタ・トリチェリが発明した気圧計**は、水銀の柱を用いて気圧を測る。トリチェリは、管の中の水銀柱と釣り合っているのは、容器内の水銀を押し下げている空気だと、正しく推論した。

## 気圧計

イタリアで、数学者ガスパロ・ベルティは、吸い上げポンプが水を10m以上吸い上げられない理由を解明するための実験をおこなった。ベルティは、長い管の一方の端を密封し、水をいっぱいまで入れた。それから管を逆さにして、容器に入った水に管を立てた。管の中の水は約10mの高さまで下がった。1642年、イタリアのエヴァンジェリスタ・トリチェリは、ベルティの研究のことを聞き、同様の装置を組み立てたが、水の代わりに水銀を用いた。水銀は水の13倍以上の密度なので、水銀柱の高さは約76cmになった。これに対してトリチェリは、容器中の水銀の上にある空気が、水銀を下に押していて、空気の重さと水銀柱の中の水銀の重さが釣り合っていると説明した。また、トリチェリは、管の中の水銀の上の空間は真空だと言った。以上のことは、今日、圧力（単位面積にかかる力）という語で説明されるが、基本的な考えは同じである。トリチェリは最初の水銀気圧計を発明していた。

フランスの科学者ブレーズ・パスカルは、1646年にトリチェリの気圧計のことを聞いて刺激を受け、自身の実験を始めた。そのひとつは、義弟のフロラン・ペリエが実際にはおこなったもので、高度によって気圧が変化することを実証した実験だった。一台の気圧計がクレルモンの修道院の庭に設置され、修道士が終日観察した。ペリエは別の気圧計を持って、町より約1,000m高いピュイ・ド・ドームの山頂に行った。水銀の柱は、山頂では、修道院の庭でよりも8cm短かった。山の上部の空気は、山の下にある谷の上部の空気より少ないので、この結果は、管の中の水銀や水を保持しているのは、空気の重さであることを示した。この研究などから、現在の圧力の単位は、パスカルにちなんで名づけられている。

**気圧計を用いたブレーズ・パスカルの実験**によって、気圧が高度でどのように変わるかが明らかとなった。パスカルは物理学に加えて、数学にも重要な貢献をした。

## 空気ポンプ

次の重要な発見は、容器の外に空気を排出できるポンプを作った、ドイツの科学者オットー・フォン・ゲーリケによってなされた。1654年、フォン・ゲーリケは、次のような実験を実演した。ふたつの鉄の半球を気密材で貼り合わせ、中の空気をポンプで排出し

# ロバート・ボイル

> 人は、自分の感覚によって物事を判断することに慣れているので、分割することすらできない空気に対しては、何らかの原因になるとも思わず、何もないのと変わらないと考えている。
>
> ロバート・ボイル

空気ポンプは、直径約40cmのガラス容器と、下にピストンのついたシリンダー、それらの間に取りつけられた栓とコックからできていた。ピストンの連続的な動きによって、どんどん空気が容器の外に排出された。装置の気密材の間からゆっくりと空気が漏れ入るため、容器内の真空に近い状態は短時間だけ保持できた。それでもこの装置は、以前に作られたものを大きく改良したものであり、研究を進める上での技術の重要性を示す例となった。

## 実験結果

ボイルは、空気ポンプを用いて、いくつか異なる実験をおこない、それらについて1660年の著書『物理学的・機械学的新実験──空気のばねとその効果に関して』で述べた。彼はその本で、結果がすべて実験によるものであることに注目させようと苦心した。

**オットー・フォン・ゲーリケ**は、最初の空気ポンプを作った。そのポンプを用いた彼の実験は「自然は真空を嫌う」というアリストテレスの考えに反する証拠を示した。

当時は、ガリレオのような著名な実験主義者でも「思考実験」の結果をよく報告していたからだった。

ボイルの実験の多くは、空気圧と直接関係していた。トリチェリの気圧計の管を容器の最上部から突き出し、適切な場所で、接合剤を用いて密封することによって、容器と気圧計を接続し

た。その結果、二組の馬でもふたつの半球を引き離すことができなかった。ポンプで空気を排出する前は、密封されたふたつの半球の内部の空気圧は外の空気圧と同じだった。内部の空気がなくなると、外の空気からの圧力がふたつの半球を強くくっつけていた。

ロバート・ボイルはフォン・ゲーリケの実験を、1657年の発表時に知った。自身の実験をおこなうため、ボイルはロバート・フック（p.54）に空気ポンプの設計と作製を依頼した。フックの

## ロバート・ボイル

ロバート・ボイルは、アイルランドでコーク伯爵の14番目の子供として生まれた。家庭教師による教育を受けたあと、イングランドのイートン・カレッジに入学し、その後ヨーロッパを旅行した。父親が1643年に死に、ボイルが科学に対する興味を満たし続けられるだけのお金を彼に残した。ボイルは2年間アイルランドに戻っていたが、研究をおこなうために、1654年から1668年までオックスフォードに住み、その後ロンドンに移住した。

ボイルは、ロンドンやオックスフォードで会合して、自分たちの考えについて議論する「見えない大学」と呼ばれる科学的課題を研究するグループの一員だった。このグループは1663年に王立協会となり、ボイルは最初の評議員のひとりになった。ボイルは、科学に対する興味に加えて、錬金術の実験をおこない、神学や異なる人種の起源について書いた。

### 重要な著書

1660年　物理学的・機械学的新実験──空気のばねとその効果に関して

1661年　懐疑の化学者

た。容器内の圧力が下がると水銀の高さは下がった。ボイルは逆の実験もおこない、容器内の圧力を上げると水銀の高さが上がることを見つけた。これは、トリチェリとパスカルによる、それ以前の発見を裏づけた。

ボイルは、残っている空気の量が減るにつれて、容器から空気を排出するのが難しくなることに気づいた。容器内の半分膨らんだ袋の体積は、周りの空気が取り除かれると、増えることも明らかにした。また、袋を火の前で保持すると、膨らむことも示した。ボイルは、このような効果をもたらす空気の「ばね」に対して、ふたつの可能な説明を示した。ひとつは、空気の個々の粒子がばねのように圧縮され、空気全体の塊が羊毛の塊と同様になるというもので、もうひとつは、空気はでたらめに動いている粒子からできているというものだった。

こういった考えはデカルト派の考えに似ているが、ボイルはエーテルの考えには同意せず、何もない空間に「微粒子」が動いていると考えた。ボイル

> 水銀柱の高さが、
> 山の麓でより、
> 山の頂上で低ければ、
> 空気の重さがその
> 唯一の原因であるに違いない。
> **ブレーズ・パスカル**

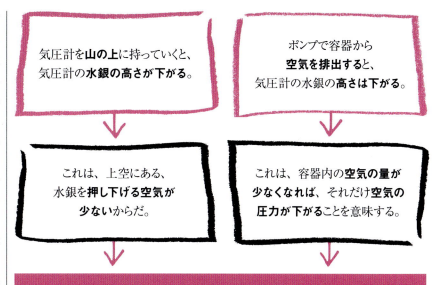

気圧計を山の上に持っていくと、気圧計の**水銀の高さが下がる**。

ポンプで容器から**空気を排出すると**、気圧計の水銀の**高さは下がる**。

これは、上空にある、水銀を**押し下げる空気が少ない**からだ。

これは、容器内の**空気の量が少なくなれば**、それだけ**空気の圧力が下がる**ことを意味する。

**空気の量が減ると「空気のばね」の力が減る。**

の説明は、動いている粒子の観点から物質の性質を説明する、現代の気体の分子運動論と驚くほど似ている。ボイルは生理学的な実験もおこない、空気の圧力を下げたときに、鳥やネズミにどのような影響が出るかを調べた。

### ボイルの法則

ボイルの法則では、気体の量と温度が同じなら、気体の圧力とその体積の積は一定であると述べられている。すなわち、気体の体積が減れば、その圧力は増える。空気のばねを生み出すのはこの増えた圧力だ。自転車の空気入れの端を指で押さえて空気を押し込むことにより、空気のばねの効果を感じることができる。この法則にはボイルの名前がついているが、最初に提案したのはイギリスの科学者リチャード・タウンリーとヘンリー・パワーだった。彼らはトリチェリの気圧計を用いて実験をおこない、結果を1663年に本として出版した。ボイルはその本の初期の原稿を見て、結果についてタウンリーと議論した。ボイルはその結果を実験によって確かめ、自分が最初におこなった実験の批判に対する回答の一部として、1662年に「タウンリー氏の仮説」を発表した。

気体に関するボイルの研究が特に重要なのは、注意深い実験技術が用いられたからであり、また、実験によって予測通りの結果が得られたかどうかにかかわらず、実験内容と失敗の原因となりうる事柄をすべて報告しているからだった。このため、多くの人がボイルの研究を発展させようとした。今日、ボイルの法則は、他の科学者が明らかにした法則と結びついて、温度や圧力、体積の変化に対して実際の気体がどのようにふるまうかを近似する「理想気体の法則」となっている。また、ボイルの考えは、最終的に気体の分子運動論の考案に結びついた。■

# 光は粒子か波か?
## クリスティアーン・ホイヘンス
### (1629年～1695年)

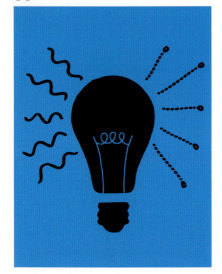

**前後関係**

分野
**物理学**

以前
**11世紀** アルハゼンは、光が直線で進むことを示す。
**1630年** ルネ・デカルトは、光を波として説明することを提案する。
**1660年** ロバート・フックは、光というものは、光が伝わる媒質の振動であると述べる。

以後
**1803年** トマス・ヤングは、どのように光が波としてふるまうかを示す実験について述べる。
**1864年** ジェームズ・クラーク・マクスウェルは、光の速度を予測し、光が電磁波の一形態であると結論する。
**1900年代** アルベルト・アインシュタインとマックス・プランクは、光が粒子と波の両方であることを示す。彼らが存在を認める電磁波の量子は「光子」として知られるようになる。

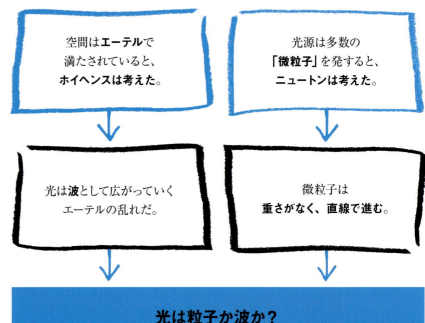

**17**世紀、アイザック・ニュートンとオランダの天文学者クリスティアーン・ホイヘンスはともに、光の真の性質を熟考し、まったく異なる結論に達した。彼らが取り組んでいた問題は、光の性質に関する理論が、反射と屈折、回折、色を説明できなければならないということだった。屈折は、光がある物質から別の物質へ進むとき、光が曲がることで、レンズが光を集められる理由だ。回折は、光が非常に狭いすき間を通るとき、光が広がることである。

ニュートンの実験以前、光は物質と相互作用することによって、色の性質を得ること、たとえば、光がプリズム

# 科学の革命

**参照** アルハゼン p.28-29 ■ ロバート・フック p.54 ■ アイザック・ニュートン p.62-69 ■ トマス・ヤング p.110-111 ■ ジェームズ・クラーク・マックスウェル p.180-185 ■ アルベルト・アインシュタイン p.214-221

を通るとき見られる「虹」は、プリズムが何らかの方法で光に色をつけるためと広く認められていた。ニュートンは、われわれが見ている「白い」光は、実は、異なる色の光の混合物であり、それらはすべて少しずつ異なる量だけ屈折するため、プリズムによって分かれることを明らかにした。

ニュートンは、当時の多くの自然哲学者と同じように、光は、粒子あるいは「微粒子」の流れからできていると考えていた。この考えは、光が直線で進み、反射面に当たって「跳ね返る」ことを説明できた。また、異なる物質間の境界での力の観点から、屈折も説明できた。

## 部分反射

しかし、ニュートンの理論では、光が様々な面に当たるとき、どのようにして一部の光が反射し、一部の光が屈折するかを説明できなかった。1678年、ホイヘンスは、空間は重さのない

粒子(エーテル)で満たされていて、光はエーテル内に乱れを起こし、その乱れは球状の波で広がると主張した。異なる物質(エーテル、水など)では、光波も異なる速度で進むということであれば、そのことによって屈折を説明できた。ホイヘンスの理論は、反射と屈折が表面で起こりうる理由を説明できた。回折も説明できた。

ホイヘンスの考えは、当時ほとんど

**白い光**はプリズムを通ると、屈折してその成分に分かれる。これは異なる物質中を異なる速度で進む光波によるものだと、ホイヘンスは説明した。

影響を及ぼさなかった。これには、すでに大きかった科学者としてのニュートンの名声によることも一部あった。しかし、一世紀後の1803年、トマス・ヤングが、光は実際に波としてふるまうことを示し、20世紀の実験によって、光が波と粒子の両方としてふるまうことが示された。もっとも、ホイヘンスの「球状の波」と現代の光のモデルのあいだには大きな違いがある。光波は、物質すなわちエーテルを通るとき縦波だとホイヘンスは言った。音波も縦波で、縦波では、波が通っている物質の粒子は、波が進んでいるのと同じ方向に振動する。現代の光波の見方では、光波は横波で、水の波により近いふるまい方をする。光波は伝わる物質を必要とせず、光の粒子は波の進行方向に垂直に振動する。■

## クリスティアーン・ホイヘンス

オランダの数学者で、天文学者でもあるクリスティアーン・ホイヘンスは、1629年、ハーグで生まれた。大学で法律と数学を学んだあと、しばらく自分の研究に集中し、最初に数学を、そのあと光学を研究した。望遠鏡の製作にも取り組み、自分のレンズを研磨した。

ホイヘンスは、イングランドを数回訪れ、1689年、アイザック・ニュートンに会った。光の研究に加えて、力と運動についても研究したが、重力を説明するための「遠隔作用」というニュートンの考えを受け入れなかった。ホイヘンスの広範囲に及ぶ業績に

は、当時の最も正確な時計があり、それは振り子に関する研究の結果として作られたものだった。自分の望遠鏡を用いておこなった天文学の研究には、土星の衛星で最大のものであるタイタンの発見と、土星の輪の最初の正確な記述がある。

### 重要な著書

1656年　土星の衛星の新しい観測結果について
1690年　光についての論考

# 金星の太陽面通過の最初の観測
## エレミア・ホロックス（1618年～1641年）

### 前後関係

**分野**
天文学

**以前**
**1543年** ニコラウス・コペルニクスは、太陽中心の宇宙を初めて全面的に主張する。

**1609年** ヨハネス・ケプラーは、惑星の運動を初めて完全に説明できる、楕円軌道の説を提案する。

**以後**
**1663年** スコットランドの数学者ジェームズ・グレゴリーは、1631年と1639年の金星の太陽面通過の観測結果を用いて、地球から太陽までの正確な距離を測る方法を考案する。

**1769年** イギリスの探検家キャプテン・ジェームズ・クックは、南太平洋のタヒチ島で金星の太陽面通過を観測し、記録する。

**2012年** 天文学者は、21世紀最後の金星の太陽面通過を観測する。

惑星の太陽面通過は、ヨハネス・ケプラーの「惑星は太陽の周りを楕円軌道で回る」という説を検証する機会だった。金星と水星が、太陽面を短時間で通過すること（ケプラーのルドルフ表により予測されていた）は、彼の説の正しさを明らかにするはずだった。

最初の検証——1631年にフランスの天文学者ピエール・ガッサンディが観測した水星の太陽面通過——はうまくいった。しかし、1か月後の金星の太陽面通過は、ケプラーの表の不正確さのために観測できなかった。ケプラーの表では、次の金星と太陽の「接近」は1639年と予測された。イギリスの天文学者エレミア・ホロックスは太陽面通過が観測できると計算した。

1639年12月4日の日の出、ホロックスは最良の望遠鏡を据え付け、太陽の円盤を一枚の厚紙に映した。午後3時15分頃、雲が晴れ、「異常に大きな点」の金星が現れて太陽を横切った。ホ

金星と太陽の注目すべき合に初めて気づき……、そのことから、素晴らしい光景を期待しながら、より注意深く観測するようになった。
**エレミア・ホロックス**

ロックスが、金星の進行を厚紙に記録しているあいだ、友人が別の場所で太陽面通過を測定した。異なる観測地点の観測結果を用いることと、太陽の直径に対する金星の直径の割合を再計算することで、ホロックスは太陽からの地球の距離を、それ以前よりも正確に見積もることができた。■

**参照** ニコラウス・コペルニクス p.34-39 ■ ヨハネス・ケプラー p.40-41

科学の革命　53

# 生物は一連の段階で発生する
## ヤン・スワンメルダム（1637年〜1680年）

### 前後関係

**分野**
生物学

**以前**
**紀元前320年頃**　アリストテレスは、蠕虫と昆虫が自然発生によって生じると述べる。
**1651年**　イギリスの医者ウィリアム・ハーベーは、昆虫の幼虫を「はっている卵」、さなぎを「第二の卵」と考え、それらは完成したものと考える。
**1668年**　イタリアのフランチェスコ・レディは、自然発生が誤りであることを証明する初期の証拠を示す。

**以後**
**1859年**　チャールズ・ダーウィンは、昆虫の一生の各段階が、どのように各段階での昆虫の活動と環境に適合しているかを説明する。
**1913年**　イタリアの動物学者アントニオ・ベルレーゼは、昆虫の幼虫は、胚発生の未熟な段階で卵からふ化したものであると提案する。
**1930年代**　イギリスの昆虫学者ヴィンセント・ウィッグルスワースは、ホルモンが生活環を制御していることを発見する。

**卵**から幼虫、さなぎ、成虫へのチョウの変態は、今日よく知られている発生過程だが、17世紀にはそれとは異なる考えが支配的だった。ギリシアの哲学者アリストテレスの考えに従って、生物──特に昆虫のような「下等な」生物──は無生物から自然発生によって生じると考えられていた。また、「前成説」では、「高等な」生物は、卵の中にすでに完成した形が入っており、「下等な」動物は、単純すぎて複雑な内部を持たないとされていた。1669年、オランダのヤン・スワンメルダムは、チョウやトンボ、ハチ、アリなどの昆虫を顕微鏡下で解剖し、アリストテレスの考えが誤りであることを証明した。

### 「変態」についての新しい考え

「変態」という言葉は、それまで、個体が死んだあとに、その残存物から別の個体が現れることを意味したが、スワンメルダムは、昆虫の生活環の各段階──雌の成虫、卵、幼虫、さなぎ（または若虫）、成虫──は同じ生物の異なる形であることを明らかにした。生活環の各段階では、それぞれ体内の諸器官はできあがったものであると同時に、次の段階でできる諸器官の元でもあった。この新しい見方に従って、スワンメルダムは、生殖と発生に基づく昆虫の分類法を開発し、43歳のときマラリアで死去した。■

シラミを解剖すると、
次々と不思議なことが見つかり、
微小なものの中にも、
神の知恵がはっきりと
現れているのがわかるだろう。
**ヤン・スワンメルダム**

**参照**　ロバート・フック p.54　■　アントーニ・ファン・レーウェンフック p.56-57　■
ジョン・レイ p.60-61　■　カール・フォン・リンネ p.74-75　■　ルイ・パスツール p.156-159

# すべての生物は細胞でできている
## ロバート・フック（1635年～1703年）

17世紀の複合顕微鏡の開発は、以前は見られなかった構造の新しい世界を開いた。単純な顕微鏡は1つのレンズだけからできているが、オランダの眼鏡製造業者によって開発された複合顕微鏡は、2つ以上のレンズを使っていて、通常、倍率が高くなる。

イギリスの科学者ロバート・フックは、顕微鏡を用いて生物を観察した最初の人物ではない。しかし、1665年に出版した『ミクログラフィア』によって、通俗的な科学分野の初めてのベストセラー作家となり、顕微鏡を使用した新しい科学で読者を驚かせた。フック自身による正確な銅版画は、一般人が以前に見たことのない物体——シラミとノミの詳細な解剖学的構造、ハエの複眼、ブヨの繊細な羽——を見せた。フックは人工物も描き、観察結果を用いて、どのように結晶ができるか、水が凍るとき何が起きるかを説明した。イギリスの有名な日記の作者サミュエル・ピープスは『ミクログラフィア』を「これまでの人生で読んだ最も独創的な本」と呼んだ。

### 細胞を記述する

フックの絵の一枚は、コルクの薄片のスケッチだった。フックは、コルクの構造の中で、修道院内の修道士の小部屋を分けている壁のようなものに注目した。これは、すべての生物の体を作る基本単位である細胞の、初めての記述とスケッチだった。■

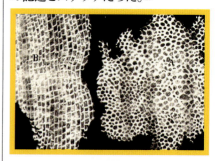

**フックの死んだコルク細胞のスケッチ**は、細胞壁のあいだの何もない空間を示している——生きている細胞には核や細胞質がある。フックは、$16cm^3$ に10億以上の細胞があると算出した。

### 前後関係

**分野**
**生物学**

**以前**

**1600年頃** オランダで、最初の複合顕微鏡が、おそらくハンス・リッペルスハイまたはヤンセン父子（ハンスとサハリアス）によって開発される。

**1644年** イタリアの司祭で、独学の科学者のジョヴァンニ・バティスタ・オディエルナは、顕微鏡を用いて、生きている組織を初めて記述する。

**以後**

**1674年** オランダのアントーニ・ファン・レーウェンフックは、顕微鏡下で単細胞生物を見た初めての人物となる。

**1682年** レーウェンフックは、サケの赤血球の中の核を観察する。

**1931年** ハンガリーの物理学者レオ・シラードによる電子顕微鏡の発明によって、それまでよりずっと高い解像度の画像を得ることが可能となる。

**参照** アントーニ・ファン・レーウェンフック p.56-57 ■ アイザック・ニュートン p.62-69 ■ リン・マーギュリス p.300-301

科学の革命　55

# 岩の層は
# 別の岩の層の上にできる
## ニコラウス・ステノ（1638年～1686年）

## 前後関係

**分野**
**地質学**

**以前**

**15世紀後半**　レオナルド・ダ・ヴィンチは、地形や地表の物質に対する風や水の浸食作用と堆積作用についての観察結果を記す。

**以後**

**1780年代**　ジェームズ・ハットンは、ステノの原理を、過去から周期的に続いている地質学的過程によるものとする。

**1810年代**　フランスのジョルジュ・キュヴィエとアレクサンドル・ブロンニャールおよびイギリスのウィリアム・スミスは、ステノの層位学の原理を地質図作製に応用する。

**1878年**　パリで開かれた最初の国際地質学会議で、標準的な層位学的尺度の作成手順が定められる。

地球の表面の多くを形成している岩の堆積層を見ると、地球の地質学的な歴史がわかる。通常、堆積層は、最古の地層が最下部にあり、最新の地層が最上部にある地層の柱となっている。水と重力による岩の堆積過程は何世紀も前から知られていたが、この過程の基礎となる原理を初めて説明したのは、ニコラウス・ステノの名で知られるデンマークの司教で科学者のニールス・ステンセンだった。1669年に発表された彼の結論は、イタリアのトスカナの地層の観察から導き出されたものだった。

ステノの「地層累重の法則」は、どの単一の地層も、その下にある一連の地層より新しく、その上にある地層より古いというものだ。地層は元々水平で横方向に連続しているというステノの原理は、地層は水平で連続した層として堆積するが、地層の傾きや折り重なり、破壊が見られる場合、地層が堆積したあとにそういった作用を受けた

**岩の層**は、ステノが気づいたように、すべて水平の層として始まり、その後、その層に働く巨大な力によって、時とともに変形し、ねじれる。

はずだというものだ。また、地層を横断するものに関する彼の原理は、「塊か切れ目が地層を横断していれば、それはその地層よりあとにできたはずだ」というものだ。

ステノの洞察によって、イギリスのウィリアム・スミスやフランスのジョルジュ・キュヴィエ、アレクサンドル・ブロンニャールなどが地質図を作成することがのちに可能となった。また、時間に関連した単位に、地層を細分化することが可能となり、その単位を世界中で比較できるようになった。■

**参照**　ジェームズ・ハットン p.96-101　■　ウィリアム・スミス p.115

# 微小生物の顕微鏡観察
## アントーニ・ファン・レーウェンフック
（1632年〜1723年）

## 前後関係

### 分野
**生物学**

### 以前

**紀元前2000年** 中国の科学者は、ガラスのレンズと水で満たされた管で水の顕微鏡を作り、非常に小さなものを見る。

**1267年** イギリスの司祭で哲学者のロジャー・ベーコンは、望遠鏡と顕微鏡の考えを提案する。

**1600年頃** オランダで顕微鏡が発明される。

**1665年** ロバート・フックは、生きている細胞を観察し、『ミクログラフィア』を出版する。

### 以後

**1841年** スイスの解剖学者アルベルト・フォン・ケリカーは、精子と卵はそれぞれ核を持った細胞であることを発見する。

**1951年** ドイツの物理学者アーヴィン・ヴィルヘルム・ミュラーは、電界イオン顕微鏡を発明して、初めて原子を見る。

アントーニ・ファン・レーウェンフックは、オランダのデルフトの自宅奥にある部屋で、ひとりで研究し、まったく新しい世界を発見した。それは、これまで誰も見たことのなかった微小な生物の世界で、ヒトの精子や血球、特に印象的なものとして細菌などがあった。

17世紀以前、肉眼では見えないほど小さい生物が存在するとは誰も思わなかった。ノミが存在する最小の生物と考えられた。1600年頃、顕微鏡がオランダの眼鏡製造業者によって発明された。彼らは2つのガラスのレンズを組み合わせて倍率を上げた。1665年、イギリスの科学者ロバート・フックは、顕微鏡によってコルクの薄片中に見えた細胞を初めてスケッチした。

当時、顕微鏡を用いて、肉眼で生物が見えないところに生物を探すことは、誰も思いつかなかった。しかし、レーウェンフックは、生物がまったくいないと思われるところ、特に液体の中にレンズを向け、雨滴、歯垢、糞、精子、血液などを調べた。彼が微小な生物の豊かさを発見したのは、こう

**1719年**、レーウェンフックがヒトの精子のスケッチを初めて発表したとき、それほど小さくて泳ぐ「微小動物」が精液中に存在できることを多くの人は認めなかった。

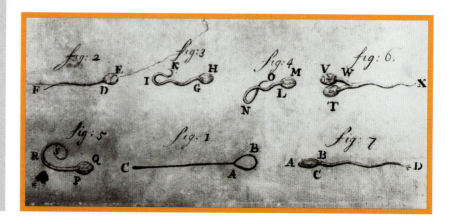

# 科学の革命

**参照** ロバート・フック p.54 ■ ルイ・パスツール p.156-159 ■ マルティヌス・ベイエリンク p.196-197 ■ リン・マーギュリス p.300-301

> **目に見える生物がいないところに顕微鏡を向けることができる。**
>
> ↓
>
> **高倍率**の単一レンズの顕微鏡によって、水や他の液体中にとても小さな「**微小生物**」が見える。
>
> ↓
>
> 世界は**微小な単細胞生物**で満ちあふれている。

## アントーニ・ファン・レーウェンフック

アントーニ・ファン・レーウェンフックは、1632年、オランダのデルフトにあったかご製造業者の家に生まれた。おじのリンネルの織物商で働いたあと、20歳で自分の織物商の店を開き、長い一生の残りをそこで過ごした。

レーウェンフックには、顕微鏡を使って趣味を追求する時間が十分にあった。彼がその趣味を始めたのは1668年頃のことで、ロンドンを訪れたあとなので、もしかしたらロンドンで、ロバート・フックの『ミクログラフィア』を見たのかもしれない。1673年以降、レーウェンフックは、自分の発見をロンドンの王立協会に手紙で報告し、歴史上どの科学者よりも多く報告書を書いた。王立協会は、素人の報告について最初、懐疑的だったが、フックがレーウェンフックの実験の多くを再現し、その発見を確認した。レーウェンフックは500を超える顕微鏡を作り、その多くが、特定の対象物を見るために設計されていた。

### 重要な著書

1673年　手紙1（レーウェンフックの王立協会への最初の手紙）

1676年　手紙18（細菌の発見を知らせた手紙）

---

いった、一見生物がいないように思われるものの中だった。

フックと異なり、レーウェンフックは2つのレンズの「複合」顕微鏡を使わず、単一の高品質のレンズ——顕微鏡というより拡大鏡——を使った。実際、当時は、このような単純な顕微鏡を使って鮮明な画像を得るほうが簡単だった。複合顕微鏡では、画像がぼやけるので、30倍を超える倍率は出せなかった。レーウェンフックはレンズを磨き、何年もかけて技術を進歩させて200倍を超える倍率で観察できるようになった。彼の顕微鏡は、わずか数mmの幅の非常に小さなレンズを用いた装置だった。試料を、レンズの片側にあるピンの上に置き、その反対側から片目でのぞいた。

### 単細胞生物

最初、レーウェンフックは、何も変わったものを見つけられなかったが、1674年に、湖の水の試料の中に、人間の髪の毛より細い非常に小さな生物を見たと報告した。これはアオミドロで、現在、緑藻類として知られる単純な生物の一例だった。彼は、この非常に小さな生物を「微小動物」と呼んだ。1676年10月、水滴の中にもっと小さな細菌を見つけた。翌年には、自分の精液が、現在、精子と呼んでいる小さな生物でいっぱいな様子を記述した。水中とは異なり、精液の中の微小動物はすべて同じだった。それぞれ、同じような非常に小さい尾と頭があるだけだった。そして、彼は、それらが精液の中でオタマジャクシのように泳いでいるのを見た。

レーウェンフックは、自分の発見を何百通もの手紙で、ロンドンの王立協会に報告した。自分の発見を発表しながら、レンズを作る技術は秘密にしていた。おそらく、細いガラスの糸を溶かすことによって、非常に小さなレンズを作ったと思われるが、はっきりしたことはわかっていない。■

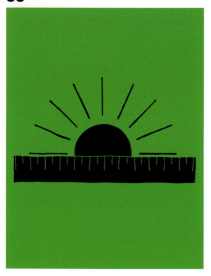

# 光の速度を測る
## オーレ・レーマー（1644年〜1710年）

### 前後関係

**分野**
天文学と物理学

**以前**
1610年　ガリレオ・ガリレイは、木星の4つの最も大きい衛星を発見する。

1668年　ジョヴァンニ・カッシーニは、木星の衛星の食を予測する初めての正確な表を発表する。

**以後**
1729年　ジェームズ・ブラッドリーは、星の位置の変化に基づいて、光の速度を301,000km/sと算出する。

1809年　ジャン＝バティスト・ドランブルは、木星の衛星の150年分の観測結果を用いて、光の速度を300,300km/sと算出する。

1849年　イッポリート・フィゾーは、天文学のデータを用いずに、実験室で光の速度を測る。

---

木星の衛星の食は、予測といつも一致するわけではない。

↓

地球と木星の距離は、地球と木星が太陽の周りを回るにつれて変化する。

↓

光が瞬間的に伝わらないなら、距離の違いが、差の説明になる。

↓

**光の速度は、太陽系内の時間差と距離から計算できる。**

---

木星には多くの衛星があるが、17世紀後半にオーレ・レーマーが北ヨーロッパの空を観測していたときは、4つの最も大きい衛星（イオ、エウロパ、ガニメデ、カリスト）だけが望遠鏡で見えた。これらの衛星で食が起こるのは、衛星が木星の投げかける影の部分を通っているときで、食は太陽の周りを回る地球と木星の相対的位置に応じて、特定の時刻に、影に入るか影から出ることで観測できる。地球と木星の間には太陽があるので、一年の半分近くは、木星の衛星の食はまったく観測できない。

ジョヴァンニ・カッシーニは、レーマーが1660年代後半にパリの王立天文台で研究を始めたときの天文台長で、木星の衛星の食を予測する一揃いの表を発表していた。食の時刻を知ることは、経度を算出する新しい方法につながった。経度は、所定の場所の時間と、参照とする経線（この場合、パリ）での時間の差からわかる。そこで、陸地では、木星の衛星で食が起こる時刻を観測して、パリでの食の予測されている時刻と比べることによって、

**参照** ガリレオ・ガリレイ p.42-43 ■ ジョン・ミッチェル p.88-89 ■ レオン・フーコー p.136-137

経度を算出することが可能になった。一方、海での場合、船上で食を観測できるほど望遠鏡を安定に保つことは難しかったので、1730年代にジョン・ハリソンが最初のマリン・クロノメーター（海で正確に作動する時計）を作るまで、経度の測定は不可能だった。

## 有限の速度か、無限の速度か？

レーマーは、2年間にわたって得られた木星の衛星イオの食の観測結果を調べ、それをカッシーニの表で予測されている時刻と比べた。地球が木星に最も近いときに得られた観測結果と、地球が最も離れているときに得られた観測結果には、11分の差があることを見つけた。この差は、地球か木星かイオの軌道の既知の不規則性によっては説明できなかった。それは、光が地球の軌道の直径を進むのにかかる時間に違いなかった。レーマーは、地球の軌道の直径を知っていたので、光の速度を計算し、214,000km/sという値

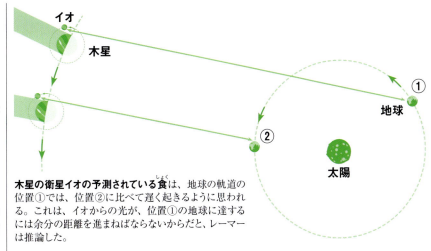

**木星の衛星イオの予測されている食**は、地球の軌道の位置①では、位置②に比べて遅く起きるように思われる。これは、イオからの光が、位置①の地球に達するには余分の距離を進まねばならないからだと、レーマーは推論した。

を得た。現在の値は299,792km/sで、レーマーの計算結果は、25％ほど外れていた。それでも、この結果は、最初の近似値としては優れていたし、この計算によって、光の速度が有限か否かという、それまで未解決だった問題が解決された。

イギリスでは、アイザック・ニュートンが、光は瞬間的には進まないというレーマーの仮説をすぐに受け入れ

た。しかし、すべての人がレーマーの推論に同意したわけではなかった。カッシーニは、木星の他の衛星について、観察結果の差がまだ説明されていないことを指摘した。天文学者ジェームズ・ブラッドリーが、星の視差（p.39）の測定から光の速度のより正確な値を1729年に出すまで、レーマーの発見は広く一般には受け入れられなかった。■

> 地球の直径にほぼ等しい
> 約 140,000 kmの距離を進むのに、
> 光は１秒もかからない。
> オーレ・レーマー

### オーレ・レーマー

オーレ・レーマーは、1644年、デンマークのオーフスという都市で生まれ、コペンハーゲン大学で学んだ。大学を卒業するとすぐに、ティコ・ブラーエの天体観測結果を整理し、発表するための準備を手伝った。レーマーは自分の観測もおこない、コペンハーゲンの近くのウラニボルグにあるブラーエの古い天文台で、木星の衛星の食の時刻を記録した。そこからパリに移動し、王立天文台でジョヴァンニ・カッシーニのもとで研究した。1679年、イングランドを訪れ、アイザック・ニュートンに会った。

レーマーは、1681年、コペンハーゲン大学に戻り、天文学の教授になった。度量衡と暦、建築基準法、さらには給水設備までの近代化に従事した。不運なことに、レーマーの天体観測結果は1728年に火事で焼失した。

### 重要な著書

1677年　光の運動について

# ある種は 別の種の種子からは 決して生じない
## ジョン・レイ（1627年～1705年）

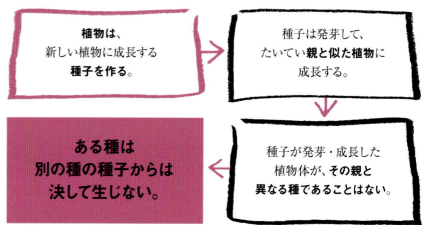

## 前後関係

**分野**
生物学

**以前**

**紀元前4世紀** ギリシア人は、「属」と「種」という言葉を用いて、類似したものの集団を表す。

**1583年** イタリアの植物学者アンドレア・チェザルピーノは、種子と果実に基づいて植物を分類する。

**1623年** スイスの植物学者ギャスパール・ボアンは、著書『植物図録』で6,000を超える植物を分類する。

**以後**

**1690年** イギリスの哲学者ジョン・ロックは、種が人為的な概念であると主張する。

**1735年** カール・フォン・リンネは、植物と動物の分類に関する『自然の体系』の初版を出版する。

**1859年** チャールズ・ダーウィンは、『種の起源』の中で自然選択による種の進化を提案する。

植物や動物の種の近代的な概念は、生殖に基づいている。種とは、実際に、あるいは潜在的に交配して子供ができ、その子供も交配して子供ができる個体の集団のことである。この概念は、1686年に、イギリスの博物学者ジョン・レイによって初めて提案され、今でも分類学の基礎となっている。

### 形而上学的な研究方法

当時、「種」という言葉は、一般的に使われていたが、宗教や形而上学（古代ギリシアから続いている研究方法）と複雑に関係していた。ギリシアの哲学者プラトンとアリストテレス、テオフラストスは、分類について議論し、「属」と「種」のような言葉を用いて、すべての種類の生物あるいは無生物の集団と下位集団を表した。その際、「本質」や「魂」のような曖昧な性質を引き合いに出した。つまり、個体が種に属するのは、同じ「本質」を共有しているからであって、同じ外観や、互いに交配する能力を共有しているからではなかった。

17世紀までに、無数の分類が存在した。多くの分類が、アルファベット

# 科学の革命

参照　ヤン・スワンメルダム p.53　■　カール・フォン・リンネ p.74-75　■　クリスティアン・シュプレンゲル p.104　■
　　　チャールズ・ダーウィン p.142-149　■　マイケル・シヴァネン p.318-319

> 発明されると同時に
> 完成されるものはない。
> **ジョン・レイ**

順で整理されたり、治療できる病気に応じた植物の分類のように、民間伝承に由来するグループによって整理されたりしていた。1666年、レイは、植物と動物の多くの収集物とともに、3年間のヨーロッパ旅行から戻った。レイと同僚のフランシス・ウィラビイは、その収集物を、より科学的な方針に沿って分類しようとしていた。

## 実際の性質

レイは新しい実際的な観察方法を導入した。根から茎の先端と花まで、植物のすべての部分を調べた。「花弁」と「花粉」という言葉を一般的に使うように奨励した。また、種子の種類が分類にとって重要な特徴であるように、花の種類もそうだと判断した。さらに、単子葉植物と双子葉植物の区別も導入した。しかし、種の数が扱いきれないほど多くならないように、分類に用いる特徴の数に制限を設けるように勧めた。1686年と1688年、1704年に全3巻で出版された主要な著書『一般植物誌』は、18,000を超える項目を含んでいる。

レイにとって、生殖は、種を定義することへの手がかりだった。レイ独自の定義は、標本を集め、種子をまいて、その発芽を観察する経験から生まれた——「種を決定するための基準として、種子からの生殖で自らを永続させるという際立った特徴より確かなものは思い浮かばない。……ある種は決して別の種の種子からは生じないし、別の種

**小麦は**、レイによって定義された単子葉植物だ。この主要な食用作物の約30種が、1万年間の栽培から生まれ、そのすべてがコムギ属に属する。

はある種の種子から生じない」。レイは、今日でも種の定義に用いられている真に交配可能な集団という考え方の基礎を確立した。そのことで、植物学と動物学を科学的研究にした。信心深いレイは、自分の研究を、神の奇跡を示すための手段と考えた。■

---

### ジョン・レイ

1627年、イングランドのエセックスのブラック・ノットリーで生まれたジョン・レイは、村の鍛冶屋で地元の植物採集家の息子だった。16歳で、ケンブリッジ大学に行き、幅広く学んだ。1660年に司祭職に就くまで、ケンブリッジ大学でギリシア語から数学まで講義した。1650年、病気から回復するために、自然の中を歩くようになり、植物学に対する興味が高まった。

1660年代、レイは、裕福な彼の学生で支援者のフランシス・ウィラビイと一緒に、イギリスとヨーロッパを旅行し、植物と動物を調査し、収集した。ウィラビイの家族と別れて、1673年に、マーガレット・オークリーと結婚し、77歳まで、ブラック・ノットリーで静かに暮らした。これまでにないぐらい野心的な植物と動物の目録を作成するために、標本を研究して晩年を過ごした。植物と動物の分類法や形態、機能について、また神学と旅行について、20を超える著書を書いた。

**重要な著書**

1686〜1704年　一般植物誌

# 重力は
# 宇宙に存在する万物に影響する
### アイザック・ニュートン（1642年～1727年）

# アイザック・ニュートン

## 前後関係

**分野**
物理学

**以前**

1543年　ニコラウス・コペルニクスは、惑星は地球ではなく、太陽の周りを回っていると主張する。

1609年　ヨハネス・ケプラーは、惑星は太陽の周りの楕円軌道上を自由に移動すると主張する。

1610年　ガリレオの天体観測は、コペルニクスの見解を支持する。

**以後**

1846年　ヨハン・ガレは、フランスの数学者ユルバン・ル・ヴェリエがニュートンの法則を用いて海王星のあるべき位置を計算したあと、海王星を発見する。

1859年　ル・ヴェリエは、水星の軌道はニュートン力学によって説明されないと報告する。

1915年　アルベルト・アインシュタインは、一般相対性理論を用いて、時空の曲率の観点から重力を説明する。

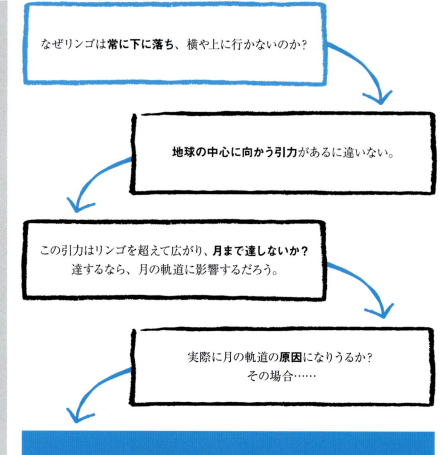

なぜリンゴは**常に下に落ち**、横や上に行かないのか？

↓

地球の中心に向かう引力があるに違いない。

↓

この引力はリンゴを超えて広がり、**月まで達しないか？**
達するなら、月の軌道に影響するだろう。

↓

実際に月の軌道の**原因**になりうるか？
その場合……

↓

**重力は宇宙に存在する万物に影響する。**

　アイザック・ニュートンが生まれたとき、地球を含めた惑星は太陽の周りを回っているという宇宙の太陽中心説が、太陽と月、惑星の運動に対する一般的な説明だった。この説は新しいものではなかったが、1543年、ニコラウス・コペルニクスが人生の終わりに自分の考えを発表したとき、再び注目されるようになった。コペルニクスの説では、月とそれぞれの惑星は、水晶のように透明な天球上で太陽の周りを回り、その外側に「固定された」星があった。この説は、ヨハネス・ケプラーが1609年に惑星の運動の法則を発表したときに破棄された。ケプラーは、コペルニクスの説にあった透明な天球なしで済まし、惑星の軌道が楕円であり、楕円の1つの焦点に太陽があることを示した。また、惑星が移動するとき、どのように速さが変わるかも説明した。

　それまでの宇宙に関する説に欠けていたものは、なぜ惑星は今動いているように動いているのかの説明だった。ここでニュートンの出番となる。彼は、リンゴを地球の中心に引っ張る力と、惑星を太陽の周りの軌道に保つ力は同じだと気づき、この力が距離とともにどのように変化するかを数学的に明らかにした。ニュートンが用いた数学は、彼の3つの運動の法則と万有引力の法則に関わっていた。

### 変化する考え

　何世紀ものあいだ、科学的思考は、アリストテレスの考えに支配されてきた。アリストテレスは、検証するための実験をおこなわずに結論を出した。動いている物体は押されているあいだ

# 科学の革命

**参照** ニコラウス・コペルニクス p.34-39 ■ ヨハネス・ケプラー p.40-41 ■ ガリレオ・ガリレイ p.42-43 ■
クリスティアーン・ホイヘンス p.50-51 ■ ウィリアム・ハーシェル p.86-87 ■ アルベルト・アインシュタイン p.214-221

だけ動き続け、重い物体は軽い物体より速く落下するとした。重い物体が落下するのは、本来あるべき場所に動くからだと説明した。天体は、完全であれば、すべて円軌道を一定の速さで移動しなければならないとも述べた。

ガリレオ・ガリレイは、実験を通して得られた一連の異なる考えを提案した。玉が斜面を転がり落ちるのを観察し、空気抵抗が最小であれば、物体はすべて同じ速度で落下することを実証した。動いている物体は、摩擦のような力が働かなければ、動き続けると結論した。ガリレオの慣性の原理は、ニュートンの運動の第一法則の一部になった。動いている物体に摩擦が作用するのを日常的に経験するが、だからと言って摩擦のことがすぐにはっきりするわけではない。ガリレオは、注意深い実験によって初めて、何かを一定の速さで動かし続ける力は、摩擦に対抗するためだけに必要とされることを示せたのである。

## 運動の法則

ニュートンは関心のある多くの分野で実験したが、運動に関する実験の記録は残っていない。しかし、ニュートンの3つの法則は、多くの実験で実証され、光の速さより十分小さい速さに対しては当てはまる。ニュートンは第一法則を次のように述べている。「物体はすべて、力を加えて状態を変えない限り、静止しているか、等速直線運動を続ける」。すなわち、静止している物体は、力を加えられて初めて動き始め、動いている物体は、それに力が働かなければ、一定の速度で動き続ける。ここで、速度とは動いている物体の方向と速さの両方を意味する。したがって、物体は、それに力が加えられて初めて、速さを変えるか、方向を変える。重要なのは正味の力だ。動いている車には多くの力が働いており、それには摩擦力や空気抵抗の力、エンジンによる駆動力もある。車を前に押し出す力が、車を減速させようとする力と釣り合っていれば、正味の力はなく、車は一定の速度を保つ。

ニュートンの第二法則では、物体の加速度（速度の変化の割合）はそれに働く力の大きさによって決まると述べられている。$F = ma$ と書かれることが多く、$F$ は力、$m$ は質量、$a$ は加速度を意味する。この式は、物体に働く力が大きければ加速度も大きいことを示している。加速度は物体の質量に

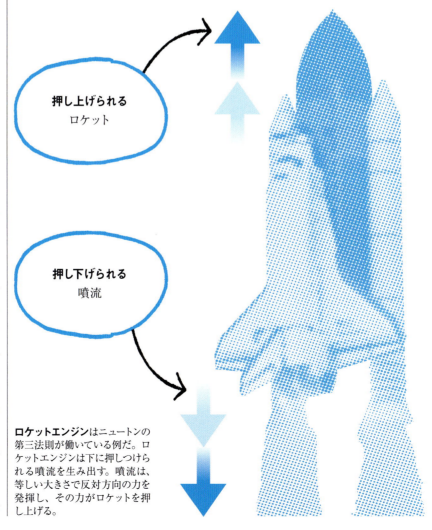

**押し上げられる**
ロケット

**押し下げられる**
噴流

**ロケットエンジン**はニュートンの第三法則が働いている例だ。ロケットエンジンは下に押しつけられる噴流を生み出す。噴流は、等しい大きさで反対方向の力を発揮し、その力がロケットを押し上げる。

よって決まることも示しており、加えた力に対して、質量が小さい場合は、大きい場合より加速度は大きくなる。

第三法則は次のように述べられている。「すべての作用に対して、等しい大きさで、反対方向の反作用がある」。これは、すべての力が対で存在していることを意味する。物体①が物体②に力を及ぼすなら、物体②も同時に物体①に力を及ぼしていて、両方の力は大きさが等しく、反対向きである。第三法則は、重力についてのニュートンの考えにも関係している。地球が月を引っ張っているだけでなく、月も地球を同じ大きさの力で引っ張っている。

## 万有引力

ニュートンは、1660年代後半に、ケンブリッジを荒廃させていたペストを避けるため2年間ウールズソープという村に避難していた。そのときに重力について考え始めた。当時、数人が、太陽からの引力が存在し、その力の大きさは距離の2乗に反比例すると提案

> 様々な現象における重力のこれらの性質の原因を発見できていないので、仮説を作らない。
> アイザック・ニュートン

していた。距離の2乗に反比例するとは、太陽と別の天体の距離が2倍になれば、それらのあいだに働く力は、元の力の4分の1になるということだ。しかし、この法則が、地球のような大きな天体の表面近くで適用できるとは考えられていなかった。ニュートンは、リンゴが木から落ちるのを見て、地球がリンゴを引っ張っていると考え、リンゴはいつも地面に垂直に落ちることから、落ちる方向は地球の中心を向い

ていると推論した。したがって、地球とリンゴのあいだの引力は、地球の中心で生じるかのように作用するに違いない。この考えは、太陽と惑星を大きな質量の小さな点として扱うことに道を開き、太陽と惑星の中心を用いて測定をおこなうことによって、計算がずっと容易になった。ニュートンには、リンゴを落とす力が、惑星を軌道上に保つ力と異なると考える理由が見当たらなかった。すなわち、彼は重力は普遍的な力、つまり万有引力だと考えたのである。

ニュートンの重力の理論が落下している物体に適用されるなら、$M_1$が地球の質量で、$M_2$が落下している物体の質量だ。したがって、物体の質量が大きければ、それだけその物体を下に引っ張る力が大きくなる。しかし、第二法則によれば、力が等しいなら、大きな質量の物体は、小さな質量のものほど加速しない。したがって、質量の大きい物体を加速するには大きな力が必要で、空気抵抗のような他の力がない限り、物体はすべて等しい速度で落下する。空気抵抗がなければ、金づちと羽毛は等しい速度で落ちる。これは宇宙飛行士のデイヴ・スコットによって1971年についに実証された。スコットは、アポロ15号の任務中に月面でその実験をおこなった。

ニュートンは『自然哲学の数学的原理』の初期の原稿で、軌道を説明する思考実験について述べている。彼は、非常に高い山の上の大砲から、発射速度を大きくしつつ、水平に玉を発射しているところを想像した。玉の発射速度を大きくしていくと、それだけ玉は遠くに着地する。玉の発射速

**ニュートンの万有引力（重力）の法則**を方程式で表すと、以下のようになる。
方程式は、2つの物体間にはたらく力が、それぞれの質量と、それらの間の距離の2乗によって決まることを表している。

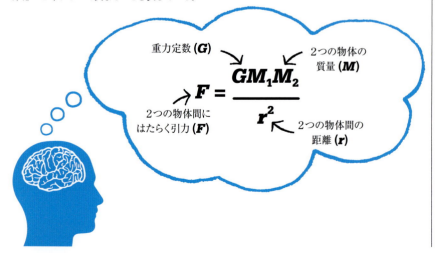

$$F = \frac{GM_1M_2}{r^2}$$

重力定数 (**G**)
2つの物体の質量 (**M**)
2つの物体間にはたらく引力 (**F**)
2つの物体間の距離 (**r**)

# 科学の革命　67

**大砲の玉の発射速度**が不十分な場合は、重力が大砲の玉を地球へ引っ張る（AとB）。発射速度が十分な場合は、地球の周りを回る（C）。

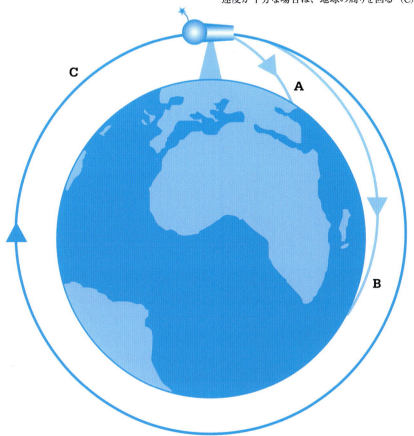

ニュートンは、高い山から水平に発射される大砲の玉を使って思考実験をおこなった。大砲の玉を発射する力が大きければそれだけ、大砲の玉は地面に落ちる前に遠くまで進む。大砲の玉を十分に強く発射すれば、地球を一周して山に戻るだろう。

> わたし自身にとって、わたしは浜辺で遊んでいる子供に過ぎず、広大な真理の海が、未発見のまま、わたしの前にある。
> **アイザック・ニュートン**

度を十分大きくしたら、着地せずに地球を一周して山の頂上に戻るだろう。同様に、十分な速度で軌道に発射された衛星は、地球の周りを回り続けるだろう。その衛星は地球の重力によって絶えず加速される。衛星は一定の速さで移動するが、移動方向は絶えず変化し、そのことで、衛星は一直線に宇宙に飛んでいかずに、地球の周りを回り続ける。この場合、地球の重力は衛星の速度の大きさ（速さ）ではなく、その方向を変えている。

## 考えを発表する

1684年、ロバート・フックは友人のエドモンド・ハレーとクリストファー・レンに惑星の運動の法則を発見したと自慢した。ハレーはニュートンの友人であり、ニュートンにそのことについて尋ねた。ニュートンは、その問題はすでに解いたが、記録したものを失ったと答えた。ハレーはその研究をやり

直すようにニュートンに勧めた。そこで、ニュートンは1684年に短い論文「軌道上の天体の運動について」を書き、王立協会に送った。この論文で、彼は、ケプラーが記述した惑星の楕円運動は、あらゆるものを太陽のほうに引っ張る力に起因し、その力は天体間の距離に反比例することを示した。そして『自然哲学の数学的原理』で、この研究についてさらに詳しく述べ、力と運動に関する他の研究についても記した。この本は3巻からなり、万有引力の法則とニュートンの3つの運動法則を含んでいた。ラテン語で書かれたこの本は、1729年になってようやく第3版をもとにして、英語の翻訳書が出版された。

フックとニュートンは、ニュートンの光の理論に対するフックの批判に関して論争していた。しかし、ニュートンの発表後、惑星の運動に関するフックの研究の多くは曖昧にされた。もっとも、フックは惑星の運動の法則を提案している唯一の人間ではなかったし、その法則が成り立つことも示していなかった。ニュートンは、万有引力の法則と運動の法則を数学的に用い

# アイザック・ニュートン

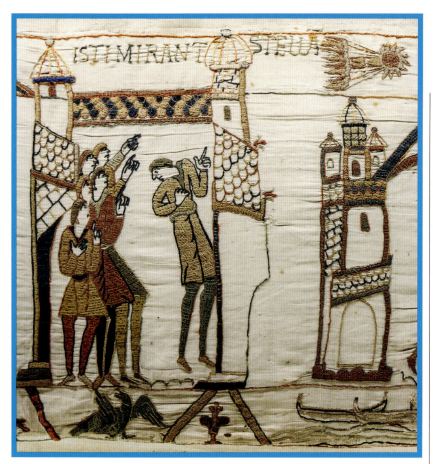

ニュートンの法則は、ハレー彗星のような天体の軌道を計算する道具となった。ハレー彗星は1066年に出現したのち、ヘースティングズの戦いを描いたバイユーのタペストリーに示されている。

## 方程式を用いて

エドモンド・ハレーは、ニュートンの方程式を用いて、1682年に観測された彗星の軌道を計算し、それが1531年と1607年に見られた彗星と同じ彗星であることを示した。ハレーはその彗星が、彼の死の16年後の1758年に戻ってくると正しく予測した。このとき初めて、彗星が太陽の周りを回っていることが示された。この彗星は現在、ハレー彗星と呼ばれ、75～76年ごとに地球の近くを通る。ハレー彗星は、南イングランドのヘースティングズの戦いの前、1066年に見られた彗星と同じ彗星だった。

ニュートンの方程式は新しい惑星を発見するためにも用いられた。天王星は、1781年にウィリアム・ハーシェルが発見した、太陽に近い方から7番目の惑星である。ハーシェルは、夜空を注意深く観測していたとき、この惑星を偶然見つけた。のちに、天文学者たちは、天王星をさらに観測してその軌道を算出し、いつどこで観測できるかを予測する表を作った。しかし、この予測は、いつも的中するわけではなかった。そこで、天王星の軌道に影響している惑星が、さらに外側にあるに違いないと考えられるようになった。1845年までに、天文学者たちはこの8番目の惑星があるべき場所を算出し、1846年に海王星が発見された。

て、惑星と彗星の軌道を説明し、その説明は観測結果と一致していた。

## 懐疑的な受け入れ

ニュートンの重力に関する考えはどこでも歓迎されたわけではなかった。重力の「離れた状態での作用」は、それがどのように、なぜ起きるのかを説明する方法もなく、「超自然的な」考えと見られた。ニュートン自身が重力の性質について深く考えることを拒否した。彼にとって、逆2乗の引力の考えが惑星の運動を説明し、それが数学的に正しいことを示せたということだけで十分だった。しかし、ニュートンの法則は非常に多くの現象を説明できたので、すぐに広く受け入れられるようになった。今日、国際的に用いられている力の単位はニュートンにちなんで名づけられた。

なぜリンゴは常に、
垂直に地面に落ちるのかと、
彼は考えた……
**ウィリアム・ステュークリ**

## 理論に伴う問題

楕円軌道の惑星に関して、太陽に最

接近する点は近日点と呼ばれる。1つの惑星だけが太陽の周りを回っていれば、その軌道の近日点は変わらない。しかし、太陽系の中のすべての惑星が互いに影響するので、近日点は太陽の周りを歳差運動する（回転する）。他の惑星と同じように、水星の近日点は歳差運動するが、その運動は、ニュートンの方程式を用いて、完全に説明することができない。1859年にこの問題が認識され、50年以上あとに、アインシュタインの一般相対性理論によって説明された。この理論は、重力を時空のゆがみの結果として説明し、この理論に基づく計算によって、それまでニュートンの法則では説明できなかった観測結果が説明できるようになった。

## 今日のニュートンの法則

ニュートンの法則は「古典力学」——力と運動の影響を計算するのに用いられる一揃いの方程式——の基礎となっている。この法則はアインシュタインの相対性理論に基づく方程式に取って代わられたが、ニュートンの法則とアインシュタインの理論は、運動が光の速さに比べて十分遅い場合は一致する。したがって、飛行機や車の設計、超高層ビルの部品の強度を知るには、古典力学の方程式は十分正確で、ずっと簡便に使える。ニュートン力学は、厳密には正しくないが、今でも広く用いられている。■

> 自然と自然の法則は、闇に隠れていた。神は言った。「ニュートンを出現させよ」と。そして、すべてが明るくなった。
> アレキサンダー・ポープ

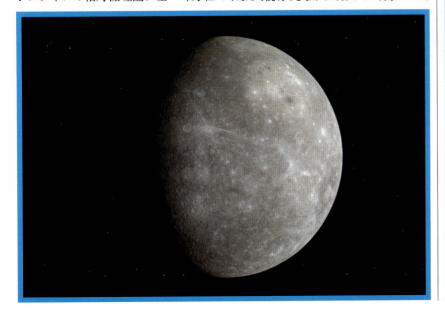

**水星の軌道の歳差運動**は、ニュートンの法則によって説明できなかった初めての現象だった。

## アイザック・ニュートン

1642年のクリスマスに生まれたアイザック・ニュートンは、グランサムで学校に通い、そのあとケンブリッジ大学のトリニティー・カレッジで学び、そこを1665年に卒業した。ニュートンは一生のあいだに、ケンブリッジ大学の数学の教授、王立造幣局の長官、ケンブリッジ大学を代表する国会議員、王立協会の会長と、様々な職に就いた。ニュートンは、フックとの論争だけでなく、ドイツの数学者ゴットフリート・ライプニッツとの微積分学の考案の優先権に関わる争いにも関わるようになった。

ニュートンは科学の研究に加えて、錬金術の研究と聖書の解釈に多くの時間を費やした。信心深いが、正統でないキリスト教徒であり、通常は、ニュートンが就いた役職のいくつかの要件だった司祭に任命されることをうまく避けた。

### 重要な著書

1684年　軌道上の天体の運動について
1687年　自然哲学の数学的原理
1704年　光学

# 広がる地平
## 1700年〜1800年

# はじめに

イギリスの牧師スティーヴン・ヘールズは『植物の静力学』を出版し、**根圧**を明らかにする。

ジョージ・ハドレーは、数十年間知られないままだった短い論文で、**貿易風**のふるまいを説明する。

のちの**ビュフォン伯**、ジョルジュ＝ルイ・ルクレールは『博物誌』の第1巻を出版する。

ヘンリー・キャヴェンディッシュは、亜鉛を酸と反応させることによって、水素すなわち**引火性の空気**を作る。

↑ 1727年　　↑ 1735年　　↑ 1749年　　↑ 1766年

1735年　　1738年　　1754年　　1770年 ↓

スウェーデンの植物学者カール・フォン・リンネは、**動植物の分類**に関する『自然の体系』の初版を出版する。

ダニエル・ベルヌーイは、**気体の分子運動論**の基礎を築く『流体力学』を出版する。

ジョゼフ・ブラックの炭酸塩についての博士論文は、**定量的化学**の先駆的研究だ。

アメリカの外交官で科学者のベンジャミン・フランクリンは、**メキシコ湾流の海図**を発表する。

**17**世紀の終わり、アイザック・ニュートンが定めた運動と重力の法則によって、科学はそれまで以上に正確で、数学的になった。様々な分野の科学者が宇宙を支配する基本的な原理を見つけ、科学の様々な研究分野がますます専門化した。

## 流体力学

1720年代、イギリスのスティーヴン・ヘールズは、植物を用いた一連の実験をおこない、根圧——根に生じる水を押し上げる力——を発見した。また、気体を採取できるガス採取用水槽を発明し、それはのちに空気の成分を特定する研究に役立つこととなった。スイスのダニエル・ベルヌーイは、ベルヌーイの定理——流体の速度が増加するとその圧力が下がる——を定式化した。この定理によって、血圧を測定できるようになり、また将来飛行機が飛ぶことが可能になった。

1754年、のちに潜熱の理論を定式化したスコットランドの化学者ジョゼフ・ブラックは、炭酸カルシウムの分解と「固定空気」すなわち二酸化炭素の発生について、注目に値する博士論文を書いた。これをきっかけとして化学的研究と発見が連鎖的に起こった。イングランドでは、孤独を好む天才ヘンリー・キャヴェンディッシュが水素ガスを単離し、水が酸素1に対して水素2の割合でできていることを実証した。ジョゼフ・プリーストリーは、酸素などいくつかの新しい気体を単離した。オランダのヤン・インゲンホウスは、どのように緑色植物が日光の中で酸素を、暗闇の中で二酸化炭素を出すかを示した。その間、フランスでは、アントワーヌ・ラヴォアジェが、炭素と硫黄、リンを含む多くの元素が、酸素と結びつくことで燃え、現在、酸化物と呼んでいるものができることを示し、可燃性物質がフロギストンという燃える物質を含んでいるという理論が偽りであることを証明した。

フランスの化学者ジョゼフ・プルーストは、元素がたいてい決まった割合で結合していることを発見し、1799年、定比例の法則を発表した。これは、単純な化合物の化学式を整理することへの欠かせない一歩だった。

# 広がる地平

ジョゼフ・プリーストリーは、日光と虫眼鏡を用いて、酸化水銀を加熱することによって酸素を作る。酸素を**脱フロギストン空気**と呼ぶ。

**1774年**

ネヴィル・マスケリンは、山の重力を測定することによって、**地球の密度**を算出する。

**1774年**

ジェームズ・ハットンは、**地球の年齢**に関する理論を発表する。

**1788年**

トマス・マルサスは**人口**に関する最初の小論を出版し、それは、のちにチャールズ・ダーウィンとアルフレッド・ラッセル・ウォレスに影響を及ぼす。

**1798年**

---

**1774年**

アントワーヌ・ラヴォアジェは、プリーストリーから実験技術を学んだあと、同じ気体を作り、それを**オクシジェーヌ（酸素）**と呼び始める。

**1779年**

ヤン・インゲンホウスは、日光を当てると緑色植物が酸素を出すこと、すなわち**光合成**を発見する。

**1793年**

クリスティアン・シュプレンゲルは、受粉に関する著書で、**植物の生殖**について説明する。

**1799年**

アレッサンドロ・ボルタは、**電池**を発明する。

## 地球科学

地球で起きている現象の理解も大きく進歩した。アメリカ大陸で、ベンジャミン・フランクリンは、稲妻がある種の電気であることを証明する危険な実験をおこない、またメキシコ湾流の調査で大規模な海流の存在を明らかにした。イギリスの弁護士でアマチュア気象学者のジョージ・ハドレーは、地球の自転と貿易風の動きの関連について短い論文を発表した。ネヴィル・マスケリンは、ニュートンの考えからヒントを得て、悪天候の中で数か月野営し、スコットランドの山の重力を測定することで、地球の密度を明らかにした。ジェームズ・ハットンは、スコットランドの農地を相続後、地質学に興味を持つようになり、地球ができたのは、それまでに考えられていたよりもずっと古いことに気づいた。

## 生物を理解する

地球の歴史が古いことを科学者が知るにつれて、どのように生物が生じて進化したかに関する新しい考えが現れ始めた。フランスの並外れた作家・博物学者・数学者のビュフォン伯ジョルジュ＝ルイ・ルクレールは、進化論への最初の数歩を踏み出した。ドイツの神学者クリスティアン・シュプレンゲルは、一生涯、植物と昆虫の相互作用を研究し、多くの両性花では雄しべと雌しべの成熟時期が異なるので、自家受精できないことに気づいた。イギリスの牧師トマス・マルサスは人口統計学に注目して『人口論』を書き、人口が増えると大惨事が起きると予測した。マルサスの悲観主義には、今のところ根拠はないように思われるが、人口は放っておくと増加し、資源が不足するという彼の考えは、チャールズ・ダーウィンに大きな影響を及ぼした。

18世紀の終わり、イタリアの物理学者アレッサンドロ・ボルタは、電池を発明することで新しい世界を開き、そのことが、その後の数十年間の進歩を加速することになった。18世紀を通しての進展から、イギリスの哲学者ウィリアム・ヒューウェルは、哲学者とは異なる新しい職業を提案した。「われわれは科学の研究者を一般的に表現する名前をとても必要としている。わたしは彼らを『科学者』と呼びたいと思う」。■

# 自然は飛躍的に生じない
## カール・フォン・リンネ（1707年〜1778年）

### 前後関係

**分野**
生物学

**以前**
**紀元前320年頃** アリストテレスは、複雑さが増していく尺度で、類似した生物をグループにまとめる。
**1686年** ジョン・レイは、著書『一般植物誌』の中で種を定義する。

**以後**
**1817年** フランスの動物学者ジョルジュ・キュヴィエは、生きている動物だけでなく、化石の研究にもリンネの階層を適用する。
**1859年** チャールズ・ダーウィンは、『種の起源』で、進化論に基づいて、どのように種が生まれ、互いに関係しているかを述べる。
**1866年** ドイツの生物学者エルンスト・ヘッケルは、系統学として知られる系統発生の先駆的な研究をおこなう。
**1950年** ヴィリー・ヘニッヒは、進化上のつながりを探す分岐学という、分類の新しい方式を考案する。

自然界を、命名・記述された生物集団の明確な階層へ分類することは、生物学の基礎だ。こういった分類は生物の多様性を理解し、科学者が何百万という個々の生物を比較して識別することを可能にする。近代の分類学はスウェーデンの博物学者カール・フォン・リンネとともに始まった。彼は、植物と動物の形態的な特徴を広範囲で詳細に研究することで、系統的な階層を初めて考案した。また、今日でも用いられている生物の命名法の開発者でもある。

初期の分類で最も影響力のあったものは、ギリシアの哲学者アリストテレスの分類だった。彼は『動物誌』の中で、類似した動物を広範な属に分け、さらに種を識別した。そして、それらを最下部の植物から最上部の人間まで、形態と役割が複雑になっていく11の階級のスカラ・ナツラエすなわち「生命のはしご」上に順位づけた。

その後の数世紀で、植物と動物の名前と記述は、混乱をきたすほど多くなった。17世紀までに、科学者はより論理的で、首尾一貫した方式を作ろうと努力した。1686年、イギリスの植物学者ジョン・レイは、種という言葉に初めて生物学的な定義を与えた。

1735年、リンネは、12ページの小冊子『自然の体系』の初版を出し、それは1778年までに数巻の第12版になった。彼は、著書の中で実際の分類を示し、属の考えを、共有された物理的特

| 界 |
|---|
| **動物界** |
| 門 |
| **脊索動物門** |
| 綱 |
| **哺乳綱** |
| 目 |
| **食肉目** |
| 科 |
| **ネコ科** |
| 属 |
| **ヒョウ属** |
| **トラ** |

**リンネの分類方式**は、共通の特徴に従って生物を分類する。トラは、ネコ科に属し、ネコ科は食肉目に属し、食肉目は哺乳綱に属す。

# 広がる地平

参照　ヤン・スワンメルダム p.53　■　ジョン・レイ p.60-61　■　ジャン＝バティスト・ラマルク p.118　■　チャールズ・ダーウィン p.142-149

徴に基づく分類の階層——最下位の種から順に属、目、綱——へと発展させた。また、自然界を分類する最上位の枠組みを、動物、植物、鉱物とした。リンネ以降、いくつかの分類階級が設けられ、現在では、最下位の種から、属、科、目、綱、門、界などに階層化されている。またリンネは、ホモ・サピエンスのように、属を表す属名とその属内の種を表す種小名という2語のラテン語の名称を使うことで、種の命名を安定させた。リンネはヒトを動物として定義した最初の人物だった。

## 神から与えられた秩序

リンネにとって分類は、「自然は飛躍的に生じず」、神から与えられた秩序で生じることを示すものであった。リンネの研究は、ヨーロッパ全域での新種を探し求めた調査旅行の成果だった。19世紀になると、ダーウィンは、同じ属あるいは科に分類される種はすべて、共通先祖から派生したものであるという「自然の階層性」に気づいた。そして、それが進化的に重要であるという考えに至るが、その道を開いたのはリンネの分類方式だった。ダーウィンから一世紀後、ドイツの生物学者ヴィリー・ヘニッヒは、分岐学という分類の新しい方法論を考案した。分岐学では、進化的な繋がりを分類に反映させるため、個々の生物を、共通祖先から受け継ぐ特徴的な形質を基準にして「分岐群」にまとめていく。分岐群による分類は今日も活発におこなわれ、新しい証拠が見つかるたびにこれまでの分類は見直される。■

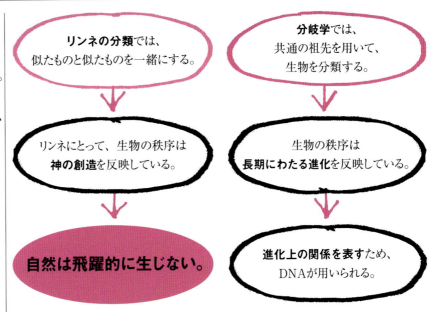

**リンネの分類**では、似たものと似たものを一緒にする。
↓
リンネにとって、生物の秩序は**神の創造**を反映している。
↓
**自然は飛躍的に生じない。**

**分岐学**では、共通の祖先を用いて、生物を分類する。
↓
生物の秩序は**長期にわたる進化**を反映している。
↓
進化上の関係を表すため、DNAが用いられる。

## カール・フォン・リンネ

1707年、スウェーデン南部の田舎で生まれたカール・フォン・リンネは、ルンド大学とウプサラ大学で医学と植物学を学び、1735年にオランダで医学の学位を取った。その年、『自然の体系』と呼ばれる、生物の分類方式を概説する12ページの小冊子を出版した。リンネは、さらにヨーロッパを旅行したあと、1738年にスウェーデンに戻り、医業を営み、そのあとウプサラ大学の医学と植物学の教授に任命された。最も有名なダニエル・ソランダーなどリンネの生徒たちは世界を旅し、植物を集めた。その膨大な収集物を用いて、リンネは、『自然の体系』を充実させていき、第12版は、1,000ページを超える長さの、6,000種を超える植物と4,000種を超える動物を含む、数巻からなる本となった。1778年に死去する頃には、ヨーロッパで最も称賛される科学者のひとりだった。

### 重要な著書

1753年　植物の種
1778年〜1793年　自然の体系 第13版

# 水が蒸気になる過程で消えたように見える熱は失われていない
## ジョゼフ・ブラック（1728年～1799年）

### 前後関係

**分野**
化学と物理学

**以前**
**1661年** ロバート・ボイルは、気体の単離の先駆者となる。

**1750年代** ジョゼフ・ブラックは、化学反応の前後で物質の重さを測り——最初の定量的化学——、二酸化炭素を発見する。

**以後**
**1766年** ヘンリー・キャヴェンディッシュは、水素を単離する。

**1774年** ジョゼフ・プリーストリーは、酸素などの気体を単離する。

**1798年** アメリカ生まれのイギリスの物理学者ベンジャミン・トンプソンは、粒子の運動によって熱が生成すると提案する。

**1845年** ジェームズ・ジュールは、運動から熱への変換を研究し、熱の仕事当量を測定し、ある量の力学的仕事は、それと等価な量の熱を生成すると述べた。

---

熱は通常、**水の温度を上げる**。

↓

しかし、水が沸騰するとき、**温度は上がらなくなる**。

↓

**液体を蒸気に変える**には、さらに熱を加える必要がある。この潜熱が、蒸気に**ひどい火傷をさせる力**を与える。

↓

**水が蒸気になる過程で消えたように見える熱は失われていない。**

---

ジョゼフ・ブラックは、大学の医学の教授だったが、化学も講義した。注目に値する研究をおこなう科学者だったが、公式にはめったに結果を発表せず、その代わりに講義で発表した。ブラックの学生は新しい科学の最先端にいた。

ブラックの学生には、スコットランドのウィスキー製造業者の息子が何人かいて、彼らは事業でかかるコストに関心があった。やっていることは液体を沸騰させて、蒸気を凝縮させているだけなのに、どうしてウィスキーを蒸留するのにそんなに金がかかるのかと彼らはブラックに尋ねた。

### 考えがまとまる

1761年、ブラックは、液体に対する熱の影響を調べ、鍋の水をコンロで熱すると、温度は100℃まで高くなるこ

**参照** ロバート・ボイル p.46-49 ■ ジョゼフ・プリーストリー p.82-83 ■
アントワーヌ・ラヴォアジェ p.84 ■ ジョン・ドルトン p.112-113 ■
ジェームズ・ジュール p.138

とを発見した。そのあと水は沸騰し始めるが、熱を加え続けているのに温度は変化しない。ブラックは、液体を蒸気に変える——現代的に言うと、液体の中に分子をしっかり留めている結合を切るのに十分なエネルギーを分子に与える——には、熱が必要であることに気づいた。この熱は温度を変化させず、消えたように見える。そのため、ブラックはそれを潜熱と呼んだ。この発見は、熱力学——熱自身やエネルギーと熱の関係、熱エネルギーの力学的な仕事への変換などを研究する——という科学の始まりだった。

水は異常に大きな潜熱を持っていて、それは、液体の水がすべて気体に変わる前に、長い時間沸騰していることを意味する。これが、蒸すことが野菜の調理の効果的な方法であり、蒸気がひどい火傷をおわせ、蒸気が暖房装置に用いられる理由だ。

## 溶けている氷

水を蒸気に変えるのに熱が必要なのと同様に、氷を水にするには熱が必要である。たとえば、氷の潜熱が飲み物を冷やす。氷を溶かすのに必要な熱は、氷が浮かんでいる飲み物から出てきたもので、熱を奪われた飲み物は冷えるのである。ブラックはウィスキー製造業者にこのことを説明した。もっとも、彼らが金を節約するのには役立たなかった。ブラックは、蒸気機関が非効率である原因を調べていた同僚のジェームズ・ワットにもこのことを説明した。その後、ワットは凝縮器を分離することを思いついた。その結果、ピストンとシリンダーを冷やさずに蒸気を凝縮できるようになり、蒸気機関はずっと効率的な機械となった。■

**ブラック**が、グラスゴーにあったジェームズ・ワットの仕事場を訪れてたときの様子が描かれている。ワットが蒸気で動く器具のひとつを説明している。

## ジョゼフ・ブラック

フランスのボルドーで生まれたジョゼフ・ブラックは、グラスゴー大学とエジンバラ大学で医学を学び、教えを受けていた教授の実験室で化学実験をおこなった。1754年の博士論文で、ブラックは、白亜（炭酸カルシウム）が熱せられて、生石灰（酸化カルシウム）になるとき、白亜は、一般に考えられていたように、火から火の素を得ることはなく、重さが減ることを示した。ブラックは、液体や固体は生じていないので、この重さの減少は気体に違いないと気づき、それを「固定空気」と呼んだ。なぜなら、それが、白亜の中に固定されていた空気（気体）だったからだ。ブラックは、固定空気（現在は二酸化炭素であることがわかっている）が、われわれが吐く気体の中にあることも示した。

1756年にグラスゴー大学の医学の教授となり、その間、彼は、熱に関する画期的な研究をおこなった。結果は発表しなかったが、ブラックの生徒がその発見を広めた。1766年にエジンバラ大学に移動したあと、ブラックは研究を断念して講義に集中した。産業革命が急速に進む中、スコットランドの工業と農業に、化学を基礎とした新技術を導入するよう助言した。

# 引火性の空気
## ヘンリー・キャヴェンディッシュ
（1731年～1810年）

### 前後関係

**分野**
化学

**以前**
**1661年** ロバート・ボイルは、元素を定義し、近代化学の基礎を築く。

**1754年** ジョゼフ・ブラックは、気体である二酸化炭素を発見し、「固定空気」と呼ぶ。

**以後**
**1772年～1775年** ジョゼフ・プリーストリーとスウェーデンのカール・シェーレは、それぞれ酸素を単離し、アントワーヌ・ラヴォアジェがその気体を酸素と命名する。プリーストリーは、酸化窒素と亜酸化窒素、塩化水素も発見し、酸素を吸う実験と炭酸水を作る実験をおこなう。

**1799年** ハンフリー・デービーは、亜酸化窒素が手術で麻酔薬として有用であることを提案する。

**1844年** 亜酸化窒素が、アメリカの歯科医ホーレス・ウェルズによって初めて麻酔に使われる。

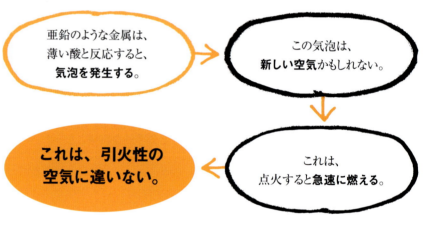

亜鉛のような金属は、薄い酸と反応すると、**気泡を発生する。**
→ この気泡は、**新しい空気**かもしれない。
→ これは、点火すると**急速に燃える**。
← **これは、引火性の空気に違いない。**

　1754年、ジョゼフ・ブラックは、「固定空気」（現在の二酸化炭素）を見つけ、さらに様々な種類の「空気（気体）」があることを明らかにした。12年後、ヘンリー・キャヴェンディッシュというイギリスの科学者が、ロンドンの王立協会へ、金属の亜鉛や鉄、スズは「酸に溶けるときに引火性の気体を発生する」と報告した。彼はその新しい気体を、普通の空気や「固定空気」と異なり、容易に燃えるので「引火性空気」と呼んだ。現在の水素（$H_2$）のことである。これは、二番目に見つかった気体で、初めて単離された気体の元素だった。次に、亜鉛と酸の反応で発生した引火性空気を袋に集めて重さを測り、そこから袋の重さを差し引いて、この気体の重さを求めた。そして、その体積から密度を計算すると、引火性空気の密度は、普通の空気の11分の1だった。

　密度の低い気体の発見は、空気より軽い飛行用の気球の開発につながった。1783年、フランスの発明家ジャック・シャルルは、初めて水素の気球を飛ばした。それはモンゴルフィエ兄弟が、最初の有人熱気球で飛んでから、わずか二週間以内のことだった。

参照 エンペドクレス p.21 ■ ロバート・ボイル p.46-49 ■ ジョゼフ・ブラック p.76-77 ■ ジョゼフ・プリーストリー p.82-83 ■ アントワーヌ・ラヴォアジェ p.84 ■ ハンフリー・デービー p.114

> これらの実験から、この空気は、他の引火性の物質と同じように、普通の空気の助けなしでは、燃えることができないように思われる。
> ヘンリー・キャヴェンディッシュ

### 爆発的な発見

また、キャヴェンディッシュは、体積を測った引火性空気（水素）と普通の空気を瓶の中で混合し、火のついた紙切れを入れて点火した。水素1に対して空気9の割合では、弱い静かな炎となり、水素の割合を増やすと、激しさを増しながら爆発した。しかし、純粋な、100％の水素は発火しなかった。キャヴェンディッシュは、火のような元素「フロギストン」が燃焼の際に放出されるという錬金術の時代遅れの概念をひきずっていた。しかし、彼がおこなった実験と報告は、正確なものだった。「1,000の普通の空気をフロギストン化するには423の引火性空気でほぼ十分であり、爆発後に残った普通の空気の体積は、使われた普通の空気のほぼ5分の4だった。次のように結論できる……ほぼすべての引火性空気とその約5分の1の普通の空気は……凝縮されて露となり、ガラスの裏についている」。

### 水であることを明確にする

キャヴェンディッシュは「フロギストン化する」という言葉を用いた。彼は、生じた新しい物質が水だけであることを明らかにし、2体積の引火性空気と1体積の酸素が結びついたもの、すなわち$H_2O$であると推定した。しかし、キャヴェンディッシュはこの発見をジョゼフ・プリーストリーに報告したが、結果を発表することには気後れした。そのため、友人のスコットランドの技術者ジェームズ・ワットが、この化学式を1783年に発表した最初の人物となった。キャヴェンディッシュは、科学に多くの貢献をした。そのひとつは、空気の組成を次のように、正確に算出したことだ。「脱フロギストン空気（酸素）1に、フロギストン空気（窒素）4が混じっている」。■

**キャヴェンディッシュ**によってもたらされた最初の水素気球は、大勢の見物人によって喝采された。水素は爆発性があるので、近代の気球はヘリウムを用いている。

### ヘンリー・キャヴェンディッシュ

最も変わった、最も聡明な18世紀の化学と物理学の先駆者ヘンリー・キャヴェンディッシュは、1731年、フランスのニースで生まれた。祖父は二人とも公爵で、キャヴェンディッシュはとても金持ちだった。ケンブリッジ大学で勉強したあと、ロンドンの家にひとりで住み、そこで研究した。口数の少ない、女性に対して内気な男で、使用人にメモを残すことで、食事を出すように指示したと言われている。

キャヴェンディッシュは、約40年間、王立協会の会合に出席し、王立研究所でハンフリー・デービーの手伝いもした。化学と電気学の重要な独創的研究をおこない、熱の性質を正確に記述し、地球の密度を測った──あるいは、人々が言ったように、「世界の重さを測った」。1810年に亡くなったが、その後1874年に、ケンブリッジ大学は、キャヴェンディッシュに敬意を表して新しい物理学の研究所に彼の名前をつけた。

#### 重要な著書

1766年　人工の空気に関する実験を含む三つの論文

1784年　空気に関する実験（「ロンドン王立協会哲学紀要」に掲載）

# 赤道に近づくと、東風が多くなる
## ジョージ・ハドレー（1685年〜1768年）

## 前後関係

**分野**
気象学

**以前**

**1616年** ガリレオ・ガリレイは、地球の自転の証拠として貿易風を指摘した。

**1686年** エドモンド・ハレーは、空を西に進んでいる太陽が原因となって、空気が上昇し、東からの風に取って代わられると提案する。

**以後**

**1793年** ジョン・ドルトンは、ハドレーの理論を支持する『気象学の観測結果と小論』を出版する。

**1835年** ギュスターヴ・コリオリは、ハドレーの考えをもとにして、風を偏向させる「複合遠心力」を説明する。

**1856年** アメリカの気象学者ウィリアム・フェレルは、中緯度（30〜60度）の循環セルを発見する。そこでは、低気圧の中心に流れていく空気が、偏西風を生み出している。

1700年には、持続的な地上風すなわち「貿易風」が北緯30度と赤道の間で、北東から吹くことが知られていた。ガリレオは、地球の東向きの自転によって、熱帯地方では地球が空気を「追い越す」ので、風が東から来ると提案した。のちに、イギリスの天文学者エドモンド・ハレーは、赤道上で最大になる太陽の熱が原因で空気が上昇し、上昇する空気がより高い緯度から吹き込む風に取って代わられることに気づいた。

1735年、イギリスの物理学者ジョージ・ハドレーは、貿易風に関する理論を発表した。太陽が原因となって空気が上昇することに同意したが、赤道近くで上昇する空気は、東からではなく、北か南から赤道に向かって吹く風だけをもたらすと考えた。北緯30度から赤道に向かって移動する空気は、地球とともに回転しているので、東向きの運動量を持っている。しかし、地球の表面は、高緯度に比べて赤道でより速く動いているので、空気は赤道に近づくと地球の表面の速さが自身の速さより大きくなって東風となる。ハドレーの考えは、風向きの偏向の仕組みを理解するための一歩だったが、誤りを含んでいた。風向きの偏向にとって鍵となるのは、空気の運動量が保存されることではなく、空気の角運動量が保存されることだった。■

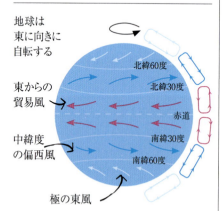

風向きのパターンは、循環「セル」と結びついた地球の自転に起因する。極のセル（灰色で示されている）とフェレルセル（青）、ハドレーセル（ピンク色）で、熱い空気が上昇し、冷え、下降する。

**参照** ガリレオ・ガリレイ p.42-43 ■ ジョン・ドルトン p.112-113 ■ ガスパール＝ギュスターヴ・ド・コリオリ p.126 ■ ロバート・フィッツロイ p.150-155

広がる地平　81

# 強い海流が
# フロリダ沖を流れている
### ベンジャミン・フランクリン
### （1706年〜1790年）

## 前後関係

**分野**
海洋学

**以前**
**紀元前2000年頃**　ポリネシアの船乗りは海流を利用し、太平洋の島々の間を移動する。

**1513年**　フアン・ポンセ・デ・レオンは、大西洋の強い海流であるメキシコ湾流を初めて記述する。

**以後**
**1847年**　アメリカの海軍将校マシュー・モーリーは、船の航海日誌と海軍の記録文書の海図を研究し、それらを編集した風と海流の海図を発表する。

**1881年**　モナコ大公アルベール1世は、メキシコ湾流が輪の形になっていて、2つに分かれている——1つはイギリス諸島に向かって北に流れ、もう1つはスペインとアフリカまで南に流れている——ことに気づく。

**1942年**　ノルウェーの海洋学者ハラルド・スヴェルドラップは、海洋大循環の理論を考案する。

北大西洋を東に向かって横断するメキシコ湾流は、地球上で最も大きな水の動きのひとつだ。それはおもに偏西風によって東に動かされ、そのあと大西洋を再び横断してカリブ海まで続く大きな輪をつくっている。この海流の存在はそれまでも知られていたが、海図に初めて記されたのは、1770年、アメリカの政治家で科学者のベンジャミン・フランクリンによってであった。

### 地元の強み
　イギリス植民地時代の郵便局長代理だったフランクリンは、イギリスの郵便船が大西洋を横断するのに、アメリカの商船より2週間長くかかる理由に関心があった。避雷針の発明によってすでに有名だった彼は、ナンタケット島の捕鯨船の船長ティモシー・フォルジャーにその理由を尋ねた。彼は、アメリカ商船の船長は東西の海流を熟知していると説明した。アメリカ船は、

**フランクリンの海図**は1770年にイギリスで発表されたが、イギリス船の船長がメキシコ湾流を利用することを学んで航海時間を短縮するのは数年後になった。

クジラの回遊や海の温度と色の違い、海面を流れる泡の速さによって東西の海流を見つけて逃れたが、イギリス船はずっと海流に逆らって航海していた。
　フランクリンはフォルジャーの助けを借りて、海流の進路を海図に記した。海流は、メキシコ湾からニューファンドランド島まで、北米大陸の東海岸に沿って流れ、そのあと大西洋を東向きに横断していた。この海流をフランクリンはメキシコ湾流と命名した。■

**参照**　ジョージ・ハドレー p.80　■　ガスパール＝ギュスターヴ・ド・コリオリ p.126　■
ロバート・フィッツロイ p.150-155

# 脱フロギストン空気
## ジョゼフ・プリーストリー（1733年〜1804年）

**前後関係**

**分野**
化学

**以前**
**1754年** ジョゼフ・ブラックは、最初の気体として二酸化炭素を単離する。
**1766年** ヘンリー・キャヴェンディッシュは、水素を単離する。
**1772年** カール・シェーレは、プリーストリーの2年前に、第三の気体として酸素を単離するが、1777年までその発見を発表しなかった。

**以後**
**1774年** パリで、プリーストリーは、新しい気体を作る方法をアントワーヌ・ラヴォアジェに実演し、ラヴォアジェはその新しい気体を作り、1775年5月に発表する。
**1779年** ラヴォアジェは、その気体を「オクシジェーヌ」と名づける。
**1783年** ジュネーブのシュウェップス社は、プリーストリーが製法を開発した炭酸水を作り始める。
**1877年** スイスの化学者ラウール・ピクテは、液体窒素を作り、それはのちに、ロケットの燃料や産業、医療に用いられることになる。

ジョゼフ・ブラックの「固定空気（現在の二酸化炭素）」の発見に続いて、イギリスの聖職者ジョゼフ・プリーストリーは、様々な「空気」（気体）を調べ、酸素などいくつかの気体を発見した。

プリーストリーがリーズ近くの醸造所を訪れときのことだった。樽の中にろうそくを入れていくと、固定空気の層がある、泡の上約30cmで炎が消えた。煙は固定空気の上を流れて漂い、普通の空気との境界が見えるようになった。彼は、固定空気が樽から流れ出て、床へと沈んでいくことにも気づいた。それは、固定空気が「普通の」空気より密度が大きいからだった。

また、プリーストリーは、固定空気を冷水に溶かして別の容器へ注ぐ実験をおこなった。その際、気分が爽快になる発泡性の飲み物ができることがわかった。それは炭酸水で、のちに熱狂的に流行した。

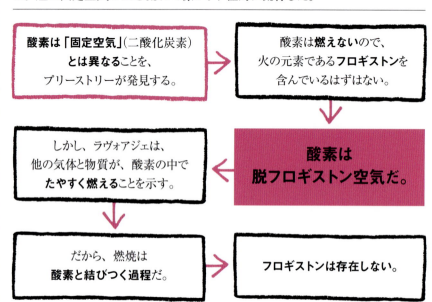

# 広がる地平

参照　ジョゼフ・ブラック p.76-77 ■ ヘンリー・キャヴェンディッシュ p.78-79 ■ アントワーヌ・ラヴォアジェ p.84 ■ ジョン・ドルトン p.112-113 ■ ハンフリー・デービー p.114

### ジョゼフ・プリーストリー

ヨークシャーの農場で生まれたジョゼフ・プリーストリーは、国教に反対するキリスト教徒として育てられ、一生、非常に信心深く、政治的だった。

プリーストリーは、1770年代初頭にリーズで暮らしていたときに、気体に興味を持つようになったが、彼の最も優れた研究は、シェルバーン公爵の司書としてウィルトシャーにいるあいだにおこなわれた。彼の職務は少なく、研究をおこなう時間があった。プリーストリーは、のちに伯爵と不和になり――プリーストリーの政治的見解が急進的過ぎたのかもしれなかった――、1780年、バーミンガムに移住した。ここで、非公式だが、影響力のある、自由思想家と技術者、実業家のグループであるルナー・ソサエティーに加入した。

プリーストリーはフランス革命を支持したせいで嫌われた。1791年、彼の家と実験室が全焼し、ロンドン、そのあとアメリカへと移住せざるを得なかった。ペンシルベニアに落ち着き、1804年にそこで亡くなった。

**重要な著書**

1767年　電気学の歴史と現状

1774年〜1777年　異なる種類の空気に関する実験と観察

## 酸素を放出する

1774年8月1日、プリーストリーは、密閉したガラスフラスコに入れた酸化水銀に、虫めがねを使って日光を当てて熱することで、新しい気体（現在の酸素）を単離した。のちに彼は、この新しい気体について、次のことを発見した。この気体とネズミを容器に入れておくと、普通の空気を入れた場合よりネズミは長生きした。また、この気体は吸うと心地よく、普通の空気より元気が出た。さらに、燃料とこの気体を一緒に容器に入れた場合、長く燃え続けた。当時、燃焼は、フロギストンと呼ばれる神秘的な物質が燃料から逃げていく現象と考えられていた。この新しい気体は燃焼せず、したがってフロギストンを含んでいないはずなので、プリーストリーは、「脱フロギストン空気」と呼んだ。

プリーストリーは、この頃、いくつかの他の気体を単離したが、その後旅行に出かけたため、翌年の末まで結果を発表しなかった。スウェーデンの化学者カール・シェーレは、プリーストリーの2年前に酸素を作っていたが、結果を1777年まで発表しなかった。

わたしが作ったすべての種類の空気の中で最も注目に値するものは……、呼吸にとって、普通の空気より5倍あるいは6倍優れている空気だ。
ジョゼフ・プリーストリー

その間にパリで、アントワーヌ・ラヴォアジェは、シェーレの研究を知り、プリーストリーに作り方を実演してもらい、すぐに自分でも作った。ラヴォアジェは、さらに燃焼と呼吸に関する実験をおこない、燃焼は、フロギストンが遊離するのではなく、結びつく過程であることを証明した。ラヴォアジェは、新しい気体が硫黄やリン、窒素などと反応して酸を作ることから、オクシジェーヌ「酸を作るもの」と名づけた。

多くの科学者はフロギストンを見捨てた。プリーストリーは、様々な気体を単離するなど偉大な実験者ではあったが、古い理論に固執したため、それ以上、化学に貢献することはほとんどなかった。■

**プリーストリーが使った気体の実験用器具**は、彼の著書に記されている。一番手前の容器には、ネズミが酸素とともに入れられている。一番右の容器では、植物が酸素を放出している。

# 自然界では、何も生み出されず、何も失われず、ただ変化するだけだ
## アントワーヌ・ラヴォアジェ（1743年～1794年）

### 前後関係

**分野**
化学

**以前**
**1667年**　ドイツの錬金術師ヨハン・ヨアヒム・ベッヒャーは、物は火の元素で燃えるように作られていると提案する。

**1703年**　ドイツの化学者ゲオルク・シュタールは、それをフロギストンと改名する。

**1772年**　スウェーデンの化学者カール＝ヴィルヘルム・シェーレは、「火の空気」（のちに酸素と呼ばれる）を発見するが、1777年までその発見を発表しなかった。

**1774年**　ジョゼフ・プリーストリーは、「脱フロギストン空気」（のちに酸素と呼ばれる）を単離し、その発見についてラヴォアジェに教える。

**以後**
**1783年**　ラヴォアジェは、燃焼に関する自分の考えを、水素と酸素、水についての実験で確認する。

**1789年**　ラヴォアジェは著書『化学のはじめ』で、33の元素を命名する。

フランスの化学者アントワーヌ・ラヴォアジェは、酸素に名前をつけ、燃焼の際に起こる質量の増減を定量化したことによって、科学に新しいレベルの正確さをもたらした。燃焼中に起きている化学反応において、注意深く質量を測定することによって、反応前後で質量が保存されることを示した。

ラヴォアジェは、密閉した容器の中で様々な物質を熱し、金属を熱したときに増える質量が、失われた空気の質量と正確に等しいことを見出した。また、空気の「純粋な」部分（酸素）がすべてなくなると、燃焼が止まることを見出した。その結果、燃焼は、熱と燃料（燃える物質）、酸素によって起こることだと気づいた。

1778年に発表されたラヴォアジェの結果は、質量の保存を示しただけでなく、燃焼における酸素の役割を特定することで、フロギストンと呼ばれる火の元素の理論を打破した。過去100年間、科学者は燃えやすい物質はフロギストンを含み、燃えるときにそれを放出すると考えていた。この理論では、木のような物質が燃えるときに質量が減少する理由は説明できたが、マグネシウムのような物質が燃えるときに質量が増加する理由は説明できなかった。ラヴォアジェの注意深い測定により、何も加わらず、何も失われず、ただ変化する過程では、酸素が鍵となることが示された。■

わたしは自然を、あらゆる種類の合成と分解が起きる広大な化学実験室と見なしている。
**アントワーヌ・ラヴォアジェ**

**参照**　ジョゼフ・ブラック p.76-77　■　ヘンリー・キャヴェンディッシュ p.78-79　■　ジョゼフ・プリーストリー p.82-83　■　ヤン・インゲンホウス p.85　■　ジョン・ドルトン p.112-113

広がる地平　85

# 植物の重量は空気から来る
## ヤン・インゲンホウス（1730年〜1799年）

### 前後関係

**分野**
生物学

**以前**
**1640年代**　オランダの化学者ヤン・バプティスタ・ファン・ヘルモントは、鉢植えの木は土から水を吸収することによって重量が増えると推定する。
**1699年**　イギリスの博物学者ジョン・ウッドワードは、植物は水を吸収し、また排出するので、その成長には別の物質が必要であることを示す。
**1754年**　スイスの博物学者シャルル・ボネは、水中の植物の葉が光に照らされると空気の泡を出すことに気づく。

**以後**
**1796年**　スイスの植物学者ジャン・セネビエは、酸素を放出し、二酸化炭素を吸収するのは植物の緑色の部分であることを示す。
**1882年**　ドイツの科学者テオドール・エンゲルマンは、植物細胞中の酸素を作る部分として葉緑体を指摘する。

　それまでの科学者が気づいていたように植物は重量が増えるが、1770年代、オランダの科学者ヤン・インゲンホウスはその理由を発見することに着手した。インゲンホウスは、イングランドのボーウッド・ハウス（ここで、ジョゼフ・プリーストリーが1774年に酸素を発見した）に行き、そこで研究し、光合成の鍵となるもの——日光と酸素——を見つけようとした。

### 泡を出す草

　インゲンホウスは、水中の植物が気体の泡をどのように出すかは知っていたが、泡の詳細な組成とその出所ははっきりしなかった。一連の実験で、太陽に照らされた葉は、暗闇の中の葉より多くの泡を出すことがわかった。日光の中でだけ生じた気体を集め、それが赤熱している木片を再び燃やすことを見出した——これは酸素だった。暗闇で植物が出した気体は炎を消した

夜に水草から出る泡は、水草が呼吸していることを表していて、吸収した酸素を用いてグルコースをエネルギーに変換し、二酸化炭素を放出する。

——これは二酸化炭素だった。
　インゲンホウスは、土の重量がほとんど変化しないのに、植物の重量が増えることを知った。大気とのガス交換、特に二酸化炭素の吸収が、少なくとも部分的には植物の増加した有機物の供給源である——つまり、植物の増加した重量は空気から来た——と、1779年に正しく推論した。
　植物は光合成によって自らの食物を作ると同時に、多くの生物に欠かせない酸素と食物（エネルギー）を供給してくれる。■

**参照**　ジョゼフ・ブラック p.76-77　■　ヘンリー・キャヴェンディッシュ p.78-79　■　ジョゼフ・プリーストリー p.82-83　■　ジョゼフ・フーリエ p.122-123

# 新しい惑星を発見する
## ウィリアム・ハーシェル（1738年〜1822年）

**前後関係**

**分野**
天文学

**以前**
**1600年代初頭** レンズを用いた屈折望遠鏡が発明される。鏡を使った望遠鏡は開発されておらず、1660年代、アイザック・ニュートンなどによって初めて開発される。
**1774年** フランスのシャルル・メシエは、天文学についての調査結果を発表し、それに刺激を受けて、ハーシェルは、自分自身の調査に取り組み始める。

**以後**
**1846年** 天王星の軌道に説明できない変化があることから、フランスの数学者ユルバン・ル・ヴェリエは、8番目の惑星——海王星——の存在と位置を予測する。
**1930年** アメリカの天文学者クライド・トンボーは、冥王星を発見する。冥王星は最初9番目の惑星として認知されていたが、現在は、氷の小天体の集団であるカイパー・ベルトに属する最も明るい天体と考えられている。

新しい反射望遠鏡は、より詳細な空の地図を作ることを可能にした。

→ 高性能の望遠鏡で観測することによって、太陽の周りを回る新しい惑星、天王星が発見された。

↓ 天王星の軌道は不規則で、別の惑星の重力によって天王星が引っ張られていることが示唆された。

← ニュートンの法則を用いると、新しい惑星を探すべき場所を算出できた。

↓ 海王星が発見された。

1781年、ドイツの科学者ウィリアム・ハーシェルは、新しい惑星を発見した。ハーシェルの新しい惑星の発見は、ニュートンの法則に基づく予測の結果として、別の惑星の発見につながることにもなった。

18世紀後半までに、天文学の研究手段は進歩していた。特に、光を集めるためにレンズではなく、鏡を用いる反射望遠鏡が建設され、レンズに関係した問題の多くを避けることができた。この時代は、大がかりな天文学の調査がおこなわれた最初の時代であり、天文学者は空を探し回り、「星でない」物体——不定形のガスの雲か、密集した光の玉のように見える星団と星雲——を見つけた。ハーシェルは妹のキャロラインに助けられ、系統的に

# 広がる地平

参照　オーレ・レーマー p.58-59　■　アイザック・ニュートン p.62-69　■　ネヴィル・マスケリン p.102-103　■　ジェフリー・マーシー p.327

**1780年代**、ハーシェルは、幅1.2 mの主鏡が付いた、焦点距離12 m（40フィート）の「40フィート」望遠鏡を作った。それは、50年間、世界最大の望遠鏡だった。

空を探し回り、二重星や多重星など珍しいものを記録した。空の異なる方向に星を数え、その数に基づいて天の川銀河の地図を編集しようとした。

1781年3月13日、ハーシェルはふたご座の方向に、薄緑色の円盤を見つけ、彗星だろうと思った。数日後に見ると、移動していることに気づき、それが星でないことを確認した。ネヴィル・マスケリンは、ハーシェルの発見した物体を見たとき、彗星にしては動きが遅すぎるので、遠くにある惑星かもしれないと考えた。スウェーデン系ロシア人のアンデルス・ヨハン・レクセルとドイツ人のヨハン・エレルト・ボーデは、独立にハーシェルが発見した物体の軌道を計算し、それが実際に惑星であり、土星までの距離の約2倍遠くにあることを確認した。ボーデは、サターン（土星）の神話上の父親、古代ギリシアの空の神ウラヌスにちなんでそれをウラヌス（天王星）と命名することを提案した。

## 不規則な軌道

1821年、フランスの天文学者アレクシス・ブヴァールは、天王星の軌道がニュートンの法則に従うものとして、詳細な表を発表した。しかし、彼がその惑星を実際に観測すると、表の予測とかなり異なることがわかった。軌道の不規則性は、さらに遠く離れた8番目の惑星による重力を示唆した。1845年までに、フランスのユルバン・ル・ヴェリエとイギリスのジョン・クーチ・アダムズは、それぞれブヴァールの表を用いて、8番目の惑星を探すべき場所を算出した。予測された場所を望遠鏡で探し続けると、1846年9月23日、ル・ヴェリエが予測した場所から1度以内の場所に海王星が発見された。その存在は、ブヴァールの理論を裏づけ、ニュートンの法則が普遍的なことの強力な証拠となった。■

わたしは
彗星か星雲状恒星を探していて、
それが移動していたので、
彗星だと思った。
**ウィリアム・ハーシェル**

## ウィリアム・ハーシェル

ドイツのハノーバーで生まれたウィリアム・ハーシェルは、19歳のときイギリスに移住し、音楽で身を立てた。和声学と数学の研究によって、光学と天文学に興味を持つようになり、自分で望遠鏡を作り始めた。

ハーシェルは、天王星の発見に続いて、土星の2つの新しい衛星と、天王星の最も大きな2つの衛星を発見した。また、太陽系が、銀河系と関連して動いていることを証明した。1800年に太陽を研究しているとき、新しい種類の電磁波を発見した。太陽光をプリズムで異なる色に分け、それぞれの温度を測定すると、可視の赤色光の外側で温度が上がり続けることを発見した。ハーシェルは、太陽が見えない種類の光を発していると結論し、その光を「熱の光線」と名づけた。今日、われわれはそれを赤外線と呼んでいる。

### 重要な著書

1781年　彗星についての説明

1786年　1,000の新しい星雲と星団の目録

# 光の速度の減少
## ジョン・ミッチェル（1724年～1793年）

**前後関係**

分野
**宇宙論**

以前
**1686年** アイザック・ニュートンは、万有引力の法則を定式化する。その法則では、物体間の重力の強さは、物体の質量に比例する。

以後
**1796年** ピエール＝シモン・ラプラスは、単独でブラックホールの可能性に関して理論を立てる。

**1915年** アルベルト・アインシュタインは、重力が時空連続体のゆがみであり、それが、質量のない光子が重力に影響される理由であることを示す。

**1916年** カール・シュヴァルツシルトは、そこを越えるとブラックホールについてデータを受け取れなくなる事象の地平線を提案する。

**1974年** スティーヴン・ホーキングは、事象の地平線での量子効果によって、赤外線が出ると予測する。

---

ニュートンは、物体の**重力**がその質量に比例することを示す。 → 光が重力に影響されるなら、**十分大きくて重い物体**は強い重力場を持っているので、**光はそこから出られない**だろう。 → **光の速度は、減少するように見えるだろう。** ← アインシュタインは、重力を**時空のゆがみ**として説明し、質量のない**光は重力に影響される**と考えている。

---

　1783年、王立協会のヘンリー・キャヴェンディッシュへ宛てた手紙の中で、イギリスの博学家ジョン・ミッチェルは、重力の影響に関する考えを述べた。この手紙は1970年代に再発見され、ブラックホールに関する注目すべき記述を含んでいた。ニュートンの重力の法則では、物体の重力は質量とともに増加するが、ミッチェルは、光が重力に影響されると何が起きるかを考えた。「太陽と同じ密度の天体の半径が、500対1の割合で太陽を上回っているなら、無限の高さからその天体に落ちてくる物体の速度は、天体表面で光の速度より大きくなるだろう。したがって、光が同じ力で引きつけられると……その物体から発せられる光は、その物体に戻されるだろう」。1796年、フランスの数学者ピエール＝シモン・ラプラスは、『宇宙体系解説』で同様の考えを提案した。

　しかし、ブラックホールという考えは、アルベルト・アインシュタインが1915年に一般相対性理論の論文で、

広がる地平 **89**

参照　ヘンリー・キャヴェンディッシュ p.78-79 ■ アイザック・ニュートン p.62-69 ■ アルベルト・アインシュタイン p.214-221 ■
スブラマニアン・チャンドラセカール p.248 ■ スティーヴン・ホーキング p.314

**物質が、吸い込まれる前に、**ドーナツ形の「降着円盤」となって、ブラックホールの周りで渦を巻いている。渦を巻いている円盤の中の熱によって、エネルギーをX線の細い光の束として放射する穴ができる。

重力を時空のゆがみの結果と述べるまで休眠状態となった。アインシュタインは、どのようにして物質がその周りの時空をゆがめ、事象の地平線にブラックホールを作るかを示した。物質は、そして光もその領域に入れるが、出ることはできない。この考えでは、光の速度は変わらず、変わるのは光が通過する空間のほうだ。ミッチェルは、光の速度が減少するように見える仕組みがあると直感したのだった。

## 理論から実在へ

　ブラックホールは、1960年代になって初めて、存在しているという間接的な証拠によって、一般的に受け入れられるようになった。現在、ほとんどの宇宙論学者は、大質量星が自身の重力で崩壊し、多くの物質を引き付けながら成長するとき、ブラックホールはできると考えている。また、巨大なブラックホールがどの銀河の中心にも潜んでいると考えている。ブラックホールは物質を引き入れるが、かすかな赤外線以外は何も出ていかない。ブラックホールに落ちていく宇宙飛行士は、事象の地平線に近づくとき、異常なことを何も感じない。しかし、時計を落

> ブラックホールは
> それほど黒くない。
> **スティーヴン・ホーキング**

としたら、その針はゆっくりと進み、事象の地平線に限りなく近づくが、決して到達はできず、徐々に視界から消えていくように見えるだろう。
　しかし、理論に伴う問題は依然として存在する。2012年、物理学者のジョセフ・ポルチンスキーは、量子スケールの効果によって、落ちていく宇宙飛行士をカリカリに焼くであろう「ファイアウォール」が事象の地平線にできるだろうと示唆した。2014年、ホーキングは以前の考えを変えて、ブラックホールは存在できないと結論した。■

### ジョン・ミッチェル

　ジョン・ミッチェルは、真の博学家だった。1760年、ケンブリッジ大学の地質学の教授になるが、算術と幾何学、神学、哲学、ヘブライ語、ギリシア語も教えた。1767年、引退して、聖職者になり、科学に集中した。
　ミッチェルは、星の性質について思索し、地震と磁気を研究し、地球の密度を測るための新しい方法を発明した。「地球の重さを測る」ための器具──精巧なねじり秤──を作ったが、1793年、それを使える前に亡くなった。友人のヘンリー・キャヴェンディッシュにその器具を残し、キャヴェンディッシュは1798年に実験をおこない、現在認められている数字に近い値を得た。それ以来、不当にも、このことは「キャヴェンディッシュの実験」として知られてきた。

**重要な著書**

1767年　恒星の確かな視差と光度の研究

# 電気の流れを起こす
## アレッサンドロ・ボルタ
(1745年〜1827年)

# アレッサンドロ・ボルタ

## 前後関係

**分野**
物理学

**以前**

1754年　ベンジャミン・フランクリンは、有名な凧の実験で、稲妻が自然の電気であることを証明する。

1767年　ジョゼフ・プリーストリーは、静電気の包括的な説明を発表する。

1780年　ルイージ・ガルヴァーニは「動物電気」を用いて、カエルの脚の実験をおこなう。

**以後**

1800年　イギリスの化学者ウィリアム・ニコルソンとアンソニー・カーライルは、ボルタ電堆を使って、水を、酸素と水素という2つの元素に分解する。

1807年　ハンフリー・デービーは、電気を用いて、カリウムとナトリウムを単離する。

1820年　ハンス・クリスティアン・エルステッドは、磁気と電気の関係を明らかにする。

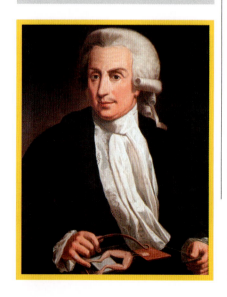

ルイージ・ガルヴァーニが、有名なカエルの脚の実験をしているところが示されている。ガルヴァーニは、自らが「動物電気」と名づけた電気的な力によって動物は動かされると考えた。

**数**世紀のあいだ、哲学者は、稲妻の恐ろしい力や、琥珀を絹の布でこすると火花が出ることを不思議に思っていた。琥珀を表すギリシア語"electron"から火花が出る現象は"static electricity"静電気として知られるようになった。

1754年、ベンジャミン・フランクリンは、雷雨の中に凧を揚げ、稲妻と静電気というふたつの現象が密接に関係していることを示した。凧の糸に結んであった真鍮の鍵から火花が飛んだことから、雲は帯電していて、稲妻も一種の電気であることが証明された。フランクリンの研究に刺激を受け、1767年にジョゼフ・プリーストリーは『電気学の歴史と現状』で包括的な研究結果を発表した。1780年、イタリアのボローニャ大学の解剖学講師ルイージ・ガルヴァーニは、カエルの脚が痙攣するのに気づき、電気の理解に向けて最初の大きな一歩を踏み出した。

ガルヴァーニは、正体はわからないが、「動物電気」というもので動物は動かされるという理論について、その証拠を探すためにカエルを解剖していた。静電気を発生する機械が近くにあると、作業台の上のカエルはだいぶ前に死んだのに、その脚が突然痙攣したことに彼は気づいた。同じことは、カエルの脚を、鉄柵に接触している真鍮のフックに吊るしていたときにも起きた。ガルヴァーニは、これらのことが、電気はカエル自体から来ているという自分の考えを支持すると考えた。

> 2つの異なる金属片につなげられると、死んだカエルの脚は**痙攣**する。
>
>
> 2つの金属が**舌に触れる**と、**奇妙な感覚**が生じる……
>
>
> この**電気的な力**は、カエルの脚につけられた2つの異なる金属から来ているに違いない。
>
>
> この力は、金属を円柱状に連続的に接続することによって**増す**。

## ボルタのブレークスルー

ガルヴァーニの若い同僚であった、自然哲学の教授アレッサンドロ・ボルタは、ガルヴァーニの観察に興味を持ち、最初はガルヴァーニの説を確信した。ボルタ自身が電気の実験で、優れた経歴を持っていた。1775年、ボルタは「電気盆」を発明した。それは、実験用の簡易的な電源となる装置（現在のコンデンサーに相当するもの）だった。その装置は、ネコの毛皮でこすっ

参照　ヘンリー・キャヴェンディッシュ p.78-79　■　ベンジャミン・フランクリン p.81　■　ジョゼフ・プリーストリー p.82-83　■
　　　ハンフリー・デービー p.114　■　ハンス・クリスティアン・エルステッド p.120　■　マイケル・ファラデー p.121

て静電気を起こす樹脂の円盤からできていて、金属の円盤がその樹脂の上に置かれるたびに、電荷が移動し、金属の円盤が帯電した。

ボルタは、ガルヴァーニの動物電気は「実証された真実だ」と述べた。しかし、すぐに疑問を持ち始めた。そして、カエルの脚がフックの上で痙攣する原因となった電気は、2つの異なる金属（真鍮と鉄）に由来すると結論した。1792年と1793年に、その考えを発表し、その現象を調べ始めた。

ボルタは、2つの異なる金属を1回連結しただけでは、舌に奇妙な感覚が生じる程度で、多くの電気はできないことがわかった。そのあと、塩水でつながるように連結することで、効果が増すという考えを得た。銅の小さな円盤を用意し、その上に亜鉛の円盤を置き、次に、塩水に浸した厚紙を、さらに、もう一枚の銅の円盤、亜鉛、塩を含んだ湿った厚紙、銅、亜鉛などと、円柱あるいは山になるまで積み重ねていった。電堆すなわち「電池」を作ったのである。塩を含んだ湿った厚紙をはさんだのは、金属の両面を接触させずに電気を運ぶためだった。

結果は衝撃的だった。ボルタの粗製電池はおそらく数ボルト（ボルタにちなんで命名された電圧の単位）のものであったが、両端を針金でつなぐと小さな火花が飛び、また軽い電気ショックを与えることができた。

## ニュースが広まる

ボルタは、1799年にこのことを発見し、ニュースはすぐに広がった。1801年、ナポレオン・ボナパルトに対して効果を実演したが、さらに重要なことは、1800年3月、実験結果を長い手紙にしてイギリスの王立協会会長サー・ジョゼフ・バンクスに報告したことだった。その手紙には「異なる種類の導電性物質の接触だけで発生する電気

> 金属には、
> 電気の流れを起こす
> 特定の力があり、
> それは金属の種類によって異なる。
> **アレッサンドロ・ボルタ**

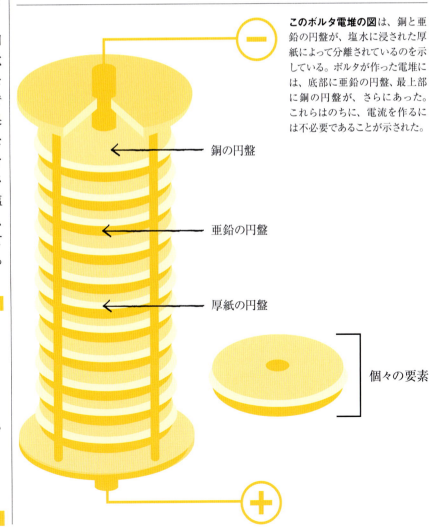

**このボルタ電堆の図**は、銅と亜鉛の円盤が、塩水に浸された厚紙によって分離されているのを示している。ボルタが作った電堆には、底部に亜鉛の円盤、最上部に銅の円盤が、さらにあった。これらはのちに、電流を作るには不必要であることが示された。

← 銅の円盤

← 亜鉛の円盤

← 厚紙の円盤

個々の要素

について」という題が付けられ、その中で、ボルタは自分の装置を次のように説明した。「そのあと、テーブルか何かの台の上に、たとえば銀のような金属片を水平に置き、その上に亜鉛の金属片を置く。二番目の亜鉛の上には、湿った円盤を置き、さらに別の銀の板を、そのすぐ上に別の亜鉛……さらに続けて……倒れる危険がない状態で、できるだけ高い円柱を作る」。

ボルタは、ブザーや電圧を検出する半導体のない時代に、自分の体を検出器として使った。電気ショックなど気にしないように見えた。「20対の金属片からできた円柱からショックを受けた。指にかなりの痛みがあるものの、それ以上ではなかった」。さらに、彼はより精巧な器具について説明した。それは一連のカップからできており、それぞれに塩水と金属板を入れ、直線あるいは円形に並べたものだった。それぞれのカップは、隣のカップの塩水に浸かっている金属板でつながっていた。金属板の一方の端は銀で、もう一方の端は亜鉛で、金属板どうしは互いにはんだ付けされたか、針金でつながっていた。また、銀を入れたカップの隣には、亜鉛を入れたカップがくるようした。ボルタは、この器具は不格好だが、いくつかの点で立体の電堆より便利だと説明した。

ボルタは、一方の端のカップに片手を入れ、もう一方の端に付けられた針金を、額やまぶた、鼻の先に触れさせた。そのときに生じる不快な感覚を、彼は次のように説明している。「しばらくは何も感じない。しかし、そのあと、針金の先が触れた部分で別の感覚が起き始める。触れた部分に鋭い痛みが走り、震えも起こる。その感覚は続くだけでなく、強くなってすぐに耐えられないほどになる。一連の容器のつながりがどこかで切れるまで続く」。

### 電池の熱狂

ナポレオン戦争が進行中だったので、ボルタの手紙がバンクスに無事届いたことは驚くべきことである。バンクスは、手紙の内容を関心のある人にすぐに広めた。数週間以内に、イギリス中の人が電池を作って、電流の性

**1801年、パリのフランス国立研究所で**、ボルタは、ナポレオン・ボナパルトの前で電堆の実演をおこなった。ナポレオンは大いに感銘を受け、同年、ボルタを伯爵にした。

実験から得られる言葉には
どんな推論よりも権威がある——
事実は推論を打ち負かせるが、
その逆はない。
アレッサンドロ・ボルタ

質を調べていた。1800年以前は、科学者は静電気を扱わなくてはならなかったが、それは扱うのに難しく、実験もうまくいかなかった。ボルタの発明によって、科学者は、液体や固体、気体が電流にどのように反応するかを見つけることができた。

ボルタの発見を研究した人には、ウィリアム・ニコルソンやアンソニー・カーライル、ウィリアム・クルックシャンクがいた。彼らは1880年5月、自分たちで「36枚の半クラウン硬貨それぞれに亜鉛と厚紙の小片を付けた電堆」を作り、それにつないだ白金の針金を、水を満たした管の中に差し入れて電流を流した。生じた気体の泡は、水素2に対して酸素1の割合であることが確認された。ヘンリー・キャヴェンディッシュは、水の化学式が$H_2O$であることを示していたが、このとき初めて水が別々の元素に分離された。

ボルタの電堆は、近代のすべての電池の祖先だ。電池は、補聴器からトラックや航空機までのあらゆるものに用いられている。電池がなければ、日常の機器の多くが機能しないだろう。

## 金属を再分類する

ボルタの電堆は、電流の研究を活気づけ、物理学の新しい分野を生むとともに、近代技術の発達を急速に進めた。さらに、まったく新しい金属の化学的分類ももたらした。それは、ボルタが電堆をつくるときに、金属の様々な組合せを試し、最もうまくはたらく組合せがあることを見つけたからだ。銀と亜鉛は優れた組合せで、銅とスズもそうだった。しかし、銀と銀、スズとスズでは、電気は流れなかった。金属は異なっている必要があった。ボルタは、金属どうしを様々な組合せで接触させ、より正になりやすい金属から順番に並べることができることを示した。この電気化学系列は、その後ずっと、現在でも化学者にとって非常に価値の高いものとなっている。

## 誰が正しかったか？

ボルタは、ガルヴァーニの仮説を疑って、異なる金属の接触を研究し始めた。しかし、ガルヴァーニは完全に間違っていたわけではなかった——神経は、体内で電気的情報を送るはたらきをしている。その一方で、ボルタも、自分の理論を完全に正しいものにできたわけではなかった。彼は、2つの異なる金属の接触だけで電気が発生すると考えたが、のちにハンフリー・デービーが、無から生じるものはないことを示した。電気が発生しているとき、何か他のものが消費されなければならない。デービーは、このときある化学反応が起きていると考え、これが電気についてのさらなる重要な発見へとつながったのである。■

### アレッサンドロ・ボルタ

1745年に北イタリアのコモで生まれたアレッサンドロ・ジュゼッペ・アントニオ・アナスタージオ・ボルタは、貴族的な、信心深い家族のもとで育てられた。家族はボルタが聖職者になることを望んでいたが、聖職者になる代わりに、静電気に興味を持つようになり、1775年、静電気を発生するための「電気盆」と呼ばれる装置を作った。1776年、マッジョーレ湖の大気中にメタンを発見し、密閉されたガラス容器内で電気火花を起こして点火するという新しい方法で、その燃焼を調べた。

1779年、ボルタは、パヴィア大学の物理学の教授に任命され、40年間その地位に就いていた。人生の終わり近くに、遠隔操作するピストルを開発した。電流は、コモからミラノまでの50kmを伝わり、ピストルを発射させた。これは電気を通信に用いる電信の先駆けだった。電圧の単位ボルトは、ボルタにちなんで命名されている。

### 重要な著書

1769年　電気火の引力について

# 始まりの痕跡がなく、
# 終わりの見込みがない
## ジェームズ・ハットン（1726年〜1797年）

## 前後関係

**分野**
地質学

**以前**
**10世紀** アル・ビールーニーは、化石の証拠を用いて、陸地はかつて海中にあったに違いないと主張する。

**1687年** アイザック・ニュートンは、地球の年齢を科学的に計算できると主張する。

**1779年** ビュフォン伯は実験で、地球の年齢が74,832年であることを示唆する。

**以後**
**1860年** ジョン・フィリップスは、地球の年齢を9,600万年と算出する。

**1862年** ケルヴィン卿は、地球の冷却期間を計算し、9,800万年とし、のちに4,000万年に決める。

**1905年** アーネスト・ラザフォードは、放射能を用いて、鉱物の年代を定める。

**1953年** クレア・パターソンは、地球の年齢を45億5,000万年とする。

---

数千年のあいだ、人間の文化において、地球の年齢が考えられてきた。近代科学が出現する以前、推定値は証拠ではなく信念に基づいていた。17世紀に地球の地質学の理解が進んだことで、地球の年齢を決定する手段が得られた。

### 聖書の推定

ユダヤ教とキリスト教の世界において、地球の年齢は、旧約聖書の記述に基づいて考えられていた。しかし、聖書は、簡単な概要として創造の話を示すだけで、特にアダムとイブの出現以降の、複雑な系譜を記した年代記については、多くの解釈がなされた。聖書の推定で最もよく知られているのは、プロテスタントのアイルランド首席主教ジェームズ・アッシャーによるものだ。1654年、アッシャーは、地球が創造された日を紀元前4004年10月23日日曜日の前夜とした。この日は、旧約聖書の年表の一部として多くの聖書に印刷されたとき、実質上キリスト教の文化に正式に記録された。

世界の創造からの年は5,698年になる。
**アンタキアのテオフィルス**

### 科学的なアプローチ

10世紀のあいだ、ペルシアの学者は、地球の年齢の問題を、より観察に基づいて考え始めた。実験科学の先駆者アル・ビールーニーは、海の化石が乾いた陸地で見つかるなら、その陸地はかつて海中にあったに違いないと推論した。地球は長期間にわたって形成されていると彼は結論した。また、アヴィセンナは、岩の層は、ある層に別の層が積み重なってできたとした。

1687年、この問題への科学的なアプローチがアイザック・ニュートンによって提案された。ニュートンは、地球のような大きな物体は、溶融した鉄でできていたとしたら、冷えるのに5万年ぐらいかかるだろうと主張した。「赤熱した状態で外気にさらされた、直径1インチの鉄球」が冷えるのにかかる時間をもとに計算して、この数字を導き出した。ニュートンは、地球の形成に関するこれまでの理解に対する科学的挑戦の扉を開けた。

ニュートンを手本にして、フランスの博物学者、ビュフォン伯ジョルジュ＝ルイ・ルクレールは、赤熱した鉄の大きな玉を用いて実験し、地球が溶融した鉄でできていたなら、冷えるのに

---

地表は絶え間なく浸食され、その岩屑が海の中に堆積する。

→ しかし、この過程によって**地表がなくなることはない**……

→ ……新しい大陸は、**以前の大陸に由来する**物質から、不変の終わりのない過程によって形成される。

→ **始まりの痕跡がなく、終わりの見込みがない。**

# 広がる地平　99

**参照**　アイザック・ニュートン p.62-69 ■ ルイ・アガシー p.128-129 ■ チャールズ・ダーウィン p.142-149 ■ マリ・キュリー p.190-195 ■ アーネスト・ラザフォード p.206-213

74,832年かかることを示した。しかし内心では、海の化石の残骸から白亜の山ができるには計り知れない長い時間がかかるだろうから、地球はもっと年齢が高いはずだと思っていた。ただ、証拠もなしに、この見解を発表しようとは思わなかった。

## 岩の秘密

スコットランドでは、地球の年齢の問題に対して、ジェームズ・ハットン——スコットランド啓蒙主義の卓越した自然哲学者のひとり——が、まったく異なるアプローチで迫った。ハットンは、地質学の野外調査の先駆者で、1785年、エジンバラの王立協会に対して野外調査で得られた証拠を用いて、自分の考えを主張した。

ハットンは、地表が浸食され、その岩屑（がんせつ）が海の中に堆積する過程がはっきりと連続していることに感銘を受けた。しかし、こういった過程によって予期されるのは、地表がなくなることだが、実際にはそうではない。ハットンは、友人のジェームズ・ワットが作った有名な蒸気機関のことを考えながら、地球は「あらゆる部品が動いている物質の機械」であり、新しい世界が常に古い世界の残骸から再形成されていると考えたのかもしれない。

ハットンは、その地球-機械理論を練り上げ、1787年に理論の証拠となる「不整合」——堆積岩の連続性の途切れ——を見つけた。陸地の多くがかつて海底で、そこには堆積物の層があり、圧縮されているのを見た。多くの場所でその層は上に押されたため、海から出て陸地となったが、その際にゆがめられて、地層は水平ではなくなっていた。古い地層の上側の境界が断ち切られ、その部分の岩石が、上の新しい岩層の底部へと入り込んでいるのを見つけた。このような不整合は、地球の歴史に多くの出来事があったことを示していた。岩の浸食と運搬、堆積という一連のことが繰り返し起き、また岩層が火山活動によって動かされた。今日、それは地質学的な循環として知られている。こういった証拠から、大陸はすべて、以前の大陸に由来する物質から、以前と同じ過程で形成され、その過程は現在もなお進行していると、ハットンは表明した。「したがって、現在の研究結果は、始まりの痕跡がなく——終わりの見込みがないことがわかるということである」という有名な言葉を、彼は記した。

地質年代を意味する「ディープ・タイム」というハットンの考えは、スコットランドの科学者ジョン・プレーフェアとイギリスの地質学者チャールズ・ライエルによって広められた。プレー

**1770年、ハットンは**、スコットランドのエジンバラにあるソールズベリー・クラッグズを見渡せる場所に家を建てた。ごつごつした岩の中で、堆積岩を通る火山による貫入の証拠を見つけた。

フェアは、ハットンの観察結果をイラスト入りの本で発表し、ライエルはハットンの考えを斉一説と呼ばれる説に変換した。この説では、自然の法則は常に同じなので、過去に対する手がかりは現在にあると考えた。しかし、地球のはるか昔の姿に関するハットンの洞察は、地質学者にとって本当のように思えても、地球の年齢を決定できる満足な方法はまだなかった。

## 実験的アプローチ

18世紀の終わり頃には、科学者は、地球の地殻が堆積性の地層からできていることを理解していた。それらの地層の地質図を作成すると、層全体は非常に厚いものとなり、各地層の多くに、それぞれの堆積環境で生きていた生物の化石が含まれていることが明らかとなった。1850年代までに、地層の地質柱状図は、地層と化石の系列から名づけられた、およそ8つの地質年代に分けられ、それぞれが地質年代の紀を表していた。

>
> こんなに深くまで、
> 時間の深淵をのぞくと、
> めまいがするようだ。
> ジョン・プレーフェア
>

地質学者は、25〜112kmと推定される層全体の厚さに感銘を受けた。彼らは、そういった地層を作る、岩の成分の浸食と堆積の過程は、非常に進行が遅い――100年ごとに数cm――ことを観察していた。1858年、チャールズ・ダーウィンは、やや無思慮に議論に加わり、南イングランドのウィールドの第三紀から白亜紀までの岩を浸食するのにおよそ3億年かかると推定した。1860年、オックスフォード大学の地質学者ジョン・フィリップスは、地球の年齢を約9,600万年と推定した。

しかし、1862年、このような地質学の推定は、高名なスコットランドの物理学者ウィリアム・トムソン(ケルヴィン卿)によって、非科学的であると一蹴された。ケルヴィン卿は厳格な経験主義者であり、地球の年齢は太陽の年齢に制約されると考え、地球の正確な年齢を決定するのに物理学を利用できると主張した。地球の岩とその融点、伝導性に関する理解は、ビュフォンの時代から大きく進んでいた。ケル

**ケルヴィン卿**は、放射能が発見された年の1897年に、世界は4,000万年の古さだと言った。彼は、地球の地殻の放射性崩壊が熱を供給し、冷却速度を大きく下げることを知らなかった。

ヴィン卿は、地球の最初の温度を3,900度とし、地表から深くなるにつれて温度が上がる――約15mごとに0.5度――という観測結果を適用した。その結果、地球が冷えて現在の状態になるのに9,800万年かかったと算出し、のちにそれを4,000万年に下げた。

## 放射能の「時計」

ケルヴィン卿の威信は高かったので、彼の算出した値は、多くの科学者に受け入れられた。しかし、地質学者は、観測されている地質学的過程の進む速さと蓄積した堆積物、歴史からすると4,000万年は短すぎると感じていた。しかし、彼らはケルヴィン卿に反論する科学的方法を持っていなかった。

1890年代に、地球の鉱物と岩石中にある放射性元素が発見されると、それはケルヴィン卿と地質学者のあいだの行き詰まりを解決する鍵となった。原子の崩壊する速度が信頼できる時計になるからだ。1903年、アーネスト・ラザフォードは、放射性崩壊の速度を予測して、放射能は、鉱物とそれを含む岩の年代を定める「時計」として使えるかもしれないと提案した。

1905年、ラザフォードは、コネチカット州グラストンベリーの鉱物の形成時期について最初の放射年代を得た。それは4億9,700万年〜5億年だった。ラザフォードは、これは最小の年代だと注意した。1907年、アメリカの化学者バートラム・ボルトウッドは、ラザフォードの技術を改良し、地質学的背景のわかっている岩石中の鉱物について、最初の放射年代を測定した。その中のスリランカの岩石は、22億年前と測定された。その年齢は以前の推定

# 広がる地平

**不整合**とは、年代が連続していない2つの地層を分けている境界面のことだ。この図は傾斜の不整合を示していて、スコットランドの東海岸でジェームズ・ハットンが発見したものと同様のものだ。積み重なった古い地層が、火山活動あるいは地殻変動によって傾き、上にある新しい地層と傾斜が異なるようになった。

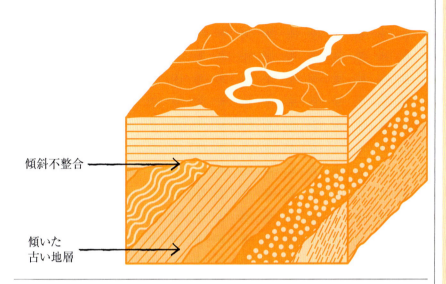

← 傾斜不整合

← 傾いた古い地層

値より1桁大きかった。1946年までに、イギリスの地質学者アーサー・ホームズは、グリーンランドの鉛を含んだ岩石の放射性同位体測定をおこない、30億1,500万年という年齢を得た。これは最初の信頼できる最小の地球の年齢のひとつだった。ホームズは次に放射性崩壊して鉛になるウランの年齢を推定し、44億6,000万年という結果を得た。その値が、地球ができたときのガス雲の年齢に違いないと考えた。

1953年、アメリカの地球化学者クレア・パターソンが、45億5,000万年という地球の形成の放射年代を得た。地球の誕生時から存在している既知の鉱物や岩石はないが、多くの隕石（いんせき）が太陽系内の地球の誕生と同様の出来事に由来すると考えられていた。パターソンは、キャニオン・ディアブロ隕石の中の鉛鉱物の放射年代を45億1,000万年と算出した。その値と、地殻内の火成岩（花崗岩や玄武岩）について得られた45億6,000万年という放射年代を比較すると、非常に近いことから、その値は地球の形成の年代を示していると結論された。1956年までにさらに測定がおこなわれ、45億5,000万年という年代が得られた。この値は、科学者だけでなく、一般にも広く受け入れられている。■

地球の過去の歴史は、
今起きていることによって
説明されなくてはならない。
**ジェームズ・ハットン**

## ジェームズ・ハットン

1726年、スコットランドのエジンバラで、評判の高い商人の家に生まれたジェームズ・ハットンは、エジンバラ大学で人文科学を学んだ。化学に、そのあと医学に興味を持つようになったが、医者として開業することはなかった。その代わりに、イングランドのイースト・アングリアで用いられている新しい農業技術を研究し、そこで、土とその元である岩に触れたことから、地質学に興味を持つようになった。その結果、イングランドとスコットランドの全域で、野外調査をおこなうことになった。

1768年、エジンバラに戻り、スコットランド啓蒙主義の数人の主要人物と知り合いになった。その中には、技術者のジェームズ・ワットと道徳哲学者のアダム・スミスがいた。次の20年は、地球の年齢に関する有名な理論を考案し、それについて友人と議論し、最終的に、1788年に長い概要を、1795年にさらに長い本を発表した。そして、1797年に亡くなった。

### 重要な著書

**1795年** 証拠と図のついた地球の理論

# 山の重力
## ネヴィル・マスケリン（1732年〜1811年）

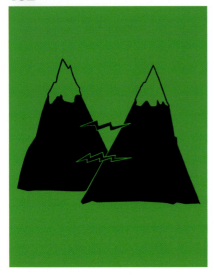

**前後関係**

分野
地球科学と物理学

以前

1687年　アイザック・ニュートンは、『プリンキピア』を出版し、その中で、地球の密度を算出するための実験を提案する。

1692年　エドモンド・ハレーは、地球の磁界を説明する試みにおいて、地球が3つの同心の中空の球でできていると提案する。

1738年　ピエール・ブーゲは、ニュートンの実験をエクアドルの火山チンボラソで試みるが、成功しない。

以後

1798年　ヘンリー・キャヴェンディッシュは、異なる方法を用いて、地球の密度を計算し、それが5,448kg/m³であることを発見する。

1854年　ジョージ・エアリーは、鉱山で振り子を使って、地球の密度を算出する。

---

山の**重力**は、**下げ振り糸を引っぱるはずだ。** → 下げ振り糸の方向は、山と地球の**相対密度**によって**決まるだろう。**

↓

**垂直からの偏差（角度）を測定する**ことによって、地球の質量の計算が可能になるはずだ。

---

17世紀、アイザック・ニュートンは「地球の重さを量る」——すなわち、地球の密度を計算する——ための方法を提案していた。そのひとつは、山の両側で下げ振り糸の角度を測定し、山の重力がそれを垂直からどのくらい引っ張るかを知ろうとするものだった。この垂直からの偏差（角度）は、下げ振り糸を、天文学の方法を用いて算出される垂直線と比べることによって測定できる。山の密度と体積がわかれば、そこから地球の密度も突き止められる。しかし、ニュートンは、その偏差が小さ過ぎて、当時の器具では測定できないと考えたため、このアイデアを自ら退けていた。

1738年、フランスの天文学者ピエール・ブーゲは、エクアドルのチンボラソの斜面でこの実験を試みた。しかし、天気と高度が問題を引き起こし、彼は測定値が正確でないと考えた。1772年、ネヴィル・マスケリンは、ロンドンの王立協会に、この実験をイギリスでできると提案した。協会は同意し、測量技師を派遣して適切な山を選ばせた。

参照　アイザック・ニュートン p.62-69　■　ヘンリー・キャヴェンディッシュ p.78-79　■　ジョン・ミッチェル p.88-89

# 広がる地平

技師はスコットランドのシェハリオン山を選び、マスケリンは約4か月費やし、山の南北両側から観測した。

## 岩石の密度

下げ振り糸で調べた星の天頂距離は、重力の影響がなくても緯度の違いで、2つの観測所では異なるはずだった。しかし、その違いを考慮しても、11.6秒(約0.003度)の違いがあった。これは、山の重力による下げ振り糸の垂直からの偏差によるものと考えられた。マスケリンは、山の形の調査結果と岩石の密度の測定結果からシェハリオン山の質量を算出した。地球全体がシェハリオン山と同じ密度だと仮定していたが、下げ振り糸の垂直からの偏差は、測定された値が予想した値の半分を下回った。マスケリンは密度の仮定が正しくないことに気づいた。地球の密度は、明らかに表面の岩石の密度よりずっと大きく、それは地球が金属の核を持っているからだろうと推論した。このようにして、地球全体の平均密度はシェハリオン山の岩石の約2倍であることが明らかとなった。

この結果は、イギリスの天文学者エドモンド・ハレーが当時提唱していた、地球は中空であるという説が誤りであることを立証した。また、地球の質量

シェハリオン山が実験場所として選ばれた。その理由は、対称的な形をしていて、孤立している(そのため、ほかの山の重力に影響されにくい)からだ。

……地球の平均密度は、その表面の密度の少なくとも2倍あり……地球内部の密度は、表面近くの密度よりずっと大きい。
**ネヴィル・マスケリン**

を、その体積と平均密度から推定することを可能にした。マスケリンが算出した地球全体の密度は4,500kg/m³だった。5,515kg/m³という今日認められている値と比較すると、マスケリンの算出した値は、20%未満の誤差だった。また、算出する過程で、ニュートンの重力の法則が正しいことを証明していた。■

## ネヴィル・マスケリン

1732年にロンドンで生まれたネヴィル・マスケリンは、学校で天文学に興味を持つようになった。ケンブリッジ大学を卒業し、司祭に任命されたあと、1758年、王立協会の会員になり、1765年から死ぬまで王立天文台長だった。

1761年、王立協会は、大西洋の島セントヘレナ島にマスケリンを派遣し、金星の太陽面通過を観測させた。金星が太陽を横切るときに得られた観測結果は、天文学者が地球と太陽の距離を計算することを可能にした。また、マスケリンは、多くの時間を費やして、海上で経度を測るとい

う問題——当時の主要な問題——を解決しようとした。マスケリンは、月と所定の星の距離を注意深く測定し、公表されている値を参照した。

### 重要な著書

1764年　セントヘレナ島でおこなわれた天体観測

1775年　シェハリオン山の重力を知るためにおこなわれた観測の説明

# 花の構造と
# 受精における自然の神秘
## クリスティアン・シュプレンゲル
### （1750年～1816年）

## 前後関係

**分野**
**生物学**

**以前**
**1694年** ドイツの植物学者ルドルフ・カメラリウスは、花が植物の生殖器官であることを示す。

**1753年** カール・フォン・リンネは『植物の種』を出版し、そこで、花の構造による分類方式を考案する。

**1760年代** ドイツの植物学者ヨーゼフ・ゴットリーブ・ケールロイターは、花が受精するには花粉が必要であることを証明する。

**以後**
**1831年** スコットランドの植物学者ロバート・ブラウンは、どのように花粉が花の柱頭（雌しべの先端）で発芽するかを説明する。

**1862年** チャールズ・ダーウィンは、花と花粉を運ぶ昆虫の関係を詳細に記した『ランの受精』を出版する。

18世紀中頃、スウェーデンの植物学者カール・フォン・リンネは、花が、動物の生殖器官に対応していることに気づいた。40年後、ドイツの植物学者クリスティアン・シュプレンゲルは、顕花植物の受粉、さらに受精において、どのように昆虫が重要な役割を果たしているかについて明らかにした。

### 相互利益

1787年の夏、シュプレンゲルは、昆虫が花を訪れて、内部の花蜜を食べているのに気づいた。花弁の特別な色と模様によって、花蜜は「宣伝」されているのではないかと思い始めた。昆虫は花に誘われ、その結果、雄しべの花粉が昆虫に付着して、別の花の雌しべまで運ばれると考えた。昆虫の報酬は高い栄養価の花蜜を飲むことだった。また、多くの両性花は、雄しべと雌しべの成熟時期をずらすことで、自家受粉を防いでいることを、シュプレンゲルは観察した。

1793年に発表されたシュプレンゲルの研究は、彼が生きているあいだ、ほとんど正当に評価されなかった。しかし、チャールズ・ダーウィンが自分の研究の基礎として用いたとき、やっと正当な評価を与えられた。ダーウィンの研究は、顕花植物と花粉を運ぶ昆虫の共進化――相互利益をもたらす――に関するものだった。■

ミツバチが鮮やかに色づいた花弁の中心にとまっている。ミツバチ類による受粉は、昆虫による受粉全体の80パーセントを占め、また食用作物全体の3分の1がミツバチによる受粉である。

**参照** カール・フォン・リンネ p.74-75 ■ チャールズ・ダーウィン p.142-149 ■ グレゴール・メンデル p.166-171 ■ トマス・ハント・モーガン p.224-225

広がる地平 105

# 元素は常に同じように結合する
## ジョゼフ・プルースト（1754年〜1826年）

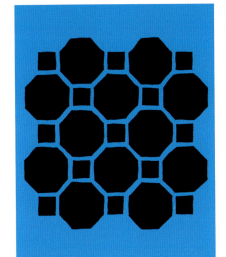

### 前後関係

**分野**
化学

**以前**
**紀元前400年頃** ギリシアの思想家デモクリトスは、世界は究極的には、非常に小さな分けることのできない粒子、すなわち原子からできていると提案する。

**1759年** イギリスの化学者ロバート・ドシーは、物質は適切な比率にあるとき結合し、その比率を「飽和比率」と呼ぶと主張する。

**1787年** アントワーヌ・ラヴォアジェとクロード・ルイ・ベルトレは、化合物の命名の近代的な方式を考案する。

**以後**
**1805年** ジョン・ドルトンは、元素は特定の質量の原子からできていて、その原子は結合して化合物を作ることを示す。

**1811年** イタリアの化学者アメデオ・アボガドロは、原子と、原子によって作られる分子を区別する。

フランスの化学者ジョゼフ・プルーストによって1799年に「定比例の法則」が発表された。この法則は元素がどのように結合しても、ある化合物における各元素の比率は、常に同じであることを示す。この理論は、この時期に現れて近代の化学の基礎を作った、元素に関する基本的な考えのひとつだった。

プルーストは、この発見に当たって、アントワーヌ・ラヴォアジェが始めたフランスの化学の流儀に従った。それは、重量や比率などの注意深い測定を唱道するものだった。プルーストは、金属酸化物における、金属と酸素の結合比率を調べた。金属酸化物ができるとき、金属と酸素は一定の比率で結合すると結論した。同じ金属が異なる比率で酸素と結合すると、異なる性質の異なる化合物になった。

1811年、スウェーデンの化学者イェンス・ヤコブ・ベルセリウスは、プルーストの理論が、ジョン・ドルトンが提唱した新しい原子論——元素はそれぞれ独自の原子からなる——に適合していることに気づいた。化合物が常に原子の同じ組合せで作られるなら、元素は常に一定の比率で結合するというプルーストの主張は、正しいに違いない。この主張は、現在も化学の重要な法則のひとつである。■

鉄は、他の多くの金属と同じように、あらゆる真の結合を支配する自然法則に支配されている。すなわち、鉄は2通りの一定な比率で酸素と結合する。
**ジョゼフ・プルースト**

**参照** ヘンリー・キャヴェンディッシュ p.78-79 ■ アントワーヌ・ラヴォアジェ p.84 ■ ジョン・ドルトン p.112-113 ■ イェンス・ヤコブ・ベルセリウス p.119 ■ ドミトリ・メンデレーエフ p.174-179

# 進歩の世紀
## 1800年〜1900年

# はじめに

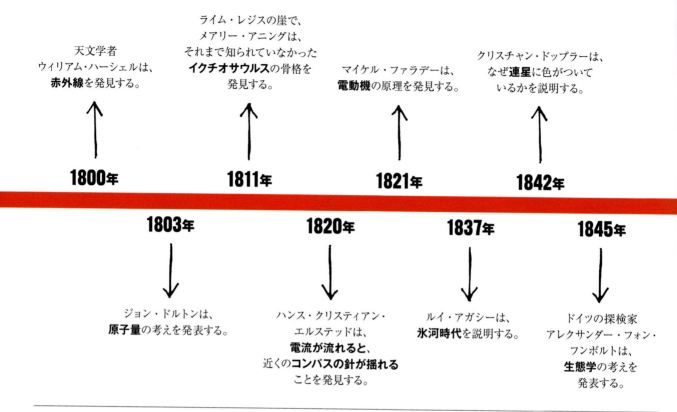

1799年の電池の発明は、科学研究のまったく新しい分野を開いた。デンマークで、ハンス・クリスティアン・エルステッドは、電気と磁気の関係を偶然発見した。そしてロンドンの王立研究所で、マイケル・ファラデーは磁場について考え、世界初の電動機を発明した。さらにスコットランドで、ジェームズ・クラーク・マクスウェルは電磁気について数学的に解明した。

## 目に見えないものを見る

目に見えない電磁波は、それが理解され、そのふるまいを支配する法則が解明される前に発見された。イギリスのバースで研究していた、ドイツの天文学者ウィリアム・ハーシェルは、プリズムを使って日光の様々な色を分離し、その温度を調べ、可視光の波長領域で、最も端にある赤色を越えたところで、温度計が高い温度を示すことを見つけた。ハーシェルは赤外線を発見した。その次の年には紫外線が発見され、日光には可視光以外のものがあることが判明した。のちに、ヴィルヘルム・レントゲンは、ドイツの実験室で偶然X線を発見した。イギリスの物理学者トマス・ヤングは、光が波か粒子かを決定するために巧妙な二重スリット実験を考案した。その結果、光でも波と同様に干渉が起こることが発見され、光が波か粒子かの議論は収束するように思われた。プラハで、オーストリアの物理学者クリスチャン・ドップラーは、光が様々な振動数を持った波であるという考えを用いて連星の色を説明し、ドップラー効果として知られている現象を示した。その間パリで、フランスの物理学者のイッポリート・フィゾーとレオン・フーコーは光の速さを測定し、光が空気中より水中で遅く進むことを示した。

## 化学変化

イギリスのジョン・ドルトンは、原子量の概念を提案し、そのいくつかを推定した。15年後、スウェーデンの化学者イェンス・ヤコブ・ベルセリウスは、原子量のより完全な一覧表を作成した。ベルセリウスの学生だったドイツ

# 進歩の世紀

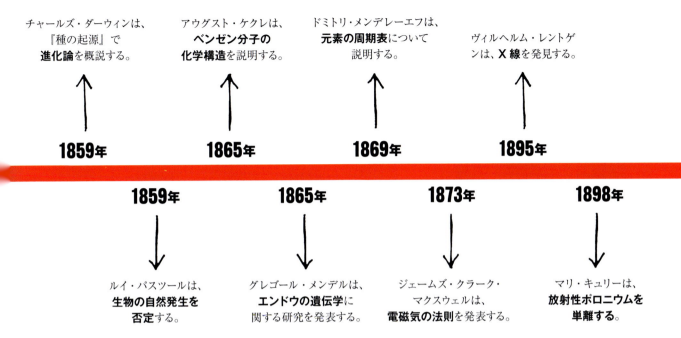

## 過去からの手がかり

19世紀には、生物を理解する上で革命的なことが起きた。イングランドの南海岸で、メアリー・アニングは、絶滅した生物の化石を崖から掘り出して記録した。その後、リチャード・オーウェンは、かつて地球をうろついていた「恐ろしいトカゲ」に「恐竜」という言葉を作った。スイスの地質学者ルイ・アガシーは、地球の大部分がかつて氷に覆われていたと提案し、地球がその歴史を通して非常に異なる状態を経験してきたという考えをさらに発展させた。アレクサンダー・フォン・フンボルトは、学際的な洞察により、自然界におけるつながりを明らかにし、生態学を確固なものにした。フランスのジャン＝バティスト・ラマルクは、進化の理論を概説し、獲得形質が伝わることがその駆動力だと信じた。その後、1850年代に、イギリスの博物学者であるアルフレッド・ラッセル・ウォレスとチャールズ・ダーウィンはともに、自然選択による進化の考えを思いついた。T.H.ハクスリーは、鳥が恐竜から進化したであろうことを示し、進化を支持する証拠は増えた。その間、グレゴール・メンデルというブルノの修道士は、エンドウの交配実験を数多くおこない、その結果から遺伝学の基本法則をまとめた。メンデルの研究は、数十年間埋もれていたが、その再発見により、自然選択に遺伝のメカニズムが導入されることになった。■

の化学者フリードリヒ・ウェーラーは、無機塩から有機化合物を合成し、生命の化学は特別な法則に従うという考えに反証を示した。さらに、パリでルイ・パスツールは、生物は自然発生しないことを証明した。

新しい考えのひらめきが、様々な方面から生じた。ベンゼンの構造は、ドイツの化学者アウグスト・ケクレの夢に現れ、ロシアの化学者ドミトリ・メンデレーエフは一組のカードを用いて元素の周期表の問題を解決した。

また、マリ・キュリーはポロニウムとラジウムを単離し、化学と物理学の両方でノーベル賞を獲得した唯一の人物となった。

# 太陽が輝いているとき、その実験はとても簡単に再現できるかもしれない
## トマス・ヤング（1773年〜1829年）

### 前後関係

**分野**
物理学

**以前**
**1678年** クリスティアーン・ホイヘンスは、光が波として伝わると初めて提案する。1690年に『光についての論考』を発表する。

**1704年** アイザック・ニュートンは、著書『光学』の中で、光が粒子あるいは「微粒子」の流れからできていると提案する。

**以後**
**1905年** アルベルト・アインシュタインは、光は波であるだけでなく、のちに光子と呼ばれる粒子としても考えられなければならないと主張する。

**1916年** アメリカの物理学者ロバート・アンドリューズ・ミリカンは、実験によって、アインシュタインが正しいことを証明する。

**1961年** クラウス・ヨンソンは、電子を用いた、ヤングの二重スリットの実験を再現し、光と同じように電子も、粒子としてだけでなく、波としてもふるまうことを示す。

---

光が直線的に進む粒子でできているなら、そのことは単純な実験で証明できる……

↓

2つの隣接したスリットを通してスクリーンに光を当てる。**光の当たっているところが**スクリーン上に見えるはずだ。

↓

ところが、**干渉による明暗の模様**ができる。それは、水が2つのスリットを通って流れると、水の波模様ができるのと同じだ。

↓

光は波として伝わっているに違いない。

---

**19**世紀初頭、科学的な見解は、光の性質の問題に関して分かれていた。アイザック・ニュートンは、光が無数の、非常に小さい、動きの速い「微粒子」からできていると述べていた。光がそういった弾丸のような微粒子でできていたら、そのことは光が直線で進み、影を作る理由になるとしていた。しかし、ニュートンの微粒子では、光が屈折したり、虹の色に分かれたり（これも屈折の効果）する理由を説明できなかった。クリスティアーン・ホイヘンスは、光は粒子ではなく、波でできていると主張していた。しかし、ニュートンの名声が高かったため、ほとんどの科学者は粒子説を支持した。

その後、1801年に、イギリスの医者で物理学者のトマス・ヤングは、単純だが巧妙な実験を思いついた。その考えは、彼が細かい水滴の霧を通して、輝いているロウソクによってできた光の模様を見ていたときに生まれた。その模様は、明るい中心の周りにできる色のついた輪で、ヤングは、相互作用する光の波によって、この輪が生じて

参照　クリスティアーン・ホイヘンス p.50-51　■　アイザック・ニュートン p.62-69　■
　　　レオン・フーコー p.136-137　■　アルベルト・アインシュタイン p.214-221

いるのではないかと思った。

## 二重スリットの実験

　ヤングは1枚のカードに2つのスリットを作り、光を当てた。スリットの後ろに置いた紙のスクリーンに、光の模様ができたので、光は波だと確信した。ニュートンが述べたように、光が粒子の流れなら、それぞれのスリットのまっすぐ先に、光の細長い形ができるはずだ。しかし、不明瞭なバーコードのように交互に並ぶ明るい帯と暗い帯ができていた。ヤングは、光波がスリットを通り抜けたあと広がりながら、相互作用していると主張した。2つの波が同時に上がっている（山）か、下がっている（谷）なら、それらは強め合って倍の大きさの波になり、明るい帯ができる。1つの波が上がり、もう1つの波が下がっていれば、それらは相殺されて暗い帯となる。ヤングは、異なる色の光によって、異なる干渉縞ができることも示した。これは、光の色が光の波長によって決まることを示

> 科学の研究は、
> すべての同時代人と
> 前の時代の人に対する
> 一種の戦いだ。
> **トマス・ヤング**

した。100年間、ヤングの二重スリットの実験は、光は波であって、粒子ではないと科学者を納得させた。

　その後、1905年にアルベルト・アインシュタインは、光は粒子の流れのようにもふるまうことを示した。また、1961年、ドイツの物理学者クラウス・ヨンソンは、ヤングの実験原理を利用して、原子より小さい粒子である電子が、光と同様の干渉を起こすことから、電子も波であることを示した。■

### トマス・ヤング

　トマス・ヤングは、イングランドのサマセットでクエーカー教徒の家に10人兄弟の長男として生まれた。彼は、頭がよいため神童と呼ばれ、「天才ヤング」というあだ名がついていた。13歳で、すらすらと5か国の言葉を読め、大人になると、エジプトのヒエログリフを初めて現代語に訳した。

　スコットランドで医学の教育を受けたあと、1799年、ロンドンで医者として開業したが、真の博学家であり、空き時間に、調律の理論から言語学まであらゆることを研究した。しかし、光に関する研究で最も有名だった。光の干渉の原理を確立しただけでなく、色覚について初めて近代的な科学理論を考案し、青、赤、緑という3つの色の比率が変化することで、様々な色が見えると主張した。

### 重要な著書

1804年　物理光学に関する実験と計算
1807年　自然哲学と機械技術についての講座

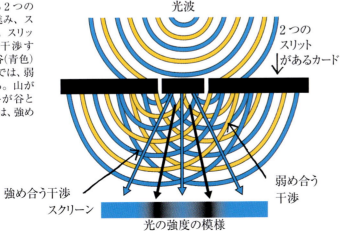

**光は**カードにある2つのスリットを通って進み、スクリーンに達する。スリットを通る光波は干渉する。山（黄色）が谷（青色）と交差するところで、弱め合う干渉となる。山が山と、そして、谷が谷と交差するところでは、強め合う干渉となる。

# 究極の粒子の
# 相対的重量を突き止める
## ジョン・ドルトン（1766年〜1844年）

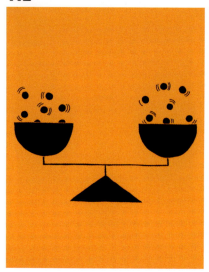

**前後関係**

分野
**化学**

以前
**紀元前400年頃** デモクリトスは、世界は分割できない粒子からできていると提案する。

**8世紀** ペルシアの博学家ジャービル・イブン・ハイヤーン（あるいはジーベル）は、元素を金属と非金属に分類する。

**1794年** ジョゼフ・プルーストは、化合物が、同じ比率で結合した元素から常にできていることを示す。

以後
**1811年** アメデオ・アボガドロは、気体の種類が異なっていても、体積が等しいなら、気体中の分子の数は等しいことを示す。

**1869年** ドミトリ・メンデレーエフは、周期表を作成し、原子量によって元素を表示する。

**1897年** J. J. トムソンは、電子の発見を通して、原子がありうる最小の粒子ではないことを示す。

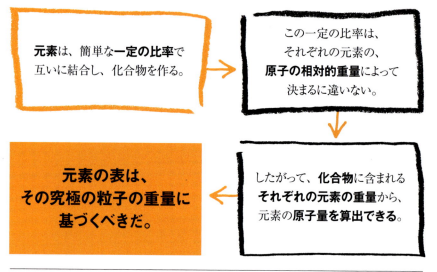

**元素**は、簡単な**一定の比率**で互いに結合し、化合物を作る。

この一定の比率は、それぞれの元素の、**原子の相対的重量**によって決まるに違いない。

したがって、**化合物**に含まれる**それぞれの元素の重量**から、元素の**原子量**を算出できる。

**元素の表は、その究極の粒子の重量に基づくべきだ。**

18世紀の終わり頃、科学者は、世界が様々な基本物質すなわち元素からできていると考えるようになった。しかし、それが何であるかはわからなかった。元素が、それぞれ異なる原子からできていると、イギリスの気象学者ジョン・ドルトンは気象の研究を通して理解した。原子の考えは古代ギリシアまでさかのぼれるが、すべての原子が同一だとずっと見なされてきた。ドルトンは、当時知られていた水素や酸素、窒素などの元素を作っている原子を「中身の詰まった、質量のある、硬い、不可入性（2つの物体は同時に同一の空間を占めないという性質）の動かせる粒子」として説明した。

ドルトンの考えは、気圧によって、空気に吸収される水の量がどのくらい影響されるかという研究に由来する。彼は空気が異なる気体の混合物だと確信していた。所定量の純粋な酸素

進歩の世紀 113

参照　ジョゼフ・プルースト p.105 ■ ドミトリ・メンデレーエフ p.174-179

> 物体を構成する究極の粒子の相対的重量に関する研究は、わたしの知る限り、まったく新しいテーマだ。
> ジョン・ドルトン

は、同じ量の純粋な窒素よりも少ない蒸気しか吸収しないことを観察し、これは酸素原子が窒素原子より大きくて、重いからだという結論へと飛躍した。

### 重要な問題

ドルトンは、異なる元素の原子は、その重量の違いによって識別できると見抜いた。2つ以上の元素の原子は、単純な比率で結合して化合物を作るので、化合物に含まれる各元素の重量によって、それぞれの原子の重量を算出できると考えた。すぐに、当時知られていた元素の原子量（原子の相対的重量）を算出した。

ドルトンは、水素が最も軽い気体だと気づいていたので、水素の原子量を1とした。酸素は水素と結合して水となるので、その原子量を7とした。しかし、彼の方法には欠点があった。ドルトンは、同じ元素の原子が結合できることに気づいていなかった。彼は、酸素分子や水素分子は、1つの原子からできていると常に仮定していた。

しかし、ドルトンの研究は、科学者を正しい方向に進ませ、10年もしないうちにイタリアの物理学者アメデオ・アボガドロが原子量を正確に計算するための、分子の比率に関する説を考案した。それでも、ドルトンの理論の基本的な考え——それぞれの元素は独自の大きさの原子からなる——は、正しいことが判明した。■

**ドルトンの表**は、様々な元素の記号と原子量を示している。なぜ空気と水の粒子は混じることができるのかと自問したとき、ドルトンは、気象学を通して、原子論に引き寄せられた。

### ジョン・ドルトン

1766年、イングランドの湖水地方で、クエーカー教徒の家族のもとに生まれたジョン・ドルトンは、15歳から、天気の観測をよくおこなった。それによって、空気が冷えると、大気中の水分は雨に変わることなど多くの重要な洞察を得た。気象学の研究に加えて、ドルトンは自分と兄弟が共有している病気である色覚異常に興味を持った。このテーマに関する科学論文によって、ドルトンは「マンチェスター文学哲学協会」へ入会することになり、1817年にその会長に選ばれた。この協会のために何百もの科学論文を書き、その中には原子論に関するものもあった。原子論はすぐに受け入れられ、ドルトンは生前に名士となり、1844年のマンチェスターでの彼の葬儀には4万人以上の人が出席した。

#### 重要な著書

1805年　大気を構成する種々の気体または弾性流体の割合についての実験研究
1808年　化学の新体系

# 電気によって生み出される化学的効果
## ハンフリー・デービー（1778年～1829年）

## 前後関係

**分野**
化学

**以前**
**1735年** スウェーデンの化学者イェオリ・ブラントは、コバルトを発見する。次の100年にかけて発見される多くの新しい金属元素の最初のものとなる。

**1772年** イタリアの医学者ルイージ・ガルヴァーニは、カエルへの電気の効果に気づき、電気は生物学的なものと考える。

**1799年** アレッサンドロ・ボルタは、金属を接触させると電気が生じることを示し、最初の電池を作る。

**以後**
**1834年** デービーの助手だったマイケル・ファラデーは、電気分解の法則を発表する。

**1869年** ドミトリ・メンデレーエフは、既知の元素を周期表に並べ、デービーが1807年に発見した軟らかい金属をアルカリ金属元素としてまとめる。

1800年、アレッサンドロ・ボルタが「ボルタ電堆」という世界初の電池を発明すると、すぐに多くの科学者が電池を用いて実験を始めた。イギリスの化学者ハンフリー・デービーは、電池の電気が化学反応によってできることに気づいた。電堆の2つの異なる金属（電極）が、塩水に浸した紙を通して反応すると、電気が流れる。1807年、彼は電堆からの電気を用いて化合物を分解する方法（電気分解）を開発した。そして電気分解を用いて新しい元素を発見した。

### 新しい金属

デービーは、2つの電極を乾燥した水酸化カリウムに挿入した。実験室の湿った空気にさらすことによって水酸化カリウムを湿らせて、電気を伝えるようにしておいた。すると、負側の電極に金属の小球ができ始めた。その小球は、カリウムという新しい元素だった。数週間後、彼は水酸化ナトリウムを同じように電気分解し、ナトリウムを作った。1808年、同様の方法で、さらにカルシウム、バリウム、ストロンチウム、マグネシウムの金属元素と、半金属のホウ素を発見した。彼の発見は、のちに商業的にも、非常に価値が高いことが判明した。■

**デービーは、ロンドンの王立研究所で**、これと同様の器具を用いて、電気分解によって、どのようにして水が水素と酸素という2つの元素に分解されるかを示した。

**参照** アレッサンドロ・ボルタ p.90-95 ■ イェンス・ヤコブ・ベルセリウス p.119 ■ ハンス・クリスティアン・エルステッド p.120 ■ マイケル・ファラデー p.121 ■ ドミトリ・メンデレーエフ p.174-179

進歩の世紀 115

# 国の地質図を作る
## ウィリアム・スミス
### (1769年~1839年)

## 前後関係

**分野**
**地質学**

**以前**

**1669年** ニコラウス・ステノは、地質学者の岩層の理解を導く層位学の原理を発表する。

**1760年代** ドイツで、地質学者のヨハン・レーマンとゲオルク・フクスルは、測定された地層の断面図と地図を初めて作る。

**1813年** イギリスの地質学者ロバート・ベークウェルは、イングランドとウェールズで岩型の地球構造学的地図を初めて作る。

**以後**

**1835年** イギリスの系統的な地質図作成をおこなうため「グレートブリテン島地質調査研究所」が設立される。

**1878年** パリで、初めての国際地質学会議が開かれる。会議はそれ以来ずっと3年から5年ごとに開かれている。

18世紀の半ばから末にかけて、ヨーロッパの産業革命を押し進めるために燃料と鉱石を見つける必要があり、地質図作成への関心がそれまで以上に大きくなった。ドイツの鉱物学者ヨハン・レーマンとゲオルク・フクスルは、地形と岩層を示す、空から見た詳細な図を作成した。それ以降の地質図も岩型の地表分布を示すものだったが、フランスのジョルジュ・キュヴィエとアレクサンドル・ブロンニャールの先駆的な仕事が現れた。彼らは1811年、パリ盆地の地質図を作成した。そして、イギリスにはウィリアム・スミスがいた。

### 最初の全国地図

スミスは独学の技術者・測量技師で、1815年、イングランドとウェールズ、スコットランドの一部を示す、初めての全国的な地質図を作成した。鉱山と採石場、崖、運河、道路と鉄道の切り通しから試料を集めることで、スミスは、ステノの層位学の原理を用いて、それぞれの地層を特徴的な化石によって識別しながら、一連の岩層を確定した。また、一連の地層の縦断面と、地殻変動によって地層が形成された地質構造を表す図を作成した。

それから数十年のあいだに、最初の全国的な地質調査をおこなうことが決まり、国の地図の系統的な作成が始まった。同じような時代の地層を、国境を横断して対比することは、19世紀後半の国際的合意で達成された。■

博物学者にとって
系統的な化石は、
古物収集家にとっての
コインのようなものだ。
**ウィリアム・スミス**

**参照** ニコラウス・ステノ p.55 ■ ジェームズ・ハットン p.96 – 101 ■
メアリー・アニング p.116-117 ■ ルイ・アガシー p.128-129

# 彼女はその骨が どの動物に近縁かが すぐにわかる
## メアリー・アニング（1799年〜1847年）

## 前後関係

**分野**
古生物学

**以前**
**11世紀** ペルシアの学者アヴィセンナ（イブン・シーナー）は、岩石は石化した流動体から作られ、化石の形成をもたらすと提案する。

**1753年** カール・フォン・リンネは、生物分類方式に化石を含める。

**以後**
**1830年** イギリスの芸術家ヘンリー・デ・ラ・ビーチは、初めての古代の復元物のひとつとして、「ディープ・タイム（地質年代）」の光景を描く。

**1854年** リチャード・オーウェンとベンジャミン・ウォーターハウスは、絶滅した動植物の初めての実物大の復元物を作る。

**20世紀初頭** 放射年代測定法の開発によって、科学者は、化石が見つかる岩層に従って、化石の年代を定められるようになる。

---

化石は、動植物の**保存されている残存物**だ。 → 現在もういない大きな動物の化石が見つかっている。

↓

過去に、現在のものとは**まったく異なる動物**が地球上で生きていた。

---

18世紀の終わりまでに、化石はかつて生きていた生物の残存物であり、その生物は、周りの堆積物が硬化して岩石になるとき石化したと一般に認められていた。化石と生きている生物の両方が、スウェーデンの分類学者カール・フォン・リンネのような博物学者によって、初めて、種、属、目、綱の階層に分類されていた。しかし、化石の環境的、生物学的背景について、あまり考えられることはなかった。

19世紀初頭、大きな化石化した骨の発見は、新しい問題を提起した。それらは分類体系のどこに入るのか、そして、いつ絶滅したのか？　西洋世界のユダヤ教とキリスト教の文化の中では、慈悲深い神は自らの創造物を絶滅させないと一般に考えられた。

### 混沌からの怪物

こういった独特で大きな化石の最初のいくつかは、南イングランドの海岸、ライム・レジス付近の化石収集家アニング一家によって発見された。そこでは、ジュラ紀の石灰岩と頁岩の地層が崖に露出して、古代の海洋生物の化石が豊富に現れていた。1811年、ジョセフ・アニングは、奇妙に細長い、歯のあるくちばしがついた1.2mの長い

**進歩の世紀** 117

参照　カール・フォン・リンネ p.74-75　■　チャールズ・ダーウィン p.142-149　■
　　　トマス・ヘンリー・ハクスリー p.172-173

頭骨を見つけた。彼の妹メアリーは骨格の残りを見つけ、23ポンドで売った。それは、絶滅した「混沌の怪物」の初めての完全な骨格であり、ロンドンで展示され、世間の関心を大いに集めた。絶滅した海の爬虫類と同定され、「魚のトカゲ」を意味するイクチオサウルスと命名された。

アニング一家は、イギリスで初めての空飛ぶ爬虫類の化石、新しい魚や貝の化石、多くのイクチオサウルスや別の海の爬虫類であるプレシオサウルスの初めての完全な化石を見つけた。また、ベレムナイトという頭足類の化石には、墨袋が保存されているものもあった。メアリーには化石採集の才能があった。彼女は貧しかったが、読み書きができ、独学で地質学と解剖学を学び、そのおかげで、より有能な化石採集家になった。メアリー・アニングのことを「完全に科学に精通していて、骨を見つけると、それがどの動物に近縁かがすぐにわかる」と言う人もあった。メアリーは多くの種類の化石の権威者になり、特に、化石化した糞である糞石に詳しかった。

アニングの化石で明らかになった古代ドーセットのイメージは、絶滅した様々な動物が繁栄している熱帯の海岸というものだった。1854年、彼女の化石は、イクチオサウルスを初めて実物大で復元するためのモデルとなった。ロンドンのクリスタル・パレス公園のために、彫刻家のベンジャミン・ウォーターハウスと、「恐竜」という言葉を作った古生物学者のリチャード・オーウェンが製作した。■

**1830年、ヘンリー・デ・ラ・ビーチ**は、アニングの化石の発見に基づいて、ドーセット近辺のジュラ紀の海にいた生物の復元物を描いた。

### メアリー・アニング

数冊の伝記と小説が、独学の化石収集家メアリー・アニングの人生について書かれている。10人生まれた子供のうち、生き残ったのは2人しかおらず、その1人がメアリーだった。貧しい家族は信心深い非英国国教徒で、ドーセットのライム・レジスの海岸の村に住んでいた。家族は、数が増えていく旅行者に売るために化石を収集して、不安定な生計を立てていた。最も重要な発見物――2億100万年～1億4,500万年前に生きていたジュラ紀の爬虫類の化石――を発見し、売ったのはメアリーだった。女性であることや低い社会的地位、宗教の非正統性のせいで、アニングは、生前自分の研究について正式にはほとんど認められなかった。彼女は、手紙に次のように書いている。「世間はわたしを不親切に扱ってきた。そのせいで、自分は誰でも疑うようになってしまったのではないかと心配だ」。しかし、彼女は地質学の社会では広く知られていて、様々な科学者が彼女の専門知識を求めた。アニングは健康を害したとき、科学への貢献が認められて、25ポンドという少額の年金を与えられた。47歳のとき乳がんで亡くなった。

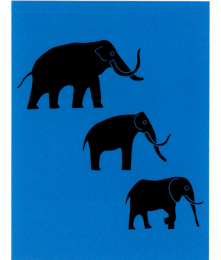

# 獲得形質の遺伝
## ジャン＝バティスト・ラマルク
### （1744年〜1829年）

1809年、フランスの博物学者ジャン＝バティスト・ラマルクは、地球上で生物は時間とともに進化してきたという理論を発表した。ラマルクの理論の契機となったものは、現生生物とは異なる生物の化石の発見だった。1796年、フランスの博物学者ジョルジュ・キュヴィエは、ゾウと思われる骨の化石が、現生のゾウの骨と著しく異なり、現在マンモスあるいはマストドンと呼ばれている絶滅生物に由来することを示した。

キュヴィエは、絶滅した過去の生物を、天変地異による犠牲者として説明した。ラマルクは、この考えに異論を唱え、生物は、最も単純なものから最も複雑なものへと、少しずつ連続的に、時を経て「変化」あるいは進化してきたと主張した。彼は、形質の変化は環境の変化によって促進されるのではないかと考えた。そして変化した形質は、生殖によって親から子供へと受け継がれ、有用な形質はさらに発達し、有用でない形質は失われるとした。ラマルクは、形質は生物が生きているあいだに獲得され、子供に伝えられると考えた。のちにダーウィンが自然選択によって進化が起きることを示したことで、「獲得形質」という考えは、冷たく扱われるようになった。しかし、近年では、環境が、遺伝子とその発現を変える可能性があるということが指摘され、議論されている。■

生きている植物が
置かれている環境を、
われわれが突然変えるとき、
自然が長期間におこなうことを
われわれは毎日のように
おこなっている。
ジャン＝バティスト・ラマルク

**前後関係**

**分野**
生物学

**以前**
**1495年頃** レオナルド・ダ・ヴィンチは、化石が過去の生物の遺物であることをノートに記す。

**1796年** ジョルジュ・キュヴィエは、化石の骨が絶滅したマストドンのものであることを証明する。

**1799年** ウィリアム・スミスは、異なる年代の地層から化石が連続して出土することを示す。

**以後**
**1858年** チャールズ・ダーウィンは、自然選択による進化の理論を発表する。

**1942年** 進化の「総合説」では、新種のでき方を、グレゴール・メンデルの遺伝学と、ダーウィンの自然選択と古生物学、生態学をうまく用いて説明しようとする。

**2005年** エヴァ・ヤブロンカとマリオン・ラムは、非遺伝的な、環境と行動の変化は、進化に影響を及ぼしうると主張する。

**参照** ウィリアム・スミス p.115 ■ メアリー・アニング p.116-117 ■ チャールズ・ダーウィン p.142-149 ■ グレゴール・メンデル p.166-171 ■ トマス・ハント・モーガン p.224-225 ■ マイケル・シヴァネン p.318-319

進歩の世紀　119

# あらゆる化合物は
# 2つの部分からできている
## イェンス・ヤコブ・ベルセリウス
## （1779年〜1848年）

## 前後関係

**分野**
**化学**

**以前**
**1704年**　アイザック・ニュートンは、原子は何らかの力で結合していると提案する。

**1800年**　アレッサンドロ・ボルタは、2つの異なる金属を隣り合わせに置くことによって、電気を発生させることができることを示し、初めての電池を作る。

**1807年**　ハンフリー・デービーは、塩を電気分解することによって、ナトリウムなどの金属元素を発見する。

**以後**
**1857年〜1858年**　アウグスト・ケクレなどは、原子価——原子が作れる結合の数——の考えを考案する。

**1916年**　アメリカの化学者ギルバート・ルイスは、電子が共有される共有結合の考えを提案する。また、ドイツの物理学者ヴァルター・コッセルは、イオン結合の考えを提案する。

　スウェーデンのイェンス・ヤコブ・ベルセリウスは、アレッサンドロ・ボルタによる電池の発明に刺激を受けた化学者の指導的人物だった。彼は、一連の実験をおこない、化学物質に対する電気の効果を調べた。電気化学的二元論と呼ばれる理論を考案し、1819年に発表した。それは、化合物は、反対の電荷を持つ元素が一緒になることで作られるというものだ。1803年、ベルセリウスは、鉱山の所有者と提携して、ボルタ電堆（でんたい）を用いてどのように電気が塩を分解するかを調べていた。アルカリ金属とアルカリ土類金属は電堆の陰極に移動し、酸素と酸、酸化物は陽極に移動した。彼は、塩である化合物は、正に帯電している酸性酸化物と、負に帯電している塩基性酸化物が結合していると結論した。

　ベルセリウスは二元論で、化合物はその構成要素間の反対の電荷の引力によって結合すると提案した。この理論は、のちに正しくないことが明らかになるが、化学結合の研究を発展させる契機となった。1916年、電気的結合は「イオンの」結合として生じることがわかった。その結合では、原子は電子を失うか得るかして、イオンとなって相互に引き合う。これは、原子が結合する仕方のひとつに過ぎない。別の仕方に「共有」結合があり、その結合では電子が原子間で共有される。■

1つの見解を常用していると、
それが真実だと
完全に信じてしまうことがよくあり、
それに反する証拠を
受け入れられなくなる。
**イェンス・ヤコブ・ベルセリウス**

**参照**　アイザック・ニュートン p.62-69　■　アレッサンドロ・ボルタ p.90-95　■
ジョゼフ・プルースト p.105　■　ハンフリー・デービー p.114　■
アウグスト・ケクレ p.160-165　■　ライナス・ポーリング p.254-259

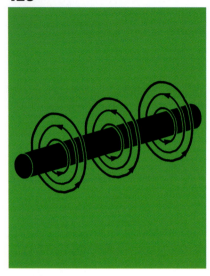

# 電気の効果は導線に限定されない
## ハンス・クリスティアン・エルステッド
（1777年～1851年）

**前後関係**

**分野**
物理学

**以前**
**1600年** ウィリアム・ギルバートは、電気と磁気に関する最初の科学実験をおこなう。

**1800年** アレッサンドロ・ボルタは、最初の電池を作る。

**以後**
**1820年** アンドレ＝マリ・アンペールは、電磁気の数学的理論を考案する。

**1821年** マイケル・ファラデーは、最初の電動機を作ることによって、電磁気による回転が起こることを示す。

**1831年** ファラデーとアメリカの科学者ジョセフ・ヘンリーは、独立に、電磁誘導を発見する。ファラデーは、それを最初の発電機に用いて、運動を電気に変える。

**1864年** ジェームズ・クラーク・マクスウェルは、光波を含む電磁波を記述するための一揃いの方程式を作る。

　すべての力と物質の根底にある統一性を発見するための探求は、科学そのものと同じぐらい古い。1820年、デンマークの哲学者ハンス・クリスティアン・エルステッドは磁気と電気の関連性を見つけた。それは、ドイツの化学者・物理学者ヨハン・ヴィルヘルム・リッターが、1801年にエルステッドに示唆したものであった。自然に統一性があるという哲学者イマヌエル・カントの考えに影響を受けていたエルステッドは、その可能性を真剣に調べた。

### 偶然の発見

　エルステッドは、コペンハーゲン大学で講義をしながら、どのようにボルタの電堆（1800年にボルタが発明した電池）の電流が針金を熱し、輝かせるかを学生に示したいと思った。針金の近くにあるコンパスの針が、電流が流れるたびに動くことに気づいた。これは、電気と磁気が関係していることを示す最初の証拠だった。

　エルステッドの発見で、ヨーロッパ中の科学者は、すぐに電磁気を研究するようになった。フランスの物理学者アンドレ＝マリ・アンペールは、この新しい現象に対して数学的理論を考案し、1821年には、マイケル・ファラデーが、電磁気力によって、電気エネルギーを力学的エネルギーに変えることができることを示した。■

電気の効果は
導線に限定されず、
その周りのかなり広がった範囲にも
効果があるようだ。
**ハンス・クリスティアン・エルステッド**

**参照** ウィリアム・ギルバート p.44 ■ アレッサンドロ・ボルタ p.90-95 ■ マイケル・ファラデー p.121 ■ ジェームズ・クラーク・マクスウェル p.180-185

進歩の世紀 **121**

# いつか、税金をかけることになるかもしれませんよ
## マイケル・ファラデー (1791年〜1867年)

### 前後関係

**分野**
**物理学**

**以前**
**1800年** アレッサンドロ・ボルタは、最初の電池を発明する。
**1820年** ハンス・クリスティアン・エルステッドは、電気が磁場を生み出すことを発見する。
**1820年** アンドレ＝マリ・アンペールは、電磁気の数学的理論を考案する。

**以後**
**1830年** ジョセフ・ヘンリーは、最初の強力な電磁石を作る。
**1845年** ファラデーは、光と電磁気の関連性を示す。
**1878年** ジークムント・シュカートによって設計された初めての蒸気駆動の発電所が、ドイツのバイエルンにあるリンダーホーフ宮殿のために発電する。
**1882年** アメリカの発明家トーマス・エジソンは、ニューヨーク市マンハッタンの電灯照明に電力を供給する発電所を建てる。

イギリスの科学者マイケル・ファラデーが電動機と発電機の両方の原理を発見したことにより、世界を変える電気による革命への道が開かれ、電球から遠距離通信まで、現在のあらゆるものがもたらされた。ファラデー自身は、自分の発見の価値を、そしてそれが政府のために生み出す税収を予見した。

1821年、電気と磁気の関連性をハンス・クリスティアン・エルステッドが発見したことを聞いてから数か月後、ファラデーは、どのように磁石が電線の周りで動き、また電線が磁石の周りで動くかを示した。電線はその周りに円形の磁場を作り、それが磁石に接線方向の力を起こし、円運動を生み出す。これが、電動機の背後にある原理だ。電流の向きを交互に変え、それが電線の周りにできる磁場の向きを交互に変えることによって、回転運動は、起こる。

**電磁誘導**を示すためのファラデーの器具では、電流が小さな磁気コイルを流れ、そのコイルは、大きなコイルに出し入れされることで、その中に電流を誘導する。

### 発電する

10年後、ファラデーはさらに、動いている磁場は、電流を生み出す、すなわち「誘導」することができるという重要な発見をした。この発見――同じ頃、アメリカの物理学者ジョセフ・ヘンリーによって、独立に発見されてもいる――は、あらゆる電気を発生させることの基礎だ。電磁誘導は、回転しているタービンの力学的エネルギーを電流に変換する。■

**参照** アレッサンドロ・ボルタ p.90-95 ■ ハンス・クリスティアン・エルステッド p.120 ■ ジェームズ・クラーク・マクスウェル p.180-185

# 熱は宇宙のあらゆる物質に入っていく
## ジョゼフ・フーリエ（1768年〜1830年）

**前後関係**

**分野**
物理学

**以前**
**1761年** ジョゼフ・ブラックは、潜熱（物質が温度を変えずに、その状態〈固体、液体、気体〉を変えるために吸収・発生する）を発見する。比熱（単位質量の物質の温度を単位温度だけ上昇させるのに必要な熱量）も研究する。

**1783年** アントワーヌ・ラヴォアジェとピエール＝シモン・ラプラスは、潜熱と比熱を測る。

**以後**
**1824年** サディ・カルノーは、熱エネルギーを力学的エネルギーに変える熱機関の最初の理論を考案することによって、熱力学の理論の基礎を築く。

**1834年** エミール・クラペイロンは、カルノーの考えを発展させた論文を発表する。

---

熱は宇宙のあらゆるものに入っていく。

↓

温かい場所と冷たい場所の間には**温度勾配**がある。

↓

**熱は波のような動きで**温度勾配のあるところを**伝わる**。

↓

数学的には、**sin 関数**と**cos 関数の級数**を用いてこの動きを表すことができる。

---

今日、最も基本的な物理学の法則のひとつは、エネルギーは生まれもしなければ破壊もされず、形態が変化したり場所を移動したりするだけであるというものだ。フランスの数学者ジョゼフ・フーリエは、熱とその移動——どのように温かい場所から冷たい場所に熱が移動するか——に関する研究の先駆者だった。フーリエは、伝導によってどのように熱が固体中を拡散するのか、また熱を失うことで物がどのように冷えるのか、という問題に興味があった。同じフランスのジャン＝バティスト・ビオは、熱の拡散が「遠隔作用」であり、熱は、温かい場所から冷たい場所へと跳ぶことで広がると想像した。ビオは、固体をスライス（部分）が連続したものと考え、固体中での熱の流れを表した。そうすることで、スライスからスライスへと熱が跳ぶことを表す従来の方程式を用いて、熱の流れを研究できた。

参照　アイザック・ニュートン p.62-69　■　ジョゼフ・ブラック p.76-77　■　アントワーヌ・ラヴォアジェ p.84　■
　　　チャールズ・キーリング p.294-295

進歩の世紀　**123**

> 数学は、
> 最も異なる現象を比較して、
> それらを結びつける
> 秘密の類似性を発見する。
> ジョゼフ・フーリエ

### 温度勾配

　フーリエは、熱の流れをまったく異なる様式で考えた。温度勾配に注目した。これは、従来の方程式では定量化できないので、新しい数学的技法を考案する必要があった。フーリエは、波の考えと、それを数学的に表す方法を見つけることに集中した。温度勾配も同様であるが、波のような動きはすべて、波の形がどのように表されていようと、単純な波を足し合わせることによって、数学的に近似できる。足し合わせる単純な波は、正弦（sin）関数と余弦（cos）関数で、数学的に級数として書き表すことができる。sin関数とcos関数の個々の波は山から谷へ一様に進む。これらの単純な波をどんどん足し合わせていくと、複雑さが増して、他の種類の波を近似できるようになる。この無限級数は現在、フーリエ級数と呼ばれている。

　1807年、フーリエは、自分の考えを発表したが、批判を受け、1822年になってようやく受け入れられた。彼は、熱の研究を続け、1824年、地球が太陽から得る熱と、地球が宇宙へ失う熱の差を調べた。太陽から遠いわりに、地球が心地よく温かい理由は、大気中の気体が熱を捕まえて、地表から放射される熱が宇宙に戻るのを抑えている――現在、温室効果と呼ばれている現象――からであることに気づいた。■

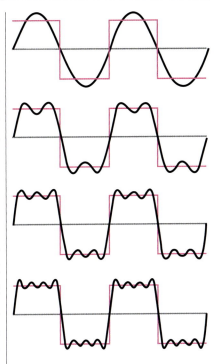

**フーリエ級数を使えば**、どんな形の波も近似でき、四角い波（ピンク色で示されている）でも可能である。この級数に従って、上から順番に正弦波を加えて行けば（黒色で示されている）、四角い波の形に近づいていく。

### ジョゼフ・フーリエ

　仕立屋の息子のジョゼフ・フーリエは、フランスのオーセールで生まれた。10歳で孤児となり、地元の修道会に入れられ、そのあと軍学校に行き、そこでは数学に優れていた。1794年の恐怖時代に、フランスは革命に苦しんでいた。フーリエは、仲間の革命家との喧嘩で、短期間、投獄された。

　1798年、フーリエはエジプト遠征でナポレオンに随行し、古代エジプトの遺跡の研究を任された。1801年、フランスに戻ると、アルプスのイゼールの知事に任命された。道路建設と排水設備計画を監督する管理業務のあいだに、古代エジプトに関する画期的な研究を発表し、また、熱の研究を始めた。1830年、階段でつまずいて転落し、亡くなった。

**重要な著書**

1807年　固体中の熱の伝導について
1822年　熱の解析的理論

# 無機物質からの有機物質の人工的生産
## フリードリヒ・ウェーラー（1800年〜1882年）

## 前後関係

**分野**
化学

**以前**
**1770年代** アントワーヌ・ラヴォアジェらは、水と塩は熱したあと元の状態に戻れるが、砂糖や木は戻れないことを示す。

**1807年** イェンス・ヤコブ・ベルセリウスは、有機化学物質と無機化学物質の基本的な違いを提案する。

**以後**
**1852年** イギリスの化学者エドワード・フランクランドは、原子が他の原子と結合する能力である原子価の考えを提案する。

**1858年** イギリスの化学者アーチボルド・クーパーは、原子価がどのように働くかを説明しながら、原子間の結合の考えを提案する。

**1858年** クーパーとアウグスト・ケクレは、有機物質は、炭素原子の鎖に、炭素以外の原子の側枝が結合したものであると提案する。

　1807年、スウェーデンの化学者イェンス・ヤコブ・ベルセリウスは、生物に関わる化学物質は、その他の化学物質と基本的に違うと提案した。この独特の「有機」化学物質は、生物だけが作ることができ、いったん壊れると人工的に作り直せないとベルセリウスは主張した。彼の考えは、「生気論」として知られる当時の支配的な理論に一致していた。生気論では、生命は特別であり、生物は化学者の理解を超えた「生命力」を授かっていると考えられた。したがって、フリードリヒ・ウェーラーというドイツの化学者の実験が、有機化学物質はまったく特別なものではなく、他の化学物質と同じ法則に従うことを示したときは、誰もが驚いた。

　われわれは現在、有機物質が、炭素を基本骨格とする多数の分子からできていることを知っている。この分子は生命の不可欠な成分だが、ウェーラーが発見したように、その多くが無機物質から合成できる。

### 化学のライバル

　ウェーラーの重要な発見は、科学的なライバル関係からなされたものだった。1820年代初頭、ウェーラーと仲間の化学者ユストゥス・フォン・リービッヒは、まったく異なる2つの物質と思われるものに対して、同一の化学分析結果を出した。その物質とは、爆発性の雷酸銀と、爆発性のないシアン酸銀だった。両者とも相手が間違った結果を得たと考えたが、文書で連絡を取ったあと、どちらも正しいことがわかった。このことから、物質は分子中の原子の数と種類だけでなく、原子の配置も考慮した上で決定されねばならない

**肥料に広く使われている尿素**には、植物の成長に欠かせない窒素が豊富だ。ウェーラーによって初めて作られた人工尿素は現在、化学工業で重要な原料になっている。

## 進歩の世紀

**参照** アントワーヌ・ラヴォアジェ p.84 ■ ジョン・ドルトン p.112-113 ■
イェンス・ヤコブ・ベルセリウス p.119 ■ レオ・ベークランド p.140-141 ■
アウグスト・ケクレ p.160-165

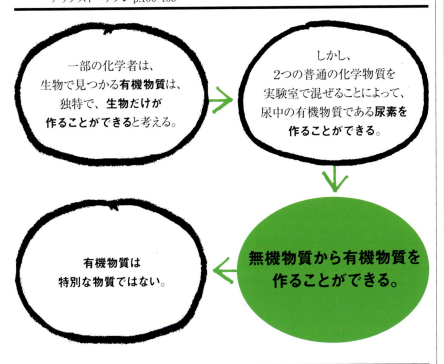

### フリードリヒ・ウェーラー

ドイツのフランクフルト近くのエッシャースハイムで生まれたフリードリヒ・ウェーラーは、ハイデルベルグ大学で産科学の教育を受けた。しかし、化学に情熱を持っていて、1823年、ストックホルムでイェンス・ヤコブ・ベルセリウスと一緒に研究するために出発した。ドイツに戻ると、注目に値する、様々な仕事に着手し、化学の研究を推進して、化学に革新をもたらした。

有機物質の最初の人工合成に加えて、ウェーラーは（リービッヒと一緒に発見することが多かった）、アルミニウム、ベリリウム、イットリウム、ケイ素を発見した。また、「基」——化学反応時に、ひとまとまりになって行動する原子の集団——の考えの考案も手伝った。この理論は、のちに反証されたが、どのように分子が集まるかに関する、今日の理解への道を開いた。後年、ウェーラーは隕石の化学の権威となり、ニッケルを精錬する工場の建設を手伝った。

**重要な著書**

1830年　無機化学の概要
1840年　有機化学の概要

---

ことを化学者は理解した。同じ化学式の物質でも、異なる構造と性質を持つことがある——このような物質は、のちにベルセリウスによって異性体と命名された。ウェーラーとリービッヒは、素晴らしい協力関係を築くようになったが、1828年に、有機物質についての真実にめぐり会ったのはウェーラーだけだった。

### ウェーラー合成

ウェーラーは、シアン酸銀に塩化アンモニウムを混ぜるとシアン酸アンモニウムができると予想したが、得られたのはシアン酸アンモニウムとは異なる性質の白い粉末だった。同じ物質が、シアン酸鉛を水酸化アンモニウムに混ぜたときにも得られた。分析結果は、尿素——シアン酸アンモニウムと同じ化学式の尿中にある有機物質——であることを示した。ベルセリウスの理論に従えば、生物だけが作れる物質だった。しかし、ウェーラーは無機物質からそれを合成した。彼は「腎臓を用いずに尿素を作ることができたことをお知らせしなくてはならない」とベルセリウスに手紙を書き、尿素は、実は、シアン酸アンモニウムの異性体であることを説明した。

ウェーラーの発見の重要性は、理解されるのに何年もかかった。しかし、彼の発見のおかげで、現代の有機化学への道筋が示され、また生物が化学的過程にどのように依存しているかが明らかとなり、有用な商業規模での人工合成が可能になった。1907年、ベークライトと呼ばれる合成高分子が、2つの化学物質から作られ、現代世界を形づくる「プラスチックの時代」の到来を告げた。■

# 風は決して直線的に吹かない
## ガスパール＝ギュスターヴ・ド・コリオリ
（1792年〜1843年）

### 前後関係

**分野**
**気象学**

**以前**
**1684年** アイザック・ニュートンは、求心力の考えを発表し、直線運動する物体の経路が曲がるのは、その物体に力が作用したからであると述べる。

**1735年** ジョージ・ハドレーは、地球の自転が気流を偏向させるため、貿易風は東寄りの風として赤道方向へ吹くと提案する。

**以後**
**1851年** レオン・フーコーは、振り子の揺れが、地球の自転によってどのように偏向させられるかを示す。

**1856年** アメリカの気象学者ウィリアム・フェレルは、風が等圧線——等しい気圧の点を結んだ線——に平行に吹くことを示す。

**1857年** オランダの気象学者クリストフ・ボイス・バロットは、風が背中から吹いているなら、低気圧は左側にあると述べる法則を考案する。

気流と海流は直線的には流れない。流れは進むにつれ、北半球では右に、南半球では左に偏向する。1830年代、フランスの科学者ガスパール＝ギュスターヴ・ド・コリオリは、現在、コリオリ効果として知られるこの効果の背後にある原理を発見した。

### 自転によって偏向する

コリオリは水車を回転させる研究からコリオリ効果の考えを得たが、のちに気象学者は、その考えが、風と海流の動き方に当てはまることに気づいた。コリオリは、回転している物体の表面を、別の物体が横断するとき、その表面の運動量が横断する物体の経路をどのように曲げるかを示した。動いている回転木馬の中心からボールを外に投げることを想像しよう。そのボールは曲がるように見える——もっとも、回転木馬の外にいる人にとっては、ボールは直線的に動いている。

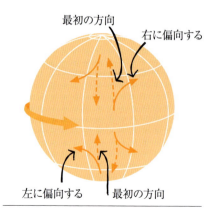

**地球の自転**は、北半球では右に、南半球では左に、風を偏向させる。

最初の方向
右に偏向する
左に偏向する
最初の方向

自転している地球上空の風は、同じように偏向する。コリオリ効果がなければ、風は高気圧の地域から低気圧の地域へまっすぐに吹く。実際には、風の方向は、低気圧の引く力とコリオリ偏差のバランスで決まる。これが、北半球で反時計回りに、南半球で時計回りに、風が低気圧の地域へ吹き込むおもな理由だ。同様に、海洋表層流は、北半球で反時計回りに、南半球で時計回りに巨大な輪を作って循環する。■

**参照** ジョージ・ハドレー p.80　■　ロバート・フィッツロイ p.150-155

# 連星が発する色のついた光について
## クリスチャン・ドップラー
(1803年～1853年)

**前後関係**

分野
**物理学**

以前
**1677年** オーレ・レーマーは、木星の衛星を調べることによって、光の速さを推定する。

以後
**1840年代** オランダの気象学者クリストフ・ボイス・バロットは、ドップラー偏移を音波に適用し、フランスの物理学者イッポリート・フィゾーはドップラー偏移を電磁波に適用する。

**1868年** イギリスの天文学者ウィリアム・ハギンズは、赤方偏移を用いて星の速度を知る。

**1929年** エドウィン・ハッブルは、銀河の赤方偏移を、銀河の地球からの距離と関連づけて、宇宙の膨張を示す。

**1988年** 太陽系外の惑星が、その恒星からの光のドップラー偏移を用いて、初めて発見される――惑星の重力の影響で恒星の視線速度が変化し、ドップラー偏移が生じる。

光の色は、その振動数（1秒当たりの波の数）によって決まる。われわれの方へ動いて来るものが波を出していれば、第二の波は、第一の波に比べて進む距離が短くなるので、波の発生源が静止している場合よりも早く着くだろう。したがって、波の発生源とそれを受け取る者が、互いに近づく場合は波の振動数は増え、両者が遠ざかる場合は減る。この効果は音を含むすべての種類の波に当てはまり、救急車が通り過ぎるとき、サイレンの音の高さが変化する原因となっている。

肉眼に対して、ほとんどの星は白く見えるが、望遠鏡を通すと、多くの星が赤や黄、青に見える。1842年、オーストリアの物理学者クリスチャン・ドップラーは、一部の星が赤色に見えるのは、それらが地球から遠ざかりつつあり、そのことで光の波長が長くなっているという事実によることを提案した。可視光の最長の波長は赤なので、このことは赤方偏移として知られるようになった。星の色は現在、おもにその温度によることが知られているが、一部の星の運動はドップラー偏移を通して見つけることができる。連星は互いの周りを回る星の対だが、その回転によって、発する光の赤方偏移と青方偏移が交互に起きる。■

天は異常な外観を示した。
真後ろの星はすべて、
今や濃い赤色で、真ん前のものは
紫色だった。後ろにルビー、
前にアメジストがあった。
**オラフ・ステープルドン**
彼の小説『スターメイカー』(1937) より

**参照** オーレ・レーマー p.58-59 ■ エドウィン・ハッブル p.236-241 ■ ジェフリー・マーシー p.327

# 氷河は神の偉大な鋤だった
## ルイ・アガシー（1807年〜1873年）

## 前後関係

**分野**
地球科学

**以前**
**1824年** ノルウェーのイェンス・エスマークは、氷河が、フィヨルドと迷子石、モレーンを生じさせる原因だと提案する。

**1830年** チャールズ・ライエルは、自然の法則は常に同じであり続けてきたので、過去への手がかりは現在にあると主張する。

**1835年** スイスの地質学者ジョーン・ド・シャーパンティは、ジュネーブ湖近くの迷子石は「アルプスの氷河作用」において、氷によってモンブラン地域から運ばれてきたと主張する。

**以後**
**1875年** スコットランドの科学者ジェームズ・クロールは、地球の軌道の変化は、氷河時代をもたらす気温の変化の説明になりうると主張する。

**1938年** セルビアの物理学者ミルティン・ミランコビッチは、気候変動を、地球の軌道の周期的な変化と関連づける。

---

退いていく氷河は、特徴を地表に残す。

↓

その特徴は、氷河がない地域にも見つかる。

↓

過去のある時期に、その地域に氷河があったに違いない。

---

氷河が地表を横切るとき、そのことを示す特徴があとに残る。氷河は岩を擦って平らにしたり、滑らかに丸くしたりするが、氷が動いた方向を示す条線（引っかき傷）を残すことも多い。氷河は、迷子石（氷によって長距離運ばれてきた丸い巨石）も残す。迷子石は、それが載っている岩石と成分が異なるので識別できる。多くの迷子石は大き過ぎて、岩石を通常運ぶ川によっては運搬されない。したがって、周りの岩石と異なる種類の岩石が見つかれば、かつて氷河が通った目印になる。谷にモレーンが存在することもある。それは、氷河が成長しているときの、脇に押しやられた丸い巨石の積み重なりで、氷河が退くとあとに残る。

### 岩石の謎

当時の地質学者は、条線や迷子石、モレーンのような特徴を氷河の証拠として認めた。説明できなかったのは、そういった特徴が、氷河がない地域で

**参照** ウィリアム・スミス p.115 ■ アルフレート・ヴェーゲナー p.222-223

見つかる理由だった。ある説は、繰り返し起こる洪水によって岩が動かされたと説明した。洪水はヨーロッパの岩盤の多くを覆っている漂礫土（迷子石を含んだ砂と粘土、礫）の説明になりえた。最後の洪水が退いたとき、そういった物質が堆積されたのかもしれない。最大の迷子石が氷山の中に取り込まれ、それが溶けたときに堆積された可能性もある。しかし、特徴すべてを説明できるわけではなかった。

### 明らかになった氷河時代

1830年代、スイスの地質学者ルイ・アガシーは、ヨーロッパのアルプスで氷河とその谷を調べた。アルプスだけでなく、あらゆるところに氷河の特徴があることは、かつて地球が多くの氷で覆われていたとすれば、説明できることに気づいた。現在の氷河は一時期、地球のほとんどを覆っていた氷床の残りに違いない。しかし、この説を発表する前に、彼は誰かを説得したかった。

アルプスの旧赤色砂岩中の魚の化石を掘り出したとき、著名なイギリスの地質学者ウィリアム・バックランドに会っていた。アガシーがバックランドに、氷河時代に関する自説の証拠を示すと彼は納得し、1840年、ふたりはスコットランドに行き、氷河作用の証拠を探した。その後、アガシーは自分の考えをロンドンの地質学会に報告した。バックランドとチャールズ・ライエルは納得したが、学会の他の会員は感銘を受けなかった。ほぼ地球規模の氷河作用は、地球規模の洪水よりありそうにないように思われた。しかし、氷河時代が存在したという考えは徐々に認められ、過去に何度も、地球の表面の多くを氷が覆っていたことを示す、地質学的な様々の証拠が現在、存在している。■

**アガシーは**、このアイルランドのカアー・バレーに見られるような、大きな迷子石が古代の氷河によって堆積したと提案した初めての人物だった。

### ルイ・アガシー

1807年、スイスの小さな村で生まれたルイ・アガシーは医者になるために勉強したが、ヌーシャテル大学の博物学の教授になった。フランスの博物学者ジョルジュ・キュヴィエのもとでの最初の科学的な研究は、ブラジルの淡水魚の分類を含んでいた。続いて、アガシーは魚の化石の広範な研究に着手した。1830年代後半、関心が氷河と動物学の分類に広がった。1847年、アメリカのハーバード大学で職に就いた。

アガシーはダーウィンの進化論を決して認めず、種は「神の御心の中の考え」であり、種はすべて、それらが生息している地域に適するように創造されたと考えた。異なる人種は共通の祖先を持たず、神によって別々に創造されたという考えである「多元発生説」を支持した。人種差別主義者の考えを支持しているように見えることから、近年、アガシーの評価は下がっている。

**重要な著書**
1840年　氷河の研究
1842年～1846年　動物学用語集

# 自然はひとつの
# 巨大な全体として表すことができる

## アレクサンダー・フォン・フンボルト
(1769年～1859年)

# アレクサンダー・フォン・フンボルト

## 前後関係

**分野**
**生物学**

**以前**
**紀元前5〜前4世紀** 古代ギリシアの作家は、植物と動物と、それらを取り巻く環境の複雑な相互関係を観察する。

**以後**
**1866年** エルンスト・ヘッケルは「生態学」という言葉を作る。

**1895年** オイゲン・ワルミングは、生態学に関する最初の大学の教科書を出版する。

**1935年** アーサー・タンズリーは、「生態系」という言葉を作る。

**1962年** レイチェル・カーソンは、著書『沈黙の春』の中で、殺虫剤の危険を警告する。

**1969年** 「地球の友」と「グリーンピース」が設立される。

**1972年** ジェームズ・ラブロックのガイア仮説では、地球をひとつの生命体として表す。

生態学として知られている、生物の世界と非生物の世界の相互関係の研究が、厳密で系統的な科学的研究のテーマになったのは、この150年に過ぎない。「生態学」という用語は、1866年に、ドイツの進化生物学者エルンスト・ヘッケルによって作られ、ギリシア語の家や居所を意味する「オイコス」という言葉と、研究や会話を意味する「ロゴス」という言葉に由来する。しかし、現代の生態学的思考の先駆者と考えられるのは、アレクサンダー・フォン・フンボルトという、ヘッケル以前のドイツの博学家である。

広範な調査旅行と執筆を通して、フンボルトは、科学への新しいアプローチを促した。これまでになかった規模で自然科学のすべてを相互に関連づけ、最新の科学的装置を使って徹底的に観察し、綿密にデータを分析することによって、自然を統一された全体として理解しようとした。

## ワニの歯

フンボルトの全体論的アプローチは

> 私がどうしてもやりたかったのは、様々な自然現象を全体との関係において理解し、自然を、自らの力で動き、生きているひとつの大きな全体として表現することだった。
>
> **アレクサンダー・フォン・フンボルト**

新しいものだが、生態学の概念それ自体は、紀元前5世紀にヘロドトスのような古代ギリシアの作家たちが始めた博物学の研究から発達したものである。専門的には「相利共生」として知られる相互依存の初めての説明として、ヘロドトスは、エジプトのナイル川にいるワニが、口を開けて、鳥が自分の歯をつついてきれいにできるようにしているのを説明している。

一世紀後、ギリシアの哲学者アリストテレスとその弟子テオフラストスは、生物の移動や分布、行動の観察から生態的地位(ニッチ)——生物の生き方を決め、またその生き方によって決まる、自然界の中の特定の地位——の初期の概念をもたらした。テオフラストスは植物について、広範に研究し

フンボルトらは、メキシコのホルージョ火山に、初めて噴火してからわずか44年後の1803年に登った。フンボルトは、異なる植物がどこに生えているかを調べることによって、地質学を、気象学と生物学に関連づけた。

進歩の世紀 **133**

参照　ジャン＝バティスト・ラマルク p.118　■　チャールズ・ダーウィン p.142-149　■　ジェームズ・ラブロック p.315

て記載し、その成長と分布に対する気候と土壌の重要性を理解していた。彼らの考えは、その後の2,000年間、自然哲学に影響を及ぼした。

## 自然のひとつになる力

フンボルトの自然へのアプローチは、合理主義に対抗して、世界を全体として理解する上での感覚と観察、経験の価値を主張した18世紀後半のロマン主義の伝統に従うものだった。詩人のヨハン・ヴォルフガング・フォン・ゲーテとフリードリヒ・シラーといった同時代人と同じように、フンボルトは自然を全体として理解し、自然哲学と人文科学を統一することを奨励した。彼の研究は、解剖学や天文学から、鉱物学、植物学、言語学にまで及び、ヨーロッパの境界を越えて自然界を探検するのに必要な幅広い知識を彼に与えた。

フンボルトは次のように説明している。「外来植物を見ると、標本室の乾いた標本であっても、想像力が刺激され、南の国の熱帯植物を自分の目で見たくてたまらなくなった」。フランスの植物学者エメ・ボンプランとの5年間のアメリカ探検は、彼にとって最も重要な探検だった。1799年6月に出発したとき、フンボルトは次のように宣言した。「植物と化石を集め、最高の器具で天体観測をおこなう。しかし、これは旅のおもな目的ではない。どのように自然の力が互いに作用しあい、どんなやり方で、地理的環境が動植物に影響を及ぼしているかを発見するように努力する。要するに、自然の中にある調和を発見しなければならない」。そして、フンボルトはその通りのことをした。

ほかにも多くのプロジェクトがある中、フンボルトは、実際に海水温を測り、等しい温度の点を結んだ「等値線（等温線）」を作った。それを用いて、全世界の環境、特に気候を特徴づけ、地図にして、様々な国の気候条件を比較することを提案した。またフンボルトは、物理的条件——たとえば、気候、高度、緯度、土壌——が生物の分布にどのように影響するかを調べた最初の科学者のひとりだった。ボンプランの協力を得て、アンデス山脈の海面水位と高い高度のあいだの植物相と動物相の変化を地図にした。1805年、南・北・中央アメリカの探検から戻ると、この地域の地理に関する、今では有名な研究を発表した。その中では、自然の相互関連性を要約し、高度による植生帯を説明していた。数年後の1851年、アンデス山脈の植生帯を、ヨーロッパアルプスとピレネー山脈、ラップランド、カナリア諸島のテネリフェ島、アジアのヒマラヤ山脈のものと比べることで、植生帯を地球規模に適用できることを示した。

## 生態学を定義する

ヘッケルが「生態学」という言葉を作ったとき、彼も、生きている世界と生きていない世界の統一を考える伝統に従っていた。熱心な進化論者だったヘッケルは、チャールズ・ダーウィンに刺激を受けていた。1859年にダー

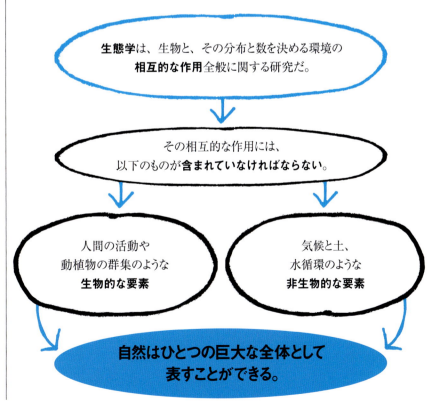

ウィンの『種の起源』が出版されたことで、地球を不変の世界とする考えは追い払われた。ヘッケルは自然選択の役割を疑問に思ったが、環境は進化と生態学の両方で重要な役割を果たすと考えた。19世紀末までに、大学に最初の生態学の講座が作られ、デンマークの植物学者オイゲン・ワルミングが教えた。彼は1895年に、最初の生態学の教科書『植物生態学』を書いてもいる。彼は、フンボルトの先駆的な研究から、全世界的な植物分布の地理的な下位区分を考案した。それは、熱帯雨林などのバイオームとして知られており、環境、特に気候と植物の相互関係におもに基づくものである。

## 個体と群集

20世紀初頭、生物の分布と数を決める相互的な作用の科学的研究として、生態学は現代的に定義された。この相互的な作用は、生物とそれを取り巻く環境、すなわち生物に影響するすべての要素――生物的な要素(生きている生物)と非生物的な要素(土や水、空気、気温、日光など)の両方――を含んでいる。現代の生態学の範囲は、個々の生物から、同じ種の個体の集団である個体群と、さらに特定の環境を共有する複数の個体群からなる生物群集にまで及んでいる。

生態学の基本的な用語と概念の多くは、20世紀前半、数人の先駆的生態学者の研究からもたらされた。生物群集の正式な概念は、1916年に初めて、アメリカの植物学者フレデリック・クレメンツによって考案された。クレメンツは、ある地域の植物は時間ととも

> 汚染の鎖全体が、最初の濃縮者であったに違いない小さな植物に基づいているようだ。
> **レイチェル・カーソン**

に遷移を起こし、最初の先駆的群集から、最適の極相群集へと進む。その間、様々な種が互いに順応して、体の器官に似た、緊密に統合された相互依存の単位を形成し、連続していくと考えた。クレメンツが群集を「複雑な生体」に比喩したことは、最初批判されたが、その後の考え方に影響を及ぼした。

1935年、群集より高い次元で生態学的に統合する考えが、イギリスの植物学者アーサー・タンズリーによって考案された。それが生態系の概念である。生態系は、生物的な要素と非生物的な要素からなり、非生物的な環境→生物的な環境→非生物的な環境という持続的なエネルギーの流れとともに、安定した単位を形成し、水たまりから、海洋や地球全体までのあらゆる規模で相互的に作用する。

イギリスの動物学者チャールズ・エルトンは、動物の群集の研究によって、1927年、食物連鎖と、のちに「食物網」として知られることになる食物環の概念を考案した。食物連鎖は、生産者(たとえば陸上の緑色植物)から一連の消費者(おもに動物)までの、生態系におけるエネルギーの移動によって形成

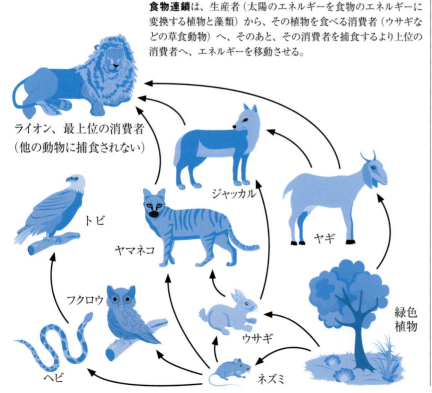

**食物連鎖**は、生産者(太陽のエネルギーを食物のエネルギーに変換する植物と藻類)から、その植物を食べる消費者(ウサギなどの草食動物)へ、そのあと、その消費者を捕食するより上位の消費者へ、エネルギーを移動させる。

レイチェル・カーソン（右）は、環境に対する汚染の破壊的影響へ注目を引きつけることによって、生態学を科学的、一般的に理解させることに多大な貢献をした。

される。エルトンは、生物の特定の集団が一定期間、食物連鎖の特定の社会的地位を占めることにも気づいた。エルトンの社会的地位には、生息場所だけでなく、占有している生物が生き続けるのに必要な資源も含まれる。栄養（摂食）レベルでのエネルギーの移動の動態は、アメリカの生態学者レイモンド・リンデマンとロバート・マッカーサーによって研究され、彼らの数学モデルは、生態学が、おもに記載的な科学だった状態から、実験科学に変わるのに役立った。

## 自然保護運動

1960年代と1970年代、生態学への一般の関心と科学的関心が急激に高まった。このことから、アメリカの海洋生物学者レイチェル・カーソンのような強力な唱道者によって啓発され、あらゆる種類の不安を伴った環境保護運動が発展した。カーソンの1962年の著書『沈黙の春』には、殺虫剤のDDTが環境に及ぼす有害な影響が記録されていた。1968年にアポロ8号の宇宙飛行士によって撮られた、宇宙から見た地球の最初の画像は、地球の脆弱性についての一般の意識を目覚めさせた。1969年、「地球の友」と「グリーンピース」という組織が、「地球が多様な生命を育む能力を保証する」任務を担って設立された。環境保護、クリーンで再生可能なエネルギー、有機食品、リサイクルなど持続可能性は、北アメリカとヨーロッパの両方で政治課題となり、国家レベルの自然保護機関が生態学に基づいて設立された。この数十年、地球規模の気候変動も含めて、生態系は人間の活動の脅威にさらされてきたが、その一方で、環境に対する人々の関心も、これまで以上に高まっている。■

## アレクサンダー・フォン・フンボルト

ベルリンの、裕福で、有力な縁故がある家族に生まれたフンボルトは、フランクフルト大学で財政学を、ゲッティンゲン大学で博物学と言語学を、ハンブルク大学で言語と商業学を、フライブルク大学で地質学を、イェーナ大学で解剖学を学んだ。1796年の母親の死によって、植物学者のエメ・ボンプランが同行した1799年から1804年の南・北・中央アメリカへの調査旅行の資金をまかなう手段を得た。フンボルトは、最新の科学機器を用いて、植物から人口統計、鉱物、気象学まで、測れるものはすべて測定した。調査旅行から戻ると、ヨーロッパ中で尊敬された。パリに拠点を置き、21年かけてデータを処理して、30巻を超える巻数で出版し、自分の考えを『コスモス』という題名の4巻の本にまとめた。5巻目は、ベルリンで、89歳で死んだあと完成した。ダーウィンはフンボルトを「これまでで最も偉大な科学的旅行者」と呼んだ。

### 重要な著書

1825年　新大陸赤道地方紀行
1845年～1862年　コスモス

# 光は空気中より水中でゆっくり進む
## レオン・フーコー（1819年〜1868年）

**前後関係**

**分野**
物理学

**以前**
1676年　オーレ・レーマーは、木星の衛星のひとつであるイオの食を用いて、光の速さを計算し、初めて精度の高い結果を出す。

1690年　クリスティアーン・ホイヘンスは『光についての論考』を発表し、その中で、光がある種の波であると提案する。

1704年　アイザック・ニュートンは『光学』の中で、光が「微粒子」の流れであると提案する。

**以後**
1864年　ジェームズ・クラーク・マックスウェルは、電磁波の速さは光の速さとほぼ同じなので、光はある形態の電磁波であるに違いないと考える。

1879年〜1883年　アメリカの物理学者アルバート・マイケルソンは、フーコーの方法を改良して、現在の値に非常に近い光の速さ（空気を通ったときの）の測定値を得る。

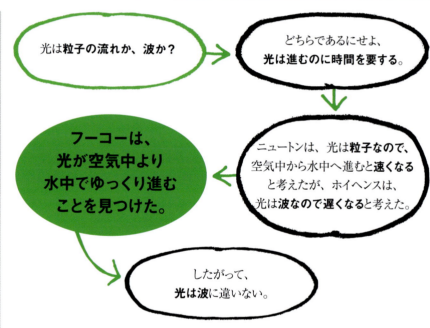

17世紀、科学者は、光がどのようなもので、またその速さが有限で測定可能かどうかを調べ始めた。1690年、クリスティアーン・ホイヘンスは、光は圧力波であり、エーテルと呼ばれる神秘的な流体の中を動いているという理論を発表した。ホイヘンスは、光を縦波と考え、空気中よりガラスや水の中の方がゆっくり進むと予測した。1704年、アイザック・ニュートンは「微粒子」の流れとして光の理論を発表した。屈折――ある物質から別の物質へ進むときに光が曲がること――についてのニュートンの説明は、光が、空気中より水中の方が速く進むことを前提にしたものだった。

光の速さの推定は、天文学的現象に

## 進歩の世紀

**参照** クリスティアーン・ホイヘンス p.50-51 ■ オーレ・レーマー p.58-59 ■ アイザック・ニュートン p.62-69 ■ トマス・ヤング p.110-111 ■ ジェームズ・クラーク・マクスウェル p.180-185 ■ アルベルト・アインシュタイン p.214-221 ■ リチャード・ファインマン p.272-273

> 何にもまして、われわれは正確でなければならない。それは、われわれがきちんと果たそうとすべき義務だ。
>
> レオン・フーコー

頼っていた。そのことは、光がいかに速く空間を進むかを示していた。地球上での測定は、1849年、フランスの物理学者イッポリート・フィゾーによって初めておこなわれた。回転している歯車に光を当てると、歯と歯の間の隙間を通った光は、8km離れた場所に置いた鏡で反射し、来るときに通った隙間の隣の隙間を通って戻った。時間と距離、正確な回転速度を用いて、フィゾーは、光の速さを313,000km/sと算出した。

### ニュートンに反論する

1850年、フィゾーは、物理学者レオン・フーコーと共同で研究した。フーコーは、フィゾーの装置を改良し（ずっと小さな装置にもした）、歯車の歯の間に光を通す代わりに、回転している鏡に反射させるようにした。回転している鏡で反射する光は、鏡が適切な角度のときにだけ、遠くに固定した鏡に届く。固定された鏡で反射して戻って来た光は、回転している鏡で再び反射するが、この鏡は光が進んでいるあいだに回転しているので、光源には戻らず、少しずれた場所に戻る。回転している鏡に向かって行く光とそこから戻って来た光の間の角度と、鏡の回転速度から、光の速さを計算できる。さらに、回転している鏡と固定した鏡の間に水を入れた管を置けば、水中の光の速さを測定できる。フーコーは、この装置を用いて、光が空気中より水中でゆっくり進むことを実証し、光は粒子ではありえないと主張した。この実験は当時、ニュートンの微粒子の理論への反論と考えられた。フーコーは装置をさらに改良して、1862年、空気中での光の速さを298,000km/sと測定した。これは現在の値299,792km/sに驚くほど近い値だった。■

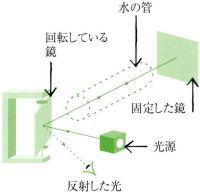

（水中の光の速さを測定するときに使う）
水の管
回転している鏡
固定した鏡
光源
反射した光

**フーコーの実験において**、光の速さは、回転している鏡と固定した鏡の間で光が往復するときの、回転している鏡へ向かう光と、そこから戻って来る光の角度から算出された。

### レオン・フーコー

フランスのパリで生まれたレオン・フーコーは、おもに家庭で教育を受けたあと、医学校に入り、細菌学者アルフレッド・ドネのもとで学んだ。血を見ることに耐えられなかったので、すぐに勉強をあきらめ、ドネの実験助手になり、顕微鏡で写真を撮る方法を考案した——のちにイッポリート・フィゾーと組んで、史上初の太陽の写真を撮った。光の速さを測っただけでなく、1851年に振り子を、のちにジャイロスコープを使って、地球の自転の実験的証拠を示したことで最もよく知られている。科学の正式な教育を受けていなかったが、パリの帝国天文台にフーコーのためのポストが作られた。いくつかの学会の会員にもなり、エッフェル塔に名前が残っている72人のフランスの科学者のひとりである。

### 重要な著書

1851年　振り子を用いた地球の自転の物理的動きの実演
1853年　空気中と水中での光の相対速度について

# 活力は熱に変わるかもしれない
## ジェームズ・ジュール（1818年～1889年）

### 前後関係

**分野**
物理学

**以前**

**1749年** フランスの数学者エミリー・デュ・シャトレは、ニュートンの法則から、自らのエネルギー保存則を導き出す。

**1824年** フランスの技術者サディ・カルノーは、自然界に可逆過程はないと述べ、熱力学の第二法則への道を開く。

**1834年** フランスの物理学者エミール・クラペイロンは、カルノーの研究を発展させ、ある表現で熱力学の第二法則を述べる。

**以後**

**1850年** ドイツの物理学者ルドルフ・クラウジウスは、熱力学の第一法則と第二法則を初めて明確に述べる。

**1854年** スコットランドの技術者ウィリアム・ランキンは、エネルギーの変換に、のちにエントロピー（乱雑さの尺度）と命名される概念を付け加える。

エネルギーの保存の原理では、エネルギーは失われず、形を変えるだけだと述べられている。しかし1840年代、科学者はエネルギーについて漠然とした考えしか持っていなかった。熱と機械的動作、電気が変換可能な形のエネルギーであり、あるエネルギーが別のエネルギーに変わるとき、合計のエネルギーは同じままであることを示したのは、イギリスの醸造家の息子ジェームズ・ジュールだった。

### エネルギーを変換する

ジュールは、家族が住む家の実験室で実験を始めた。1841年、電流が発生する熱の量を明らかにした。機械的仕事を熱に変換するため、落ちていく重りが水中の羽根車を回し、水を温める実験を考案した。水温の上昇を測ることで、機械的仕事によって発生する熱の正確な量を明らかにできた。さらにこの変換では、常にエネルギーは失われていないと主張した。ジュールの考えは無視されたが、1847年にドイツの物理学者ヘルマン・ヘルムホルツがエネルギー保存の理論を要約した論文を発表し、そのあとジュールはオックスフォードのイギリス学術協会で自分の研究を発表した。エネルギーの標準単位であるジュールは、彼の名前にちなんで命名された。■

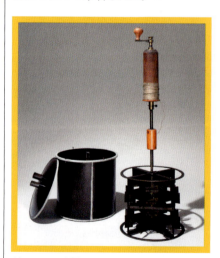

**ジュールの実験**では、落ちていく重りが、水の入ったバケツの中で羽根車を回し、このときの機械的エネルギーが熱に変わったのであった。

**参照** アイザック・ニュートン p.62-69 ■ ジョゼフ・ブラック p.76-77 ■ ジョゼフ・フーリエ p.122-123

進歩の世紀 139

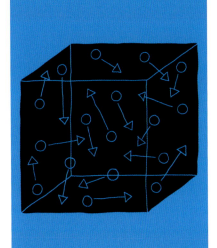

# 分子運動の統計的分析
## ルートヴィッヒ・ボルツマン
### (1844年～1906年)

### 前後関係

**分野**
物理学

**以前**
**1738年** ダニエル・ベルヌーイは、気体は動いている分子からできていると提案する。

**1827年** スコットランドの植物学者ロバート・ブラウンは、水面上での花粉の特徴的な動きを見つけ、それはブラウン運動として知られるようになる。

**1845年** スコットランドの物理学者ジョン・ウォーターストンは、どのようにエネルギーが、統計的法則に従って、気体分子間で分配されるかを説明する。

**1859年** ジェームズ・クラーク・マクスウェルは、分子の平均速度と衝突するまでの平均移動距離を計算する。

**以後**
**1905年** アルベルト・アインシュタインは、ブラウン運動を数学的に分析し、それが分子の衝突の結果であることを示す。

19世紀中頃までには、原子と分子が化学の中心的な考えとなり、科学者はそれらが化学物質の素性とふるまいを解明する手がかりであると考えていた。それが物理学と大いに関連しているとは、誰も考えなかったが、1880年代、オーストリアの物理学者ルートヴィッヒ・ボルツマンは、気体運動論を考案し、原子と分子が物理学の中心にも置かれることになった。

利用可能なエネルギーは、
生存闘争と世界の進歩において、
問題となる主要目的だ。
**ルートヴィッヒ・ボルツマン**

18世紀には、スイスの物理学者ダニエル・ベルヌーイが、気体は多数の動いている分子からできていることをすでに提案していた。圧力を生むのはそれらの衝突で、熱を生むのはそれらの運動エネルギーである。1840年代と1850年代、科学者は、気体の性質が無数の粒子の平均的な運動を反映していることに気づき始めた。1859年、ジェームズ・クラーク・マクスウェルは、分子の速度と、衝突するまでの移動距離を計算し、温度が分子の平均速度の尺度であることを示した。

### 統計の重要性

ボルツマンは、統計がいかに重要であるかを明らかにした。物質の性質が、運動の基本的法則と確率の統計的法則の組合せに過ぎないことを示した。この原理に従って、現在、ボルツマン定数と呼ばれている数値を算出し、気体の圧力と体積、その分子数とエネルギーを関連づける式を示した。■

**参照** アントワーヌ・ラヴォアジエ p.84 ■ ジョン・ドルトン p.112-113 ■ ハンフリー・デービー p.114 ■ ジェームズ・ジュール p.138 ■ ジェームズ・クラーク・マクスウェル p.180-185 ■ アルベルト・アインシュタイン p.214-221

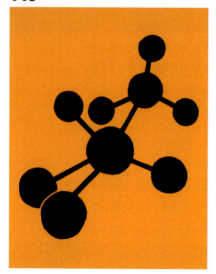

# プラスチックは意図して発明したものではない
## レオ・ベークランド（1863年～1944年）

### 前後関係

**分野**
化学

**以前**
**1839年** ベルリンの薬剤師エドワーツ・ジーモンは、トルコのモミジバフウという樹木からスチレン樹脂を抽出する。一世紀後、ドイツのイー・ゲー・ファルベン社がポリスチレンの合成に成功する。

**1862年** アレグザンダー・パークスは、最初の合成プラスチックであるパーケシンを開発する。

**1869年** アメリカのジョン・ハイアットは、セルロイドを作る。セルロイドはビリヤードの玉の材料として象牙の代わりにすぐに使われるようになる。

**以後**
**1933年** イギリスの化学者である、インペリアル・ケミカル・インダストリーズ社のエリック・フォーセットとレジナルド・ギブソンは、最初の実用的なポリエチレンを作る。

**1954年** イタリアのジュリオ・ナッタとドイツのカール・レーンは、独立に、現在最も広く使われているプラスチックのポリプロピレンを発明する。

19世紀の合成プラスチックの発見は、これまで知られていたものとは異なり、様々な固体材料——軽くて、腐食せず、想像できるほどどんな形にも成形できる——を作り出すことへ道を開いた。プラスチックは天然にも存在するが、現在、幅広く使われているプラスチックはすべて合成されたものだ。1907年、アメリカの発明家レオ・ベークランドは、現在ベークライトとして知られている、商業的に成功した最初のプラスチックのひとつを作り出した。

プラスチックにその特別な性質を与えているのは、分子の形だ。少数の例外を除いて、プラスチックは、モノマー（小さな分子）が多数つながったポリマーとして知られる、長い有機分子からできている。木材の主要成分であるセルロースのようなポリマーは、天然

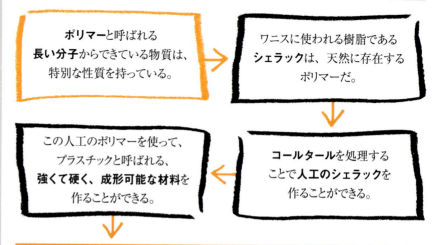

進歩の世紀 141

参照　フリードリヒ・ウェーラー p.124-125 ■ アウグスト・ケクレ p.160-165 ■
　　　ライナス・ポーリング p.254-259 ■ ハリー・クロトー p.320-321

> わたしは非常に硬いものを
> 作ろうとしていたが、
> そのあと、
> 様々な形に成形できる
> 非常に軟らかいものを作るべきだ
> と考えた。そのようにして、
> わたしは初めてのプラスチックを
> 作り出した。
> **レオ・ベークランド**

に少数存在する。天然のポリマーの分子はあまりにも複雑で、1800年代には解明できなかったが、一部の科学者は、それを化学反応によって人工的に合成する方法を探り始めた。1862年、イギリスの化学者アレグザンダー・パークスは、パーケシンという人工的なセルロースを合成した。数年後、アメリカのジョン・ハイアットは、セルロイドを開発した。

### 自然を模倣する

ベークランドは、1890年代に世界初の印画紙を開発したあと、そのアイデアをコダック社に売り、そのお金で実験室が備わった家を買った。ここで、合成のシェラックを作る方法を試した。シェラックは、ラックカイガラムシという昆虫の雌が分泌する樹脂で、家具などに使われる、丈夫で、輝く被膜を与える天然のポリマーだ。彼は、コールタールから抽出したフェノールをホルムアルデヒドで処理することに

よって、一種のシェラックを作れることを見つけた。1907年、この樹脂に様々な種類の粉末を加えることで、硬くて、成形可能な優れたプラスチックを作れることがわかった。

このプラスチックは、化学的にポリオキシベンジルメチレングリコールアンハイドライドとして知られているが、ベークランドはそれを簡単にベークライトと呼んだ。ベークライトは「熱硬化性の」プラスチックで、絶縁性と耐熱性に優れていたので、ラジオや電話の部品など、絶縁体としてすぐに使われるようになり、さらに多くの用途が見つけられた。

今日、何千という合成プラスチックがあり、その中にはプレキシガラス、ポリエチレン、低密度ポリエチレン、セロハンがあり、それぞれが独自の特性と用途を持っている。大部分が、石油や天然ガスに由来する炭化水素から合成される。近年では、炭素繊維やカーボンナノチューブなどのほか、ケブラーのような超軽量で、超強度のプラスチックが合成されている。■

耐熱性と絶縁性に優れたベークライトは、電話やラジオなどの電気製品の覆いに使うのに理想的な材料だった。

### レオ・ベークランド

レオ・ベークランドは、ベルギーのヘントで生まれ、ヘント大学で学んだ。1889年、化学の准教授になり、セリーネ・スワーツと結婚した。若い夫婦が新婚旅行でニューヨークにいたとき、ベークランドは、有名な写真関係の会社社長リチャード・アンソニーに会った。アンソニーは、ベークランドの写真処理の研究に非常に感銘を受けたため、顧問化学者としてベークランドを雇った。ベークランドは、アメリカに移住し、すぐに独力で仕事を始めた。

ベークランドは、ヴェロックスとして知られている最初の印画紙を発明し、そのあと、ベークライトを開発して金持ちになった。プラスチックの他にも、多くの発明をし、合計で50を超える特許を登録している。晩年、風変わりな世捨て人になり、缶詰の食品しか食べなかった。1944年に亡くなり、ニューヨークのスリーピー・ホロウ墓地に埋葬された。

### 重要な著書

1909年　アメリカ化学会に対して読まれたベークライトについての論文

# わたしはこの原理を「自然選択」と呼ぶ
## チャールズ・ダーウィン
（1809年〜1882年）

# 144 チャールズ・ダーウィン

## 前後関係

**分野**
**生物学**

**以前**
1794年　エラズマス・ダーウィン（チャールズ・ダーウィンの祖父）は、『ゾーノミア』で進化の考えを詳しく述べる。

1809年　ジャン＝バティスト・ラマルクは、獲得形質の遺伝による進化を提案する。

**以後**
1937年　テオドシウス・ドブジャンスキーは、進化の遺伝学的基礎の実験的証拠を発表する。

1942年　エルンスト・マイヤーは、種の概念を、繁殖して子孫を残せる集団として定義する。

1972年　ナイルズ・エルドリッジとスティーヴン・ジェイ・グールドは、進化は、おもに、比較的安定な時代のあいだに散在する短い期間に、突発的に起こると提案する。

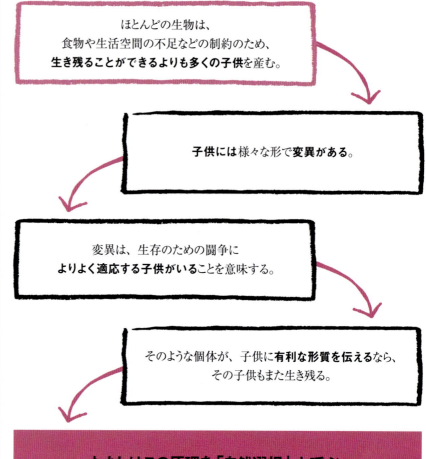

ほとんどの生物は、食物や生活空間の不足などの制約のため、**生き残ることができるよりも多くの子供を産む。**

↓

子供には様々な形で**変異がある**。

↓

変異は、生存のための闘争に**よりよく適応する子供がいる**ことを意味する。

↓

そのような個体が、子供に**有利な形質を伝える**なら、その子供もまた生き残る。

↓

**わたしはこの原理を「自然選択」と呼ぶ。**

---

イギリスの博物学者チャールズ・ダーウィンは、植物と動物、その他の生物は一定で、変わらない——あるいは当時人気のあった言葉を使うなら「不変」である——わけではないと提案した最初の科学者ではなかった。彼は、彼以前の人たちと同様に、生物の種は時間とともに変化、すなわち進化すると提案した。ダーウィンが大きく貢献した点は、進化が起こる仕組みを、自然選択と彼が名づけた過程によって示したことだった。ダーウィンは、1859年にロンドンで出版された著書『種の起源－自然選択、すなわち生存競争における有利な種族の保存』の中で、中心となる考えを説明した。彼は、その本を「ひとつの長い主張」と表現した。

### 「殺人を告白する」

『種の起源』は、学会と一般大衆から反論された。その本は、種は一定不変で、神によって設計されたと主張する宗教的教義には言及していなかった。しかし、その本で述べられた考えは、徐々に、自然界に対する科学的な見方を変化させた。その中心となる考えは、現代生物学すべての基礎を形成し、過去と現在の両方の生物の、単純だが、非常に説得力のある説明となっている。

ダーウィンは、執筆していた数十年のあいだ、自分の著書が神を冒涜する可能性があることを意識していた。出版の15年前、親友の植物学者ジョセフ・フッカーに、自分の理論は、神も変わらない種も必要としないことを説明した——「ついに微光が訪れ、種が不変でないことを（初めに持っていた考

## 進歩の世紀

参照　ジェームズ・ハットン p.96-101　■　ジャン=バティスト・ラマルク p.118　■　グレゴール・メンデル p.166-171　■
トマス・ヘンリー・ハクスリー p.172-173　■　トマス・ハント・モーガン p.224-225　■　バーバラ・マクリントック p.271　■
ジェームズ・ワトソンとフランシス・クリック p.276-283　■　マイケル・シヴァネン p.318-319

創造は、紀元前4004年に
起こった出来事ではなく、
数十億年ほど前に始まり、
今も進行中の過程だ。
**テオドシウス・ドブジャンスキー**

えにまったく反して）ほぼ確信していた（殺人を告白しているようだ）」。進化に対するダーウィンのアプローチは、博物学におけるその他の幅広い研究と同様に、慎重で、注意深く、熟慮を重ねたものであった。彼は、大量の証拠を集めながら、一歩一歩進んだ。30年以上かけて、化石と地質、植物、動物、品種改良に関する広範な知識を、人口統計学と経済学、その他多くの分野の考えと統合した。その結果である自然選択による進化論は、最大の科学的進歩のひとつと考えられている。

### 神の役割

19世紀初頭、ビクトリア朝の社会では、化石について広く議論されていた。化石を、自然に作られた岩の形で、生物とは関係がないと考える人々がいた。信仰する者を試すために、地球上にもたらされた神の創造物と考える人々もいた。あるいは、神は生物を完璧に創造したのだから、化石は、世界のどこかにまだ生きている生物の遺物であると考える人々もいた。1796年、フランスの博物学者ジョルジュ・キュヴィエは、ある種の化石、たとえばマンモスやオオナマケモノの化石は、すでに絶滅した動物の遺物であることに気づいた。キュヴィエは、このことを、聖書に描かれているノアの洪水のような天変地異を引き合いに出すことによって、自分の宗教的信念と調和させた。天変地異が起こるたびに、生物はすべて一掃され、そのとき神は、地球上を新しい種で再び一杯にした。次の天変地異が起こるまでは、それぞれの種は一定で、不変のままだ。この説は「天変地異説」として知られ、キュヴィエが1813年に発表した「予備的論文」で広く知られるようになった。

しかし、キュヴィエが書いていたときには、進化に基づく様々な考えがすでに流布していた。チャールズ・ダーウィンの祖父で、宗教に束縛されない自由な思想家だったエラズマス・ダーウィンは、早いうちから独特の理論を提案した。フランスの国立自然史博物館の動物学教授だったジャン=バティスト・ラマルクの考えは、さらに影響力の強いものだった。1809年に出版されたラマルクの著書『動物哲学』は、初めての理にかなった進化の理論と思われる内容だった。彼は、生物は「複雑化する力」によって、単純な始まりから、だんだんと複雑になる段階を経て進化するという理論を立てた。生物は自らの体に関する環境上の課題に直面した。そして、そのことから、個体における用不用の考えが生まれた。「器官の頻繁な、継続的な使用によって、その器官は徐々に強くなり、発達し、大きくなる……器官の永続的な不使用によって、その器官は徐々に弱くなり、機能が低下し……最終的に消失する」。器官の高まった能力は、子孫に伝えられる。これが獲得形質の遺伝として知られるようになった。

ラマルクの説は、ほとんど無視されるようになったが、のちにダーウィンによって称賛された。それは、「奇跡の介在」と批判的にダーウィンが名づけたことの結果として変化が起きるわけではない可能性を示したからだった。

### ビーグル号の冒険

ダーウィンは、1831〜1836年、ロバート・フィッツロイを船長とするイギリス海軍の測量船ビーグル号で世界一周の航海をおこなった。航海のあいだたっぷりと時間を取って、種の不変に関して深く考えた。調査隊の科学者としてダーウィンは、あらゆる種類の化

**ジョルジュ・キュヴィエ**は、化石を研究することによって、種は絶滅することを立証した。しかし、証拠は、一連の天変地異を示しているのであって、漸進的な変化を示しているのではないと考えた。

石と植物、動物の標本を集め、立ち寄った港からそれらをイギリス本国に送ることを任されていた。この広範囲の航海は、まだ20代だった若いダーウィンに、生命の驚くほどの多様さに目を開かせた。ビーグル号が寄港するたびに、ダーウィンは、自然のあらゆる様相を熱心に観察した。1835年、エクアドルの西900km沖の太平洋にあるガラパゴス諸島で、小さく地味な鳥のグループを集め、特徴を書き記した。それらは9種あり、そのうち6種がフィンチだと考えられた。

イングランドへ戻ったあと、ダーウィンは、多量の標本などを整理し、多くの著者と多くの巻からなる報告書『イギリス海軍測量船ビーグル号航海の動物学』を編集した。鳥類の巻では、著名な鳥類学者であるジョン・グールドが、ダーウィンの標本には実際は13種あり、しかもすべてフィンチであることを示した。しかし、それらのフィンチは、異なる食物に適応して、くちばしの形が異なっていた。ダーウィンが自身の冒険について書き、ベストセラーとなった『ビーグル号航海記』の中で、彼は次のように書いた――「密接な類縁関係にある小さな鳥たちの形態に、漸進的変化と多様性があるのを見ると、この諸島に最初に来た少数の鳥からひとつの種が選ばれ、異なる目的のために変化していったことをはっきりと想像できるだろう」。これは、進化に対するダーウィンの考えが進んでいく方向を示す、最初に公表された明確な言葉のひとつだった。

## 種を比較する

ガラパゴス諸島の標本で有名になったフィンチは、ダーウィンが進化の研究をおこなう唯一のきっかけではなかった。それどころか、彼の考えは、ビーグル号の航海の期間中ずっと、特にガラパゴス諸島を訪れているあいだ、深まっていった。彼は、島で見たゾウガメに、そして、その甲羅の形が島ごとに微妙に異なる様子に魅了された。マネシツグミという鳥にも強い印象を受けた。それらもまた、島ごとに微妙に変異していたが、一方で類似点もあり、しかも南アメリカの本土にいるものとも類似点があったからだ。

様々なマネシツグミは、本土から来た共通の祖先から進化したと、ダー

> 自然選択とは、（形質の）わずかな変異が有益なら維持されるという原理である。
> **チャールズ・ダーウィン**

ウィンは考えた。共通の祖先は、本土から太平洋をどうにかして渡ってきたあと、いくつかのグループに分かれ、それぞれの島の特有な環境と利用可能な食物に適応して進化した。ゾウガメやフォークランドオオカミなどの観察によっても、初期のこの結論は支持された。しかし、ダーウィンは、この冒涜的な考えが行きつくところ――「こういった事実は、種の不変性を徐々に損なう」――について敏感だった。

## ジグソーパズルの残りのピース

1831年、南アメリカへの途中で、ダーウィンはチャールズ・ライエルの『地質学原理』の第1巻を読んだ。ライエルは、キュヴィエの天変地異の歴史と化石の形成の理論に異論を唱えた。ライエルの考えは、ジェームズ・ハットンが提案した「斉一説」として知られる理論――地質学的な更新の考え――に合致するものだった。地球は、非常に長い期間にわたって、波による浸食や火山による隆起によって絶えず形成され、変えられ、再形成され、同

**このゾウガメ**は、ガラパゴス諸島でのみ見られ、それぞれの島で固有の亜種に進化した。ダーウィンは、進化論のための証拠をここで集めた。

進歩の世紀 **147**

**ガラパゴス諸島のフィンチ**は特定の食物に適応して、異なる形のくちばしを持つように進化した。

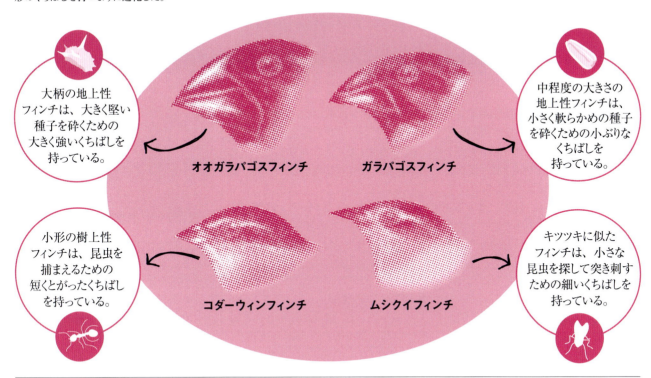

大柄の地上性フィンチは、大きく堅い種子を砕くための大きく強いくちばしを持っている。

中程度の大きさの地上性フィンチは、小さく軟らかめの種子を砕くための小ぶりなくちばしを持っている。

小形の樹上性フィンチは、昆虫を捕まえるための短くとがったくちばしを持っている。

キツツキに似たフィンチは、小さな昆虫を探して突き刺すための細いくちばしを持っている。

オオガラパゴスフィンチ　ガラパゴスフィンチ　コダーウィンフィンチ　ムシクイフィンチ

じことが現在でも起こっている、というものである。神による壊滅的な介入を引き合いに出す必要はなかった。

ライエルの考えは、調査中に見つけた景観の形成や岩石、化石についてのダーウィンの解釈の仕方を変えた。彼はそれらを「ライエルの目を通して」見ていたのである。ダーウィンが南アメリカにいるあいだに、『地質学原理』の第2巻が届いた。その中でライエルは、ラマルクの説を含む、植物と動物の漸進的な進化の考えを退けた。そのかわり、「創造の中心」という概念を引き合いに出して、種の多様性と分布を説明した。ダーウィンは、ライエルを地質学者として称賛したが、進化の証拠が増えていく中、この最新の概念を無視する必要があった。

ジグソーパズルのもうひとつのピースは、1838年に明らかになった。それは、40年前に出版された、イギリスの人口統計学者トマス・マルサスの『人口論』をダーウィンが読んだときのことだった。マルサスによると、人口は指数関数的、すなわち世代（25年）が進むごとに2倍ずつ増加しうるが、食物の供給量は同じようには増えないので、その結果、生存のための競争が起こる。マルサスの考えは、ダーウィンが進化論を構築する上で、重要な着想の源となった。

**静かな年月**

ビーグル号がイングランドに戻る前から、ダーウィンが本国に送った標本によって引き起こされた人々の関心により、彼は有名人になっていた。帰国後、ダーウィンの名声は、その科学的で人気のある航海記によって、ますます高まった。しかし、彼の健康状態は悪化し、徐々に人前に出なくなった。

1842年、ダーウィンは、平和で静かな、ケントのダウン・ハウスに移り、そこで、自らの進化論を支持する証拠を集め続けた。世界中の科学者たちが、標本とデータをダーウィンに送った。ダーウィンは、動物の家畜化と植物の栽培化、特にハトの品種改良すなわち人為選択の役割について研究した。1855年、カワラバトを用いて交配実験を始め、それは、『種の起源』の最初のふたつの章で大きく扱われた。

ダーウィンは、ハトの実験を通じて、個体間の変異の程度と関連性について理解できるようになった。個体間の変異は環境因子が原因であるという当時の常識を否定し、繁殖がその原因であり、何らかの方法で親から変異が受け継がれると考え、これをマルサスの考えに付け加え、自然界に応用した。

のちに自伝で、1838年にマルサスを初めて読んだときのことを思いだしている。「生存のための競争を正しく理解する準備が十分にできていたので、……こういった環境下で、有利な変異は保存され、不利な変異は消滅しやすいという考えをすぐに思いついた。その結果として、新しい種が形成されるだろう。……ついに、そこに働いている理論を得た」。ハトの交配実験をおこなっていたダーウィンは、変異の役割をさらに知ることで、1856年までには、人間ではなく、自然が選ぶことを想像できるようになった。ダーウィンは、「人為選択」という用語から「自然選択」という用語を導き出した。

## 驚きから行動へ

1858年の6月18日、ダーウィンは、イギリスの若い博物学者アルフレッド・ラッセル・ウォレスから、短い論文を受け取った。ウォレスは洞察の末に、どのように進化が起きたかを突然理解したと説明し、ダーウィンに意見を求めてきた。ウォレスの洞察が、自分が20年以上取り組んできた考えとほとんど同じであることを知り、ダー

**アルフレッド・ラッセル・ウォレス**は、ダーウィンと同じように、最初アマゾン川流域で、のちにマレー諸島でおこなわれた広範囲の野外調査に基づいて、自分の進化論を発展させた。

ウィンは驚いた。優先権を心配した彼は、チャールズ・ライエルに相談した。ダーウィンとウォレスは、1858年7月1日にロンドンのリンネ協会で、論文を一緒に発表することに同意した。二人とも発表の場には出席しなかった。聴衆の反応は礼儀正しく、冒涜的として大声を出す者もいなかった。勇気づけられたダーウィンは著書を完成させた。1859年11月24日に出版された『種の起源』は発売初日に売り切れた。

## ダーウィンの理論

ダーウィンは、種は不変でないと述べている。種は変化すなわち進化し、この変化のおもな仕組みは自然選択である。進化の過程はふたつの要因による。第一に、気候、食物供給量、競争、捕食者などの難題に生物は直面しており、生き残れる以上の子供を産み、そのため生存のための闘争が起こる。第二は、同じ種の子供に変異があるこ

とで、体がとても小さいのに生き残っていることがある。進化が起こるには、こういった変異はふたつの基準を満たしていなければならない。一つ目として、変異は、生き残って繁殖するための戦いに効果がなければならない、すなわち、繁殖の成功をもたらすために役立たなければならない。二つ目として、変異は子供に受け継がれなければならない、そうすれば、子供にも同様の進化上の有利さをもたらす。

ダーウィンは、ゆっくりとした漸進的な過程として進化を説明する。生物

## チャールズ・ダーウィン

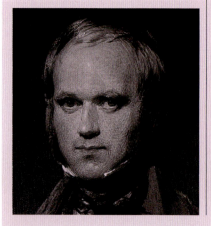

1809年、イングランドのシュルーズベリで生まれたダーウィンは、もともと、父の跡を継いで医者になる運命だったが、子供時代は、甲虫の収集などの趣味に費やされ、医者になる気はなく、聖職者になるための教育を受けた。1831年、偶然、任命されて、海軍の測量船ビーグル号による世界一周旅行の調査隊の科学者となった。

航海のあと、ダーウィンは、科学者として注目され、鋭い観察者、信頼できる実験者、また才能豊かな著述家として名声を得た。サンゴ礁の形成と、海洋無脊椎動物、特にほぼ10年間研究したフジツボ類について本を書いた。また、ランの受精、食虫植物、植物の運動、飼育動物と栽培植物の変異についての本も書いた。晩年、人類の起源について取り組んだ。

### 重要な著書

1839年　ビーグル号航海記
1859年　種の起源−自然選択、すなわち生存競争における有利な種族の保存
1871年　人間の由来と性選択

>
> 種がいかにして様々な目的にみごとに適応するようになるかを見つけた（そう推測する根拠がある！）と思う。
> **チャールズ・ダーウィン**
>

の集団は新しい環境に適応することで、祖先とは異なる新しい種になる。一方、祖先は同じまま残るかもしれない。また、別の新しい種になるかもしれない。あるいは、生存のための闘争に敗れ、絶滅するかもしれない。

### 余波

自然選択による進化の説明は、理にかなっていて、また証拠に基づいた完全なものだったので、ほとんどの科学者は「適者生存」というダーウィンの概念をすぐに受け入れた。ダーウィンの著書では、進化に関連して人間に言及することは、注意深く避けられていた。ただ「人間の起源と歴史に光が当てられるだろう」と一文だけ触れられていた。それでも、教会からの抗議があり、人間は他の動物から進化したものだという明快な含意は、多くの方面で嘲笑の的になった。

ダーウィンは、これまで通り、脚光を浴びることを避けながら、ダウン・ハウスで研究に没頭し続けた。論争が大きくなると、多くの科学者がダーウィンを擁護するために現れた。生物学者のトマス・ヘンリー・ハクスリーは、その理論を支持する──そして、人間の祖先はサルだということに賛成する──と、声高に述べ、自分のことを「ダーウィンのブルドッグ」と称した。しかし、遺伝の仕組み──どのようにして、そして、なぜ、ある形質は伝わり、別の形質は伝わらないのか──は、謎のままだった。偶然にも、ダーウィンが『種の起源』を出版したのと同じ頃、グレゴール・メンデルという修道士が、ブルノ（現在のチェコ共和国にある）で、エンドウを用いて実験をおこなっていた。1865年に報告された、遺伝形質に関するメンデルの研究は、遺伝学の基礎を築くものであったが、主流の科学の世界から見過ごされたまま20世紀を迎えた。そして、メンデルの法則が再発見されると、進化論は遺伝の仕組みと結びついていった。■

**ダーウィンを茶化したこの風刺画**は、1871年に公表された。この年、ダーウィンは自らの進化論を人間に適用した。それは、以前の著書で注意深く避けていたことだった。

# 天気を予報する
## ロバート・フィッツロイ
（1805年〜1865年）

# ロバート・フィッツロイ

## 前後関係

**分野**
**気象学**

**以前**

1643年　エヴァンジェリスタ・トリチェリは、気圧を測る気圧計を発明する。

1805年　フランシス・ビューフォートは、ビューフォート風力階級を考案する。

1847年　ジョセフ・ヘンリーは、アメリカ東部に、西から来る嵐を警告する、電信による手段を提案する。

**以後**

1870年　アメリカ陸軍通信隊は、アメリカ全土のために天気図を作り始める。

1917年　ノルウェーの気象学のベルゲン学派は、天気の前線の概念を考案する。

2001年　「統合地表分析」のシステムは、高性能のコンピュータを使い、非常に詳細な局地の天気を示す。

---

一世紀半前、天気の予測は、民間伝承と大差ないと考えらえていた。それを変え、現在のような天気予報を可能にしたのは、イギリスの海軍将校で科学者のロバート・フィッツロイだった。

フィッツロイは、1831年、ビーグル号の船長として、チャールズ・ダーウィンとともにロンドンから航海に出たときはまだ26歳だった。しかし、すでに10年以上海上で勤務しており、グリニッチの王立海軍学校時代は、大尉の試験に満点で合格しそうなほど優秀だった。以前の南アメリカでの調査旅行でもビーグル号を指揮し、そこで、天気について学ぶことの重要性を思いしらされていた。彼の船は、気圧計の警告サインを無視したため、パタゴニアの海岸沖で暴風の中、事故になりかけたのだった。

### 海軍の天気の開拓者

天気予報における初期の重要な発見が、海軍将校によってなされたのは偶然の一致ではない。どのような天気が待ち受けているかを知ることは、船

> 気圧計と2つか3つの温度計、簡単な説明書を用意し、計器の値をしっかり確認するだけでなく、空と大気の様子を注意深く観察する。さらに、気象学を活用すればよい。
>
> **ロバート・フィッツロイ**

を操る日々において重要だった。よい風を見逃すことは財政上の大きな損失を招きかねず、海で嵐に捕まると破滅的なことになりかねなかった。

特に、2人の海軍将校がすでに重要な貢献をしていた。ひとりは、アイルランドのフランシス・ビューフォートで、彼は、海上の、そしてのちに陸上の、特定の状態と結びつけて風速すなわち「風力」を示す標準尺度を作った。これによって初めて、嵐の過酷さを記録し、系統的に比較できるよう

---

## ロバート・フィッツロイ

1805年、イングランドのサフォークで貴族の家系に生まれたロバート・フィッツロイは、わずか12歳で海軍に入った。その後、傑出した船長として、長年、海上で勤務した。チャールズ・ダーウィンとの世界一周の航海を含む、南アメリカへの調査のための2度の主要な航海でビーグル号の船長を務めた。しかし、フィッツロイは、ダーウィンの進化の理論に反対する敬虔なキリスト教徒だった。海軍での現役勤務を離れたあと、ニュージーランドの総督になり、そこで、マオリ族を公平に扱ったことによって、移住者の怒りを買った。1848年、イングランドに戻り、海軍の最初のスクリューで動く船を指揮した。1854年にイギリスの気象庁が創設されたとき、その長官に任命され、そこで、科学的天気予報の基礎となった方法を開発した。

### 重要な著書

1839年　ビーグル号の航海の物語
1860年　気圧計の取り扱い説明書
1863年　天気の本

進歩の世紀 **153**

**参照** ロバート・ボイル p.46-49 ■ ジョージ・ハドレー p.80 ■ ガスパール＝ギュスターヴ・ド・コリオリ p.126 ■ チャールズ・ダーウィン p.142-149

なった。この尺度は「平穏」を示す0から、「颶風」を示す12まである。このビューフォートの尺度は、フィッツロイによってビーグル号の航海で初めて用いられた。その後、海軍の船の航海日誌ではすべて、標準的に用いられるようになった。もうひとりの海軍の天気予報の開拓者は、アメリカのマシュー・モーリーだった。彼は、北大西洋の風と海流の海図を作り、それによって航海の時間と確かさが劇的に改善された。国際的な海と陸での気象観測業務をおこなうことを唱道し、1853年開催されたブリュッセルでの会議を主導した。また、この年、海上での観測結果を世界中から集め、まとめることも始めた。

### 気象庁

1854年、フィッツロイは、ビューフォートから、イギリスに気象庁を創設するよう指示を受けた。特有の情熱と洞察力を持ったフィッツロイは、指示された内容をはるかに超えて進んだ。世界中から同時に観測結果が集まるシステムによって、これまで見つかっていなかった気象パターンが明らかになるだけでなく、天気の予測のために利用できると彼は考え始めた。

観測者は、たとえば熱帯のハリケーンの場合、風は、低気圧の中心の周りで、円形あるいは「サイクロンのような」形で吹くことを、すでに観測からわかっていた。中緯度地方で起こる大きな嵐の大部分は、このサイクロンのような低気圧の形を示すことがまもなくわかった。したがって、風の方向は嵐

フィッツロイが天気予報システムを始める前から、船員たちは、ハリケーンで風がサイクロンのような形になることや、風の方向を用いて、嵐の進路を予測できることに、すでに気づいてていた。

---

- 天気のパターンは、**繰り返される**。
- ↓
- それぞれのパターンがどのようになるかは、気圧や風の方向、雲の種類などの**特徴によって**わかる。
- ↓
- パターンは**繰り返される**ので、未来がどのようになるかを**予測できる**。
- ↓
- **多数の場所**での観測によって、**広い範囲**にわたる天気のパターンの「スナップ写真」が得られる。
- ↓
- **スナップ写真から、気象学者は天気を予報できる。**

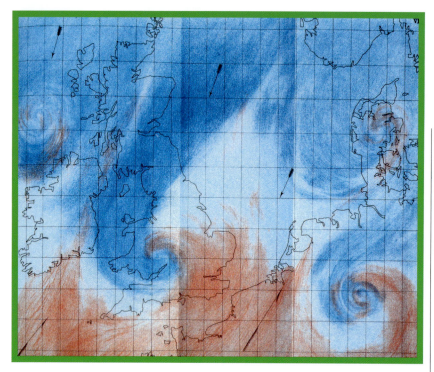

**フィッツロイ**は、毎日の「総観」図にクレヨンで色をつけた。この図は、1863年に作られたもので、低気圧の前線が西から北ヨーロッパのほうへ嵐をもたらしていることを示している。図の下のほうの右側に、形成中のサイクロンが表されている。

が近づいているのか、遠ざかっているのかを知る手がかりになる。

1850年代、気象の記録が改善され、新しい電信技術を利用した長距離通信が可能になったことで、陸上で生じるサイクロンのような嵐が、東に移動することがすぐに明らかとなった。逆に、ハリケーンは海上で生じ、西に移動する。したがって、北アメリカで、内陸部を嵐が襲ったとき、電報で東の方向に嵐は進んでいると警告することができる。気圧計の気圧の低下は、嵐が来るという警告であることが、すでに観測結果から知られていた。電信を使うと、そのような観測値を遠くまで素早く伝えられるので、前もって、これまでよりずっと遠くの地域まで警告することができるようになった。

### 総観気象

フィッツロイは、天気の予測の鍵が、決められた時間に広範囲から得られた気圧と気温、風速と風向の系統的な観測結果であることを理解した。こういった観測結果が、電信によってロンドンのフィッツロイの事務所に瞬時に送られると、彼は広大な地域にわたる気象の状況のイメージである「概要」を作った。この概要は、気象の状況の全体像だったので、現在の大規模な気象のパターンを明らかにするだけでなく、気象のパターンを追跡することも可能になった。フィッツロイは、気象のパターンが繰り返されることに気づいた。気象のパターンが未来の短時間にどのように進展するかを解明できることは明らかだった。このことは、対象地域内のあらゆる地点の天気の詳細な予報の基礎になった。

観測値だけでも十分だったが、フィッツロイは、それを用いて最初の現代的天気図を作った。それは、サイクロンのような嵐の渦を巻く形を、今日の衛星画像と同じレベルで表している「総観」図だった。1863年、フィッツロイは自分の考えを『天気の本』にまとめ、初めて「予報」という言葉を導入して天気予報の原理を説明した。

重要な進歩は、イギリス諸島を天気の地域ごとに分け、そのときの気象の状況を集めて分析し、各地域の過去の気象データを用いて、予報に役立てたことだった。フィッツロイは、特にイギリス諸島の海と港で、観測者を雇い入れてネットワークを築いた。継続的な天気の観測の考えが受け入れられつつあったフランスとスペインのデータも入手した。数年以内に、フィッツロイのネットワークは非常に効果的に機能し、西ヨーロッパ全体の気象のパターンを、日々のスナップ写真のように得ることができた。気象のパターンがはっきりすると、少なくとも次の日までは、天気がどのように変わりそ

天気が悪くなりそうだと
警告することによって、
救命ボートが必要にならない
ようにしているのだ。
**ロバート・フィッツロイ**

うかを予報できるようになり、最初の全国的予報を出すことができた。

## 毎日の天気予報

毎朝、天気の報告が、西ヨーロッパ中の多数の測候所から、フィッツロイの事務所に送られ、1時間以内に総観図が作られた。すぐに、予報が「タイムズ」紙に送られ、それをみんなが読んだ。最初の天気予報は、1861年8月1日に新聞で発表された。

フィッツロイは、港の目につきやすい場所に円錐形の標識を置いて、嵐が来そうかどうか、来るとすればどの方向から来るかを警告するシステムを立ち上げた。このシステムは非常にうまくいき、多くの命を救った。しかし、嵐だと警告されて、船長が出帆を遅らせ始めたとき、一部の船の所有者は、このシステムに腹を立てた。予報を間に合うように伝える問題もあった。新聞を配達するのに24時間かかったので、フィッツロイは、1日だけでなく、2日先を予報する必要があった。さもなければ、人々が予報を読むときには、その天気になってしまっているだろう。フィッツロイは、先の日まで予報するようになると、信頼性が大幅に低くなることをわかっていた。嘲笑にさらされることも多く、特に「タイムズ」紙が間違いについて関知しない態度を取ったときはそうだった。

## フィッツロイの遺産

既得権益所有者から集中的に、嘲笑と批判を受け、予報は一時中止と

**この測候所**は、ウクライナの人里離れた山にあり、気温と湿度、風速のデータを、人工衛星経由で、気象用スーパーコンピュータに送る。

なった。1865年、フィッツロイは自殺した。彼が自分の財産を気象庁の自分の研究に使っていたことがわかったとき、政府はフィッツロイの家族に補償した。しかし、数年以内に、船員たちからの圧力によって、フィッツロイの嵐警告システムは再び広く用いられるようになった。輸送船で向かう地域について、詳細な天気予報と嵐の警告を入手することは、現在、船員にとって毎日の必須のこととなっている。

通信技術が向上し、ますます多くの細部が観測データに加わることで、フィッツロイのシステムは20世紀に真価を発揮したのである。

## 現代の予報

今日、世界には、多数の人工衛星と航空機、船に加えて、ネットワークで結んだ11,000を超える数の測候所が点在している——そのすべてが、地球規模の気象のデータバンクに継続的に情報を入力している。高性能の、大量の演算をおこなえるスーパーコンピュータによって、少なくとも短期的には、非常に正確な天気予報が可能となり、飛行機での旅行からスポーツのイベントまで、様々な活動で天気予報が頼りにされている。■

> アイルランドから（あるいは、ほかの天気の地域から）の電報を集めて、十分に検討したあと、その地域の最初の予報が導き出されたら……、すぐに発行できるように至急送られる。
> **ロバート・フィッツロイ**

# すべての生命は生命から
## ルイ・パスツール（1822年〜1895年）

| 前後関係 |
|---|
| 分野 |
| **生物学** |
| 以前 |
| **1668年** フランチェスコ・レディは、ウジはハエから生じ、自然発生しないことを実証する。 |
| **1745年** ジョン・ニーダムは、微生物を殺すために肉汁を煮沸し、そのような状態の肉汁に微生物が生じたことから、自然発生は起こると確信する。 |
| **1768年** ラザロ・スパランツァーニは、外気を遮断して肉汁を煮沸すると、微生物は発生しないことを示す。 |
| 以後 |
| **1881年** ロベルト・コッホは、病気の原因となる微生物を単離する。 |
| **1953年** スタンリー・ミラーとハロルド・ユーリーは、原初の地球環境を模した実験で、生命に必須なアミノ酸を作ることに成功する。 |

**現**代の生物学では、生物は、生殖過程を通じて他の生物からのみ生じることがわかっている。このことは、今日、自明のことと思われるかもしれないが、生物学の基本原理が初期段階にあったときは、多くの科学者は「自然発生説」と呼ばれる概念——生命は自発的に生じうるという考え——を信じていた。アリストテレスが生物は腐敗したものから生じうると主張して以来、無生物から生物を作る方法を信じる者さえいた。たとえば、17世紀に、オランダの医者であるヤン・バプティスタ・ファン・ヘルモントは、汗で汚れた下

# 進歩の世紀 157

**参照** ロバート・フック p.54 ■ アントーニ・ファン・レーウェンフック p.56-57 ■ トマス・ヘンリー・ハクスリー p.172-173 ■ ハロルド・ユーリーとスタンリー・ミラー p.274-275

> 多くの生物が顕微鏡でしか見えず、われわれの周りの空気中に浮遊している。

> これらの微生物の中には、**食物の腐敗や感染症を**引き起こすものがいる。

> 微生物による汚染と増殖を防げば、腐敗も感染も起こらない。

> **微生物は自然発生によって生じえない。すべての生命は生命から生じる。**

着と小麦の粒を容器に入れて戸外に置いておくと、大人のネズミが生じると記した。19世紀になっても、自然発生説を頑なに信じる者はたくさんいた。しかし、1859年、ルイ・パスツールというフランスの微生物学者が、巧妙な実験で、自然発生説が間違っていることを証明した。また、彼は、研究する中で、感染症が生きている微生物、すなわち病原菌によって引き起こされることも証明した。

パスツール以前は、病気や腐敗と生物の関係はうすうす気づかれていたが、実証されてはいなかった。肉眼では見えないほど小さな生物が存在する

という考えは、顕微鏡によってその実体が証明されるまで、空想的と思われた。1546年、イタリアの医者ジローラモ・フラカストロは「感染の種」について述べ、真実に近づいた。しかし、それらが生きていて、増殖可能なものであると、はっきり述べるまでには至らず、彼の説はほとんど影響を及ぼさなかった。その代わりに、腐敗したものに由来する「瘴気」すなわち有害な空気によって感染症が引き起こされると人々は考えた。感染症の原因が微生物であるという認識がなかったので、感染の伝播と生物の増殖が、実は、同じコインの表と裏だということを誰も適切に理解できなかった。

### 最初の科学的観察

17世紀、科学者は、生殖を研究することによって、比較的大きな生物の始まりを突き止めようとした。イギリスの医者ウィリアム・ハーベー（血液循環の発見で知られている）は、胎児の始まりを見つけようとして妊娠した雌シカを解剖し、「すべての生命は卵から」と述べた。ハーベーは卵を見つけられなかったが、その後の進展方向

**フランチェスコ・レディ**によるこの絵は、ウジがハエになることを示している。レディの研究は、ハエがウジに由来することだけでなく、ウジがハエに由来することも示した。

を示すものではあった。

イタリアのフランチェスコ・レディは、自然発生が起こりえないことを示す実験的証拠を提示した初めての人物だった――少なくとも目に見える大きさの生物に関する限り、そうだった。1668年、レディは、肉にウジがわく過程を調べた。羊皮紙で覆った肉片と、むき出しのままの肉片を置いておくと、むき出しの肉片にだけウジがわいた。その理由は、その肉片がハエを引きつけ、ハエがその上に卵を産みつけたからと考えられた。レディは、肉の匂いを吸収し、ハエを引きつけるチーズクロス（薄い綿布）を用いて実験を繰り返した。その結果、チーズクロスから

> 実験の分野おいて、好機は、よく準備した者だけに味方する。
> **ルイ・パスツール**

ハエの卵が採取され、肉片にウジの「種をまく」ために用いることができることを示した。ウジは自然発生するのではなく、ハエからのみ生じうるとレディは主張した。しかし、レディの実験の重要性は認められなかった。レディ自身も、特定の環境では自然発生が起こると考えていたので、自然発生説を完全には否定しなかった。自作の顕微鏡を用いて微細なものを観察していた科学者の中に、オランダのアントーニ・ファン・レーウェンフックがいた。彼は、生物には非常に小さく肉眼では見えない生物がいることを示した。また、比較的大きな生物でも、生殖に関しては、精子のような小さな生き物が関係していることを示した。

しかし、自然発生説は、科学者の心に非常に深く染みついていたので、多くの科学者は、顕微鏡でしか見えない生物は小さ過ぎて生殖器官を持てないから、自然発生は起こるに違いないと信じた。1745年、イギリスの博物学者ジョン・ニーダムは、自然発生が起こることを証明しようと実験に着手した。彼は微生物が熱によって死ぬことを知っていたので、まずフラスコに入れた羊肉の肉汁を煮沸して微生物を殺し、それをそのまま放置して冷やした。しばらくして肉汁を観察すると、微生物が生じていた。彼は、それらの微生物は殺菌した肉汁から自然発生的に生じたと結論づけた。20年後、イタリアの生理学者ラザロ・スパランツァーニは、ニーダムの実験を再現したが、フラスコから空気を除いた場合は、微生物が生じないことを示した。スパランツァーニは、空気が肉汁に「種をまいた」と考えたが、自然発生説の支持者は、空気が新たに微生物が発生するための「生命力」なのだと反論した。

現代の生物学に照らして考えれば、ニーダムとスパランツァーニの実験結果は、簡単に説明できる。熱によってほとんどの微生物は死ぬが、たとえば、一部の細菌は耐熱性の休眠胞子になることで、生き残ることができる。そして、ほとんどの微生物は、他の生物と同様に、栄養物からエネルギーを得るために空気中の酸素を必要とする。しかし、最も重要なことは、この種の実験が汚染の影響を常に受けやすいことである——空気中に漂っている微生物は、培地が短時間空気にさらされただけでも、容易に増殖できる。したがって、どちらの実験も、自然発生説の問題に最終的な結論を出せるものではなかったのである。

### 決定的な証拠

一世紀後、顕微鏡の改良や微生物学の進展によって、この問題を解くことができる状況になった。ルイ・パスツールの実験は、微生物は空気中に浮遊していて、空気にさらされている

> 自然発生のようなことは、これまで一度も起こったことはなく、これからも決して起こらないことを示すつもりだ。
> **トマス・ヘンリー・ハクスリー**

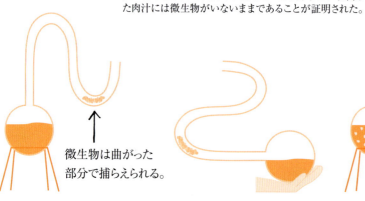

**パスツールがおこなった白鳥の首フラスコの実験**によって、微生物が空気から肉汁中に落ちることを防げば、殺菌した肉汁には微生物がいないままであることが証明された。

空気はガラス管を通って入ることができる。

微生物は曲がった部分で捕らえられる。

肉汁は煮沸されると、その中にいる微生物は死ぬ。

肉汁が冷めたとき、その中に微生物はいないままだ。

ガラス管を傾けると、肉汁の中に微生物が入る。

微生物は再びすぐに増殖する。

表面は容易に汚染されることを示した。まず、パスツールは、空気を綿火薬でろ過した。次に、汚染された綿火薬のろ過材を化学的に分析し、捕らえたほこりを顕微鏡で調べた。その結果、ほこりに、食物の腐敗に関係する微生物がたくさんいることがわかった。空気中から微生物が文字通り落ちるとき、汚染が起こるようだった。これは、フランス科学アカデミーが出した課題に取り組んで成功するのに必要な、重要な知見だった。そして、その課題とは自然発生説が誤りであることを最終的に証明することだった。

パスツールは、栄養分が豊富な肉汁を煮沸して実験をおこなった。その方法は、ニーダムとスパランツァーニが一世紀前におこなったのと基本的には同じだったが、フラスコに手を加えたことが違っていた。彼は、フラスコの細くなった部分を熱してガラスを柔らかくし、外側と下側にガラスを引っ張って、ガラス管が白鳥の首の形になるようにした。ガラス管は一部が下を向いているので、微生物が肉汁に落ちることはできない。また、温度は微生物の増殖に適していて、ガラス管は外気とつながっているので十分に酸素があった。微生物がフラスコの中で増殖できる唯一の方法は自然発生だったが、それは起きなかった。

空気中の微生物が肉汁を汚染することの最終的な証明として、パスツールは、白鳥の首の部分を傾けて同様の実験をおこなった。すると肉汁は汚染された。彼は、自然発生が起こらないことを最終的に証明し、すべての生命が生命から生じる、ということを示した。ネズミが汚れた容器から生じえないのと同様に、微生物が肉汁の入ったフラスコ内で自然発生しえないことが明らかとなった。

### 自然発生説が復活する

1870年、イギリスの生物学者トマス・ヘンリー・ハクスリーは、「生物発生説と自然発生説」と題する講演で、パスツールの研究を支持した。その研究は、自然発生の信奉者を一人残らず壊滅させる一撃であり、細胞説と生化学、遺伝学の分野にしっかりと基づいた新しい生物学の誕生を示した。1880年代までに、ドイツの医者ロベルト・コッホが、炭疽病が感染性の細菌によって起こることを示していた。

ところが、ハクスリーの講演からおよそ一世紀後、再び自然発生は、新しい世代の科学者によって焦点を当てられることとなった。それは、地球上の最初の生命がどのようにして生じたかという問いかけからだった。1953年、アメリカの化学者スタンリー・ミラーとハロルド・ユーリーは、地球上に生命が誕生する頃の大気条件を想定した実験をおこない、アミノ酸が生成された。彼らの実験が契機となり、非生物的な物質から生物が生じることを示す研究が盛んにおこなわれるようになった。■

わたしは事実だけを観察し、生物が生じる科学的条件だけを探す。
**ルイ・パスツール**

### ルイ・パスツール

1822年、フランスの貧しい家に生まれたルイ・パスツールは、科学の世界の抜きん出た人物となり、死んだとき、正式の国葬がおこなわれた。化学と医学の教育を受けたあと、フランスのストラスブール大学とリール大学で研究職に就いた。

最初の研究は結晶に関するものだったが、パスツールは、微生物学の分野でよりよく知られている。微生物がワインを酢に変え、牛乳をすっぱくすることを示した。また、低温殺菌法として知られている、微生物を殺す熱処理プロセスを開発した。微生物に関する彼の研究は、現代の細菌論——一部の微生物が感染症を引き起こすという考え——の発展に貢献した。さらに、いくつかのワクチンを開発し、微生物学の研究を専門とするパスツール研究所を設立し、そこでは今日まで活発に研究がおこなわれている。

### 重要な著書

1866年　ワインの研究
1868年　酢の研究
1878年　微生物——発酵、腐敗、感染におけるその役割

# 一匹のヘビが
# 自分の尾をくわえていた
## アウグスト・ケクレ
（1829年〜1896年）

# アウグスト・ケクレ

## 前後関係

**分野**
化学

**以前**
1852年　エドワード・フランクランドは、原子価——ある原子がほかの原子と作れる結合の数——の考えを発表する。

1858年　アーチボルド・クーパーは、炭素原子が互いに直接、結合して、鎖を作ることができると提案する。

**以後**
1858年　イタリアの化学者スタニズラオ・カニッツァーロは、原子と分子の違いを説明し、原子量と分子量を発表する。

1869年　ドミトリ・メンデレーエフは、周期表について説明する。

1931年　ライナス・ポーリングは、量子力学の考えを用いて、一般的な化学結合の構造を、特に、ベンゼン分子の化学結合の構造を説明する。

19世紀初頭の数年間、化学における大きな進展が見られ、それは、物質の科学的な見方を根本的に変えた。1803年、ジョン・ドルトンは、個々の元素がその元素に特有の原子からできていることを提案し、原子量の概念を用いて、どのようにして元素が常に整数の比率で互いに結合するのかを説明した。イェンス・ヤコブ・ベルセリウスは、2,000種類の化合物を調べて、この比率を研究した。われわれが今日用いている表記法——水素がH、炭素がCなど——を考案し、当時知られていた40すべての元素について原子量の一覧表を作った。また、生きている生物の化学に対して「有機化学」という用語を作った——この用語はのちに炭素を伴うほとんどの化学を意味するようになった。1809年、フランスの化学者ジョセフ・ルイ・ゲイ＝リュサックは、どのように気体が体積の簡単な比率で結合するかを説明し、その2年後、イタリアのアメデオ・アボガドロは、等しい体積の気体は、等しい数の分子を含んでいると提案した。元素の結合を支配している厳密な法則があることは明らかだった。原子と分子は、誰も直接見たことがなく、本質的に理論的な概念のままだったが、その概念によって、様々なことが説明できるようになった。

> その夜の、夢の少なくとも概要だけは紙に書いておいた。そのようにして、その構造の理論は生まれた。
> フリードリヒ・アウグスト・ケクレ

## 原子価

1852年、どのように原子が互いに結合するかを理解する最初の一歩が、イギリスの化学者エドワード・フランクランドによって踏み出された。彼は、原子価の考えを発表した。原子価は、元素の個々の原子が結合できる原子

---

各元素の**原子**は、**他の原子と決まった数で結合する**。これを**原子価**と呼ぶ。

ベンゼンの分子では、**炭素原子が互いに結合して環を作り**、それに水素原子が結合している。

炭素原子は原子価が4だ。

ケクレはこの構造を、自分の尾をくわえているヘビの幻から考えついた。

**参照** ロバート・ボイル p.46-49 ■ ジョゼフ・ブラック p.76-77 ■ ヘンリー・キャヴェンディッシュ p.78-79 ■ ジョゼフ・プリーストリー p.82-83 ■ アントワーヌ・ラヴォアジェ p.84 ■ ジョン・ドルトン p.112-113 ■ ハンフリー・デービー p.114 ■ ライナス・ポーリング p.254-259 ■ ハリー・クロトー p.320-321

の数だ。水素は原子価が1であり、酸素は原子価が2である。その後、1858年、イギリスの化学者アーチボルド・クーパーは、炭素原子同士では結合が形成されることと、分子は結合した原子の鎖であることを提案した。したがって、酸素1に対して水素2の割合でできていることがわかっている水は、$H_2O$ または H-O-H（「-」は結合を表す）と示すことができた。炭素は原子価が4、すなわち4価なので、炭素原子は4つの結合を作ることができ、たとえばメタン$CH_4$は、水素原子が炭素の周りに四面体で配置されている（今日、化学者は、結合を、2つの原子の間で共有されている電子の対を表していると考えていて、HやO、Cの記号を、それぞれの原子の中心部分を表していると考えている）。

クーパーは、当時パリの実験室で研究していた。その一方で、アウグスト・ケクレは、ドイツのハイデルベルクで、同じ考えを思いつき、1857年に炭素は原子価が4であることを、1858年に炭素原子は互いに結合できることを発表した。クーパーの論文の発表は遅れたので、ケクレは、クーパーより1か月早く発表でき、炭素原子同士は結合するという考えを先に発表したと主張することができた。ケクレは、この原子間の結合を「親和力」と呼び、1859年に最初に出版された人気のある『有機化学の教科書』で、自分の考えをより詳細に説明した。

## 炭素化合物

ケクレは、化学反応に基づいて理論的モデルを作り出し、4価の炭素原子はつながって「炭素骨格」を作り、

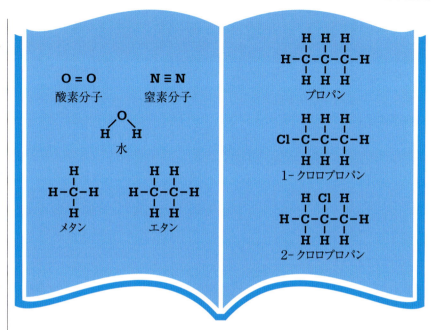

**ケクレは**、原子価の概念を用いて、原子間に形成されて様々な分子を作る結合を説明した。この図で、各結合は線で表されている。

それに別の原子価を持った原子（たとえば、水素や酸素、塩素）が結合すると明言した。有機化学は理論立ったものとなり、化学者はあらゆる種類の分子を構造式で表すようになった。

単純な炭化水素、たとえば、メタン$CH_4$やエタン$C_2H_6$、プロパン$C_3H_8$などは、炭素骨格に水素原子だけが結合したものと考えられた。そのような化合物を、たとえば塩素分子$Cl_2$と反応させると、1つか2つの水素原子が塩素原子で置換された化合物が生じ、クロロメタンやクロロエタンのような化合物ができる。この置換反応の特徴として、たとえばクロロプロパンができるとき、塩素原子が、端の炭素原子に結合するか、真ん中の炭素原子に結合するかによって、異なる化合物が生じる（図を参照）。原子の原子価を満たすために酸素分子$O_2$やエチレン$C_2H_4$のように二重結合を必要とする場合もある。エチレンは塩素分子と反応するが、この場合は置換反応ではなく付加反応である。付加反応では、二重結合が単結合となり、2つの炭素原子それぞれに塩素原子が結合して、1,2-ジクロロエタン$C_2H_4Cl_2$ができる。また、窒素分子$N_2$やアセチレン$C_2H_2$のように三重結合を持つものもある。アセチレンは反応性が非常に高く、酸素アセチレン炎は溶接に使われている。

しかし、ベンゼンが謎のままだった。ベンゼンの化学式は、$C_6H_6$であることがわかっていたが、ベンゼンとアセチレンはどちらも、炭素原子と水素原子の数が同じであるにもかかわらず、ベンゼンはアセチレンよりずっと反応性

が低い。あまり反応性の高くない直線構造を考えることは、難問だった。明らかに二重結合はなくてはならないが、どのように配置されているかが謎だった。

その上、ベンゼンは塩素分子と反応すると、付加反応ではなく、置換反応が起きた。ベンゼンの水素原子の1つが塩素原子によって置き換えられると、クロロベンゼン $C_6H_5Cl$ という1種類の化合物しかできなかった。これは、すべての炭素原子が同等であることを示しているように思われた。

## ベンゼン環

ベンゼンの構造の謎の答えは、1865年、夢の中でケクレに訪れた。その答えは炭素原子の環、すなわち6つの原子がすべて等しく、それぞれに水素原子が結合している環だった。これは、クロロベンゼン中の塩素原子がこの環のどこにでも結合できることを意味した。さらなる証拠は、水素原子を2つ置換したジクロロベンゼン $C_6H_4Cl_2$ を作ることから得られた。ベンゼンが六員環で、そのすべての炭素原子が同等なら、この化合物には3種類の異なる形、すなわち「異性体」があるはずだ――2つの塩素原子は、隣接する

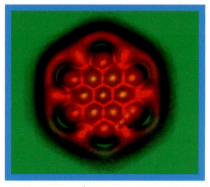

**このヘキサベンゾコロネン分子**の画像は、原子間力顕微鏡を使ってとらえられたものである。

炭素原子か、1つ隔てた炭素原子か、2つ隔てた炭素原子かに結合する。実際に3種類の異性体が存在することが判明し、それぞれオルトジクロロベンゼン、メタジクロロベンゼン、パラジクロロベンゼンと命名された。

## 対称性を確立する

ベンゼン環に対称性があることに関して、未解決の謎が残っていた。炭素原子は4価なので、他の原子に対して結合を4つ持っているはずだった。しかし、ケクレが考えた構造では、すべての炭素原子の結合が「余っていた」。最初、ケクレは一重結合と二重結合が交互に並んでいる環状構造を描いたが、環が対称でなければならないことが明らかになると、この分子が2つの構造のあいだを行ったり来たりしていると提案した。

電子の共有によって結合ができるという考えは、1916年、アメリカの化学者ギルバート・ルイスによって初めて提案された。その後、1930年代には、ライナス・ポーリングは、量子力学を用いて、ベンゼン環の6つの余っている電子は二重結合に局在せず、環の周りに非局在化され、炭素原子間で等しく共有されているので、炭素−炭素

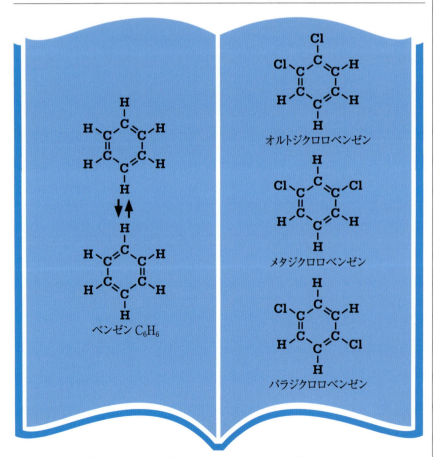

**ケクレは**、ベンゼン環内で、炭素原子の二重結合と一重結合が交互に並んでいて、図に示した上と下の構造を行ったり来たりすると提案した（左）。2つの塩素原子は、2つの水素原子と置換し、3つの異なる化学構造の異性体ができる（右）。

**ケクレは、**ベンゼン環の理論を考案したときのことを、夢のような幻と説明した。その中で、ケクレは、ここでは竜として描かれているウロボロスの古代のシンボルにあるような自分の尾を飲み込んでいるヘビを見た。

結合は一重でも二重でもなく、1.5重（p.254-259）であると説明した。ベンゼン分子の構造の謎を最終的に解くには、物理学からの新しい考えが必要であった。

### インスピレーションの夢

ケクレの夢は、科学の中で最もよく引用されるインスピレーションの話である。ケクレは、入眠状態にあったようだ。彼はそれを浅い眠りと表現し、それが二度あったと述べている。一度目は、おそらく1855年、ロンドン南部の乗合馬車の上で、クラッパム・ロードに向かっているときだった。「原子が目の前で揺れた。この非常に小さな粒子が動くのをずっと見てきたが、その動き方を突き止めることに成功していなかった。今日は、次のようなものが見えた。2つの小さな粒子が頻繁に融合して対になり、大きな粒子が2つの小さな粒子を飲み込み、さらに大きな粒子が3つの小さな粒子を、さらには4つもの小さな粒子を結合した」。二度目は、ベルギーのヘントで研究しているときのことで、おそらく、ヘビが自分の尾を飲み込もうとしている、古代のウロボロスのシンボルに触発された。「同じことがベンゼン環の理論でも起きた。……椅子を回して暖炉のほうを向き、夢うつつの状態に陥り……原子が目の前で揺れた。……長い列、頻繁に密集してつながって、全体が動いていて、ヘビのように曲がりくねって進み、方向を変える。そして、ほら、あれはなんだ？　一匹のヘビが自分の尾をくわえた。そして、そのイメージが目の前であざ笑うかのように回転した」。■

### アウグスト・ケクレ

フリードリヒ・アウグスト・ケクレは、1829年9月7日に、現在、ヘッセンというドイツの州にあるダルムシュタットで生まれた。ギーセン大学にいるとき、ユストゥス・フォン・リービッヒの講義を聞いて、建築の勉強をやめて、化学に切り替えた。最終的に、ボン大学の化学の教授になった。

1857年とその次の年、炭素が4価であることと、単純な有機分子の結合、ベンゼンの構造についての一連の論文を発表し、そのことにより、分子構造の理論の主要な考案者になった。1895年、ドイツ皇帝ヴィルヘルム二世によって爵位を授かり、アウグスト・ケクレ・フォン・シュトラドーニッツになった。最初の5つのノーベル化学賞のうち、3つがケクレの教え子によって獲得された。

### 重要な著書

1859年　有機化学の教科書  
1887年　ベンゼン誘導体あるいは芳香族物質の化学

# はっきりと現れた平均3：1の割合
## グレゴール・メンデル
（1822年〜1884年）

# グレゴール・メンデル

## 前後関係

**分野**
生物学

**以前**

**1760年** ドイツの植物学者ヨーゼフ・ケールロイターは、タバコの交配実験の結果について述べたが、正しくは説明できていない。

**1842年** スイスの植物学者カール・フォン・ネーゲリは、細胞分裂について研究し、のちに染色体であることがわかる糸状の構造体について述べる。

**1859年** チャールズ・ダーウィンは、自然選択による進化論を発表する。

**以後**

**1900年** 植物学者のユーゴー・ド・フリースとカール・コレンス、エーリヒ・チェルマクの三人は、メンデルの法則を同時期に「再発見」する。

**1910年** トマス・ハント・モーガンは、メンデルの法則を支持し、遺伝の基礎に染色体があることを確認する。

遺伝という事実は、家族が似ていることに人々が気づいて以来知られていた。実用上の関わりは至る所──農業における作物と家畜の品種改良から、家系による血友病の発症率の違いなど──にあった。しかし、遺伝がどのようにして起こるのかは謎だった。

ギリシアの哲学者は、親から子供に伝わる、ある種の本質的なもの、すなわち物質的な「素」があると考えた。その素は、性行為を通じて親から次世代に伝わるが、父親と母親の素はそれぞれ血液中にあり、子供ができるときに両者は混ざり合うのではないかと考えられた。この考えは数世紀にわたって続いたが、チャールズ・ダーウィンの頃になると、その根本的な欠点が明白になった。ダーウィンの自然選択による進化論では、種は何世代もかけて変化し、それによって生物は多様になると説明された。しかし、遺伝が化学的素の混合によるなら、きっと、その多様性は薄まって、消えてしまうだろう。ダーウィンの理論が説明した適応

**形質が遺伝すること**は、メンデルの数千年前から観察されてきた。しかし、双子はどうして似るのかといった遺伝現象が起こる生物学的な仕組みは知られていなかった。

と新規性は持続しないだろう。

### メンデルの発見

遺伝を理解する上での重要な発見は、DNAの構造が確定される約100年前に訪れた。それは、ダーウィンが『種の起源』を出版してから10年もたっていないときのことであった。ブルノの聖アウグスチノ修道会の修道士グレ

## グレゴール・メンデル

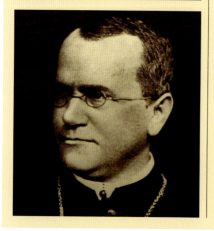

1822年、オーストリア帝国のシレジアでヨハン・メンデルとして生まれたメンデルは、最初、数学と哲学の教育を受けた。そして、さらなる教育を受ける手段として聖アウグスチノ修道会に入った。ブルノ(現在、チェコ共和国内にある)の修道院でグレゴールの名前を与えられ、司祭職に就いたのち、ウィーン大学で物理学や数学、植物学などを学んだ。大学での学業を終えたのち、ブルノの修道院に戻って教育に携わった。ここで、遺伝に対する関心を高め、ネズミとミツバチ、エンドウについて何度も調べた。しかし、司教からの圧力で動物の研究をあきらめ、エンドウの交配に集中した。この研究によって、メンデルは遺伝の法則を発見し、遺伝形質が、のちに遺伝子と呼ばれる別々の粒子によって制御されているという重要な考えを生み出すことになった。1868年に修道院の院長となり、科学の研究はやめた。亡くなったとき、メンデルの科学論文は後任者によって焼かれた。

**重要な著書**

**1866年** 雑種植物の研究

ゴール・メンデルは、教師、科学者、数学者でもあり、多くの著名な博物学者が失敗していたことに成功した。その差は、数学と確率論におけるメンデルの能力だったかもしれない。

メンデルは、エンドウを用いて実験をおこなった。この植物には、草丈、花の色、種子の色、種子の形などの形質に変異があり、それらは簡単に区別できた。メンデルは、まず、それぞれの形質ごとに実験をおこない、その結果に数学的な考え方を適用した。修道院の庭で簡単に栽培できたエンドウを交配することによって、一連の実験をおこない、重要なデータを得た。

メンデルは、実験の際に周到な準備をおこなった。形質によっては、ある世代で現れなかったものが次の世代で現れたりしうることを認識していたので、注意深く、「純系」——たとえば、白色花どうしの交配で子孫も白色花しか付けないような白色花——のエンドウを用いて実験を始めた。白色花の純系と紫色花の純系、背丈の高い純系と背丈の低い純系などを交配した。その際、あらかじめつぼみの中の花粉をピンセットで取り除き、交配したい形質の花粉を雌しべに付けることで、受精を厳密に制御した。こういった交配実験を何度も繰り返し、子供の世代の数と形質を記録し、さらに孫の世代、孫の次の世代でも同様にした。対となる形質（たとえば紫色花と白色花）は、一定の割合で遺伝することを発見した。最初の世代（子供）では、一方の形質（たとえば紫色花）のみが現れ、第二世代（孫）では、その形質は全体の4分の3を占めた。メンデルは、この形質を優性形質、もう一方の形質を劣性形質と呼んだ。この場合、白色花が劣性形質で、第二世代では全体の4分の1を占めた。それぞれの形質——背丈の高低、種子の色、花の色、種子の形など——についても結果は同様となり、その結果から優性形質と劣性形質を特定することができた。

## 重要な結論

メンデルはさらに、花の色と種子の色など2種類の形質が、同時にどのように遺伝するかも実験した。そして、異なる組合せの形質の子孫が現れ、その組合せは、またしても一定の割合で生じることを発見した。最初の世代はすべて、2種類の形質がともに優性形質（紫色花と黄色種子）だったが、その次の第二世代では、いくつかの組合せが混じっていた。たとえば、全体の16分の1が、ともに劣性形質（白色花と緑色種子）を持つエンドウだった。メンデルは、2種類の形質は、互いに独立に遺伝すると結論した。すなわち、花の色の遺伝は、種子の色の遺伝に影響せず、その逆も同じである。このように、決まった割合で遺伝する

参照　ジャン＝バティスト・ラマルク p.118 ■ チャールズ・ダーウィン p.142-149 ■ トマス・ハント・モーガン p.224-225 ■
ジェームズ・ワトソンとフランシス・クリック p.276-283 ■ マイケル・シヴァネン p.318-319 ■ ウィリアム・フレンチ・アンダーソン p.322-323

という事実から、遺伝は、結局のところ、漠然とした化学的素の混合によるのではなく、個々の「粒子」によって起こるのだとメンデルは結論づけた。そして、花の色や種子の色などを決める粒子があり、こういった粒子は親から子供へ無傷で伝えられると考えた。このことは、劣性形質がある世代では現れず、飛び越えて別の世代に現れることの説明となった。そして、劣性形質に関係するまったく同じ2個の粒子を受け継ぐと、劣性形質が現れるとした。今日、われわれはこの粒子を遺伝子として認識している。

## 認められた天才

1866年、メンデルは、自分の発見を博物学雑誌に発表したが、その研究は、科学界に広く影響を与えることはなかった。難解そうなタイトル──『雑種植物の研究』が読者を限定したのかもしれないが、いずれにしろ、それから30年以上たって、メンデルはその業績に対して正当に評価されることになった。1900年、オランダの植物学者ユーゴー・ド・フリースが、植物の交配実験の結果を発表した。その内容は、メンデルのものと類似しており、3対1の比になることも述べられていた。発表に続いてド・フリースは、メンデルがそのような結果に到達した最初の人であることを認めた。数か月後、ドイツの植物学者カール・コレンスが、メンデルが解明した遺伝の仕組みを明確に説明した。さらにオーストリアの植物学者エーリヒ・チェルマクもメン

> 雑種ではいくつかの形質は完全に消えるが、その子孫では消えた形質がそのまま現れる。
> **グレゴール・メンデル**

デルの研究を再発見した。同じ頃、イングランドでは、ド・フリースとコレンスの論文を読んだケンブリッジ大学のウィリアム・ベイトソンが、メンデルの論文を初めて読み、すぐに重要性を認識した。ベイトソンは、メンデルの考えの支持者となり、生物学のこの新しい分野に「遺伝学」という新しい名前を付けた。メンデルは、死後になってようやく認められた。

その頃までに、細胞生物学や生化学などの分野で、別種の研究が、新しい方法を用いておこなわれていた。その分野の科学者たちは、植物の交配実験をおこなう代わりに、顕微鏡を用いて細胞の内部を詳しく観察することで、手がかりを探し求めた。19世紀の生物学者たちは、遺伝現象を解明する鍵となるものは、細胞の核にあるのではないかと直感していた。1878年、ドイツのヴァルター・フレミングが、メンデルの研究を知らないまま、細胞の核の内部に、細胞分裂時に移動する糸状の構造物を見つけた。彼はそれを、「染色される構造体」という意味で、染色体と名づけた。メンデルの研究の再発見から数年以内に、メンデルの「遺伝の粒子」は実在し、染色

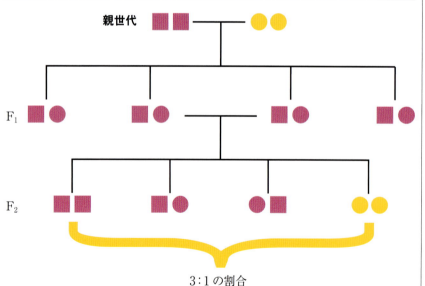

白色花の純系と紫色花の純系を交配してできた雑種の第一世代（$F_1$）はすべて、両親から1個ずつ粒子を受け取る。紫色花が優性形質なので、$F_1$の花はすべて紫色になる。雑種の第二世代（$F_2$）では、4つのうち1つが2個の「白色花」粒子を受け取り、白色花となる。

凡例
○ 白色花に関する粒子
□ 紫色花に関する粒子

ユーゴー・ド・フリースは、様々な植物を用いた1890年代の実験から、形質の割合が3：1になることを発見した。のちに、メンデルに発見の優先権があることを認めた。

体にあることが明らかにされた。

## 改良された遺伝の法則

メンデルはふたつの遺伝の法則を確立した。そのひとつは、子孫に現れる形質が一定の割合を示すことから、遺伝の粒子は対になっており、花の色や種子の色などについて各一対ずつの粒子があるというものだった。粒子は受精時に両親から1個ずつ粒子が来て、新しい世代で対となるが、その世代に生殖細胞ができるときに再び分離する。2個の粒子が、対の異なる形質（たとえば、一方が紫色花で、もう一方が白色花）に関する場合、優性の粒子の形質のみが現れる。現在の用語では、対の異なる形質は対立形質、その遺伝子は対立遺伝子と呼ばれている。メンデルの第一法則は、生殖細胞が形成される際に対立遺伝子が分離することから、分離の法則として知られるようになった。また、メンデルの第二法則は、2種類の対立形質に着目した場合のもので、独立の法則と呼ばれる。独立の法則は、2種類の対立遺伝子は、互いに独立に遺伝することを示している。

メンデルが実験材料にエンドウを選んだのは偶然だった。また、エンドウの様々な対立形質は、最も単純なパターンで遺伝することがわかっている。すなわち、花の色のような各形質は、対立形質のどちらが現れるにしても、1種類の対立遺伝子によって決まる。しかし、ヒトの身長のような多くの生物学的な形質は、多くの異なる遺伝子の相互作用によって決まる。

さらに、メンデルが研究した遺伝子は独立に遺伝したようだ。のちの研究によって、それぞれの染色体には多くの遺伝子が並んでいて、DNAにある数百あるいは数千の遺伝子を運んでいることがわかった。生殖細胞ができるときに、対の染色体は分かれ、その際、同じ染色体にある遺伝子は一緒に伝えられる。このことは、異なる種類の遺伝子が同じ染色体にある場合は、それらの形質は独立に遺伝しないことを意味する。メンデルが研究したエンドウの形質の多くは、別々の染色体にある遺伝子によって決まった。もし同じ染色体にある遺伝子がもっと多かったら、その結果は、より複雑で解釈がずっと難しくなっていただろう。

20世紀になって、遺伝子と染色体のふるまいがさらに徹底的に調べられると、メンデルが見つけた法則よりもずっと複雑な仕組みで、遺伝が起こっていることがわかった。しかし、そういった発見は、メンデルの発見を否定するものではなく、それに基づいたものである。メンデルの法則は、現代でも遺伝学の基礎となっている。

遺伝学という用語を提案する。これは、われわれの仕事が、遺伝と変異に関する現象の解明に専念するものであることを十分に示している。
**ウィリアム・ベイトソン**

# 鳥類と恐竜の進化上のつながり
## トマス・ヘンリー・ハクスリー
（1825年〜1895年）

## 前後関係

**分野**
生物学

**以前**
**1859年** チャールズ・ダーウィンは『種の起源』を出版し、進化論について述べる。

**1860年** ドイツで発見された最初の始祖鳥の化石は、ロンドンの自然史博物館に売られる。

**以後**
**1875年** 歯が残っている始祖鳥の化石「ベルリン標本」が見つかる。

**1969年** アメリカの古生物学者ジョン・オストロムは、小形肉食恐竜の研究から、鳥類と恐竜の新たな類似点を強調する。

**1996年** 初めて知られた羽毛恐竜であるシノサウロプテリクスの化石が、中国で発見される。

**2005年** アメリカの生物学者クリス・オーガンは、鳥類とティラノサウルス・レックスのDNAに類似性があることを示す。

1859年、チャールズ・ダーウィンは、自然選択による進化論を提案した。それに続く激しい論争の中で、トマス・ヘンリー・ハクスリーは最も熱烈なダーウィン理論の支持者であり、自らを「ダーウィンのブルドッグ」と呼ぶほどであった。さらに彼は、ダーウィン理論の証拠ともなる、鳥類と恐竜の関係性について先駆的な研究をおこなった。

種は漸進的に他の種へ変化するというダーウィンの理論が正しいなら、化石の記録は、非常に異なった種が、よく似た祖先から分かれた道すじを示すはずだった。1860年、驚くべき化石がドイツの採石場から見つかった。その化石はジュラ紀のもので、始祖鳥と名づけられた。恐竜の時代のものであるにもかかわらず、鳥のような翼と羽毛を持ち、ダーウィンの理論が予測した種どうしをつなぐミッシングリンクの例と考えられた。ハクスリーは、鳥類と恐竜の体の構造を綿密に研究し始めた。彼にとって、その証拠は納得

**11個の始祖鳥の化石**が発見されている。鳥によく似た恐竜は、約1億5000万年前のジュラ紀後期に、現在のドイツ南部に生息していた。

のいくものだった。

### 移行期の化石

ハクスリーは、始祖鳥と様々な恐竜を細部にわたって比較し、始祖鳥が、小形恐竜のヒプシロフォドンやコンプソグナトゥスと非常によく似ていることを見つけた。1875年、より完全な始祖鳥の化石が発見された。この化石には、恐竜の歯に似た歯が残っており、鳥類と恐竜の関係を裏づけるように思われた。ハクスリーは、鳥類と恐竜には進化上のつながりがあると確信する

**参照** メアリー・アニング p.116-117 ■ チャールズ・ダーウィン p.142-149

進歩の世紀 **173**

```
┌─────────────────────────────┐
│  小形恐竜の化石の詳細な研究によって、  │
│  鳥類と共通な多くの特徴が明らかとなる。 │
└─────────────────────────────┘
              ↓
┌─────────────────────────────┐
│ 鳥によく似た始祖鳥の化石には、恐竜と同様に歯がある。│
└─────────────────────────────┘
              ↓
┌─────────────────────────────┐
│ 鳥類と恐竜の体の構造の類似性は非常に大きく、偶然ではありえない。│
└─────────────────────────────┘
              ↓
┏━━━━━━━━━━━━━━━━━━━━━━━━━━━━━┓
┃ 鳥類と恐竜には進化上のつながりがある。 ┃
┗━━━━━━━━━━━━━━━━━━━━━━━━━━━━━┛
```

## トマス・ヘンリー・ハクスリー

ロンドンに生まれたハクスリーは、13歳で外科医の見習いとなった。21歳のとき、オーストラリアとニューギニアの近海の海図を作る海軍の船の外科医となった。その航海中に、採取した海産無脊椎動物の論文を書き、それが王立協会に高く評価されたため、1851年にその会員に選ばれた。1854年に帰国すると、王立鉱山学校の博物学の講師となった。

1856年にチャールズ・ダーウィンと会ったあと、ハクスリーはダーウィンの理論の強力な支持者となった。1860年に開かれた進化に関する討論会で、神の創造を主張するオックスフォード教区の主教サミュエル・ウィルバーフォースに勝利した。鳥と恐竜の類似を明らかにする研究をおこなうとともに、人類の起源というテーマに関する証拠を集めた。

### 重要な著書

1858年　脊椎動物の頭蓋骨論
1863年　自然界における人間の地位についての証拠
1880年　『種の起源』の時代の到来

ようになったが、共通の祖先がいつか見つかるとは思わなかった。彼にとって重要なのは、非常に明瞭な類似点が両者にあることだった。爬虫類と同じように、鳥類には鱗（羽毛は鱗が変化したもの）があり、殻のある卵を産む。骨の構造でも多くの類似点がある。

それにもかかわらず、恐竜と鳥のつながりは、さらに一世紀、疑問が解決されないままだった。1960年代になって、敏捷な肉食恐竜のデイノニクスの研究から、鳥類とこれらの小形肉食恐竜のつながりが、多くの古生物学者にようやく確信されるようになった。近年、原始的な鳥類と羽毛恐竜の化石が中国で多数見つかり、2005年には足に羽毛を持つ小形恐竜ペドペンナの化石も発見され、そのつながりは強くなっている。また、同じ2005年、ティラノサウルス・レックスの軟組織の化石からDNAを抽出するという画期的な研究がなされ、この恐竜が、遺伝的に他の爬虫類よりも鳥類に近縁であることが明らかとなった。■

> 鳥類は本質的に爬虫類に似ていて……極端に変化した、異常な種類の爬虫類に過ぎないと言えるかもしれない。
> **トマス・ヘンリー・ハクスリー**

# 性質の明白な周期性
## ドミトリ・メンデレーエフ
(1834年〜1907年)

# 176 ドミトリ・メンデレーエフ

## 前後関係

**分野**
化学

**以前**
**1803年** ジョン・ドルトンは、原子量の考えを発表する。

**1828年** ヨハン・デーベライナーは、最初の元素の分類を試みる。

**1860年** スタニズラオ・カニッツァーロは、原子量と分子量をたくさん載せた表を発表する。

**以後**
**1870年** ロータル・マイヤーは、原子の体積と原子量から、元素間の周期的な関係を示す。

**1913年** ヘンリー・モーズリーは、原子番号――原子核にある陽子の数――を用いて周期表を再定義する。

**1913年** ニールス・ボーアは、原子の構造のモデルを提案する。そのモデルでは、族が異なる元素の相対的な反応性の違いを、電子殻を用いて説明する。

1661年、アイルランド出身のイギリスの物理学者ロバート・ボイルは、元素を次のように定義した。「根源的で単一の、すなわちまったく化合していない物体で、ほかの物体からは作られず、完全に化合している物体を直接に合成する成分で、完全に化合している物体が究極的に分解されて生じる成分だ」。すなわち、元素は、化学的方法によって、それ以上分解できない、最も単純な物質のことである。1803年、イギリスの化学者ジョン・ドルトンは、こういった元素に対して、原子量の考えを発表した。水素は最も軽い元素で、ドルトンは水素に1の値を与え、これを基準にして、いくつかの元素の原子量を決めた。

## 8の法則

19世紀前半、化学者は徐々により多くの元素を単離し、特定のグループの元素が、似た性質を持つことが明らかとなった。たとえば、ナトリウムとカリウムは、銀色をした固体（アルカリ金属）で、水と激しく反応し、水素ガスを遊離させる。実際、それらはとてもよく似ていて、イギリスの化学者ハンフリー・デービーは、最初にそれらを発見したとき、識別しなかった。同様に、ハロゲン元素の塩素と臭素は、両方とも、刺激臭があり、有毒な酸化剤だ。もっとも、塩素は気体で、臭素は液体だ。イギリスの化学者ジョン・ニューランズは、既知の元素を原子量が増える順に並べると、似た元素が8

**元素の分類**を試みた最初の人物は、ドイツの化学者ヨハン・デーベライナーだった。1828年までに、一部の元素は、関連した性質を持った3つの元素のグループに分けられることを見つけていた。

---

元素は、**原子量に従って**表の中に配置することができる。

性質の周期性を仮定すれば、周期表の空所から、**見つかっていない元素**を予測できる。

こういった見つかっていない元素が発見できれば、周期表が**原子の構造**の重要な特徴を表していると考えられる。

周期表は、**どのような実験をおこなえばよいか**の指針としても役に立つ。

進歩の世紀 **177**

**参照** ロバート・ボイル p.46-49 ■ ジョン・ドルトン p.112-113 ■ ハンフリー・デービー p.114 ■ マリ・キュリー p.190-195 ■ アーネスト・ラザフォード p.206-213 ■ ライナス・ポーリング p.254-259

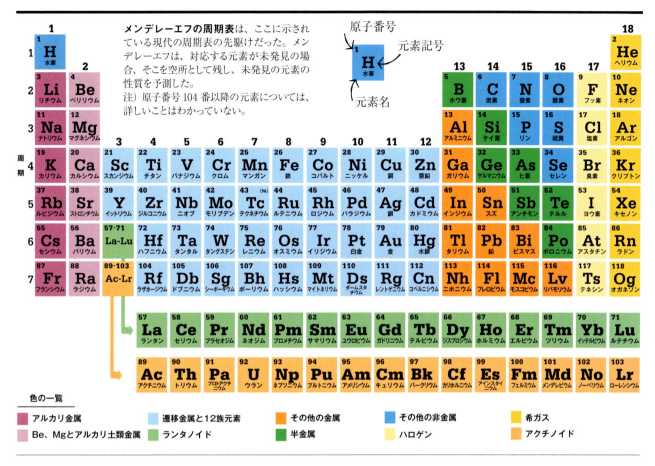

　番目ごとに現れることに気づいた。1864年、その発見を発表した。

　ニューランズは「ケミカル・ニュース」誌に次のように書いている。「同じグループに属している元素は、同じ横の列に現れる。また、似た元素の番号は7か7の倍数だけ違う……この奇妙な関係を、『オクターブの法則』と呼ぶことを提案する」。ニューランズの表のパターンは、カルシウムまでは意味をなすが、そのあとはでたらめになる。1865年3月1日、ニューランズは化学会にばかにされ、化学会は、アルファベット順に元素を並べているのと変わらないと言い、彼の論文の発表を拒否した。ニューランズの業績の重要性は、20年以上認められないことになった。その一方で、フランスの鉱物学者アレクサンドル＝エミー・ベギエ・ド・シャンクルトワも、このパターンに気づいていて、1862年にその考えを発表したが、ほとんど誰も注目しなかった。

### カードのパズル

　同じ頃、ドミトリ・メンデレーエフは、ロシアのサンクトペテルブルグで著書『化学の原論』を書きながら、同じ問題に取り組んでいた。1863年、56の既知の元素があり、新しい元素が、1年に1つぐらいの割合で発見されていた。メンデレーエフは、それらにパターンがあるはずだと確信していた。パズルを解くための試みとして、56枚のカードを1組作り、それぞれのカードに、1つの元素の名前とおもな性質のラベルを付けた。

　メンデレーエフは、1868年に冬の旅行に出かけようとしていたとき、大きく前進したと言われている。出発する前、カードをテーブルに広げ、パズルを考え始めた。まるで忍耐というゲームをしているようだった。御者が手荷物を取りにドアのところに来ると、手を振ってその御者を追い払い、忙しいと言った。あちこちへカードを動かし、

ついに56の元素すべてを満足のいくように並べると、似たもののグループが縦にできていた。その次の年、メンデレーエフは、ロシア化学会で次のように述べる論文を読み上げた。「元素は、原子量に従って並べると、性質の明白な周期性を示す」。似た化学的性質の元素は、ほぼ同じ値の原子量（たとえば、白金とイリジウム、オスミウム）か、規則的に増える原子量（たとえば、カリウムとルビジウム、セシウム）だと説明した。さらに、原子量の順で元素をグループに配置することは、元素の原子価——原子がほかの原子と作れる結合の数——に対応していると説明した。

> 自然界の秩序を
> 全体的に支配するものを発見し、
> その秩序を決めている原因を
> 見つけることが科学の機能だ。
> ドミトリ・メンデレーエフ

## 新しい元素を予測する

メンデレーエフは、論文の中で、大胆な予測をした。「多くの未知の元素が、きっと発見されるだろう——たとえば、アルミニウムとケイ素に似た、原子量が65から75のあいだの2つの元素」。

メンデレーエフの配置は、ニューランズのオクターブに比べて、大きく改善されていた。ニューランズがホウ素とアルミニウムの下に、意味もなくクロムを置いたのに対して、メンデレーエフは、まだ未発見の元素があるはずだと推論し、原子量が約68のものが見つかるだろうと予測した。$M_2O_3$という化学式の酸化物（ある元素が酸素とともに作る化合物）を作るはずだった。この化学式は新しい元素の2つの原子が3つの酸素原子と結合して酸化物を作ることを意味した。メンデレーエフは、別の空所を埋めるさらに2つの元素を予測した——1つは原子量が約45で、酸化物$M_2O_3$を作るもので、もう1つは、原子量が72で、酸化物$MO_2$を作るものだった。

批判者は懐疑的だったが、メンデレーエフの主張は非常に具体的なものであり、科学の理論を支える最も効果的な方法のひとつは、正しいというこ

**6つのアルカリ金属**はすべて、軟らかくて、非常に反応性の高い金属だ。ナトリウムの塊の最外層は、空気中の酸素と反応して、酸化ナトリウムになっている。

とが証明される予測をすることだ。この場合、1875年にガリウムという元素（原子量70で、$Ga_2O_3$を作る）が、1879年にスカンジウム（原子量45で、$Sc_2O_3$を作る）が、1886年にゲルマニウム（原子量73で、$GeO_2$を作る）が発見された。これらの発見はメンデレーエフの名声を高めた。

## 周期表の間違い

メンデレーエフの表にはいくつかの間違いもあった。1869年の論文で、テルルの原子量が間違っているに違いないと主張した。それは、123と126の

---

**天然に存在する6つの希ガス**（周期表の第18族）は、ヘリウムとネオン、アルゴン、クリプトン、キセノン、ラドンだ。これらは反応性が非常に低い。なぜなら、どの電子殻——原子核の周囲にある電子が存在する層——も電子で満たされているからだ。ヘリウムの電子殻は電子2つで満杯となっており、他の元素では、最も外側の電子殻が8つの電子で満たされている。放射性のラドンは不安定である。

 原子核　 電子

 He　 Ne　 Ar　 Kr　Xe

あいだのはずだった。なぜなら、ヨウ素の原子量は127で、ヨウ素はその性質によって、表の中で明らかにテルルの次に来るはずだったからだ。しかし、メンデレーエフは、間違っていた。テルルの現在の原子量は127.6で、実際にヨウ素よりも大きい。また、表には、希ガスが占めるべき場所もなかった。希ガスは無色・無臭で、他の元素とほとんど反応しないため、当時、どの希ガスも知られていなかった。希ガスの中で、最初にアルゴンが発見されると、1898年までに、スコットランドの化学者ウィリアム・ラムゼーはヘリウムとネオン、クリプトン、キセノンを単離した。1902年、メンデレーエフはこれまでの表に18族として希ガスを取り込み、このバージョンの表が、今日われわれが使っている周期表の基礎となっている。

「間違っている」と主張した原子量の問題は、1913年、イギリスの物理学者ヘンリー・モーズリーによって解決された。モーズリーは、X線を用いて、特定の元素の原子核にある陽子の数を決定した。これは元素の原子番号と呼ばれるようになり、現在、周期表内の元素の位置は原子番号によって決められている。

## 周期表を使う

周期表は、単に、元素の目録――元素を上手に並べたもの――を作っただけのように見えるかもしれないが、化学と物理学の両方において、非常に重要なものである。元素の周期表によって、化学者は、元素の性質を予測し、様々なことを試すことができる。たとえば、ある反応がクロムでうまくいかないなら、周期表でクロムの下にあるモリブデンでうまくいくかもしれない。

周期表は原子の構造を探る上でも重要だった。なぜ元素の性質はそのようなパターンで繰り返されるのか？ なぜ18族の元素はそんなに不活性で、逆に、1族や17族の元素は反応性がとても高いのか？ こういった疑問によって、現在、認められている原子の構造がイメージされたのである。

メンデレーエフが自分の周期表を認められたことは運がよかったからでもある。ベギエとニューランズのほうが先に、似た考えを発表していた。また、ドイツの化学者ロータル・マイヤーは、1870年、原子の体積と原子量から元素間の周期的関係を明らかにした。科学にはよくあることだが、ある発見がなされるのに機が熟していて、数人が、互いの研究を知らずに、独立して、同じ結論に達していた。■

> アルミニウムとケイ素に似た、原子量が65から75の元素が発見されるに違いない。
> ドミトリ・メンデレーエフ

### ドミトリ・メンデレーエフ

ドミトリ・メンデレーエフは、1834年に、少なくとも12人の兄弟の末子として、シベリアの村で生まれた。父親が失明し、教職を失うと、母親がガラス工場の事業で家族を支えた。その工場が焼失すると、母親は、15歳のドミトリを、村から遠く離れたサンクトペテルブルグへ連れていき、高等教育を受けさせた。

1862年、メンデレーエフは、フィオズヴァ・ニキティシナ・リッシェヴァと結婚したが、1876年、アンナ・イヴァノヴァ・ポポーヴァに夢中になり、最初の妻との離婚が確定する前に、ポポーヴァと結婚した。

1890年、メンデレーエフは、ウォッカの製造基準をまとめた。石油の化学を研究し、ロシアで最初の石油精製所の建設を手伝った。1905年には、スウェーデン王立科学アカデミーの会員に選ばれ、ノーベル賞に推薦されたが、おそらく重婚のせいで、取り消された。放射性元素である原子番号101のメンデレビウムは、メンデレーエフに敬意を表して命名された。

### 重要な著書

1870年　化学の原論

# 光と磁気は
# 同じ実体の異なる姿だ

## ジェームズ・クラーク・マクスウェル
(1831年～1879年)

# 182 ジェームズ・クラーク・マクスウェル

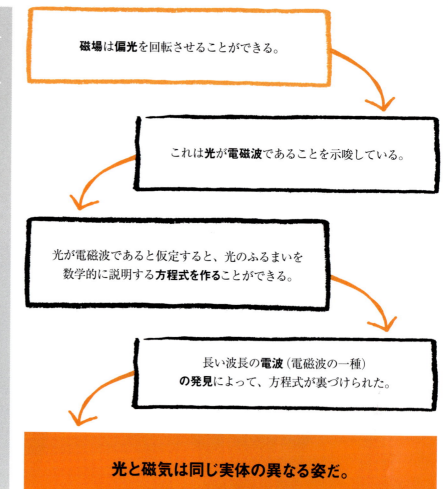

## 前後関係

**分野**
物理学

**以前**
**1803年** トマス・ヤングの二重スリットの実験から、光は波であると考えられる。
**1820年** ハンス・クリスティアン・エルステッドは、電気と磁気の関連性を示す。
**1831年** マイケル・ファラデーは、変化する磁場が電場を生み出すことを示す。

**以後**
**1900年** マックス・プランクは、ある状況では、光を非常に小さな「波束」、すなわち量子からなるものとして扱うことができると提案する。
**1905年** アルベルト・アインシュタインは、今日、光子として知られている光量子が実在することを示す。
**1940年代** リチャード・ファインマンらは、量子電磁力学（QED）を考案し、光のふるまいを説明する。

1860年代と1870年代にスコットランドの物理学者ジェームズ・クラーク・マクスウェルによって考案された、電磁場のふるまいを説明する一連の微分方程式は、物理学の歴史にそびえ立つ業績のひとつと考えて間違いない。真の変革を促すその式は、電気と磁気、光についての科学者の見方を根本的に変えただけでなく、まったく新しい様式の数学的物理学の基本原則を定めもした。このことは、20世紀に、広範に影響を及ぼすことになり、今日では、包括的な「万物の理論」で宇宙を統一的に理解できるという希望をわれわれに与えている。

## ファラデー効果

デンマークの物理学者ハンス・クリスティアン・エルステッドの、1820年の電気と磁気の関連性の発見は、一見関係がないように思われる現象間につながりと相互関係を発見しようとする一世紀に及ぶ試みの舞台を設定した。また、マイケル・ファラデーによる重要なブレークスルーを触発した。今日、ファラデーの業績としては、電動機の発明と電磁誘導の発見が最もよく知られているが、マクスウェルの出発点となる発見をしたことはあまり知られていない。

ファラデーは、20年間、断続的に、光と電磁気の関連性を見つけようとしていた。そして、1845年に、その問題に最終的な解答を与えてくれる巧妙な実験を考案した。それは、偏光（一

**参照** アレッサンドロ・ボルタ p.90-95 ■ ハンス・クリスティアン・エルステッド p.120 ■ マイケル・ファラデー p.121 ■
マックス・プランク p.202-205 ■ アルベルト・アインシュタイン p.214-221 ■ リチャード・ファインマン p.272-273 ■
シェルドン・グラショー p.292-293

> 特殊相対性理論が誕生したのは、電磁場に関するマクスウェルの方程式のおかげだ。
>
> **アルベルト・アインシュタイン**

方向だけで振動する光で、光を偏光板に通すことで得られる）を強い磁場に通し、光源の反対側で、特別な接眼レンズを使って、偏光が回転した角度を調べるという実験だった。ファラデーは、磁場の方向を回転させると、偏光が回転することを見つけた。

## 電磁気の理論

ファラデーは優れた実験家であったが、光が電磁気と密接に関係しているという考えをしっかりとした理論的基礎の上に置くには、マクスウェルの天才を要した。マクスウェルは電磁誘導を説明することからこの問題にたどり着き、電気と磁気、光のつながりをほぼ偶然に発見した。

マクスウェルのおもな関心は、ファラデーの電磁誘導（動いている磁石が電流を誘導すること）のような現象に含まれている電磁気力がどのようにはたらいているかを説明することだった。ファラデーは「力線」という巧妙なものを考案していて、それは、流れている電流の周りに同心円状で広がったり、磁石の極から現れ、再び極に入ったりした。電気の導体を力線に対して動かすと、その導体に電流が流れた。また、力線の密度と相対運動の速度の両方が、流れる電流の強さに影響した。

しかし、力線は、現象の理解の有効な助けにはなったが、物理的な実体がなかった。電場と磁場は、影響を与える空間内のすべての点——力線上にはない点も含めて——に存在していると感じられた。電磁気の物理学を説明しようとする科学者には二派あり、

一方は、電磁気を、ニュートンの重力のモデルと似たある種の「遠隔作用」と考える人々であり、もう一方は、電磁気は波によって空間を伝わると考える人々であった。また、「遠隔作用」の支持者はヨーロッパ大陸の出身に多く、電気の開拓者アンドレ＝マリ・アンペール（p.120）に従うのに対して、波の信奉者はイギリス人に多い傾向があった。このふたつの基本的理論を区別する違いは、遠隔作用は瞬間的に起こり、波は空間を伝わるので時間がかかることだった。

## マクスウェルのモデル

マクスウェルは、1855年と1856年に発表した一連の論文で、電磁気の理論を展開し始めた。それは、（仮想の）非圧縮性流体の中の流れという観点

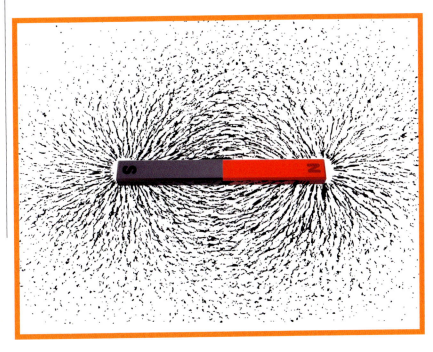

**磁石の周りの鉄の削りくず**の模様は、ファラデーが説明した力線を示唆しているようだ。実際、鉄の削りくずは、マクスウェルの方程式で表されるように、電磁場の所定の位置で電荷が持つ力の方向を示している。

から、ファラデーの力線を幾何学的にモデル化し、ある程度成功した。マクスウェルは、さらに、電場と磁場を、すき間なく並ぶ粒子と、それらが回転してできる渦としてモデル化した。このモデルによって導線を通る電流とその周りの電場を関連づけるアンペールの法則を示すことができた。また、電磁場の変化が、（速いとしても）有限の速さで伝わることも示した。

マクスウェルは、伝搬の速さの近似値を約310,700km/sと導き出した。この値は、それまで多数の実験で測定されてきた光の速さにきわめて近く、光の性質についてのファラデーの直感は正しいに違いないとマクスウェルは即座に気づいた。マクスウェルは、一連の論文の最後の論文で、ファラデー効果で見られたこととして、どのように磁気が電磁波の方向に影響を及ぼしうるかを説明した。

## 方程式を考案する

マクスウェルは、自分の理論の本質

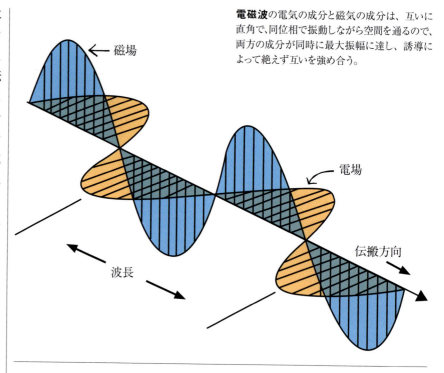

**電磁波**の電気の成分と磁気の成分は、互いに直角で、同位相で振動しながら空間を通るので、両方の成分が同時に最大振幅に達し、誘導によって絶えず互いを強め合う。

人類の歴史の長期展望からして……19世紀の最も重要な出来事として、マクスウェルの電気力学の法則の発見が評価されることは、ほとんど疑う余地がない。
**リチャード・ファインマン**

が正しかったことに満足して、1864年、しっかりとした数学的基礎の上にその理論を置くことに着手した。『電磁場の動的理論』において、電場の変化が磁場を強くし、磁場の変化が電場を強くするような、互いに垂直で同位相に固定された、電場の横波と磁場の横波の対として光を説明した（電場の波の方向が、波の全体としての偏光を通常決める）。論文の最後の部分で、電場の位置エネルギーと磁場の位置エネルギー——点電荷が電磁場の特定の点にあるときの位置エネルギー——の観点から、電磁気の現象を数学的に完全に説明する一連の20の方程式を示した。

マクスウェルは、次に、電磁波が光の速さで進むことがどのようにして方程式から自然に導き出されるかを示した。電磁気の性質についての議論を最終的に終わらせたかのようだった。

マクスウェルは、このテーマについての自分の研究を1873年の『電気と磁気についての論文』にまとめた。そこで述べられた理論には説得力があったものの、証明される前にマクスウェルは死んでしまった。光波は、波長が短く、振動数が大きいので、当時は性質を測定できなかった。しかし、8年後の1887年、ドイツの物理学者ハインリヒ・ヘルツは、振動数が小さく、波長は長い、伝搬の速さは他と同じ電磁波——今日、電波として知られている種類の電磁波——を作ることに成功して、パズルの最後のピース（および、大きな技術的前進）をもたらした。

## ヘヴィサイドが参加する

ヘルツの発見までに、一連の20の

>
> マクスウェルの方程式は、どの10人の大統領より、人類の歴史に大きな影響を及ぼしてきた。
> **カール・セーガン**
>

方程式について重要な進展があり、われわれが今日、知っている形のマクスウェルの方程式にまとめられた。

1884年、オリヴァー・ヘヴィサイドというイギリスの電気技術者・数学者・物理学者──独学の天才で、電気信号の効率的な伝達のための同軸ケーブルの特許をすでに取得していた──は、元の方程式にあったスカラーである位置エネルギーをベクトルに変える方法を考案した。これは、電磁場内の所定の点電荷が持つ力の大きさと方向を、両方表す値だった。個々の点での電荷の強さだけでなく、電磁場全域での電荷の方向を表すことによって、ヘヴィサイドは、たくさんあった元の方程式をたった4つに減らし、そうすることで、それらを実際に用いる上ではるかに有用にした。ヘヴィサイドの貢献は今日、大部分忘れられているが、現在、マクスウェルの名前がついている方程式は、ヘヴィサイドによって整理された一揃いの4つの簡潔な方程式である。

マクスウェルの研究は電気と磁気、光の性質について多くの疑問を解決したが、未解決の謎を際立たせるのにも役立った。もしかすると、その中で最も重要なものは、電磁波が通る媒質の性質についてだったかもしれない──本当に、光波は、ほかのすべての波と同じように、そんな媒質を必要とするのか？ このいわゆる「光を伝えるエーテル」を測るための探求は、19世紀後半の物理学を支配し、いくつかの巧妙な実験が考案された。エーテルを見つけることに失敗し続けたことは、物理学に転機を生み出し、それが20世紀のふたつの革命である量子論と相対性理論へと道を開くことになった。■

**マクスウェル－ヘヴィサイドの方程式**は、難解な数学の文法を用いた微分方程式で表されるが、実は、電場と磁場の構造と影響の簡潔な説明になっている。

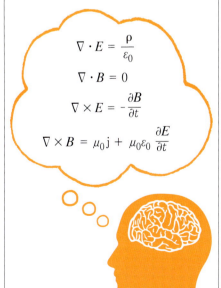

$$\nabla \cdot E = \frac{\rho}{\varepsilon_0}$$
$$\nabla \cdot B = 0$$
$$\nabla \times E = -\frac{\partial B}{\partial t}$$
$$\nabla \times B = \mu_0 j + \mu_0 \varepsilon_0 \frac{\partial E}{\partial t}$$

## ジェームズ・クラーク・マクスウェル

1831年、スコットランドのエジンバラで生まれたジェームズ・クラーク・マクスウェルは、幼いときから才能を示し、14歳で幾何学に関する科学論文を発表した。エジンバラ大学とケンブリッジ大学で教育を受け、25歳でスコットランドのアバディーンにあるマリシャル・カレッジの教授になった。マクスウェルが電磁気の研究を始めたのはそこだった。

マクスウェルは、電磁気以外にも、当時の多くの科学的問題に関心があり、1859年には土星の環の構造を説明した最初の人物となった。また、1855年から1872年のあいだは、色覚の理論の重要な研究をおこない、1859年から1866年までに、気体中の粒子の速度分布を示す数学的モデルを考案した。

内気な男だったマクスウェルは、詩を書くことも好きで、一生信心深かった。48歳のときがんで亡くなった。

### 重要な著書

| | |
|---|---|
| 1861年 | 物理的力線について |
| 1864年 | 電磁場の動的理論 |
| 1872年 | 熱の理論 |
| 1873年 | 電気と磁気についての論文 |

# 光線は
# ガラス管から出ていた
## ヴィルヘルム・レントゲン（1845年〜1923年）

### 前後関係

**分野**
**物理学**

**以前**
1838年　マイケル・ファラデーは、部分的に空気を抜いたガラス管の中に電流を通し、輝いて見える電気アークを作る。

1869年　陰極線がヨハン・ヒットルフによって観察される。

**以後**
1896年　X線を臨床医学に初めて利用し、診断をおこなう。骨折の画像を得る。

1896年　がんの治療に、X線が初めて利用される。

1897年　J.J.トムソンは、陰極線が実は、電子の流れであることを発見する。電子が陽極の金属に当たると、X線ができる。

1953年　ロザリンド・フランクリンの撮影したX線回折画像は、DNAの構造解明に重要な役割を果たす。

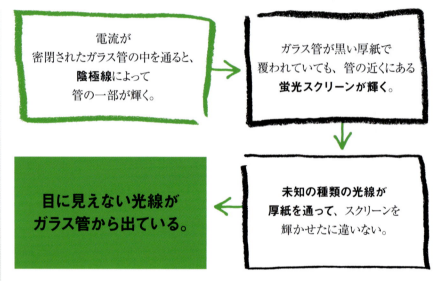

　多くの科学の発見と同じように、X線は、他の研究（この場合、電気）を研究していた科学者によって、初めて観察された。人工的に作り出された電気アーク（2つの電極間を電気が跳ぶ放電で、弧状に輝いて見える）は、1838年、マイケル・ファラデーによって初めて観察された。彼は、部分的に空気を抜いたガラス管の中に電流を通した。するとアークが陰極から陽極へ伸びた。

**陰極線**
　密閉した容器の内部に電極を配置したものは放電管と呼ばれる。1860年代までに、イギリスの物理学者ウィリアム・クルックスは、内部をほぼ真空にした放電管を開発していた。ドイツの物理学者ヨハン・ヒットルフは、このような放電管を用いて、帯電した原子と分子の電気を流す能力を測定した。ヒットルフの管では、電極間に輝くアークは見られなかったが、放電管

進歩の世紀

参照　マイケル・ファラデー p.121　■　アーネスト・ラザフォード p.206-213　■
　　　ジェームズ・ワトソンとフランシス・クリック p.276-283

自体が輝いた。ヒットルフは、「光線」は陰極から来たに違いないと結論した。その光線は、ヒットルフの同僚オイゲン・ゴルトシュタインによって陰極線と命名され、1897年、イギリスの物理学者J.J.トムソンが、電子の流れであることを示した。

## X線を発見する

ヒットルフは、実験中、同じ部屋の中にあった写真乾板が曇ることに気づいたが、それ以上は調べなかった。他の者も同様の現象を観察したが、その原因を調べた最初の人物はヴィルヘルム・レントゲンであった。彼は、それが、多くの不透明の物質を完全に通ることができる光線であることを発見した。レントゲンの希望で、彼の実験室のノートは彼の死後に焼かれたので、どのように彼が「X線」を発見したのかを正確に知ることはできないが、放電管が黒い厚紙で覆われていたにもかかわらず、放電管の近くのスクリーンが輝いていることに気づいたとき、初めてX線を観察したようだ。レントゲンは、その後2か月を費やして、多くの国で今でもレントゲン線と呼ばれている、この目に見えない光線の性質を調べた。X線は、短波長の電磁波の一種であり、その波長は0.01～10nm（1nmは1mの10億分の1の長さ）にある。なお、可視光の波長は400～700nmにある。

## 今日のX線の利用

今日、X線は、陰極から発射させた電子を陽極に衝突させることによって得られる。X線は、透過する物質とそうでない物質があり、体の内部の画像を作ったり、密閉容器内の金属を検出したりすることに使われている。CTスキャンは、一連のX線画像をコンピュータで組み合わせ、体の内部の3次元画像を作る装置である。

非常に小さな物体の画像を得るために、X線の波長が短いことを利用したX線顕微鏡が、1940年代に開発された。また、X線の回折を用いて、結晶中での原子の配置を調べることもおこなわれている。■

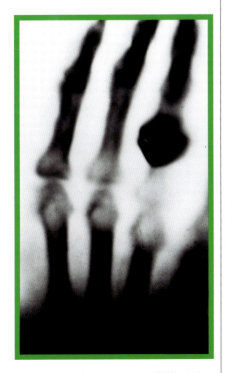

**最初のX線画像**は、レントゲンが撮影した妻アンナの手だった。右真ん中に見える黒い部分は結婚指輪だ。アンナは、この画像を見たとき、「自分の死を見た」と言ったと言われている。

### ヴィルヘルム・レントゲン

ヴィルヘルム・レントゲンは、ドイツで生まれたが、子供時代の一時期、オランダに住んだ。チューリッヒで機械工学を学び、1874年、ストラスブール大学で物理学の講師に、その2年後、教授になった。在職中いくつかの大学で高い地位に就いた。

レントゲンは、気体や熱伝導、光など物理学の様々な分野を研究した。しかし、X線の研究で最もよく知られていて、その研究で1901年、最初のノーベル物理学賞を授与された。特許の取得によってX線の利用が制限されることを拒否し、自分の発見は人類のものだと言い、ノーベル賞の賞金を寄付した。同時代人の多くと異なり、放射線を用いる研究中は、鉛の防護遮蔽体を用いた。77歳のとき放射線とは無関係のがんで亡くなった。

### 重要な著書

1895年　新しい種類の光線について
1897年　X線の性質に関する追加の観察結果

# 地球の内部を調べる
## リチャード・ディクソン・オールダム
（1858年～1936年）

## 前後関係

**分野**
地質学

**以前**
**1798年** ヘンリー・キャヴェンディッシュは、地球の密度の計算結果を発表する。その値は、地表の岩石の密度より大きく、地球が密度の大きい物質を含んでいることを示す。

**1880年** イギリスの地質学者ジョン・ミルンは、現代的な地震計を発明する。

**1887年** イギリスの王立協会は、世界各地の20の地震観測所に資金を提供する。

**以後**
**1909年** クロアチアの地震学者アンドリア・モホロビチッチは、地殻とマントルの間に地震波の速度が変わる境界を見つける。

**1926年** ハロルド・ジェフリーズは、地球の核は液体であると主張する。

**1936年** インゲ・レーマンは、地球には、固体の内核と溶融している外核があると主張する。

---

異なる種類の**地震波**がある。
↓
**P波**は震央から特定の距離では**観測されない**……
↓
……したがって、地球内部の**岩石**が、波を**屈折させているに違いない**。
↓
**地球の核**は、地表の性質と**異なる性質**をしている。

---

地震よって起きる振動は地震波の形で広がり、それは地震計を使って検出できる。リチャード・ディクソン・オールダムは、1879年から1903年にかけて「インド地質調査所」で研究しているあいだに、1897年にアッサムを襲った地震の調査報告書を書いた。オールダムは地震に3相の動きがあることに気づき、それらが3つの異なる種類の波によるものであると考えた。そのうち2つは「実体」波で、地球の内部を伝わるものだった。3つ目の波は、地球の表面に沿って伝わるものだった。

### 波の効果

オールダムが見つけた実体波は、今日、P波とS波として知られている。P波は、波の進む方向に振動する縦波で、岩石は、波の進行方向と同じ前後方向に動かされる。S波は、波の進む方向と直角な方向に振動する横波で、岩石は、波の進行方向と直角な方向に動かされる。P波はS波より速く伝わり、固体・液体・気体中を伝わる。S波は

# 進歩の世紀　189

参照　ジェームズ・ハットン p.96-101　■　ネヴィル・マスケリン p.102-103　■　アルフレート・ヴェーゲナー p.222-223

固体中だけを伝わる。

## 地震波の影

オールダムはのちに、世界中で起きた地震の地震計の記録を調べ、P波が観測されない「地震波の影」が震央（震源の真上の地表）から一定の距離の地域に広がっていることに気づいた。オールダムは、地震波が地球の内部で伝わる速さは岩石の密度によって決まることを知っていたので、岩石の性質が深さとともに変化し、その結果、地震波の速さが変化して屈折が起こる（波は曲がった進路をたどる）と結論した。すなわち、地震波の影は、地球の深部で岩石の性質が突然に変化することで生じるのである。

今日、震源の反対側の地域には、P波の影よりずっと広い範囲にS波の影があることが知られている。このことは、地球の内部の性質がマントルの性質と非常に異なることを示している。

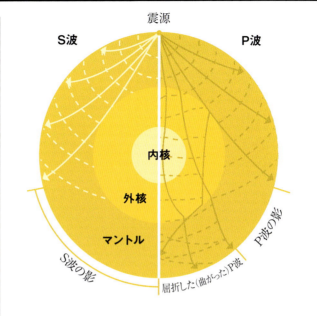

地震のこのモデルは、地球の内部を伝わっているP波とP波の影、S波とS波の影を示している。

1926年、アメリカの地球物理学者ハロルド・ジェフリーズは、S波のこの証拠から、S波は液体を伝わらないので、地球の核は液体であると提案した。さらに、P波の影で検出される弱いP波があることもわかった。1936年、デンマークの地震学者インゲ・レーマンは、そのようなP波を、内側にある固体の核で反射されたものと解釈した。こうして、今日用いられている固体の内核が液体の外核に囲まれ、その上にマントルがあり、一番表層に地殻があるという地球のモデルが作られた。■

## リチャード・ディクソン・オールダム

1858年、ダブリンで生まれた、インド地質調査所（GSI）の所長の息子であるリチャード・ディクソン・オールダムは、王立鉱山学校で学び、自分自身もGSIで働いた。

GSIのおもな研究は、岩層の地図を作ることであったが、インドの地震に関する詳細な報告書を作ることも、仕事に含まれていた。オールダムが最もよく知られているのは、彼の研究のこの面に対してだ。オールダムは、健康上の理由で1903年に退職し、イギリスに戻り、1906年、地球の核についての考えを発表した。ロンドン地質学会によってライエル・メダルを授与され、王立協会会員になった。

### 重要な著書

| | |
|---|---|
| 1899年 | 1897年6月12日の大地震の報告 |
| 1900年 | 遠方までの地震動の伝搬について |
| 1906年 | 地球の内部の構成 |

地震計は、遠くで起きた地震の感じられない動きを記録し、地球の内部を調べ、その性質を特定することを可能にする。
**リチャード・ディクソン・オールダム**

# 放射線は
# 元素の原子特性だ
## マリ・キュリー（1867年〜1934年）

# マリ・キュリー

## 前後関係

**分野**
物理学

**以前**
1895年　ヴィルヘルム・レントゲンは、X線の性質を調べる。

1896年　アンリ・ベクレルは、ウラン塩が透過性放射線を発しているのを発見する。

1897年　J.J.トムソンは、陰極線の性質を調べているとき、電子を発見する

**以後**
1904年　トムソンは、原子の「プラムプディング」モデルを提案する。

1911年　アーネスト・ラザフォードとアーネスト・マースデンは、原子の「核モデル」を提案する。

1932年　イギリスの物理学者ジェームズ・チャドウィックは、中性子を発見する。

---

多くのおもな科学の発見と同じように、放射線は偶然見つかった。1896年、フランスの物理学者アンリ・ベクレルは、リン光を研究していた。リン光は、ある物質に光が当たったとき、その物質が独特の色の光を発し続ける現象である。ベクレルは、リン光を発する鉱物が、ヴィルヘルム・レントゲンが1年前に発見していたX線も発するかどうかを知りたいと思った。それを明らかにしようと、鉱物のひとつを黒い厚紙で包んで写真乾板の上に置き、太陽にさらした。その結果、写真乾板は黒くなったので、鉱物はX線を発したと思われた。ベクレルは、乾板を黒くする「光線」が金属でさえぎられることも示した。次の日は曇りで、実験を繰り返せなかったので、鉱物を写真乾板の上に置いたまま、引き出しに入れておいた。すると、写真乾板は日光がなくても黒くなった。ベクレルは、鉱物中に写真乾板を黒くするエネルギーの源があるに違いないと考えた。それは、

> ウランとトリウムの元素によって明らかにされた、物質が持つ新しい性質を定義する新しい用語を見つけることが、この時点で必要だった。わたしは放射能という言葉を提案した。
> マリ・キュリー

鉱物に含まれているウラン原子の崩壊で起こったことが判明した。ベクレルは放射能を発見していた。

### 原子によって生み出される光線

ベクレルの発見に続いて、彼の博士課程の学生だったポーランドのマリ・キュリーは、こういった新しい「光線」を調べることに決めた。電位計——電位差を測定するための装置

---

## マリ・キュリー

マリア・サロメア・スクウォドフスカは、1867年、ワルシャワで生まれた。当時、ポーランドはロシアの支配下にあり、女性は高等教育を受けることを許されなかった。彼女は、姉がフランスのパリで医学の勉強をするための資金を援助するために、働きに出た。そして1891年、自分もパリに移住し、数学と物理学、化学を学んだ。そこで、1895年、同僚のピエール・キュリーと結婚した。1897年に娘が生まれたとき、家族を支えるために教え始めたが、改造した小屋でピエールとともに研究も続けた。ピエールの死後、パリ大学での彼の教授職を受け入れ、この地位に就いた初めての女性となった。ノーベル賞を授与された最初の女性で、ノーベル賞を二度受賞した最初の人物でもあった。第一次世界大戦中、放射線学センターの設立を手伝った。1934年、おそらく長期間の放射線への暴露によって生じた貧血で亡くなった。

**重要な著書**

1898年　ウラン化合物とトリウム化合物による光線の放射

1935年　放射能

**参照** ヴィルヘルム・レントゲン p.186-187 ■ アーネスト・ラザフォード p.206-213 ■ J. ロバート・オッペンハイマー p.260-265

——などを用いて、ウランを含んでいる鉱物の周りの空気は、帯電することを見つけた。帯電の強さは、鉱物が含むウランの量だけで決まり、ウラン以外の元素も含む鉱物の総質量では決まらなかった。このことからキュリーは、放射能はウラン原子自体から来ており、ウランと他の元素の反応から来るのではないと考えた。

キュリーはまもなく、ウランを含む一部の鉱物は、ウラン自体より放射能が高いことを見つけ、こういった鉱物は別の物質——ウランより放射能の高いもの——を含んでいるのではないかと考えた。1898年までに、別の放射性元素としてトリウムを見つけていた。急いでその発見を論文にしてフランスの科学アカデミーに提出したが、トリウムの放射能の性質はすでに発表されていた。

> ウラン鉱は、光がなくても、写真乾板を黒くする**放射線**を発する。
>
>
>
> ウラン鉱からの**放射線**の量は、中に含まれる**ウランの量**だけで決まる。
>
>
>
> したがって、**放射線**は**ウラン原子**から来るに違いない。
>
>
>
> **放射線は元素の原子特性**だ。

## 二度の受賞

マリとその夫のピエールは一緒に研究し、ウランを多量に含む鉱物である瀝青ウラン鉱と銅ウラン石の高い放射能の原因となっている放射性元素を発見した。1898年の終わりまでにふたつの新しい元素の発見を発表し、それらをポロニウム（マリの祖国であるポーランドにちなんでいる）とラジウムと名づけた。ふたつの元素の純粋な試料を得ることで、自分たちの発見を証明しようとしたが、1トンの瀝青ウラン鉱から0.1gの塩化ラジウムを得たのは、1902年になってからだった。

この頃、キュリー夫妻は、数十の科学論文を発表し、その中には、ラジウムが腫瘍を破壊するのに役立つという発見を概説するものもあった。こういった発見の特許を取らなかったが、1903年、夫妻は、ベクレルとともにノーベル物理学賞を授与された。マリは、1906年に夫が死んだあとも研究を続け、1910年、ラジウムの純粋な試料を単離することに成功した。1911年、マリはノーベル化学賞を授与され、ふたつのノーベル賞を受賞した初めての人物になった。

## 新しい原子のモデル

キュリー夫妻の放射線の発見は、ニュージーランド生まれの2人の物理学者アーネスト・ラザフォードとアーネスト・マースデンが、1911年に原子の新しいモデルを考案するための道を開いた。しかし、イギリスの物理学者ジェームズ・チャドウィックが中性子を発見し、放射線の放射の過程を完

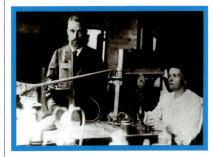

**マリ・キュリーとピエール・キュリー**は、専用の実験室を持たなかった。研究のほとんどは、パリ大学の物理学部と化学学部の隣にある雨漏りのする小屋でおこなわれた。

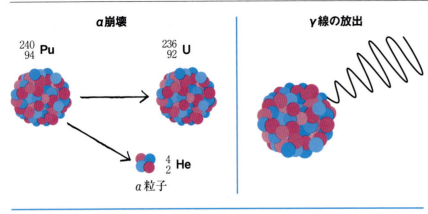

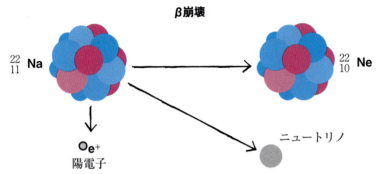

放射性崩壊には3つの起こりかたがある。プルトニウム240（上の左）のα崩壊によって、ウラン236とα粒子（ヘリウムの原子核）ができる。ナトリウム22のβ崩壊によって、ネオン22と陽電子、ニュートリノができる。γ線は、高エネルギーの原子核から出た波長の短い電磁波で、粒子ではない。

全に説明できたのは、1932年になってからだった。中性子と正の電荷を持つ陽子は、原子より小さな粒子で、原子核を構成する。原子核の周りには、負の電荷を持つ電子がある。陽子と中性子は原子の質量のほとんどを占めている。同じ元素の原子は、常に同じ数の陽子を持っているが、中性子の数が異なる場合もあり、そのような原子どうしを互いに同位体という。たとえば、ウラン原子は、原子核に常に92個の陽子を持っているが、中性子の数が142個、143個、146個の3種類の同位体が天然に存在する。これらの同位体は陽子と中性子の総数（質量数）に基づいて名づけられるので、146個の中性子を持つ最もありふれた同位体はウラン238（すなわち、92+146）と書かれる。

ウランのような多くの重い元素は不安定な原子核を持っていて、このため、自発的な放射性崩壊が起きる。ラザフォードは、放射性元素から出る放射線をアルファ（α）線とベータ（β）線、ガンマ（γ）線と命名した。原子核は、これらの放射線を放射することによって、より安定になる。α線の正体は、2個の陽子と2個の中性子からなるα粒子（ヘリウムの原子核）であり、β線は、電子か、その反対の電荷を持つ陽電子である。β線は、中性子が陽子に変わるか、陽子が中性子に変わるときに、原子核から放射される。α崩壊ではα線が、β崩壊ではβ線が放射されるので、崩壊する原子は原子核内の陽子の数が変わり、異なる元素の原子になる。γ線は、高エネルギーで短波長の電磁波の一種で、放射によって元素の性質は変わらない。

## 半減期

放射性元素は崩壊するとほかの元素に変わるので、不安定な原子の数は時間とともに減少する。不安定な原子が少なくなれば、それだけ放射能も少なくなる。放射性同位体の放射能が減少する程度は、その半減期で知ることができる。半減期は放射能が半分になるのにかかる時間で、試料中の放射性同位体の数が半分になる時間でもある。たとえば、テクネチウム99mは医療用に広く用いられていて、半減期は6時間だ。したがって、テクネチウム99mを含む薬を患者に注射すると、6時間後には放射能が元の半分になり、12時間後には、さらにその半分になる。半減期が短いテクネチウム99mと対照的に、ウラン235の半減期は7億年を超える。

## 放射年代測定

半減期は、鉱物などの物質の年代を決めるのに用いることができる。半減期がわかっている様々な放射性同位体の中で、最もよく利用されるのは炭素だ。地球上で見つかる炭素の99パーセントは、陽子6個と中性子6個

の安定な原子核を持つ炭素12である。また、中性子を2個余分に持つ炭素14という放射性同位体が極微量存在し、その半減期は5,730年である。

炭素14はβ崩壊によって窒素14に変わる。一方、大気中の窒素は、その原子核に宇宙線が衝突することで炭素14となる。すなわち、炭素14は絶えず生成されているので、大気中の二酸化炭素に含まれる炭素14と炭素12の割合は常にほぼ一定に保たれることになる。また、植物は大気中から二酸化炭素を吸収して光合成をおこない、われわれの食物にもなる物質をつくる。したがって、植物や動物が生きているあいだは、体の中の炭素14と炭素12の割合はほぼ一定となる。生物が死ぬと、炭素14は体に取り込まれず減り続けるので、炭素14と炭素12の割合を測定することによって、その生物がどのくらい昔に死んだかを知ることができる。木や炭、骨、貝殻などの年代を決めるのに、この方法は用いられている。

> キュリーの実験室は……
> 馬小屋とジャガイモの地下貯蔵室が混じったようなもので、化学の器具を置いた作業台を見ていなかったら、悪ふざけと思っただろう。
> **ヴィルヘルム・オストワルト**

### 素晴らしい治療

マリは、放射能は病気治療に使えることに気づいた。第一次世界大戦中、抽出してあった少量のラジウムを使って、ラドンガス（ラジウムが崩壊するとき生じる放射性の気体）を作った。これをガラス管に封じ込め、病変組織を壊死させるのに使った。それは、素晴らしい治療法と考えられ、老化していく皮膚を引き締めるのに役立てようと、美容術としてさえ売り込まれた。半減期の短い放射性物質を使うことの重要性は、あとになって認識された。放射性同位体は、病気の画像診断や、がんの治療にも広く用いられている。γ線は、手術器具の滅菌や金属製品の検査などに利用されている。■

**スウェーデンのアレの石群**は、この場所で見つかった木製の道具の放射年代測定によって、600年頃のものとわかった。石そのものはそれより数億年古い。

# 感染性の生きている液体
## マルティヌス・ベイエリンク
（1851年～1931年）

## 前後関係

**分野**
生物学

**以前**

**1870年代と1880年代**　ロベルト・コッホらは、結核やコレラのような病気の原因として細菌を特定する。

**1886年**　ドイツの植物学者アドルフ・マイヤーは、タバコモザイク病が植物間でうつることを示す。

**1892年**　ドミトリ・イワノフスキーは、最も目の細かい素焼磁器のろ過器を通るタバコの液汁が、まだ病原性を持っていることを示す。

**以後**

**1903年**　イワノフスキーは、感染した宿主細胞の中に、光学顕微鏡で見える「水晶のような細胞含有物」があることを報告し、それらは非常に小さな細菌だと考える。

**1935年**　アメリカの生化学者ウェンデル・スタンリーは、タバコモザイクウイルスの構造を研究し、ウイルスの結晶化に成功する。

---

タバコモザイク病は、**感染するという特徴**を示すが……

……細菌を捕える**ろ過器では、病原体を捕えて**取り除けないので、病原体は細菌ではありえない。

また、細菌と違って、**この病原体は生きている宿主の中だけで増殖し、**実験室の培地では増えない。

したがって、この病原体は細菌とは異なり、ずっと小さく、**ウイルス**という新しい名前をつけるに値する。

---

ウイルスは、最小の病原体であり、人間とその他の動物、植物、細菌類に感染するという考えを多くの人々が理解している。しかし、ウイルスという用語は、19世紀の終わりに、科学と医学の世界にようやく現れたところだった。ウイルスは、1898年にオランダの微生物学者マルティヌス・ベイエリンクによって、新しい種類の感染性の病原体として提案された。ベイエリンクは、植物に特別の関心があり、顕微鏡の使用に熟練していた。彼は、モザイク病のタバコを使って実験した。当時、モザイク病は、葉を変色させ、葉に斑点をつけることで、タバコ業界に大きな損失を与える病気だった。ベイエリンクは、実験結果から判断して、この病

気を引き起こす病原体に対してウイルスという用語──中毒性の、あるいは有毒な物質に対してすでにときどき用いられていた──を適用した。

ベイエリンクの時代には、まだ、科学者と医学者の多くが、細菌を理解することに取り組んでいた。フランスのルイ・パスツールとドイツの医者ロベルト・コッホは、1870年代に初めて、細菌を単離し、病気を引き起こすものとして特定した。そして、さらに多くの細菌が続けて発見された。細菌を調べる当時の一般的な方法は、疑わしい病原体を含む液を、様々なろ過器に通すことだった。最もよく知られているものは、パスツールの同僚シャルル・シャンベランによって1884年に発明されたシャンベランろ過器だった。それは、微少な孔のあいた素焼磁器でできており、細菌の大きさと同じぐらいの粒子を捕えることができた。

## ろ過するには小さ過ぎる

病気を伝染する、細菌よりずっと小さな病原体があるのではないかと考えた研究者は、それまでにも何人かいた。1892年、ロシアの植物学者ドミトリ・イワノフスキーは、タバコモザイク病に関する試験で、その病原体がろ過器を通ることを示し、この病気の病原体が細菌でありえないことを立証した。

ベイエリンクはイワノフスキーの実験を再現した。葉のしぼり汁をろ過したあと、ろ過した液体にタバコモザイク病を起こす力があることをベイエリンクも立証した。最初、彼は、原因は液体そのものだと考え、その液体を感染性の生きている液体と呼んだ。さらに、液体に含まれる病原体は、実験室の栄養素を含む培地の中でも育てられないことを示した。この病原体は増殖し、病気を広めるために、生きている宿主に感染する必要があった。

ウイルスは、当時の光学顕微鏡で見ることができず、実験室の通常の培養方法で育てることができず、標準的な微生物学の技術で検出できなかったが、ベイエリンクは、ウイルスが実際に存在することを明らかにした。ウイルスが病気を引き起こすと主張し、微生物学と医学を新しい時代へと推進した。電子顕微鏡を用いて、タバコモザイクウイルスが写真に撮られた最初のウイルスとなったのは、1939年になってからだった。■

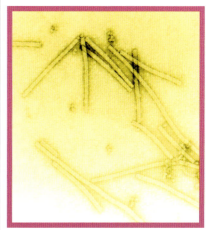

この電子顕微鏡写真は、160,000倍の倍率で、タバコモザイクウイルスの粒子を示したものである。粒子はよく見えるように染色されている。

## マルティヌス・ベイエリンク

隠遁者の気のあるマルティヌス・ベイエリンクは、多くの孤独な時間を、実験室での実験に費やした。1851年にアムステルダムで生まれ、デルフトで化学と生物学を学び、1872年にライデン大学を卒業した。デルフトでは、土壌と植物の微生物学の研究をおこない、1890年代に、タバコモザイクウイルスの有名なろ過実験をおこなった。どのようにして植物が空気中から窒素を捕え、自分の組織にそれを組み込むか──土を肥沃にする一種の自然の肥料システム──も研究し、植物の根粒、酵母などの微生物による発酵、微生物の栄養、硫黄細菌の研究にも取り組んだ。人生の終わりを迎えるまでに、国際的に認められ、1965年に創設された「ベイエリンクウイルス学賞」は、ウイルス学の研究に、2年ごとに授与される。

### 重要な著書

1895年　スピリルム・デスルフリカンスによる硫酸塩の還元について

1898年　タバコの葉のモザイク病の原因としての感染性の生きている液体について

# パラダイム・シフト
## 1900年〜1945年

# 200 はじめに

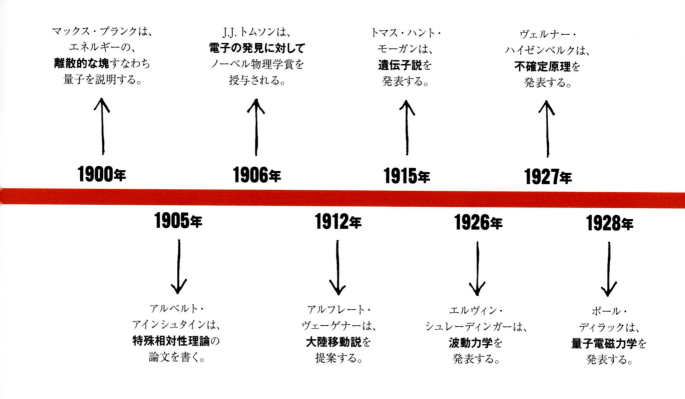

19世紀には、科学者の生命現象の見方が根本的に変化したが、20世紀の前半は、さらに衝撃的だった。また、アイザック・ニュートンからほぼ変わっていない古典物理学の長く続いてきた確かさが崩れ、空間と時間、物質の新しい見方が現れた。1930年までに、予測可能な宇宙という古い考えは打ち砕かれていた。

## 新しい物理学

物理学者は、古典力学の方程式が意味不明な結果を生み出していることを見つけていた。何かが根本的に間違っていることは明らかだった。1900年、マックス・プランクは、頑固に古典物理学の方程式に抵抗してきた「黒体」が発する電磁波のスペクトルの難問を、電磁気が、連続した波としてではなく、離散的な塊あるいは「量子」として伝わると想像することによって解いた。5年後、スイスの特許庁で働いていた事務員アルベルト・アインシュタインは、特殊相対性理論の論文を書き、光の速さは一定で、光源や観測者の動きと無関係だと主張した。彼は、一般相対性理論の意味することを検討し、1916年までに、観測者と無関係な絶対時間と絶対空間は存在せず、重力を生み出す質量の存在によってゆがめられた唯一の時空が存在することを見いだした。さらに彼は、物質とエネルギーは同じ現象の異なる側面と考えるべきであり、一方から他方へ変換できることを明らかにした。その関係を表すアインシュタインの方程式 $E=mc^2$ は、原子の内部にある莫大な潜在的エネルギーをほのめかした。

## 波と粒子の二重性

ケンブリッジで、イギリスの物理学者J.J.トムソンは、電子を発見し、それが負電荷を持ち、原子より少なくとも千倍、小さくて軽いことを示した。電子の性質を調べることによって、新しい難問が生み出された。波と考えられていた光が粒子のような性質を持っているだけでなく、粒子も波のような性質を持っていた。オーストリアのエルヴィン・シュレーディンガーは、特定の場所で特定の状態の粒子を見つける確率を表す一連の方程式を作った。シュレーディンガーのドイツ人の同僚ヴェルナー・ハイゼンベルクは、

# パラダイム・シフト

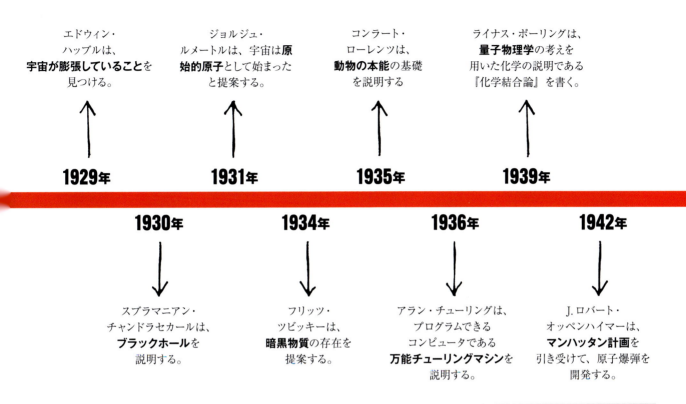

位置と運動量の値に対して、本質的に不確定性があることを示した。これは最初、測定の問題と考えられたが、のちに、宇宙の構造にとって基本的なことであることがわかった。ゆがんだ、相対的な時空があり、物質の粒子が、確率波の形態で、時空全体にわたってぼやけているという奇妙なイメージが出現していた。

## 原子を分裂させる

ニュージーランド人のアーネスト・ラザフォードは、原子は、ほとんど空間で占められ、小さな高密度の原子核と、その周りの軌道上にある電子からなることを初めて示した。彼は、ある種類の放射線を、原子核の分裂として説明した。化学者のライナス・ポーリングは原子のこの新しいイメージを採用し、量子物理学の考えを用いて、どのように原子どうしが結合するかを説明した。1930年代までに、物理学者は原子の中に蓄えられているエネルギーを解放する方法に取り組み、アメリカでは、J.ロバート・オッペンハイマーがマンハッタン計画を率い、初めての核兵器が生み出されることになった。

## 宇宙は膨張する

1920年代まで、星雲は、われわれ自身の銀河である天の川の中のガスや塵の雲であると考えられていた。天の川が既知の宇宙のすべてだった。その後、アメリカの天文学者エドウィン・ハッブルは、そういった星雲が実は、遠くにある銀河であることを発見した。宇宙は突然、誰が考えていたものより途方もなく大きくなった。さらに、ハッブルは宇宙がすべての方向に膨張していることを見つけた。ベルギーの司祭で物理学者のジョルジュ・ルメートルは、宇宙は「原始的原子」から膨張してきたと提案した。この提案はやがてビッグバン説になった。天文学者フリッツ・ツビッキーは、かみのけ座銀河団が、観測できる星の重力に基づいて算出される質量の400倍になると考えられる理由を、自ら作った「暗黒物質」という用語を用いて説明した。それは新たな難問だった。物質がこれまで考えられていたものと違うだけでなく、その多くが直接検出することすらできなかった。科学的理解にまだ大きな穴があることは明らかだった。■

# 量子は
# エネルギーの離散的な塊だ
## マックス・プランク（1858年～1947年）

## 前後関係

**分野**
**物理学**

**以前**
**1860年** いわゆる黒体放射のスペクトルは、理論的モデルによる予測と一致しない。

**1870年代** オーストリアの物理学者ルートヴィッヒ・ボルツマンのエントロピー（乱雑さ）の分析は、量子力学の確率的解釈の基礎となる。

**以後**
**1905年** アルベルト・アインシュタインは、量子が実在するものであり、量子化された光というプランクの概念を用いて、光量子（光子）の考えを導入することを提案する。

**1924年** ルイ・ド・ブロイは、物質が粒子と波の両方としてふるまうことを証明する。

**1926年** エルヴィン・シュレーディンガーは、粒子の波としてのふるまいを表す方程式を考案する。

1900年12月、ドイツの理論物理学者マックス・プランクは、長年の理論的論争を解決する方法を述べる論文を発表した。その論文で、物理学の歴史における最も重要な概念の飛躍のひとつを成し遂げた。プランクの論文は、ニュートンの古典力学が量子力学への転機を示すものだった。ニュートン力学の確かさと正確さは、宇宙の不確かで、確率的な説明に道を譲ることになった。

量子論は熱放射の研究に由来する。熱放射とは、火に手をかざすと空気が冷たいときでも、火から熱を感じる現

# パラダイム・シフト

参照　ルートヴィッヒ・ボルツマン p.139　■　アルベルト・アインシュタイン p.214-221　■　エルヴィン・シュレーディンガー p.226-233

> 古典力学では、電磁波を、
> 連続した波長範囲にわたって放射されるかのように扱っている。

> しかし、連続した波長範囲を想定すると、
> 黒体放射のスペクトルは、その意味を理解できない。

> 電磁波を、離散的に放射される「量子」として扱うことで、
> 問題が解決される。

> **電磁波は連続的でなく、
> エネルギーの離散的な量子として放射される。**

象だ。あらゆる物体は電磁波を吸収し、放射する。物体の温度が上がれば、それが放射する電磁波の波長は短くなり、振動数が大きくなる。たとえば、室温の石炭の塊は、可視光よりも小さな振動数の電磁波を放射しているが、われわれはそれを見ることができないので、石炭は黒く見える。しかし、石炭に火をつけると、より大きな振動数の電磁波を放射し、可視光の波長領域に入ると鈍い赤色に見え、さらに温度が上がると白熱し、最後に鮮やかな青色に輝く。星のような、極端に熱い物体は可視光よりも振動数の大きい紫外線とX線を放射するので、やはり見えない。一方、電磁波を放射する以外に、物体は反射するので、色がついて見える。

1860年、ドイツの物理学者グスタフ・キルヒホフは、「完全黒体」という概念を考えついた。熱平衡（熱くも冷たくもならない状態）のとき、あらゆる振動数の電磁波を吸収し、まったく反射しないような、理想的な表面を持つ物体を考える。この物体から熱放射されたスペクトル（振動数による電磁波の分布）には、反射したものが混じっていないので「純粋」であり、それは物体自身の温度だけで決まる。キルヒホフは、このような「黒体放射」が自然界において基本的であると考えた。たとえば、太陽は、放射したスペクトルがほぼ完全に自身の温度による黒体に近い。黒体から放射された光のスペクトルを調べれば、それが、物体の温度だけで決まり、その物理的な形や化学的組成とは無関係であることがわかるに違いない。キルヒホフの仮説により、黒体放射を説明する理論的枠組みを見つけるための新しい実験が計画されるようになった。

### エントロピーと黒体

プランクは、黒体放射のスペクトルを古典物理学ではうまく説明できないことから、新しい量子論に到達した。プランクの研究の多くは、彼が「絶対的なもの」と認めていた熱力学の第二法則に関するものだった。この法則では、孤立した系は時間とともに熱力学的平衡（系のすべての部分が同じ温度であることを意味する）の状態へ進む。プランクは、系のエントロピーを

新しい科学的真実が勝利するのは、
反対者を納得させ、
理解させることによってではなく、
むしろ……その真実を
よく知っている新しい世代が
育つからだ。
**マックス・プランク**

明らかにすることによって、黒体の熱放射のパターンを説明しようとした。エントロピーは乱雑さの尺度であり、秩序化された状態から、より乱雑な状態になるとき、エントロピーが増大するという。たとえば、部屋の隅に集められた空気の分子は、時間とともに部屋中に等しく分布するようになる。熱力学第二法則の要点は、自発的に起こる変化では、エントロピーは増大するということだ。したがって、熱力学的平衡へ進む途中では、エントロピーは増大する。プランクは、黒体の理論的モデルは、この法則に従うものでなければならないと考えた。

## ヴィーン-プランクの法則

1890年代までに、いわゆる「空洞放射」を用いることで、キルヒホフの完全黒体に近い状態で実験できるようになった。熱平衡にある小さな穴の空いた箱は、穴から入る電磁波を捕らえるので、黒体のよい近似であり、熱放射は完全に箱の温度で決まる。

その実験結果は、プランクの同僚のヴィルヘルム・ヴィーンにとって厄介であることがわかった。なぜなら、記録された小さな振動数の電磁波が、彼の放射の方程式にまったく合わなかったからだ。1899年、プランクは、黒体からの熱放射のスペクトルをうまく説明する修正した方程式、ヴィーン-プランクの法則に到達した。

## 紫外発散

一年後、さらなる難題が訪れた。それは、イギリスの物理学者レイリー卿とジェームズ・ジーンズ卿が、古典物理学に基づき、黒体放射におけるエネルギーの奇妙なスペクトルを予測したときのことだった。レイリー-ジーンズの法則では、電磁波の振動数が大きくなると、放射のエネルギーは指数関数的に増えると予測された。この「紫外発散」は、実験結果と根本的に異なっており、古典物理学は間違っていると考えられた。それが正しければ、電球が点灯するたびに、致死量の紫外線が発せられるからであった。

プランクは、レイリー-ジーンズの法則にあまり悩まされていなかった。それより、ヴィーン-プランクの法則に関心があり、修正した方程式でも、実験結果と一致していなかった——熱放射の短い波長（大きな振動数）のスペクトルは正確に説明できたが、長い波長（小さな振動数）のスペクトルを説明できなかった。この時点で、プ

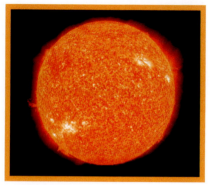

**現実の世界**に完全な黒体はないが、太陽や黒のビロード、コールタールのようなランプブラックで覆われた表面は黒体に近い。

ランクは、それまでの考えを捨てて、ルートヴィッヒ・ボルツマンの確率的アプローチを取り入れ、放射の法則の新しい解釈に到達した。

ボルツマンは、系を、独立した原子と分子の大きな集合と考えることによって、エントロピーの新しい見方を考案していた。彼は、熱力学の第二法則は有効だが、絶対的なというより確率的なものと解釈した。すなわち、われわれがエントロピーを観測するのは、それが、別の可能性より圧倒的に

*科学は自然の究極の謎を解くことはできない。それは、最終的に、われわれ自身が、われわれが解こうとしている謎の一部であるからだ。*
**マックス・プランク**

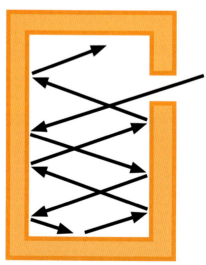

**小さな穴の空いた空洞**は、穴を通って入る電磁波のほとんどを捕えるので、理想的な黒体のよい近似になる。

起こりやすいからに過ぎない。皿は割れて元に戻らないが、皿が元に戻ることを妨げる絶対的な法則は存在しない——それは、極めて起こりにくいだけだ。

## 作用量子

プランクは、ボルツマンのエントロピーの統計的解釈を用いて、放射の法則の新しい表現に到達した。熱放射を、個々の「振動子」によるものと考えると、所定のエネルギーをそれらのあいだで分配できるやり方を数える必要があった。そのため、プランクは、総エネルギーを、有限のとびとびの（離散的な）エネルギーの塊に分けた——「量子化」と呼ばれる過程だ。プランクは才能のあるチェロ奏者で、ピアニストでもあったので、楽器の振動している弦が、基音の整数倍の倍音だけを出すのと同じように、こういった「量子」を想像したのかもしれない。結果としてできた方程式は単純で、実験データに適合した。エネルギーの「量子」を導入することで、系が取りうるエネルギー状態の数が減り、紫外発散の問題は解決された。プランクは、量子を、実在するものというより数学的に必要なもの——「仕掛け」として——と考えた。しかし、アルベルト・アインシュタインは、1905年にその概念を用いて光電効果を説明したとき、量子は光の実在する性質だと主張した。

量子力学の開拓者の多くと同様、プランクは、残りの人生を費やして、自分の研究結果を受け入れようと苦闘した。自分がやったことの革命的な影響についてはまったく疑っていなかったが、歴史家のジェームズ・フランクによると、プランクは「自分の意思に反する革命家」だった。自分の方程式がもたらす帰結が気に入らなかったのだ。日常経験と合わない物理的現実を説明することが多かったからだ。しかし、好むと好まざるとにかかわらず、マックス・プランク以後、物理学の世界は大きく変わらざるをえなかった。■

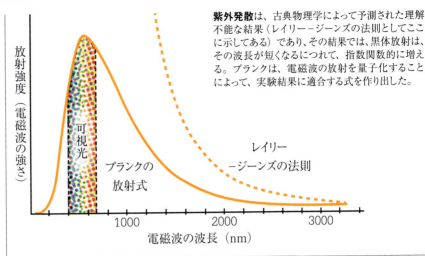

**紫外発散**は、古典物理学によって予測された理解不能な結果（レイリー―ジーンズの法則としてここに示してある）であり、その結果では、黒体放射は、その波長が短くなるにつれて、指数関数的に増える。プランクは、電磁波の放射を量子化することによって、実験結果に適合する式を作り出した。

---

## マックス・プランク

1858年、ドイツ北部のキールで生まれたマックス・プランクは、優秀な生徒で、17歳で早期に卒業した。ミュンヘン大学で物理学を学ぶことに決め、そこですぐに量子物理学の開拓者になった。エネルギー量子の発見に対して、1918年にノーベル物理学賞を受賞した。もっとも、満足のいくように、この現象を物理的現実として説明することはできなかった。

プランクの私生活は悲劇につきまとわれた。最初の妻は1909年に死に、長男は第一次世界大戦で死んだ。双子の娘の両方ともが子供を出産するときに死んだ。第二次世界大戦中、連合軍の爆弾がベルリンのプランクの家と論文を破壊し、戦争の末期に、残っていた息子はヒトラーを暗殺するための陰謀に巻き込まれて、死刑に処された。プランク自身は戦争のすぐあとに死去した。

### 重要な著書

1900年　放射熱のエントロピーと温度
1901年　標準スペクトルのエネルギーの分布の法則について

# もう、原子がどんなものかわかる
## アーネスト・ラザフォード（1871年〜1937年）

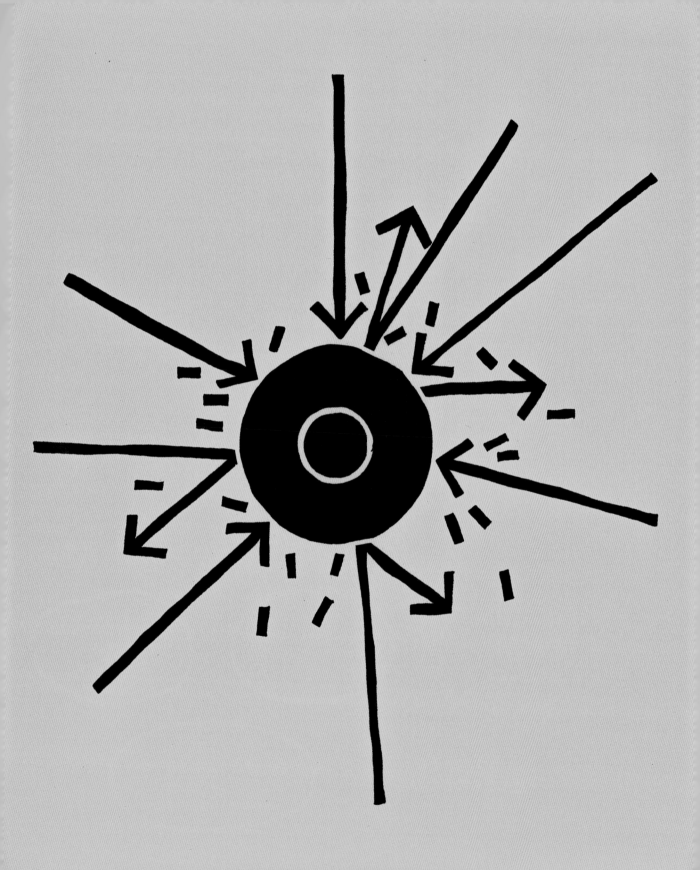

# アーネスト・ラザフォード

## 前後関係

**分野**
**物理学**

**以前**

**紀元前400年頃** ギリシアの哲学者デモクリトスは、原子を、中身の詰まった、壊すことのできない、物質の構成要素と考える。

**1805年** ジョン・ドルトンの原子論は、化学的過程を物理的実体に結びつけ、原子量の計算を可能にする。

**1896年** 放射線は、アンリ・ベクレルによって発見され、原子の内部構造を明らかにするために用いられる。

**以後**

**1938年** オットー・ハーンとフリッツ・シュトラスマン、リーゼ・マイトナーは、原子核を分裂させる。

**2014年** より高エネルギーの粒子を原子核に照射することで、多数の新しい、原子より小さい、粒子と反粒子が発見されている。

---

物質の基本的構成要素である原子は、小さな部分に壊すことができるという20世紀初頭の発見は、物理学の重大な分岐点だった。このブレークスルーは、原子より小さいレベル——その相互作用を説明するための新しい物理学が必要なレベル——のまったく新しい世界と、この微小な領域を満たしている多数の非常に小さな粒子を明らかにした。

原子論には長い歴史がある。ギリシアの哲学者デモクリトスは、あらゆるものが原子からできているという、それ以前の思想家の考えを発展させた。デモクリトスが作ったとされるギリシア語のアトモスは、分けることができないことを意味し、物質の基本単位のことを言っていた。デモクリトスは、物質は、それを作っている原子を反映しているにちがいない——したがって、鉄の原子は中身が詰まっていて強く、水の原子は滑らかで、つかみにくい——と考えた。

19世紀初頭、イギリスの自然哲学者ジョン・ドルトンは、「倍数比例の法則」に基づく新しい原子論を提案した。この法則によると、元素（単一の、結合していない物質）は常に簡単な、整数の比率で結合する。ドルトンの考えによると、このことは、ふたつの物質の化学反応が、無数に繰り返される、個々の小さな成分の結合にすぎないことを意味する。これは最初の現代的な原子論だった。

### 安定した科学

19世紀の終わり、物理学の世界には自己満足の雰囲気があった。数人の高名な物理学者は、これ見よがしに、研究課題はほぼ完了した——主要な発見はすべておこなわれ、進行中の計画は、既知の量の正確さを「小数第6位まで」高めるものだ——という意味の宣言をした。しかし、研究に携わっている多くの物理学者はもっとよくわかっていた。これまでの理論では説明できないような、まったく新しい、奇妙な一連の現象に、自分たちが直面していることはすでに明らかだった。

1896年、アンリ・ベクレルは、前年のヴィルヘルム・レントゲンの神秘的な「X線」の発見に続いて、未知の放射線を発見していた。この新しい放

---

原子の中に発射されたα粒子は、まっすぐ進むこともあれば、曲がることもあり、また**跳ね返ることもある**。

→ これは、原子が、その中心に**小さな、高密度の原子核**を持っていなければならないことを意味する。

→ 電子は、原子核の周りに**特定の軌道**を持っていることが見つかる。

→ したがって、原子は、**小さな、中身の詰まった原子核**と、その周りにある電子殻内の**軌道上を回る電子**からできている。

→ **もう、原子がどんなものかわかる。**

**参照** ジョン・ドルトン p.112-113 ■ アウグスト・ケクレ p.160-165 ■ ヴィルヘルム・レントゲン p.186-187 ■ マリ・キュリー p.190-195 ■ マックス・プランク p.202-205 ■ アルベルト・アインシュタイン p.214-221 ■ ライナス・ポーリング p.254-259 ■ マレー・ゲル＝マン p.302-307

**ケンブリッジ大学**の実験室で研究しているJ.J.トムソン。トムソンが提案した原子の「プラムプディング」モデルは、新たに発見された電子を含む初めての原子モデルだった。

射線は何だろう、そして、どこから来ているのか？ この放射線はウラン塩の中から発しているとベクレルは正しく推測した。ピエール・キュリーとマリ・キュリーは、ラジウムの崩壊を研究していたとき、放射性元素の内部に、無尽蔵と思われるほどにエネルギーを放出し続ける源を発見した。これが本当なら、いくつかの基本的な物理学の法則を破ることになる。こういった放射線が何であれ、現行のモデルに大きな穴があることは明らかだった。

### 電子の発見

その翌年、イギリスの物理学者ジョゼフ・ジョン・トムソンが、原子から小さな塊を取り出せることを示して、センセーションを巻き起こした。トムソンは、高電圧の陰極（負に荷電している電極）から発する「光線」を研究しているとき、この特定の種類の放射線が「微粒子」からできていることを見つけた。この放射線は、リン光を発するスクリーンに当たると、瞬間的に、点のような光の輝きを放ったからだ。また、この微粒子は、電場によって進む方向が曲げられ、負に荷電していた。そして、非常に軽く、最も軽い原子である水素の1,000分の1よりも軽かった。さらに、光源としてどの元素を用いても、この微粒子の質量は同じだった。トムソンは電子を発見していた。この結果は、理論的にはまったく予想できることではなかった。原子が電荷を持つ粒子を含んでいるのなら、その反対の電荷を持つ粒子は等しい質量を持っているはずだ。これまでの原子論では、原子は中身の詰まった塊と考えられていた。原子は、物質の最も基本的な構成要素としての地位にふさわしく、完全なものだった。しかし、トムソンの発見に照らして考えると、原子は明らかに分けられる。すなわち、この新しい放射線の発見によって、物質とエネルギーの重要な構成要素について、科学は理解できていなかったということがはっきりしたのだった。»

## プラムプディング・モデル

トムソンは、電子の発見によって、1906年にノーベル物理学賞を受賞した。しかし、理論家であったので、自分の発見を適切に組み込むために、新しい画期的な原子のモデルが必要であることがわかっていた。1904年にトムソンが出した答えは「プラムプディング」モデルだった。原子は全体として電荷を持っておらず、原子の質量の大部分を占め、正の電荷を持つ大きな球の中に、質量が小さく、負の電荷を持つ電子が、クリスマス・プディングの生地の中の干しブドウのように埋め込まれているとトムソンは仮定した。他の可能性を示す証拠もなかったので、プディング中の干しブドウのように、電子が原子全体に点在していると仮定するのが理にかなっていた。

## ラザフォードの革命

しかし、正の電荷を持つ部分はなかなか見つからず、それを見つけるための探索は続いた。探索の末に、あらゆる元素の基本単位となる内部構造が発見された。それは、これま

>
> あらゆる科学は物理学か、切手収集かのどちらかだ。
> アーネスト・ラザフォード
>

でとはまったく異なる姿をしたものであった。

マンチェスター大学の物理学研究所で、アーネスト・ラザフォードは、トムソンのプラムプディング・モデルを検証する実験を考案し、指揮した。このカリスマ的なニュージーランド人は有能な実験者で、どの細部を追求すべきかについての鋭い感覚を持っていた。ラザフォードは「原子崩壊の理論」に対して、1908年のノーベル物理学賞を受賞していた。

この理論では、放射性元素から出る放射線は、原子が壊れてばらばらになる結果であると提案されていた。ラザフォードは、化学者のフレデリック・ソディとともに、放射能は、ある元素が自発的に別の元素に変化していくことに伴う現象であることを実証した。彼らの研究は、原子の内部を探り、そこに何があるかを調べる新しい方法を提案することになった。

## 放射能

放射能は、ベクレルとキュリー夫妻が最初に発見したが、われわれが現在、放射線と呼ぶ3つの異なる種類を特定し、命名したのはラザフォードだった。それは、重くて速度が小さく、正の電荷を持つ「アルファ($α$)」粒子と、速度が大きく、負の電荷を持つ「ベータ($β$)」粒子、高エネルギーだが電荷を持たない「ガンマ($γ$)」線だ（p.194）。ラザフォードはこれらの異なる放射線を、薄い紙で遮ることができる、最も透過力の弱い$α$粒子から、止めるのに厚い鉛を必要とする$γ$線まで、その透過力によって分類した。ラザフォードは原子の構造を調べるために$α$粒子を用いた最初の人物だった。また、放射能の半減期の考えを概説し、「$α$粒子」がヘリウムの原子核——電子をはぎ取られた原子——であること

---

### アーネスト・ラザフォード

ニュージーランドの田舎で育ったアーネスト・ラザフォードは、ケンブリッジ大学へ行くための奨学金について知らせるJ.J.トムソンからの手紙が届いたとき、畑で働いていた。1895年、キャヴェンディッシュ研究所の主任研究員となり、そこで、トムソンとともに電子の発見につながる実験をおこなった。1898年、27歳で、カナダのモントリオールにあるマギル大学で教授職に就いた。そこで、1908年のノーベル物理学賞の受賞につながる放射能についての研究をおこなった。ラザフォードは熟練した組織の運営者でもあり、生涯に、三つのトップクラスの物理学の研究所を率いた。1907年、マンチェスター大学で物理学の教授職に就き、そこで原子核を発見した。1919年、キャヴェンディッシュ研究所に、所長として戻った。

### 重要な著書

1902年　放射能の原因と性質Ⅰ・Ⅱ
1909年　放射性物質からの$α$粒子の性質

## パラダイム・シフト 211

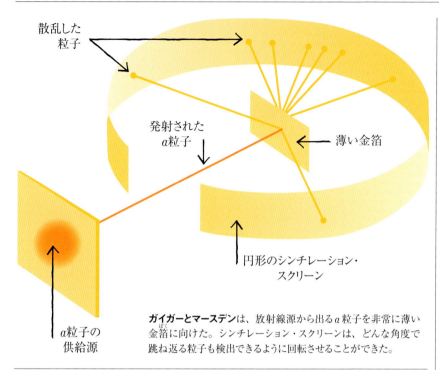

散乱した粒子

発射されたα粒子

薄い金箔

円形のシンチレーション・スクリーン

α粒子の供給源

**ガイガーとマースデン**は、放射線源から出るα粒子を非常に薄い金箔に向けた。シンチレーション・スクリーンは、どんな角度で跳ね返る粒子も検出できるように回転させることができた。

ガイガーとマースデンは長時間を費やし、暗くした実験室で、座って顕微鏡をのぞき込み、シンチレーション・スクリーン上の閃光を数えた。そのとき、ラザフォードは、虫の知らせで、予想される小さな角度のシンチレーションだけでなく、大きな角度で散乱するα粒子もとらえられるようにスクリーンを置けと指示した。その結果、90度以上散乱しているα粒子もあれば、来た方向に跳ね返っているものもあった。ラザフォードはこの結果を、15インチの砲弾をティッシュペーパーに発射して、それが跳ね返ってきたようだと説明した。

### 核を持つ原子

重いα粒子を大きな角度で散乱させることは、原子の正電荷と質量が狭い範囲に集中していて初めて可能だった。この結果から、1911年、ラザフォードは原子の構造について発表した。「ラザフォード・モデル」は小規模の太陽系で、電子が、小さく高密度の、正の電荷を持つ原子核の周りを回っていた。このモデルの革新的なところは、微小な原子核が存在することであり、それは、原子がまったく中身が詰まっていないという落ち着かない結論を強要するものだった。物質は原子のスケールで、その部分が、エネルギーと力が支配する空間で占められている。これは、それまでの世紀の原子論との決定的な決別だった。

トムソンの「プラムプディング」の原子は科学界ですぐに受け入れられたが、ラザフォードのモデルはほとんど無視された。その欠点はあまりにも明白だった。加速している電荷が電磁波としてエネルギーを放出することは知られていた。したがって、電子は、原子核の周りを回っているとき——軌

を発見した最初の人物でもあった。

### 金箔の実験

1909年、ラザフォードはα粒子を用いて物質の構造を探り始めた。前年、ドイツ人のハンス・ガイガーとともに、硫化亜鉛の「シンチレーション・スクリーン」を開発し、これによって、α粒子1個1個の衝突を、短時間の明るい閃光、すなわちシンチレーションとして数えられるようになった。学部学生のアーネスト・マースデンの協力を得て、ガイガーはこのスクリーンを用いて、物質がいくらでも分割可能かどうか、原子が基本的な構成要素を含んでいるかどうかを決定することになった。

彼らは、α粒子を、ラジウムから、原子1,000個分ぐらいの極めて薄い帯状の金箔に発射した。プラムプディング・モデルが成り立ち、金の原子が、負電荷が点在する正電荷の雲でできていれば、中身の詰まった、正の電荷を持つα粒子は金箔を通ってまっすぐ進むだろう。あるいは、ほとんどの粒子は金の原子との相互作用によってわずかだけ曲がり、浅い角度で散乱するだろう。

> それは、わたしの人生でそれまでに起きた最も信じられない出来事だった。15インチの砲弾を一枚のティッシュペーパーに発射して、それが戻ってきて、自分に当たることぐらい信じられなかった。
> **アーネスト・ラザフォード**

道上に自身を保つ円運動の加速度を受けながら——電磁波を発し続けるはずだ。電子は、軌道を回りながら着実にエネルギーを失い、いやおうなしに、らせん状に原子核へと落ちていくだろう。ラザフォードのモデルに従えば、原子は不安定なはずだが、明らかにそうではない。

## 量子的原子

デンマークの物理学者ニールス・ボーアは、量子化という新しい考えを物質に適用することによって、原子のラザフォード・モデルを、知られないまま放置されることから救った。量子の革命は、1900年にマックス・プランクが電磁波の量子化を提案したことから始まるが、1913年においても、この分野はまだ始まったばかりで、量子力学の数学的枠組みがまとまるには、1920年代まで待つ必要があった。ボーアがこの問題に取り組んでいるとき、量子論は本質的に、われわれが現在、光子と呼んでいる非常に小さな「量子」（離散的なエネルギーの塊）として光はやって来るというアインシュタインの考えだけからなるものだった。ボーアは原子の光の吸収と放射の詳細なパターンを説明しようとした。そして、個々の電子は、原子の「電子殻」内の一定の軌道に閉じ込められていて、軌道のエネルギー準位は「量子化」——すなわち、それらは特定の値だけをとることができる——されていると提案した。

この軌道のモデルにおいて、個々の電子のエネルギーは、電子の原子核までの距離に密接に関係している。電子は、原子核に近ければそれだけエネルギーが小さいが、特定の波長の電磁波を吸収することによって、高いエネルギー準位に励起されうる。すなわち、光を吸収すると、電子は「より高い」エネルギーの外側の軌道に跳躍する。しかし、この状態に達すると、すぐに電子は「より低い」エネルギーの内側の軌道に落ち、ふたつの軌道のエネルギーの差に正確に一致するエネルギー

> 実験が統計を必要とするなら、もっとよい実験をするべきだった。
> **アーネスト・ラザフォード**

量子を放出する。

ボーアはこのことが意味することや、それがどのようなものかを説明しなかった——単に、電子が軌道からはずれて、原子核に入ることは不可能だと述べた。ボーアのモデルは純粋に理論的な原子のモデルだった。しかし、実験データと一致し、多くの関連する問題をあざやかに解いた。電子が、原子核からだんだんと離れていきながら、厳密な順序で、電子殻を満たしていく仕組みは、原子番号が増えるにつ

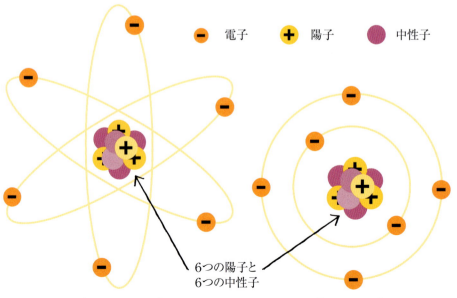

− 電子　＋ 陽子　● 中性子

6つの陽子と6つの中性子

プラムプディング・モデル　　ラザフォード・モデル　　ボーア・モデル

**広がった原子核全体**に電子が点在する原子のプラムプディング・モデルは、小さな、高密度の原子核の周りにある軌道上を電子が回っているラザフォード・モデルに取って代わられた。ボーアは、電子の量子化された軌道を加えることによって、ラザフォード・モデルを改良した。ここでは、炭素原子が図示されている。

れて、周期表を横断して見られる元素の特性の変化と一致した。さらに確信を強くしたのは、電子殻の理論的なエネルギー準位が、実際の「スペクトル系列」——様々な原子によって吸収され、放射される光の振動数——ときれいに一致したことだった。長いあいだ追い求めてきた電磁気と物質を結びつける仕組みがわかったのだ。

## 原子核の中に入っていく

原子のこのイメージが受け入れられると、次の段階は原子核の中に何があるかを問うことだった。1919年に報告された実験で、ラザフォードは、α粒子によって、多くの異なる元素から、水素の原子核ができることを見つけた。水素は長いあいだ、すべての元素の中で最も単純なものと認められ、ほかのすべての元素の構成要素と考えられてきた。そして、ラザフォードは、水素の原子核は、実は、水素自身の基本的な粒子である陽子だと提案した。

原子の構造における次の進展は、1932年のジェームズ・チャドウィックによる中性子の発見で、その発見にもラザフォードがかかわった。ラザフォー

> この放射線が、
> 質量1で電荷0の粒子、
> すなわち中性子からできていると
> 仮定すれば、問題は解決する。
> **ジェームズ・チャドウィック**

**ジェームズ・チャドウィック**は、放射性ポロニウムから出たα粒子をベリリウムに強く当てることで中性子を発見した。α粒子がベリリウムから中性子をたたき出す。次に、中性子がパラフィンから陽子を追い出し、この陽子が電離箱によって検出される。

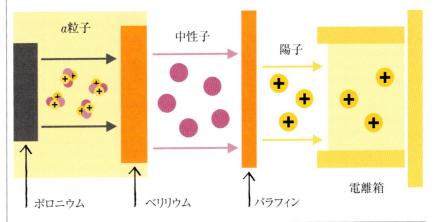

ドは1920年に、小さな原子核に詰め込まれた多くの点状の正電荷が、互いに反発するのを補う仕組みとして、中性子の存在を仮定していた。同じ電荷は互いに反発するので、どうにかして電荷を消すか、反発し合う陽子をきつく結びつける別の粒子がなければならないと理論立てた。また、水素より重い元素には余分の質量があり、第三の、電気的に中性だが、陽子と同じように中身の詰まった粒子を想定すれば、余分の質量についても解決できた。しかし、中性子を見つけるのは難しく、その探索にはほぼ十年かかった。チャドウィックは、良き師であるラザフォードの監督のもと、キャベンディシュ研究所で研究していた。当時、彼が研究していたのは、ドイツの物理学者ヴァルター・ボーテとヘルベルト・ベッカーが、α粒子をベリリウムに強く当てることで発見した新しい種類の放射線についてであった。

チャドウィックはその実験結果を再現し、新しい透過性放射線の正体はラザフォードが探していた中性子だと気づいた。中性子のような電気的に中性の粒子の場合、物質を透過するとき、反発力が働かないので、陽子のような電荷を持つ粒子よりずっと透過性が高い。

## 電子雲

中性子の発見は、中身の詰まった原子核と、その周りの軌道上の電子という原子のイメージを完成させた。さらに、量子物理学の新しい発見は、原子核の周りの軌道上にある電子というわれわれの見方を改良することになった。現代の原子モデルでは、電子は「雲」のような特徴を持つものとして表現されており、その雲は、電子がその量子波動関数（p.256）に従って、最も見つかりやすい領域だけを表したものである。

原子のイメージは、中性子と陽子が基本的な粒子ではなく、クォークと呼ばれるさらに小さな粒子からできているという発見によって、複雑なものとなっている。原子の真の構造を扱う問題は現在も活発に研究されている。■

# 重力は
# 時空連続体のゆがみだ
## アルベルト・アインシュタイン（1879年〜1955年）

# 216 アルベルト・アインシュタイン

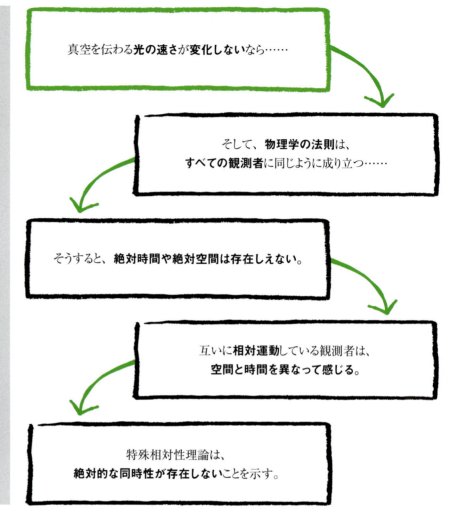

## 前後関係

**分野**
物理学

**以前**
**17世紀** ニュートン物理学は、重力と運動について説明し、それは今でも、日常現象の大部分に適用できる。

**1900年** マックス・プランクは、光は、エネルギーの個々の塊、すなわち量子からなると考えられると初めて主張する。

**以後**
**1917年** アインシュタインは一般相対性理論を用いて、宇宙のモデルを作る。宇宙が静的であると仮定し、宇宙項と呼ばれる項を方程式に導入し、その仮定が理論的に破綻するのを防ぐ。

**1971年** 一般相対性理論が予測した時間の遅れが、ジェット機に原子時計を載せて世界一周することによって実証される。

1905年、ドイツの科学雑誌「アナーレン・デア・フィジーク」に、ひとりの著者――アルベルト・アインシュタインという、スイスの特許庁に勤めるほとんど無名の26歳の物理学者――による4つの論文が発表された。アインシュタインは、19世紀の終わり頃に未解決だった、物理学のいくつかの基礎的な問題を解いた。1905年の最初の論文は、光とエネルギーの性質の理解を変えた。二番目の論文は、これまで観察されてきたブラウン運動が、原子の存在による現象であることを示すあざやかな証明だった。三番目の論文は、宇宙における究極の速度の存在を示し、特殊相対性理論として、従来の空間と時間の概念を変革した。四番目の論文は、物質はエネルギーと交換可能であることを示し、物質の性質についてのわれわれの理解を永久に変えた。10年後、彼は三番目と四番目の論文から帰結される、重力と空間・時間に関してのまったく新しいより深い理解を示す一般相対性理論を発表した。

### 光を量子化する

1905年の最初の論文は、当時未解決だった光電効果の問題に取り組んだものだった。この現象は1887年、ドイツの物理学者ハインリヒ・ヘルツによって発見された。それは、特定の波長の光を金属に照射すると、電流が流れる現象である。この現象は、次のように説明できる。照射された光のエネルギーが、金属表面にある原子の最も

**参照** クリスティアーン・ホイヘンス p.50-51 ■ アイザック・ニュートン p.62-69 ■ ジェームズ・クラーク・マクスウェル p.180-185 ■
マックス・プランク p.202-205 ■ エルヴィン・シュレーディンガー p.226-233 ■ エドウィン・ハッブル p.236-241 ■ ジョルジュ・ルメートル p.242-245

外側の電子に吸収され、それらの電子が飛び出すことで電流が流れる。しかし問題は、より長い波長の光を照射した場合、光をいくら強くしても金属から電子が飛び出さないことだった。

これは、光の強さが、そのエネルギー量を支配していると考える古典的な光の理解と矛盾する問題だった。アインシュタインは、マックス・プランクが少し前に考案した「量子化された光」の考えを利用することで、この問題を解決した。光が、個々の「光量子（光子）」からなるなら、光量子によって運ばれるエネルギーはその波長だけで決まり、波長が短ければ、それだけエネルギーが高いことをアインシュタインは示した。光電効果が、1個の電子と1個の光量子の相互作用によるものであれば、金属表面にぶつかる光量子の数、すなわち光の強さは重要でない。十分なエネルギーを持った光量子がなければ、電子は飛び出さない。

アインシュタインの考えは、プランクを含む当時の指導的人物たちによって否定されたが、彼の理論は、1909年にアメリカの物理学者ロバート・ミリカンがおこなった実験によって正しいことが示された。

### 特殊相対性理論

アインシュタインの最大の功績は1905年の三番目と四番目の論文であり、光の真の性質について重要な再概念化を含んでいた。19世紀の後半から、光の速さの理解において、物理学者は危機に直面していた。17世紀に、光の速さの近似値が知られるようになって以来、その後ますます正確に算出されるようになる一方で、ジェームズ・クラーク・マクスウェルの方程式は、可視光が、電磁波の広い波長範囲のスペクトルのひとつであり、電磁波はすべて同じ速さで宇宙を伝わらなければならないことを示していた。

光は横波であると理解されていたので、池の表面を波が伝わるように、光も媒質を伝わると考えられた。「光を伝えるエーテル」という仮想の媒質の性質は、速さなど観測された光の性質を決めるはずであり、光の性質はどのような場所でも不変なので、エーテルには動かない基準としての性質が求められた。

動かないエーテルが宇宙を満たしていると仮定することで、遠くにある物体（光源）からの光の速さは、光源と観測者の相対運動によって変化すると予想される。たとえば、遠い星からの光の速さは、太陽の周りを回る地球に観測者がいると考えた場合、地球がその軌道上を星から30km/sで

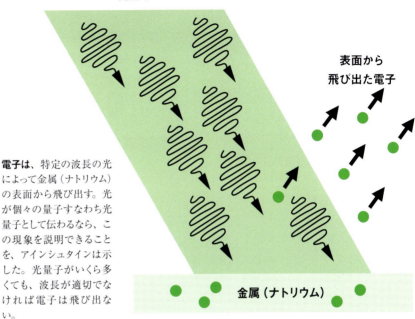

光量子

表面から飛び出した電子

**電子は**、特定の波長の光によって金属（ナトリウム）の表面から飛び出す。光が個々の量子すなわち光量子として伝わるなら、この現象を説明できることを、アインシュタインは示した。光量子がいくら多くても、波長が適切でなければ電子は飛び出さない。

金属（ナトリウム）

> すべての科学の壮大な目的は、最少の仮説あるいは原理からの論理的な推論によって、最大数の経験的事実を扱うことだ。
> **アルベルト・アインシュタイン**

# アルベルト・アインシュタイン

遠ざかる方向のときと、同じ速さで近づく方向のときとでは、観測される値が異なるだろう。

エーテルに満たされた空間内での地球の運動を測定することは、19世紀後半の物理学者にとって強迫観念となった。そういった測定が、この神秘的な媒質の存在を確認する唯一の方法だったが、証拠は得られないままだった。測定装置がどれだけ正確でも、光は常に同じ速さで進むように思われた。1887年、アメリカの物理学者のアルバート・マイケルソンとエドワード・モーリーは、いわゆる「エーテルの風」を高い精度で測る巧妙な実験を考案したが、またしてもそれが存在する証拠は見つからなかった。マイケルソン－モーリーの実験の結果は、エーテルの存在を信じる物理学者の気持ちを揺るがし、それ以降、その実験の追試から得られた同様の結果は、危機感を強めるだけだった。

アインシュタインは、1905年の三番目の論文「動いている物体の電気力学について」で、正面からこの問題に取り組んだ。特殊相対性理論として知られるアインシュタインの理論は、ふたつの単純な仮定を認めることから考案された。その仮定とは、光は、光源の運動とは無関係に一定の速さで真空を伝わること、そして、物理学の法則は、すべての「慣性系」——等速直線運動をする座標系——の中の観測者に対して同じように成り立つことだった。

アインシュタインは、ふたつの仮定から出発して、物理学の諸分野、特に力学でどのような帰結がもたらされるかを検討した。運動の法則はすべての慣性系で成り立つので、ある慣性系から別の慣性系を見たとき、それぞれの慣性系の中の観測者からは異なって見える。たとえば、線路脇の土手にいる観測者の前を、列車が50km/hで左から右に通過するとき、この観測者からは列車内の人が列車と同じ速さと向きに動いているように見える。一方、列車内の人からは、土手にいる観測者は50km/hで右から左に動いているように見える。慣性系に対する別の慣性系の速度を相対速度といい、相対速度が光の速さに近づくと、奇妙なことが起こり始める。

## ローレンツ因子

アインシュタインの論文では、同時代の科学者の研究にわずかばかり言及している。その中で最も重要な人物は、オランダの物理学者ヘンドリック・ローレンツだろう。彼の「ローレンツ因子」を中心にして、アインシュタインは、光の速さに近い物理学を説明した。ローレンツ因子は数学的に次のように定義される。

> 質量とエネルギーはふたつのものだが、同じもののふたつの姿だ。
> アルベルト・アインシュタイン

## アルベルト・アインシュタイン

1879年、南ドイツのウルム市で生まれたアルベルト・アインシュタインは、中等教育を受けたが、うまくなじめなかった。その後、数学の教師になるためにチューリッヒ工科大学で教育を受けた。教職を見つけられなかったあと、ベルンのスイスの特許庁で職に就き、そこで、たくさんあった暇な時間を利用して、1905年に発表された論文を作成した。アインシュタインは、この研究の成功を、子供らしい驚きの感覚を失わなかったことによるとしている。

アインシュタインは、一般相対性理論の実証のあと、世界的なスターの座に押し上げられた。初期の研究の帰結を探り続け、量子論における革新に貢献した。1933年、ナチ党の台頭を恐れ、外国旅行からドイツに戻らないことに決め、最終的にアメリカのプリンストン高等研究所に落ち着いた。

### 重要な著書

1905年　光の発生と変換に関する発見的観点について

1915年　重力の場の方程式

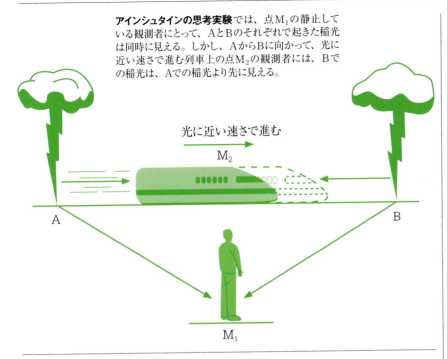

**アインシュタインの思考実験**では、点$M_1$の静止している観測者にとって、AとBのそれぞれで起きた稲光は同時に見える。しかし、AからBに向かって、光に近い速さで進む列車上の点$M_2$の観測者には、Bでの稲光は、Aでの稲光より先に見える。

$$\frac{1}{\sqrt{1-v^2/c^2}}$$

ローレンツはこの因子を、マクスウェルの電磁気に関する方程式と、物理法則はどの座標系でも同じように成り立つという相対性原理を調整するのに必要な時間と長さを変換するものとして考案した。この因子はアインシュタインにとって非常に重要だった。なぜなら、ある観測者が見た現象が、その観測者に対して相対的に動いている別の慣性系の観測者にどのように見えるかを表す数学的な因子だったからだ。ローレンツ因子において、$v$は、ある観測者の、別の観測者に対する速さで、$c$は光の速さだ。日常に見られる現象では、$v$は$c$に比べて非常に小さいので、$v^2/c^2$はゼロに近くなり、ローレンツ因子も1に近くなる。これは、日常の現象ではローレンツ因子を考慮しなくてもよいことを意味する。ローレンツの研究は、おもに標準的なエーテルの理論に組み込めないという理由で冷淡に受け取られていた。アインシュタインは、ある慣性系内の観測者に同時と思われる出来事が、別の慣性系内の人には必ずしも同時ではない(同時性の相対性として知られる現象)という重要な認識を示した。ローレンツ因子に支配される単純な方程式に従うと、遠くの観測者から見て、動いている物体の速さが光の速さに近づくにつれて、進行方向の長さが圧縮されることもアインシュタインは示した。さらに奇妙なことに、観測者からは、物体の時間自体がゆっくり進むように思われた。

## 相対性理論を説明する

アインシュタインは図のような思考実験によって、特殊相対性理論を説明した。互いに相対的に動いているふたつの慣性系——動いている列車と線路脇の土手——を考える。点Aと点Bでそれぞれ起きた稲光は、AとBの中間点脇の土手$M_1$にいる観測者にとって、同時に起きたように思われる。列車上の観測者は、車内の$M_2$にいる。稲光が起きたとき、$M_2$がちょうど$M_1$の横を通ったとする。列車上の観測者に稲光が達するまでに、列車は点Bのほうへ進んでいる。アインシュタインが言ったように、列車上の観測者は「Aから来ている光の前を進んでいる」。列車上の観測者は、Bの稲光は、Aの稲光より前に起きたと結論する。ここで彼は次のように主張する。「時間について、その基準とするものがないなら、出来事が起きた時間に関する発言に意味はない」。時間と位置はともに相対的な概念なのである。

## 質量とエネルギーの等価性

1905年の最後の論文は「物体の慣性は物体のエネルギー量によって決まるか?」というものだ。この3ページの短い論文では、前の論文で触れられた考え——物体の質量はそのエネルギーの尺度である——がさらに詳しく述べられている。ここで、アインシュタインは、物体が特定の量のエネルギー($E$)を光の形で放射すると、その質量は$E/c^2$に等しい量だけ減少することを示した。すなわち、ある慣性系内で静止している質量$m$の物体のエネルギーについて、方程式$E=mc^2$が成り立つ。「質量とエネルギーの等価性」の原理は、20世紀の科学の根本原理になり、宇宙論から核物理学まで応用されることになった。»

## 重力場

驚異の年のアインシュタインの論文は、最初、難解過ぎるように思われ、高尚な物理学の世界以外では強い印象を与えることがなかった。しかし、物理学の世界では、彼を名声の座に押し上げた。その後の数年のあいだに、多くの科学者は、信用の落ちたエーテル理論より特殊相対性理論のほうが、宇宙のより優れた説明であるという結論に達し、相対論的効果を実証する実験を考案した。その一方で、アインシュタインは、「慣性系」で確立していた相対性理論を「非慣性系」——加速度運動している座標系——にまで拡張する挑戦を始めていた。

早くも1907年に、アインシュタインは重力による「自由落下」が非慣性系の状況に等しいという考えを思いついていた。1911年、重力場に影響される座標系は、一定の加速度運動をおこなう座標系（非慣性系）と等価であること、すなわち等価原理に気づいた。アインシュタインは、次のような思考実験をおこなった。重力によって自由落下するエレベーターに乗っている人は、エレベーターの床と同じ加速度で自由落下するので、床に静かに触れているだけで体重を感じないだろう。すなわち、重力場では、自由落下する非慣性系を基準にすると、重力を消滅させられることに気づいたのだ。

また、一定の加速度運動をするエレベーターの中では、加速度の方向に垂直に発射された光は、曲がって進むはずで、アインシュタインは、同じことが重力場の中でも起こると推論した。一般相対性理論を初めて実証したのが、この光に対する重力の効果——重力レンズ効果——だった。

アインシュタインは、このことが、重力の性質について何を語っているかを考えた。特に、時間の遅れのような相対論的効果が、強い重力場の中で起きるはずだと予測した。時計は重力源に近づけば、それだけゆっくり進むようになる。この効果は、長いあいだ実証できなかったが、現在では原子時計を使って確認されている。

**重力を感じることは、** 加速度運動をしている座標系の内部にいると感じることと等価だ。

↓

加速度は、**時空多様体のゆがみ**によって説明できる。

↓

**質量のある物体が**時空をゆがませるなら、そのことが、その物体の重力の説明になる。

↓

**一般相対性理論は、重力を、時空多様体のゆがみとして説明する。**

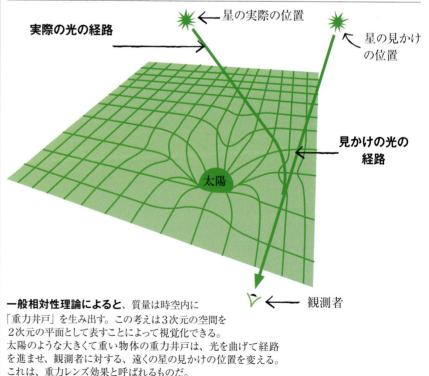

**一般相対性理論によると**、質量は時空内に「重力井戸」を生み出す。この考えは3次元の空間を2次元の平面として表すことによって視覚化できる。太陽のような大きくて重い物体の重力井戸は、光を曲げて経路を進ませ、観測者に対する、遠くの星の見かけの位置を変える。これは、重力レンズ効果と呼ばれるものだ。

アーサー・エディントンによる1919年の日食の写真は、一般相対性理論の最初の証拠となった。アインシュタインが予測していたように、太陽の周りの星は、本来あるべき場所にないように見えた。

## 時空多様体

　同じく1907年に、アインシュタインのかつての教師ヘルマン・ミンコフスキーは、特殊相対性理論に関わる、空間と時間の次元について検討し、空間の3つの次元と時間の1つの次元を時空多様体として統合する考えを考案した。ミンコフスキーの解釈に基づくと、相対運動をしている観測者が、別の慣性系の時空多様体を観測したときの相対論的効果は、時空のゆがみを考えることによって、幾何学の言葉で説明できた。

　1915年、アインシュタインは一般相対性理論を完成させて発表した。それは、空間と時間、物質、重力の性質に関する新しい説明にほかならなかった。アインシュタインはミンコフスキーの考えを取り入れ、「宇宙の実体」を時空多様体と考えた。時空多様体は、相対論的運動によってゆがむが、恒星や惑星のような大きな質量の存在によっても、重力という形でゆがむ。質量とゆがみ、重力の関係を説明する方程式は極めて複雑だったが、アインシュタインは近似計算を用いて、長年にわたる謎――太陽に最も近い水星の軌道が、ニュートン物理学によって予測されるよりずっと速く太陽の周りを、歳差運動する、あるいは回転すること――を解いた。一般相対性理論がこの謎を解いたのであった。

## 重力レンズ効果

　一般相対性理論は、第一次世界大戦の最中に発表されたので、英語を話す科学者は心の中に研究以外のことを抱えていた。一般相対性理論は複雑な理論であり、イギリスのアーサー・エディントンが興味を持たなければ、長年、知られないまま放置されたかもしれない。エディントンは、良心的兵役拒否者で、たまたま、王立天文学会の事務局長だった。

　エディントンは、オランダの物理学者ウィレム・ド・ジッターからの手紙でアインシュタインの研究を知り、すぐに、イギリスで第一の支持者になった。1919年、終戦の数か月後、エディントンは、アフリカの西海岸沖のプリンシペ島への遠征隊を率いた。その目的は、壮観な皆既日食を観測すること

で、一般相対性理論と重力レンズ効果の予測を検証することだった。皆既日食によって、重力レンズ効果として、太陽の周りで星が、本来あるべき場所にないように見える（太陽の周りのゆがんだ時空を、星の光が通過するときに曲がる）ことをアインシュタインは早くも1911年に予測していた。エディントンの遠征は、日食の印象的な画像とアインシュタインの理論の納得のいく証拠の両方をもたらした。それらは、次の年に発表されると、世界的なセンセーションとなり、アインシュタインを世界的な名声の座に押し上げ、宇宙の性質に関するわれわれの考えが二度と昔に戻ることはないことを確実にした。■

# 移動する大陸は、絶えず変化するジグソーパズルの巨大なピースだ
## アルフレート・ヴェーゲナー（1880年〜1930年）

**前後関係**

**分野**
地球科学

**以前**

**1858年** アントニオ・スナイダー＝ペレグリニは、ヨーロッパとアフリカに南北アメリカがつながった地図を作り、大西洋の両側で同じ化石が見つかる理由を説明する。

**1872年** フランスの地理学者エリゼ・ルクリュは、大陸の移動が海洋と山脈の形成を引き起こすことを提案する。

**1885年** エドアルト・ジュースは、南の大陸がかつて陸橋でつながっていたと提案する。

**以後**

**1944年** イギリスの地理学者アーサー・ホームズは、マントル内の対流が地殻を動かしているという仕組みを提案する。

**1960年** アメリカの地質学者ハリー・ヘスとロバート・ディーツは、海洋底拡大説を提案する。

1912年、ドイツの気象学者アルフレート・ヴェーゲナーは、大陸移動説を提案した。それは、地球の大陸はかつてつながっていたが、数億年かけて分裂したと述べるものだった。しかし、科学者は、何がそんな巨大な陸塊を動かしたかを解明するまでその説を受け入れなかった。

フランシス・ベーコンは、初めて作成された新世界とアフリカの地図を見て、南北アメリカの東海岸とヨーロッパとアフリカの西海岸がだいたい平行していることを1620年に記した。このことから科学者は、これらの陸塊がかつてつながっていたのではないかと考えるようになった。

1858年、パリに研究拠点があった地理学者アントニオ・スナイダー＝ペレグリニは、大西洋の両側でよく似た植物の化石が見つかっており、それらが、古生代後期（約3億年前）のものであることを示した。ペレグリニは、

---

南アメリカの東海岸とアフリカの西海岸は、ジグソーパズルのふたつの**巨大なピースのように**よく合う。

植物と動物の**よく似た化石**が、南アメリカとアフリカで見つかる。

南アメリカとアフリカで**同じ岩石層**が見つかる。

↓ ↓ ↓

大陸はかつて**ひとつの陸塊**だったに違いない。

↓

**移動する大陸は、絶えず変化するジグソーパズルの巨大なピースだ。**

パラダイム・シフト 223

参照 フランシス・ベーコン p.45 ■ ニコラス・ステノ p.55 ■ ジェームズ・ハットン p.96-101 ■ ルイ・アガシー p.128-129 ■ チャールズ・ダーウィン p.142-149

アメリカ大陸とアフリカ大陸がかつてどのように一体となっていたかを示す地図を作り、それらが聖書のノアの洪水によって分離したものとした。グロッソプテリスという裸子植物の化石が、南アメリカとインド、アフリカで見つかったとき、オーストリアの地質学者エドアルト・ジュースは、それらがひとつの陸塊で進化したに違いないと主張した。ジュースは、南の大陸はかつてつながっていたと提案し、それをゴンドワナ大陸と呼んだ。

ヴェーゲナーは、海洋によって隔てられている大陸に、よく似た生物が分布していることを見つけただけでなく、大陸同士で似ている山脈と氷河堆積物も見つけた。彼は、超大陸の一部は波の下に沈んだというそれまでの考えの代わりに、超大陸は分裂したのかもしれないと考え、1912年から1929年にかけて、この説をさらに詳しく説明した。ヴェーゲナーの超大陸パンゲアは、ジュースのゴンドワナ大陸を、北アメリカとユーラシアという北の大陸につないだものだった。ヴェーゲナーは、このひとまとまりの陸塊が分裂を始めた年代を、古生代の終わり頃とし、大陸の分裂が継続している証拠として、アフリカのグレート・リフト・バレーを指摘した。

## メカニズムの探求

1950年代、地球物理学の新しい技術によって、多くの新しいデータが明らかになり、かつての大陸が南北両極に対して異なる位置にあったことを示した。水中音波探知機による海底地図の作成によって、海洋底の形成が明らかになった。巨大海底山脈である中央海嶺では、地球内部からマグマが上昇して海洋底が形成され、それが海嶺の両側へと広がっていき、海溝から地球内部へ沈み込む。

1960年、アメリカのハリー・ヘスは、海洋底拡大が大陸移動のメカニズムになると考え、プレートテクトニクス説へと発展した。地殻は巨大なプレートでできていて、その下のマントル内の対流によって移動し、新しい岩石が地表にもたらされる。この説はヴェーゲナーの説を証明しただけでなく、現代の地質学の根本原理となっている。■

パンゲア、3億年前

7,500万年前

現代

**ヴェーゲナーの超大陸**は、何度かできるもののひとつに過ぎないかもしれない。大陸は再び集まりつつあり、2億5千万年後、新たな超大陸を形成するかもしれないと、地質学者は考えている。

## アルフレート・ヴェーゲナー

ベルリンで生まれたアルフレート・ロータル・ヴェーゲナーは、1904年にベルリン大学から天文学の博士号を取得したが、まもなく、地球科学に興味を持つようになった。1906年から1930年にかけて、北極気団に関する先駆的な気象学の研究の一部として、グリーンランドに4度調査旅行に出かけた。気象観測気球を用いて、大気の循環を追跡し、過去の気候の証拠を得るために、氷の深部から試料を採取した。

このような遠征の合間、1912年に大陸移動説を考案し、1915年にそれを本として発表した。1920年と1922年、1929年に改訂し、増補した版を出したが、自分の研究があまり評価されなかったので失望した。

1930年、グリーンランドへの4度目の遠征をして、大陸移動説を支持する証拠を集めたいと期待していた。11月1日、50回目の誕生日に、必要なものを取ってくるために出発し、氷上を進んでいったが、ベースキャンプにたどり着く前に亡くなった。

### 重要な著書

**1915年** 大陸と海洋の起源

# 染色体は遺伝において重要な役割を果たしている
## トマス・ハント・モーガン(1866年～1945年)

**前後関係**

**分野**
生物学

**以前**

**1866年** グレゴール・メンデルは、遺伝の法則を述べ、遺伝形質は、のちに遺伝子とよばれる別々の粒子によって制御されると結論する。

**1900年** オランダの植物学者ユーゴー・ド・フリースらは、メンデルの法則を再発見する。

**1902年** テオドール・ボヴェリとウォルター・サットンは、独立して、染色体が遺伝に関係すると結論づける。

**以後**

**1913年** モーガンの学生アルフレッド・スターティヴァントは、ショウジョウバエの最初の遺伝学的「地図」を作成する。

**1930年** バーバラ・マクリントックは、遺伝子が染色体上で位置を変えうることを発見する。

**1953年** ジェームズ・ワトソンとフランシス・クリックによるDNAの二重らせんモデルは、生殖の際に遺伝情報がどのように伝えられるかを説明する。

---

細胞が分裂するとき、**染色体**は複製され、分離して新しい細胞に伝わる。

このことは、形質の発現を制御する**遺伝子**が**染色体に存在する**ことを示している。

一部の形質は性によって決まるので、**性**を決定する染色体によって制御されているに違いない。

**染色体は、遺伝において重要な役割を果たしている。**

---

19世紀に、顕微鏡で細胞分裂を観察していた生物学者は、細胞の核にある対になった小さな糸状の塊に気づいた。それは、観察の際に色素でよく染まるので、染色体と呼ばれた。生物学者はすぐに、染色体は遺伝に関係しているのではないかと考え始めた。

1910年、アメリカの遺伝学者トマス・ハント・モーガンがおこなった実験は、遺伝における遺伝子と染色体の役割を確認し、進化を物質のレベルで説明するものだった。

### 遺伝の粒子

20世紀初頭までに、細胞分裂時の染色体の動きが詳細に観察されていた。そして、同じ種の体細胞では染色体の数は、通常、同じであることがわかった。1902年、ドイツの生物学者テオドール・ボヴェリは、ウニの受精を研究して、胚が正常に発生するには

**参照** グレゴール・メンデル p.166-171 ■ バーバラ・マクリントック p.271 ■
ジェームズ・ワトソンとフランシス・クリック p.276-283 ■ マイケル・シヴァネン p.318-319

染色体がすべて揃っていなければならないと結論づけた。同じ年、ウォルター・サットンというアメリカの学生が、バッタを材料にした研究から、染色体は、1866年にグレゴール・メンデルが提案した理論上の「遺伝の粒子」とまったく同じものだと結論した。

メンデルはエンドウの交配実験を徹底的に行い、1866年に遺伝形質は別々の粒子によって決まることを提案した。40年後、染色体とメンデル理論の関係を調べるために、モーガンは、ニューヨークのコロンビア大学でショウジョウバエの交配実験と最新の顕微鏡技術を組み合わせた研究を始めた。彼の研究室は「ハエの部屋」として知られるようになった。

## エンドウからショウジョウバエへ

ショウジョウバエはブユくらいの大きさの昆虫で、小さなガラス瓶で飼うことができ、ちょうど10日で卵を産むので多数の子孫を得ることができる。モーガンの研究チームは、特定の形質を持った個体を分離して交配し、そのあと、子孫の形質の割合を分析した。

モーガンは、通常の赤色ではなく白色の目の雄を見つけた。白い目の雄を赤い目の雌と交配すると、赤い目の子供だけが生まれ、このことは、赤い目が優性形質で、白い目が劣性形質であることを示した。その子供同士を交配すると、次世代の4分の1は白い目で、しかもすべて雄だった。「白い目の遺伝子」は性と結びついているに違いなかった。性と結びついた他の形質が現れたとき、それらの形質はすべて一緒に遺伝し、その遺伝子はすべて性を決める染色体にあるに違いないとモーガンは結論づけた。ショウジョウバエの雌は1対のX染色体を持ち、雄はX染色体とY染色体を1本ずつ持つ。生殖の際、子供は、母親からX染色体を、父親からX染色体かY染色体を受け継ぐ。「白い目の遺伝子」はX染色体にあり、Y染色体には対応する遺伝子がない。

さらに研究を重ね、特定の遺伝子は、特定の染色体にあるだけでなく、その染色体の特定の位置を占めているという考えに至った。このことは、生物の遺伝子の「地図」を作ることができるという考えを生み出した。■

**二世代にわたるショウジョウバエの交配**が、白い目の形質が、性染色体によって一部の雄だけに伝わる様子を示している。

## トマス・ハント・モーガン

アメリカのケンタッキーで生まれたトマス・ハント・モーガンは、動物学者としての教育を受けたあと、胚の発生を研究した。1904年にニューヨークのコロンビア大学に移り、遺伝の仕組みに注目し始めた。最初は、メンデルの結論に、そして、ダーウィンの結論にさえ懐疑的なまま、遺伝学についての自分の考えを検証するために、ショウジョウバエの交配実験に全力を注いだ。モーガンのショウジョウバエを用いた実験の成功によって、多くの研究者が遺伝学の実験にショウジョウバエを使うようになった。

ショウジョウバエにおける、安定な、遺伝する突然変異を観察することによって、ついにはダーウィンが正しいことを理解するようになり、1915年に、メンデルの法則に従って遺伝がどのように起きるかを説明した著書を出版した。カリフォルニア工科大学で研究を続け、1933年に、遺伝学の分野で、ノーベル賞を授与された。

### 重要な著書

1910年　ショウジョウバエにおける限性遺伝

1915年　メンデル遺伝の仕組み

1926年　遺伝子の理論

# 粒子は波のような性質を持つ
## エルヴィン・シュレーディンガー（1887年〜1961年）

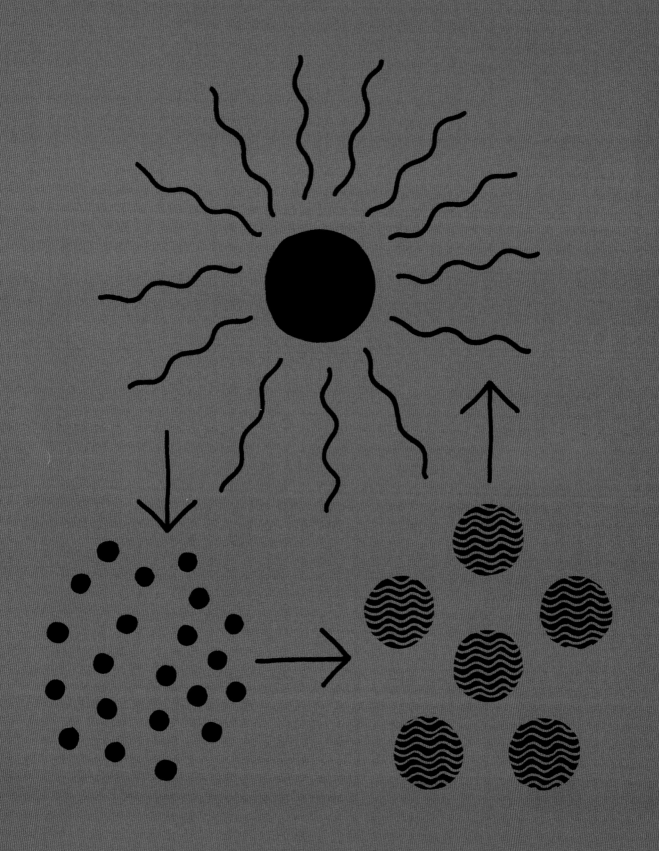

# エルヴィン・シュレーディンガー

## 前後関係

### 分野
物理学

### 以前
**1900年** マックス・プランクは、光の理解が危機的状況に陥ったことに促されて、光を、量子化されたエネルギーの塊として扱う理論的な解決策を見つける。

**1905年** アルベルト・アインシュタインは、光電効果の説明を通じて、プランクの量子化された光の実体を示す。

**1913年** ニールス・ボーアの原子モデルでは、電子が原子内のエネルギー準位間を移動しながら、光量子（光子）を放射したり、吸収したりするという考えを用いる。

### 以後
**1930年代** シュレーディンガーの研究は、ポール・ディラックとヴェルナー・ハイゼンベルクの研究とともに、現代の素粒子物理学の基礎を築く。

---

エルヴィン・シュレーディンガーは、量子物理学の進歩における主要人物だった。シュレーディンガーは、どのようにして粒子が波としてふるまうかを示す有名な方程式を考案することによって、物理学の進歩に大きく貢献した。それは今日の量子力学の基礎を築き、われわれが世界を理解する仕方に革命を起こした。しかし、この革命は突然起きたわけではない。発見の過程は長いものであり、途中に多くの開拓者がいた。

量子論は最初、光に関する理解に限られていた。当時、「紫外発散」として知られていた、理論物理学における厄介な問題があった。1900年、ドイツの物理学者マックス・プランクは、それを解く試みの一部として、エネルギーの離散的な塊、すなわち光量子（光子）として、光を扱うことを提案した。その後、アルベルト・アインシュタインが次の一歩を踏み出し、光量子は実在する物理的現象だと主張した。

デンマークの物理学者ニールス・ボーアは、アインシュタインの考えが光と原子の性質に関して基本的なことを語っていることに気づき、1913年、それを用いて古い問題――特定の元素が熱せられたとき、発する光の正確な波長を知ること――を解いた。ボーアは、原子核からの距離によってエネルギーが決まる離散的な軌道を電子が回っているという、原子の構造モデルを作った。そして、そのモデルにおいて、電子が外側の軌道から内側の軌道に移るとき、その軌道間のエネルギーの差に等しいエネルギーの光が発せられると考え、原子の発光スペクトル（光の波長の分布）を説明した。しかし、ボーアのモデルは理論的な説明を欠き、最も単純な原子である水素からの発光を予測できるだけだった。

## 波のような原子？

アインシュタインの考えは、粒子の流れとして光をとらえる古い理論に新

**1927年、ブリュッセル**における物理学のソルベー会議に偉大な物理学者が集まった。
1. シュレーディンガー 2. パウリ
3. ハイゼンベルク 4. ディラック 5. ド・ブロイ
6. ボルン 7. ボーア 8. プランク 9. キュリー
10. ローレンツ 11. アインシュタイン

# パラダイム・シフト 229

**参照** トマス・ヤング p.110-111 ■ アルベルト・アインシュタイン p.214-221 ■ ヴェルナー・ハイゼンベルク p.234-235 ■ ポール・ディラック p.246-247 ■ リチャード・ファインマン p.272-273 ■ ヒュー・エヴェレット3世 p.284-285

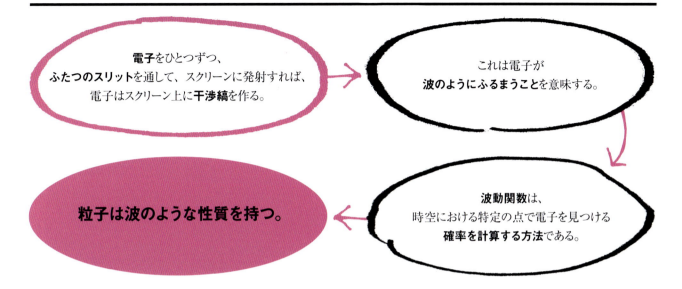

しい命を吹き込んだ。当時、トマス・ヤングの二重スリット実験によって、光は、波としてふるまうことが証明されていた。どのようにして光が粒子と波の両方でありうるかという難問は、1924年に、新たな展開を見せた。それは、フランスの博士課程の学生ルイ・ド・ブロイによるもので、彼の提案は量子論的革命を劇的な新しい段階へと導いた。ド・ブロイは、単純な方程式を用いて原子より小さな世界で、粒子が波でもありえるかを示しただけでなく、どんな質量の物体であれ、ある程度波としてふるまえることも示した。光波が粒子の性質を持つなら、物質の粒子、たとえば電子も波の性質を持っているはずだということだった。

プランクは、光量子のエネルギーを、単純な方程式 $E=h\nu$ を用いて算出していた。$E$ は電磁気の量子のエネルギー、$\nu$ は関係する電磁波の振動数、$h$ は定数で、今日プランク定数として知られている。ド・ブロイは光量子が運動量を持つことも示した。運動量は、通常、質量を持った粒子に関係し、粒子の質量にその速さを掛けたものだ。ド・ブロイは光量子が $h$ を波長で割った値の運動量を持つことを示した。もっとも、ド・ブロイは、エネルギーと質量が、光に近い速さの運動をする電子を扱っていたので、ローレンツ因子（p.218）を方程式に組み込んだ。このことは、相対性理論の影響を考慮に入れた、より高度な方程式を生み出した。

ふたつの両立しないように思われる概念が、それぞれ真実の一面を表していることがある。
**ルイ・ド・ブロイ**

ド・ブロイの考えは根本的で、大胆だったが、すぐにアインシュタインを含む影響力のある支持者を得た。この仮説は検証するのが比較的容易でもあった。1927年までに、ふたつの異なる研究室の科学者が実験をおこない、電子は、光量子とまったく同じように、回折し、互いに干渉することを示した。ド・ブロイの仮説は証明された。

### 増していく重要性

そうこうするうちに、何人かの理論物理学者がド・ブロイの仮説に興味を持ち、それをさらに研究した。特に、彼らは、ド・ブロイの言う物質波の性質が、どのようにしてボーアの原子モデルで示された、水素原子における電子軌道間のエネルギー準位のパターンを生み出せるのかを知りたかった。ド・ブロイ自身は、そのパターンが生じるのは、各軌道の円周の長さが物質波の波長の整数倍になっていなければならないからだと提案していた。電子のエ

ネルギー準位は、正に帯電した原子核からの距離によって決まるので、ド・ブロイの提案は、特定の距離と特定のエネルギー準位だけが安定であることを意味した。しかし、ド・ブロイの答は、物質波を、原子核の周りの軌道に捕捉された一次元の波として扱っていた——正確に説明するには、波を三次元で記述する必要があった。

## 波動方程式

1925年、3人のドイツの物理学者、ヴェルナー・ハイゼンベルクとマックス・ボルン、パスクアル・ヨルダンは、ボーアの原子モデルで起きる量子跳躍を、行列力学と呼ばれる方法によって説明しようと試みた。行列力学では、原子の性質は、時間とともに変わりうる数学的体系として扱われる。しかし、この方法は、原子の内部で実際に起きていることを説明できず、そのわかりにくい数学的言語のため、あまり評判がよくなかった。

1年後、チューリッヒで研究していたオーストリアの物理学者エルヴィン・シュレーディンガーは行列力学よりよい方法を思いついた。ド・ブロイの波と粒子の二重性を一歩先に進め、原子より小さい粒子の動き方を説明する波動の数学的方程式があるかどうかを検討し始めた。シュレーディンガーは、波動方程式を考案するため、通常の力学の、エネルギーと運動量を支配している法則から始め、次にそれを修正して、プランク定数と粒子の運動量を、粒子の波長に関係づけるド・ブロイの法則を含むようにした。

できた方程式を水素原子に適用すると、それは、実験で観測されていた、水素原子のエネルギー準位を正確に

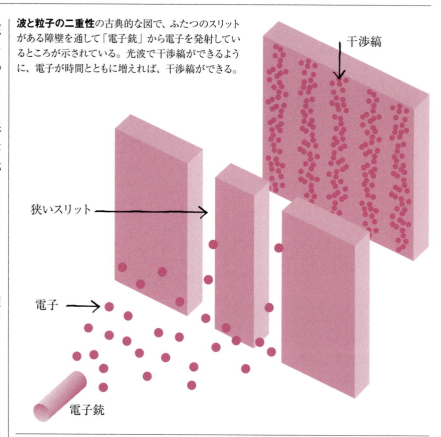

**波と粒子の二重性**の古典的な図で、ふたつのスリットがある障壁を通して「電子銃」から電子を発射しているところが示されている。光波で干渉縞ができるように、電子が時間とともに増えれば、干渉縞ができる。

予測した。この方程式は成功だった。しかし、ひとつ困った問題が残った。誰も、シュレーディンガーさえも、この波動方程式が実際に表していることが何かを正確にはわからなかったのだ。シュレーディンガーはそれを電荷の密度として解釈しようとしたが、あまりうまくいかなかった。それが実際に何であるかを最終的に説明したのはマックス・ボルンだった——それは確率振幅だった。それは測定によって特定の場所で電子を見つける確率を表した。行列力学と違って、シュレーディンガーの波動方程式あるいは「波動関数」は、物理学者に受け入れられた。しかし、それを適切に解釈することに関して様々な問題が生じた。

## パウリの排他原理

パズルのもうひとつの重要なピースが1925年にうまく収まった。それは、もうひとりのオーストリア人ヴォルフガング・パウリによるものだった。パウリは、原子内の電子が、最も低いエネルギー準位になぜ直接、自然に落ちないのかを説明するために、排他原理を考案した。パウリの原理では、ひとつの粒子の量子状態は、いくつかの性質によって説明され、それぞれの性質は、固定された数の離散値を持っていた。そして、同じ系内で、ふたつの粒子が同時に同じ量子状態を取ることはできないとされた。

周期表から明らかだった電子殻のパターンを説明するため、電子が、4つの異なる量子数によって表される必要

があるとパウリは算出した。このうちの3つ——主量子数、方位量子数、磁気量子数——は、利用可能な電子殻と副殻、電子軌道の中の電子の正確な場所を表し、方位量子数と磁気量子数の値は、主量子数によって限定される。4番目の数は、ふたつの値を取り、ひとつの電子軌道になぜふたつの電子が存在できるかを説明するために必要とされた。これらの数によって、副殻に、2個、6個、10個、14個の電子が入ることなどがうまく説明された。今日、4番目の量子数はスピンとして知られている。それは粒子に固有の角運動量（粒子が軌道を回るとき、その自転によって生じる）で、整数か半整数の正か負の値を取る。数年後、パウリは、スピンの値によってすべての粒子が2つの大きなグループに分かれることを示した。そのグループとは、フェルミ－ディラック統計（p.246－247）として知られる一揃いの法則に従う、電子などのフェルミオン（半整数のスピンを持つ）と、ボース－アインシュタイン統計として知られる法則に従う、光子（光量子）などのボソン（ゼロか整数のスピンを持つ）だ。そして、フェルミオンだけが排他原理に従う。このことは、崩壊する星から、宇宙を作っている素粒子までの様々なことを理解するために重要な意味を持っている。

## シュレーディンガーの成功

パウリの排他原理と結びついたシュレーディンガーの波動方程式によって、原子の中の電子殻と副殻、電子軌道を新たに、より深く理解できるようになった。波動方程式によって、それらは古典的軌道——原子核の周りを回る電子の明確に定まった経路——としてではなく、確率の「雲」——特定の量子数を持った特定の電子が見つかりやすい球状の形や葉状の形の領域——として示される（p.256）。シュレーディンガーの方法にとってのもうひとつの大きな成功は、アルファ（α）崩壊——α粒子が原子から脱出する——をうまく説明できたことだ。古典物理学によれば、原子核は、そのままでいるために、粒子が脱出するのを妨げる急なポテンシャル井戸で囲まれていなければならなかった（ポテンシャル井戸は、ポテンシャルエネルギーが周りより小さい空間の領域）。井戸が十分に急でなかったら、原子核は完全に分解するだろう。すると、α崩壊で見られるα粒子の断続的な放出は、残っている原子核をそのままにしながら、どのようにして起こりうるのだろう？ 波動方程式はこの問題を解決した。なぜなら、原子核の中のα粒子のエネルギーが変化することを可能にしたからだ。ほとんどの時間、α粒子のエネルギーは、十分小さいが、ときど

**シュレーディンガーの方程式**は、その最も一般的な形式で、量子系の経時的進展を示す。複素数を使う必要がある。

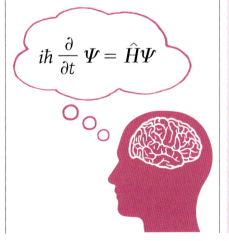

$$i\hbar \frac{\partial}{\partial t}\Psi = \hat{H}\Psi$$

## エルヴィン・シュレーディンガー

1887年に、オーストリアのウィーンで生まれたエルヴィン・シュレーディンガーは、ウィーン大学で物理学を学び、助手の職に就き、そのあと第一次世界大戦で軍務に就いた。戦争後、最初ドイツに行き、そのあとスイスのチューリッヒ大学に行って最も重要な研究をおこない、量子力学という新興分野に没頭した。1927年、ドイツに戻り、ベルリンのフンボルト大学でマックス・プランクのあとを継いだ。

シュレーディンガーはナチスに声高に反対し、1934年にドイツを離れて、オックスフォード大学に職を求めた。そこで、波動方程式に対して、ポール・ディラックとともに、1933年のノーベル物理学賞を授与されていたことを知った。1936年までにオーストリアに戻ったが、ドイツによるオーストリアの併合に続いて、再び逃げ出さなければならなかった。アイルランドに落ち着いて退職するまで働き、1950年代にオーストリアに戻って余生を過ごした。

**重要な著書**

1926年　固有値問題としての量子化
1944年　生命とは何か

き壁を乗り越えて、脱出できるくらいに大きくなる（現在、量子トンネリングとして知られている効果）。波動方程式による確率の予測は、放射性崩壊の予測できない性質と調和した。

## 不確定性原理

20世紀の中頃に量子物理学を発展させた大論争（今日も本質的には未解決のままである）は、波動関数が現実的には何を意味しているのかを巡るものだった。20年前のプランクとアインシュタインの論争の残響の中、ド・ブロイは自分の方程式とシュレーディンガーの方程式を、粒子の運動を説明するための単なる数学的道具と考えた。ド・ブロイにとって、電子は本質的に粒子のままだった。しかし、シュレーディンガーにとって、波動方程式はずっと基本的なものだった。それは、電子の性質が物理的に空間全体にわたって「ぼやけている」様子を描くものだった。シュレーディンガーの考え方に反対することをきっかけとして、ヴェルナー・ハイゼンベルクは、この世紀のもうひとつの偉大な考えである

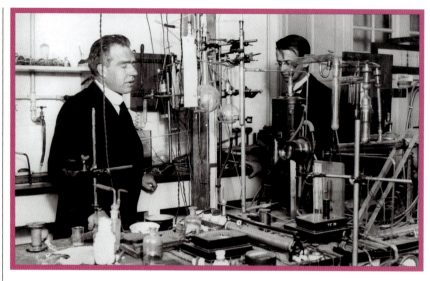

不確定性原理（p.234 – 235）を考案した。これは、粒子が空間の一点に「局在」すると同時に決まった波長を持つことは決してできないことを、波動関数が意味するという認識だった。たとえば、粒子の位置が正確に突き止められると、その運動量は測定するのが難しくなった。したがって、波動方程式によって示される粒子は、不確定であることを常態として存在した。

## コペンハーゲンへの道

量子論で記述される系の性質を測定すると、粒子が、波のように広がった状態ではなく、ある位置にあることが常に明らかになった。古典物理学と日常生活のスケールで何かを測定すると、無数の重なり合っている可能性ではなく、確定した結果が得られた。量子論的不完全性と現実を調和させる課題は測定問題と呼ばれ、それに対する様々な解釈が提案された。

その中で最も有名なものは、1927年にニールス・ボーアとヴェルナー・ハイゼンベルクが考案したコペンハーゲン解釈だ。これは、単純に、波動関数

**デンマークのニールス・ボーア**（左）は、ヴェルナー・ハイゼンベルクと共同研究し、シュレーディンガーの波動関数のコペンハーゲン解釈を考案した。

を「破綻」させ、確定した結果を生じさせているのは、量子論で記述される系と、大きなスケールの——物理学の古典的法則に支配されている——外部の観測者や装置との相互作用であるとしている。この解釈は、普遍的にではないが、最も広く受け入れられているものかもしれず、電子回折のような実験と光波の二重スリット実験によって実証されているように思われる。光や電子の波のような面を明らかにする実験を考案することは可能だが、その実験と同じ装置で個々の粒子の性質を記録することはできない。

素粒子のような小さなスケールの系を扱うとき、コペンハーゲン解釈は合理的に思われるものの、測定されるまで、何も決定されないという点は、多くの物理学者を悩ませた。アインシュタインは「神はさいころを振らない」と言ったが、シュレーディンガーは、

> 神はわたしが確率論の友人でないことを知っている。われわれの親しい友人であるマックス・ボルンがそれを生み出した最初のときから、それを嫌ってきた。
> 
> **エルヴィン・シュレーディンガー**

次のような思考実験を考案し、矛盾が生じることを説明した。

## シュレーディンガーのネコ

コペンハーゲン解釈に従って、論理的に考えていくと、結論としてばかげたように思える矛盾につきあたった。シュレーディンガーは、放射性物質と仕掛けでつながった毒の小瓶が入っている箱の中にネコが閉じ込められているところを想像した。放射性物質が崩壊して放射線の粒子が放出されると、仕掛けのハンマーが毒の小瓶を割る。コペンハーゲン解釈によると、放射性物質は観測されるまで、いわゆるふたつの可能な結果の「重ね合わせ」として、波動関数の形のままだ。しかし、それが本当なら、同じことはネコの生死についてもあてはまることになる。

## 新しい解釈

コペンハーゲン解釈にはシュレーディンガーのネコのような明らかな矛盾があったため、科学者は、代わりとなる量子力学の様々な解釈を考案した。最もよく知られているもののひとつは、アメリカの物理学者ヒュー・エヴェレット3世によって1956年に提案された「多世界解釈」だ。この解釈は、量子論的事象のあいだ、可能な結果のそれぞれには、相互に観測できない別々の歴史を持つ世界が分かれて存在するというもので、矛盾は解決された。つまり、シュレーディンガーのネコは生きてもいるし、死んでもいる。

「無矛盾歴史」解釈は、コペンハーゲン解釈を一般化するために複雑な数学を用い、あまり根本的ではないやり方でこの問題に取り組む。この解釈では、波動関数の破綻に関する問題を避けられるが、その代わりに、様々なシナリオあるいは「歴史」に、量子論と古典物理学の両方のスケールで、確率が割り当てられることを認める。この解釈は、それらの歴史の中のひとつだけが最終的に現実と一致することを認めるが、どの結果になるかの予測を認めない。その代わりに、どのようにして量子物理学が、波動関数の破綻なしに、われわれが見る世界を生じさせることができるかを説明するだけだ。

集団的、あるいは統計的解釈は、アインシュタインによって好まれた必要最低限の数学的解釈だ。ド・ブロイ-ボーム解釈は、波動方程式に対するド・ブロイの最初の反応から考案され、確率的説明ではなく、厳密に因果的な説明であり、宇宙に対する隠された「内在」秩序の存在を仮定する。この交流的解釈には、時間を前後に進む波が関わっている。

しかし、最も興味深いのは、神学に近いものかもしれない。1930年代、ハンガリー生まれの数学者ジョン・フォン・ノイマンは、宇宙の波動関数として知られている包括的な波動方程式に全宇宙が支配されていること、そして、その波動関数はわれわれがその様々な面を測定するとき常に破綻していることを、測定問題は意味していると結論した。■

密閉された箱の中のネコは、放射性物質が崩壊しない限り生きている。

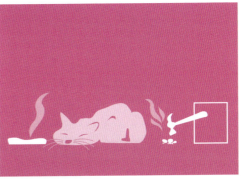

放射性物質が崩壊すると、毒が放出され、ネコは死ぬ。

箱の中の放射性物質が崩壊したかどうかを測定して知る必要がある。そのときまで、ネコは、生きてもいるし、死んでもいるものと想像しなければならない。

**コペンハーゲン解釈**に厳密に従うと、シュレーディンガーの思考実験は、ネコが同時に生きてもいるし、死んでもいる状況を生み出す。

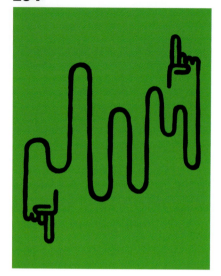

# 不確定性は避けられない
## ヴェルナー・ハイゼンベルク（1901年〜1976年）

### 前後関係

**分野**
物理学

**以前**
**1913年** ニールス・ボーアは、量子化された光の概念を用いて、原子の中の電子のエネルギー準位を説明する。

**1924年** ルイ・ド・ブロイは、光が粒子のような性質を示すように、極めて小さい粒子が波のようなふるまいを示すことがあると提案する。

**以後**
**1927年** ハイゼンベルクとボーアは、量子レベルの事象が大きなスケールの（巨視的）世界に相互作用する仕方に関する、非常に影響力のあるコペンハーゲン解釈を提案する。

**1929年** ハイゼンベルクとヴォルフガング・パウリは、ポール・ディラックが基礎を築いた場の量子論の発展に取り組む。

1924年、ルイ・ド・ブロイは、原子より小さい粒子は、波のような性質を示すことができると提案した。それに続いて、何人かの物理学者が、原子の構成粒子の「物質波」が相互作用することによって原子の複雑な性質がどのようにして生じうるかの研究をおこなった。1925年、ドイツの科学者のヴェルナー・ハイゼンベルクとマックス・ボルン、パスクアル・ヨルダンは、「行列力学」を用いて、水素原子の経時的進展をモデル化したが、のちに、エルヴィン・シュレーディンガーの波動関数に取って代わられた。ハイゼンベルクは、デンマークの物理学者ニールス・ボーアとともに研究し、確率の法則に支配される量子系が、大きなスケールの世界と相互作用する仕方に関する「コペンハーゲン解釈」を考案した。この解釈の主要な要素のひとつは「不確定性原理」である。

不確定性原理は、行列力学の数学的帰結であった。ハイゼンベルクは、自分の数学的方法では、対となるものの性質が、同時には、正確に決定できないことに気づいた。たとえば、粒子の位置を正確に測定すると、その運動

**古典的イメージ**

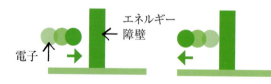

電子　エネルギー障壁

**量子論的イメージ**

電子波

**量子トンネリング**はハイゼンベルクの原理によって説明される。電子は、そのエネルギーが少な過ぎて障壁を通り抜けられないと思われても、障壁を「トンネルを使って通り抜ける」ことができる。

# パラダイム・シフト 235

**参照** アルベルト・アインシュタイン p.214-221 ■ エルヴィン・シュレーディンガー p.226-233 ■ ポール・ディラック p.246-247 ■ リチャード・ファインマン p.272-273 ■ ヒュー・エヴェレット3世 p.284-285

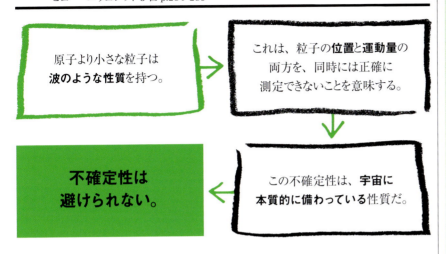

原子より小さな粒子は**波のような性質**を持つ。

これは、粒子の**位置と運動量**の両方を、同時には正確に測定できないことを意味する。

この不確定性は、**宇宙に本質的に備わっている**性質だ。

**不確定性は避けられない。**

### ヴェルナー・ハイゼンベルク

1901年、南ドイツのウルツブルクという町で生まれたヴェルナー・ハイゼンベルクは、ミュンヘン大学とゲッティンゲン大学で、数学と物理学を学んだ。ゲッティンゲン大学では、マックス・ボルンのもとで研究し、将来の共同研究者ニールス・ボーアに初めて会った。

コペンハーゲン解釈と不確定性原理の研究で最もよく知られているが、その他にも、場の量子論に重要な貢献をし、反物質の独自の理論を考案した。1932年にノーベル物理学賞を授与され、最も若い受賞者のひとりとなった。その名声のおかげで、翌年、ナチスが政権を取ったあと、ナチスに声高に反対することができた。しかし、ドイツにとどまることを選び、第二次世界大戦中、ドイツの核エネルギー計画を率いた。

### 重要な著書

1927年　運動学の関係と力学の関係の量子論的再解釈
1930年　量子論の物理的原理
1958年　現代物理学の思想

---

量は不正確になるし、その逆のことも言える。特にこれらの性質に対して、その関係性が次のように書けることをハイゼンベルクは見つけた。

$$\Delta x \Delta p \geq \frac{\hbar}{2}$$

$\Delta x$ は位置の不確定性、$\Delta p$ は運動量の不確定性、$\hbar$ は変更されたプランク定数（p.202）。

**不確かな世界**

不確定性原理は、量子スケールの測定の結果として説明されることが多い。たとえば、原子より小さい粒子の位置を決定しようとすると、ある種の力を必然的に加えることになり、その力によって、その粒子の運動エネルギーと運動量が正確には決定できなくなる。最初、ハイゼンベルク自身によって提示されたこの説明によって、アインシュタインを含む様々な科学者が、ある種の「ごまかし」を用いて、位置と運動量を同時に、正確に測定できるという思考実験を考案することになった。しかし、事実はそんなごまかしよりずっと奇妙だった。不確定性は、量子系に本質的に備わっている特徴であることが判明したのだ。

この問題を考えるのに役立つ方法は、粒子の物質波を検討することである。粒子の運動量は、その全エネルギーに影響し、したがって、その波長に影響する。そして、粒子の位置をより正確に突き止めると、それだけ、その波動関数についての情報が少なくなり、波長についての情報も少なくなる。逆に、波長を正確に測定するには、空間のより広い領域を検討しなければならず、そのため、粒子の正確な位置についての情報が犠牲になる。こういった考えは、多くの実験によって事実であることが証明されており、現代物理学の重要な基礎を形成している。不確定性原理によって、量子トンネリングのような、奇妙に思えるが、実際に起きている現象が説明できる。■

# 宇宙は大きい……そして、より大きくなりつつある

## エドウィン・ハッブル（1889年〜1953年）

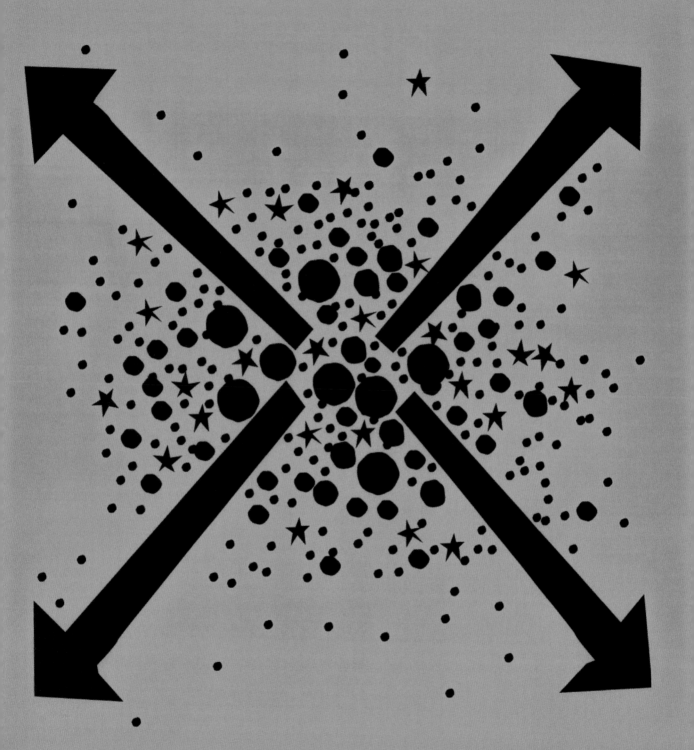

# エドウィン・ハッブル

## 前後関係

### 分野
**宇宙論**

### 以前
**1543年** ニコラウス・コペルニクスは、地球は宇宙の中心ではないと結論する。

**17世紀** 太陽の周りの軌道を地球が回るとき、星の眺めが変化する。このことを用いて、星までの距離を測るための視差法が考案される。

**19世紀** 望遠鏡の改良によって、星の光の研究ができるようになり、天体物理学が台頭する。

### 以後
**1927年** ジョルジュ・ルメートルは、宇宙は、起源である単一の点までさかのぼれると提案する。

**1990年代** 天文学者は、暗黒エネルギーによって、宇宙の膨張が加速していることを発見する。

---

20世紀初頭、宇宙の規模がどれくらいかについての考えによって、天文学者は大きく2つの学派に分かれた。天の川銀河が宇宙の全範囲であると考える人々と、天の川は無数にある銀河のひとつに過ぎないと考える人々だ。エドウィン・ハッブルは、この難問を解き、宇宙が、誰が想像したものよりずっと大きいことを示した。

議論の鍵は「渦状星雲」の性質だった。今日、星雲は、塵とガスの星間雲に対して使われる用語だが、当時は、どんな不定形の光の雲にも使われ、のちに天の川より先の銀河であることが判明する天体も含まれていた。

19世紀に、望遠鏡の性能が非常によくなるにつれて、星雲として分類されていた天体の一部で、独特の「渦状」の特徴が明らかになり始めた。同時に、分光学の発達によって、こういった渦は、実は、途切れなく混じり合った無数の星からできていることがわかった。

こういった星雲の分布も興味深かった。それらは、天の川内に集まっている他の天体と違って、天の川から離れた暗い空にあることのほうが多かった。そのため、一部の天文学者は、ドイツの哲学者イマヌエル・カントが1755年に提案した、星雲は「島宇宙」だという考えを採用した。島宇宙とは、天の川と似た系だが、ずっと遠くにある。宇宙はもっと限られた広さしかないと考える人々は、渦状星雲は、天の川の周りを回る、形成過程にある太陽あるいは太陽系だと主張した。

### 脈のある星

長いあいだ未解決だった難問の答えは、いくつかの段階を経て訪れた。

>
> 変光星の光度と周期のあいだに単純な関係がある。
> **ヘンリエッタ・リービット**
>

---

### エドウィン・ハッブル

1889年、ミズーリ州のマーシュフィールドで生まれたエドウィン・パウエル・ハッブルは、ひどく競争好きの性質で、それは、若い頃に、才能のある運動選手だったことに表れていた。天文学に興味があったが、父親の希望に従って、法律を学んだ。しかし、25歳のとき父親が亡くなって、早くからの情熱に従おうと決心した。ハッブルの研究は第一次世界大戦での従軍によって中断されたが、アメリカに戻ったあと、ウィルソン山天文台に職を得て、ここで、最も重要な研究をおこなった。1924年〜1925年には、「銀河系外星雲」の研究を、1929年には宇宙膨張の証拠を発表した。後年、天文学がノーベル賞の対象となるように運動した。1953年にハッブルが亡くなったあとに、ようやくノーベル賞の対象として認められたので、彼自身はノーベル賞を授与されなかった。

### 重要な著書

**1925年** 渦状星雲のセファイド型変光星

**1929年** 銀河系外星雲における距離と視線速度の関係

パラダイム・シフト **239**

参照　ニコラウス・コペルニクス p.34-39　■　クリスチャン・ドップラー p.127　■　ジョルジュ・ルメートル p.242-245

ヘンリエッタ・リービットは、その生涯においてほとんど正当に評価されなかったが、セファイド型変光星に関する彼女の発見は、地球から遠い銀河までの距離を、天文学者が測ることを可能にした鍵だった。

その中で最も重要なものは、星までの距離を正確に測る方法の確立だったかもしれない。ブレークスルーは、ヘンリエッタ・スワン・リービットの研究とともに訪れた。彼女は、星の光の性質を分析していたハーバード大学の女性天文学者チームのひとりだった。

リービットは脈動変光星のふるまいに興味を持った。脈動変光星は、明るさが脈打つように変動して見える星で、それは、寿命の終わりに近づき、周期的に拡大したり、収縮したりするからだった。リービットはマゼラン雲の写真乾板を調べ始めた。マゼラン雲は、南半球の空に見える2つの小さな光の領域で、天の川から分かれた「塊」のように見える。彼女は、それぞれの星雲が莫大な数の脈動変光星を含んでいることを見つけ、多くの異なる乾板でそれらを比較することにより、その光が規則的な周期で変化していることと、その周期を明らかにした。

これらの小さくて、暗い恒星雲を調べることによって、リービットは恒星雲の中の星が、すべて地球からほぼ同じ距離にあると想定した。距離自体を知ることはできなかったが、星の「見かけの光度」（観測される光度）を、「絶対光度」（星を地球から基準の距離に置いたとき示す光度）として代用すれば、それで十分だった。リービットは最初の結果を1908年に発表し、一部の星で、変光周期と絶対光度に関係性があるように思われることにも言及したが、その関係性がどのようなものかを明らかにするにはさらに4年かかった。そして、セファイド型変光星では、大きな光度の星はそれだけ長い変光周期を持つことがわかった。

リービットの「周期と光度」の法則は、宇宙の規模を解き明かす鍵であることがわかった――星の変光周期からその絶対光度を算出できれば、その星の地球からの距離は、見かけの光度から算出できる。これを算出するには、まず変光周期と絶対光度の関係式を作る必要があった。それは、スウェーデンの天文学者アイナー・ヘルツシュ

# エドウィン・ハッブル

> われわれは
> 宇宙のますます遠くに
> 達しつつあり、最も暗い星雲が
> 見つかる既知の宇宙の
> 最先端に達している。
> **エドウィン・ハッブル**

プルングによって1913年におこなわれた。彼は視差法（p.39）を用いて、比較的近くにある13のセファイド型変光星までの距離を算出した。セファイド型変光星は、太陽の何千倍も明るかった（現在は「黄色超巨星」に属する）。したがって、理論上は、それらは理想的な「光度基準星」――非常に長い宇宙の距離を測るためにその明るさを用いることができる星――だった。しかし、天文学者の努力にもかかわらず、渦状星雲の中のセファイド型変光星はなかなかとらえられなかった。

## 大討論

1920年、ワシントンのスミソニアン博物館は、ふたつの対抗している宇宙論の学派の討論を主催し、宇宙の大きさの問題を最終的に解決したいと望んでいた。

尊敬されているプリンストン大学の天文学者ハーロー・シャプリーが「小さな宇宙」側を代表した。シャプリーは、リービットのセファイド型変光星の研究を用いて、球状星団（天の川の周りを回る密集した星団）までの距離を測定した最初の人物であり、それが典型的には、数千光年離れていることを発見した。1918年、こと座ＲＲ型変光星（セファイド型変光星のようにふるまうが、それより暗い星）を用いて、天の川の大きさを推定し、太陽が天の川の中心近くにはないことを示した。シャプリーの主張は、多くの銀河を持った巨大な宇宙という概念に対する世間一般の懐疑主義に訴えただけでなく、具体的な証拠（のちに不正確であることが判明した）も引用していた。それは、たとえば、一部の天文学者が、長年にわたって、渦状星雲が回転しているのを実際に観測していたという報告だった。それが事実で、渦状星雲に光の速さを超える部分がないためには、渦状星雲は比較的小さくなければならなかった。

一方、「島宇宙」の支持者の代表は、ピッツバーグ大学アレゲニー天文台のヒーバー・カーチスが務めた。カーチスは、「新星」の光度を、遠い渦状星雲と、われわれの天の川で比較した結果に基づいて主張した。新星は非常に明るい星の爆発で、距離の指標として役に立つ。

カーチスは、もうひとつの決定的な証拠――多くのセファイド型変光星が示す大きな赤方偏移――も引用した。赤方偏移は、1912年に、アリゾナ州のフラッグスタッフ天文台のヴェスト・スライファーによって発見され、星雲のスペクトル線のパターンが、赤色の方へと移動する現象だった。スライファーとカーチス、その他多くの人が、赤方偏移は、ドップラー効果（光源と観測者の相対運動による光の波長の

**アンドロメダ星雲**のセファイド型変光星からの光を測定することによって、ハッブルはアンドロメダ星雲が250万光年離れていて、それ自体が銀河であることを証明した。

変化）によって起こるもので、星雲が非常に速くわれわれから遠ざかっていて、あまりにも速すぎて天の川の重力が星雲を保持できないことを示していると考えた。

## 宇宙を測る

1922年〜1923年までに、カリフォルニア州のウィルソン山天文台のエドウィン・ハッブルとミルトン・ヒューメイソンは、この謎を解明できる場所にいた。この天文台の新しい100インチ（約2.5m）のフッカー望遠鏡（当時、世界最大）を使って、彼らは渦状星雲の中で輝いているセファイド型変光星を見つけることに着手した。そして、最も大きく、最も明るい星雲の多くで、セファイド型変光星を見つけることに成功した。

ハッブルは変光周期を記録し、絶対光度を算出した。それを星の見かけの光度と比較することによって、星までの距離が明らかとなり、典型的には、数百万光年という数字になった。このことから、渦状星雲が巨大な、独立した星系であり、天の川よりずっと先にあって、大きさが天の川に匹敵してい

> 五感の備わった人間は、
> 自分の周りの宇宙を探り、
> その冒険を科学と呼ぶ。
> **エドウィン・ハッブル**

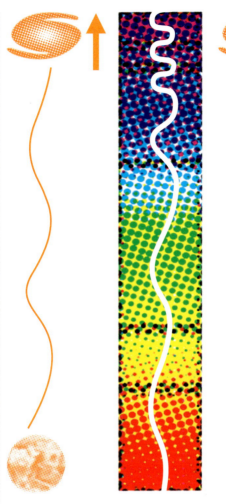

**1842年**、クリスチャン・ドップラーは、光源がわれわれの方に近づいてくるか、われわれから遠ざかっていくと、光波は異なる波長で届くことを示した。光源がわれわれの方に近づいてくると、光のスペクトルが青色の方に移動するので、より青く見える。光源が遠ざかっていくと、光のスペクトルが赤色の方に移動するので、より赤く見える。

ることが最終的に証明された。渦状星雲は現在、渦巻銀河と正しく呼ばれている。

続いてハッブルは、銀河までの距離と、スライファーによってすでに発見されていた赤方偏移のあいだに、驚くべき関係を見つけた。40を超える銀河について、赤方偏移と距離の関係を座標平面上に記入すると、大まかな直線関係が得られた。銀河は、平均して遠くにあれば、それだけ赤方偏移は大きくなっていた。すなわち、遠くにある銀河ほど、地球からより速く遠ざかっているのだった。これは、全体的に宇宙が膨張していること、つまり空間自体が拡大していて、あらゆる銀河がそれとともに運ばれている結果に違いないとハッブルはすぐに気がついた。ふたつの銀河の間隔が広ければ、それだけ、それらの空間はより速く拡大する。空間の拡大速度はすぐに「ハッブル定数」として知られるようになり、2001年、ハッブルの名前のついた宇宙望遠鏡によって、最終的に測定された。

膨張する宇宙というハッブルの発見は、科学の歴史上、最も有名な考えのひとつ——ビッグバン説（p.242-245）——を生み出した。■

# 空間の半径は
# ゼロで始まった
## ジョルジュ・ルメートル（1894年〜1966年）

**前後関係**

分野
**天文学**

以前

**1912年** アメリカの天文学者ヴェスト・スライファーは、渦状星雲の大きな赤方偏移を発見し、渦状星雲が高速で地球から遠ざかっていることを提案する。

**1923年** エドウィン・ハッブルは、渦状星雲が遠い、独立した銀河であることを確認する。

以後

**1980年** 日本の物理学者の佐藤勝彦とアメリカの物理学者アラン・グースは、初期の宇宙に短時間の劇的なインフレーションがあって、今日われわれが目にする状態を生み出したと提案する。

**1992年** 人工衛星COBE（宇宙背景放射探査機）は、宇宙マイクロ波背景放射（CMBR）の小さな波——初期の宇宙に出現した最初の構造をほのめかすもの——を検出する。

宇宙がビッグバンで始まり、空間中の、超高密度で超高温の非常に小さな点から膨張したという考えは、現代の宇宙論の基礎である。この考えは、1929年のエドウィン・ハッブルの宇宙膨張の発見から始まったとよく言われるが、この説に先行するものが、ハッブルの発見の数年前からいくつかあった。それらは、元々、アルベルト・アインシュタインの一般相対性理論を宇宙全体に当てはめたときの解釈から生じた。

アインシュタインは自分の理論を考案するとき、宇宙は静的である——膨

# パラダイム・シフト 243

参照　アイザック・ニュートン p.62-69　■　アルベルト・アインシュタイン p.214-221　■
　　　エドウィン・ハッブル p.236-241　■　フレッド・ホイル p.270

138億年前の宇宙創成以来、宇宙の膨張は異なる段階を通ってきた。インフレーションとして知られる初期の急速な膨張ののち、膨張は遅くなり、それから、もう一度速くなり始めた。

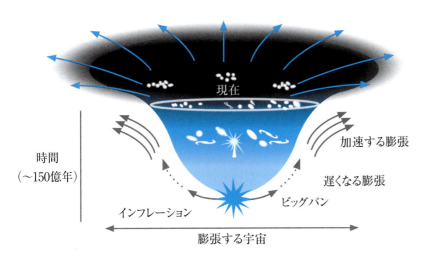

## ジョルジュ・ルメートル

1894年にベルギーのシャルルロアで生まれたルメートルは、ルヴァンのカトリック大学で土木工学を学び、第一次世界大戦で従軍した。そのあと学問の世界に戻り、神学だけでなく物理学と数学を研究した。1923年から、イギリスとアメリカで天文学を研究した。1925年に講師としてルヴァンに戻ると、銀河系外星雲の赤方偏移の説明として、膨張している宇宙の説を構築し始めた。

ルメートルの考えは、初め、読者の少ないベルギーの雑誌に、1927年に発表された。そして、ルメートルがアーサー・エディントンとともに英訳を発表したあとに有名になった。ルメートルは1966年まで生き、宇宙マイクロ波背景放射（CMBR）の発見によって、自分の考えが正しかったことが証明されたのを知ることができた。

### 重要な著書

1927年　銀河系外星雲の視線速度の説明となる、一定の質量と増えていく半径の一様な宇宙

1931年　宇宙の進化——議論

張も、収縮もしない——という考えに固執した。そこで、一般相対性理論は、宇宙が自らの重力で崩壊することを示したが、アインシュタインは、宇宙項を方程式に追加することによって、ごまかした。宇宙項は、数学的に、重力収縮とは反対に作用し、静的宇宙を生み出すものだった。アインシュタインがのちにその項を自分の最大の誤りと呼んだことは有名だが、彼がそれを提案した当時でさえ、それをおかしいと思う者がいた。

オランダの物理学者ウィレム・ド・ジッターとロシアの数学者アレクサンドル・フリードマンは、独立に、一般相対性理論に基づいて宇宙は膨張していると提案した。また、1927年、ベルギーの天文学者で司祭のジョルジュ・ルメートルは、ハッブルの観測による証拠の2年前に同じ結論に達した。

### 火で始まる

1931年、イギリス学術協会の講演で、ルメートルは宇宙膨張の考えを取り上げ、その論理的帰結として、宇宙は「原始的原子」というひとつの点から生じたと提案した。この考えに対する反応は様々だった。

天文学の当時の体制派は、終わりも

膨張の最初の段階は、
現在の宇宙の質量にほぼ等しい、
最初の原子の質量によって決まる
急速な膨張から成る。
ジョルジュ・ルメートル

> 一般相対性理論によって、ルメートルは、**宇宙は膨張している**と予測する。

> ハッブルは**宇宙が膨張していることを**実証する。

> ルメートルは、**宇宙が「原始的原子」で始まった**という、のちに「ビッグバン」と呼ばれる説を立てる。

> **宇宙マイクロ波背景放射（CMBR）**の発見は、ビッグバン説を裏づける。

> **空間の半径はゼロで始まった。**

する証拠が発表されて、定常状態モデル（定常宇宙）は不利になっていた。その証拠とは、ジョンズ・ホプキンス大学のラルフ・アルファーとジョージ・ガモフによって書かれた1948年の論文だった。それは「化学元素の起源」という表題で、原子より小さい粒子と軽量の化学元素が、ビッグバンのエネルギーから、アインシュタインの方程式 $E=mc^2$ に従って、どのように生み出されうるかを詳しく説明していた。しかし、のちにビッグバン元素合成として知られるこの理論では、4つの最も軽い元素——水素、ヘリウム、リチウム、ベリリウム——だけができる過程を説明していた。もっと重い元素は、星の元素合成（星の内部で起きる過程）の産物であることが発見されたのは、あとになってからだった。皮肉にも、星の元素合成がどのように起きるかを示す証拠は、フレッド・ホイルによって確立された。

ビッグバンと定常宇宙のどちらが正しいかを決定する、観測による直接的な証拠はまだなかった。それらの説を検証する初期の試みは、1950年代に、ケンブリッジ干渉計という電波望遠鏡

始まりもない永遠の宇宙という考えに執着していた。司祭であるルメートルが、はっきりした点を起源として想定したことに対して、彼らは、不必要な宗教的要素を宇宙論に持ち込もうとしていると受け取った。しかし、ハッブルの観測結果は否定できず、膨張する宇宙を説明する何らかのモデルが必要だった。1930年代に多くの説が提案されたが、1940年代後半までに、ふたつだけが候補として残った。それは、ルメートルの原始的原子の説と「定常状態」モデルだった。後者は、宇宙が膨張しながら、物質が継続的に生み出されるというものだった。イギリスの天文学者フレッド・ホイルが定常状態の考えの擁護者だった。1949年、ホイルは、対抗する説を軽蔑して「ビッグバン」と呼んだ。

### 元素の合成

ホイルがビッグバンと名づけたときにはすでに、ルメートルの仮説を支持

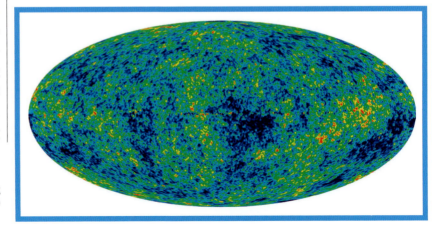

**宇宙マイクロ波背景放射**に非常に小さな変化が見つかった——この画像の異なる色は1Kの4億分の1未満の温度差を示す。

アーノ・ペンジアスとロバート・ウィルソンは、偶然、宇宙マイクロ波背景放射を検出した。最初、彼らはその雑音が、無線アンテナ上の鳥の糞によるものと考えた。

を用いておこなわれた。この検証は次のような単純な原理によっていた。定常宇宙論が正しいなら、宇宙は基本的に時間と空間の両方において均一でなければならないが、ビッグバン説で提案されているように、宇宙が100億〜200億年前に始まったなら、発せられる光（電磁波）が地球に届くのに数十億年かかる宇宙の遠い領域は、かなり異なって見えるはずだ（この宇宙のタイムマシン効果は、遠い天体を見ると、それは遠い過去にあるというもので、「ルックバック・タイム」として知られている）。特定の輝度を超える光を発している遠い銀河の数を数えることによって、このふたつのシナリオを区別できるはずだった。

ケンブリッジ干渉計による最初の実験結果は、ビッグバン説を支持するように思われた。しかし、電波探知器に問題が発見されたため、その結果は無視しなければならなかった。

## ビッグバンの痕跡

幸いにも、この問題はまもなく他の方法で解決した。アルファーとその同僚のロバート・ハーマンは早くも1948年に、宇宙全体にビッグバンのときの超高温の影響が残っていると予測していた。その説によると、宇宙は誕生後およそ38万年たつと、透明になるほど十分に冷え、光子が初めて自由に空間を進むことができた。当時存在した光子は、それからずっと空間を伝わり、空間が膨張するにつれて、波長が長くなった。1964年、プリンストン大学のロバート・ディッケらは、そのかすかな信号が低エネルギーの電波の形を取ると考え、それを検出できる電波望遠鏡を作り始めた。しかし、彼らは、近くのベル電話研究所で研究していた二人の技術者アーノ・ペンジアスとロバート・ウィルソンに敗れた。ペンジアスとウィルソンは衛星通信のために電波望遠鏡を作っていて、除去できない雑音に悩まされていた。それは、空全体から来ており、3.5Kという超低温の物体から放射されるマイクロ波に一致していた。ベル電話研究所がディッケに連絡を取り、この問題について協力を求めたとき、ディッケは彼らがビッグバンの名残りである宇宙マイクロ波背景放射（CMBR）を見つけたことに気づいた。

CMBRが宇宙全体に広がっている——定常宇宙論では説明のつかない現象——という発見は、ビッグバン説の堅固な証拠であり、この問題は決着した。その後の測定によって、CMBRの正確な平均温度は約2.73Kであることが明らかとなった。そして、高精度の人工衛星による測定で、信号のわずかな変化が明らかとなったため、ビッグバンの38万年後にさかのぼって宇宙の状態を調べることが可能となった。

## その後の発展

ビッグバン説は、原理的には正しいことが証明されたが、1960年代から何度も修正された。その中で最も重要な修正は、暗黒物質と暗黒エネルギーが説明に導入されたことと、インフレーションとして知られる、宇宙の創成後の瞬間に起きた激しい膨張が追加されたことである。

ビッグバンを引き起こした事象は、まだわれわれの理解を超えているが、ハッブル宇宙望遠鏡のような機器に助けられ、宇宙の膨張速度を測定することによって、現在、宇宙はおよそ138億年前に誕生したと考えられている。宇宙の未来については様々な説が存在するが、その多くで、宇宙は膨張し続け、物質が原子より小さな冷たい粒子に分解した熱力学的平衡状態、すなわち「熱的死」に約$10^{100}$年かけて達すると考えられている。■

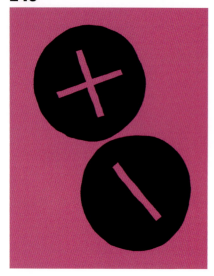

# 物質の粒子には、すべて対となる反物質がある
## ポール・ディラック（1902年～1984年）

**前後関係**

**分野**
物理学

**以前**
**1925年** ヴェルナー・ハイゼンベルクとマックス・ボルン、パスクアル・ヨルダンは行列力学を考案し、粒子の波のような性質を説明する。

**1926年** エルヴィン・シュレーディンガーは、電子の経時的変化を表す波動方程式を考案する。

**以後**
**1932年** 電子の反粒子である陽電子の存在が、カール・アンダーソンによって確認される。

**1940年代** リチャード・ファインマンと朝永振一郎、ジュリアン・シュウィンガーは、量子電磁力学——光と物質の相互作用を説明する数学的方法で、その方法によって、量子論と特殊相対性理論は完全に一体化する——を考案する。

---

ディラックは、**相対論的効果**を考慮するために、シュレーディンガーの**波動方程式**を修正する。

↓

**ディラックの新しい方程式**では、**反物質**の存在が予測される。

↓

**反物質**は、その後、**発見され**、ディラックの予測を裏づける。

↓

**物質の粒子には、すべて対となる反物質がある。**

---

イギリスの物理学者ポール・ディラックは、1920年代に量子物理学の理論的枠組みに非常に大きく貢献したが、数学的に反粒子の存在を予測したことで、おそらく今日最もよく知られている。

ヴェルナー・ハイゼンベルクの、行列力学に関する画期的な論文を読んだとき、ディラックはケンブリッジ大学の大学院生だった。行列力学は、どのように粒子が、ひとつの量子状態から別の量子状態へ跳躍するかを説明していた。ディラックは、この論文の難しい数学を理解し、古典的な系を、量子のレベルで理解する方法を考案した。

この研究における初期の成果のひとつは、量子スピンの考えを導出したことだった。ディラックは、現在「フェルミーディラック統計」として知られる一揃いの法則を考案した。ディラックは、半整数のスピン数を持つ、電子のような粒子をフェルミにちなんで「フェルミオン」と命名した。この法則では、多数のフェルミオンがどのように相互作用するかが説明されている。1926年、

# パラダイム・シフト

**参照** ジェームズ・クラーク・マクスウェル p.180-185 ■ アルベルト・アインシュタイン p.214-221 ■ エルヴィン・シュレーディンガー p.226-233 ■ ヴェルナー・ハイゼンベルク p.234-235 ■ リチャード・ファインマン p.272-273

ディラックの博士号の指導教官ラルフ・ファウラーは、ディラックの統計を用いて、崩壊する、星の核のふるまいを計算し、超高密度の白色矮星の起源を説明した。

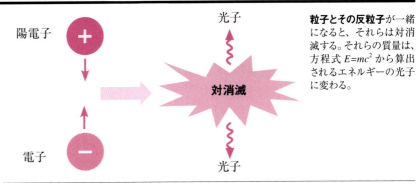

**粒子とその反粒子**が一緒になると、それらは対消滅する。それらの質量は、方程式 $E=mc^2$ から算出されるエネルギーの光子に変わる。

## 場の量子論

物理学の教科書では、力が影響する個々の粒子や物体の、性質と動力学に重点が置かれているが、より深い理解は、場の理論を考案することによって得られる。場の理論は、力が空間全体に影響を及ぼす仕組みを説明する。独立した実体としての場の重要性は、19世紀中頃、ジェームズ・クラーク・マクスウェルによって初めて認識された。それは、マクスウェルが電磁波の理論を考案していたときのことだった。アルベルト・アインシュタインの一般相対性理論は、場の理論のもう一つの例だ。

ディラックの量子の世界に対する新しい解釈は、場の量子論だった。1928年、彼はそれによって、電子のための相対論的なシュレーディンガーの波動方程式（光に近い速さで動いている粒子の影響を考慮に入れることができ、そのためシュレーディンガーの非相対論的な方程式より、量子の世界をより正確にモデル化している式）を作り出した。また、このいわゆる「ディラック方程式」では、物質を作っている粒子と同じ性質だが、反対の電荷を持つ粒子の存在が予測された。

反電子、すなわち陽電子は、1932年に、アメリカの物理学者カール・アンダーソンによって実験的に確認された。

最初は宇宙線（宇宙から地球の大気に降り注ぐ高エネルギーの粒子）の中に、次に、特定の種類の放射性崩壊において検出された。それ以来、反物質は、物理学の集中的な研究のテーマとなった。また、通常の物質と接触してエネルギーが突発する「対消滅」という反物質の性質から、ＳＦ作家に愛されもした。しかし、もっと重要なことは、ディラックの場の量子論が、のちの世代の物理学者による成果である、量子電磁力学の理論の基礎となったことかもしれない。■

## ポール・ディラック

ポール・ディラックは数学の天才で、量子物理学にいくつかの主要な貢献をし、1933年にノーベル物理学賞をエルヴィン・シュレーディンガーと共同受賞した。イングランドのブリストルで、スイス人の父親とイギリス人の母親のあいだに生まれ、ブリストルの大学で電気工学と数学の学位を取得した。そのあとケンブリッジ大学で研究を続け、そこでは一般相対性理論と量子論への興味を追求した。1920年代半ばに自らの研究が画期的な進展を遂げたあと、ゲッティンゲンとコペンハーゲンで研究を続け、そのあとケンブリッジ大学に戻り、ルーカス教授職に就いた。その後は多くの時間をかけて量子電磁力学に集中した。また、量子論と一般相対性理論を一体化する考えを追求したが、その努力は限られた成功しかもたらさなかった。

### 重要な著書

1930年　量子力学の原理
1966年　場の量子論についての講義

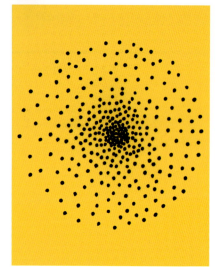

# 崩壊している星の核が不安定になる上限がある
## スブラマニアン・チャンドラセカール
### (1910年〜1995年)

## 前後関係

**分野**
**天体物理学**

**以前**
**19世紀** 高密度の小さな星として、天文学者によって白色矮星が発見される。

**以後**
**1934年** フリッツ・ツビッキーとヴァルター・バーデは、超新星爆発が、大きくて重い星の死を示し、その核の崩壊によって中性子星ができると提案する。

**1967年** イギリスの天文学者のジョスリン・ベルとアントニー・ヒューイッシュは、速く脈動する電波信号を検出する。それは、現在、「パルサー」——高速で回転している中性子星——として知られる天体からのものだった。

**1971年** はくちょう座X-1から放射されるX線が不規則に変動するというデータから、近くにブラックホールのあることが初めて確認される。

1920年代の量子物理学の発展は、天文学とも密接な関係を持ち、白色矮星という超高密度の星を理解するのに量子力学が適用された。白色矮星は、太陽のような星の燃え尽きた核であり、自らの核燃料を使い果たし、自らの重力で崩壊して、地球の大きさぐらいの物体になっている。1926年、物理学者ラルフ・ファウラーとポール・ディラックは、「電子の縮退圧」によってこの大きさで崩壊が止まると説明した。電子の縮退圧は、電子が緊密に詰め込まれて、パウリの排他原理が働き始めると必ず生じる。

### ブラックホールを形成する

1930年、インドの天体物理学者スブラマニアン・チャンドラセカールは、それ以上だと重力が電子の縮退圧にまさる、星の核の質量に上限があることを明らかにした。その上限を超えると、星の核は、特異点という空間の単一の点へと崩壊して、ブラックホールを形成する。崩壊している星の核に対するこの「チャンドラセカール限界」は、現在、約1.44太陽質量(太陽の質量の約1.44倍)であることが知られている。しかし、白色矮星とブラックホールのあいだに中性子星という中間の段階があり、それは「中性子の縮退圧」と呼ばれる、別の量子効果によって安定している。中性子星の核の質量が1.5太陽質量と3太陽質量のあいだにある上限値を超えた場合、ブラックホールになる。■

われわれの時空の概念のみから生み出されたという意味で、ブラックホールは、宇宙で最も完全な巨視的物体である。
**スブラマニアン・チャンドラセカール**

**参照** ジョン・ミッチェル p.88-89 ■ アルベルト・アインシュタイン p.214-221 ■ ポール・ディラック p.246-247 ■ フリッツ・ツビッキー p.250-251 ■ スティーヴン・ホーキング p.314

パラダイム・シフト

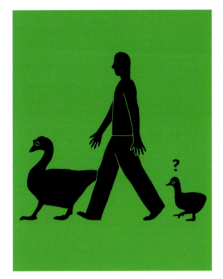

# 生きること自体が知識を獲得する過程だ
## コンラート・ローレンツ（1903年～1989年）

### 前後関係

**分野**
生物学

**以前**
**1872年** チャールズ・ダーウィンは、『人及び動物の表情について』の中で、遺伝的な行動を説明する。
**1873年** ダグラス・スポルディングが、鳥において、生得的な（遺伝的）行動と学習によって身につく行動を区別する。
**1890年代** ロシアの生理学者イワン・パブロフは、犬に単純な学習をおこなわせ、だ液を出すように条件づけられることを実証する。

**以後**
**1976年** イギリスの動物学者リチャード・ドーキンスは、著書『利己的な遺伝子』の中で、行動を操る遺伝子の役割を強調する。
**2000年代** 新しい研究によって、昆虫からシャチまで多くの動物で、教えることの重要性を示す証拠が増えている。

動物の行動に関する科学的な実験をおこなった最初の科学者の中に、19世紀のイギリスの生物学者ダグラス・スポルディングがいた。彼は鳥の行動を研究し、鳥の複雑な行動は学習されるものだという、当時の支配的な考えに対し、一部の行動は生得的な行動、すなわち遺伝的で、「生まれつき備わっている」行動であると考えた。

現代の動物行動学は、行動が、学習による要素と生得的な要素の両方を含んでいることを認めている。生得的な行動は、型にはまったものであり、遺伝するので、自然選択によって進化することができる。一方、学習による行動は、経験によって変更されうる。

### ガンの刷込み

1930年代、オーストリアの生物学者コンラート・ローレンツは、彼が「刷込み」と呼んだ鳥のある種の学習行動に注目した。ハイイロガンは、ふ化後

**これらのツルとガンは**、卵からかえしてもらい、育ててくれたクリスチャン・ムーレックに刷込み行動を取り、どこにでも彼について行く。軽量飛行機で飛ぶと、ツルとガンも飛行機と一緒に飛ぶ。

の臨界期に、最初に見た、適切な、動いている物――通常は母親――を学習して追従するが、ローレンツは、母親の姿が「固定的動作パターン」として知られる本能行動を子供に引き起こすことを発見した。ローレンツは、このことをガチョウのひなを用いて実証した。ひなは、ローレンツを母親として学習し、どこにでも彼について行った。ひなは、無生物にも刷込み行動を示し、線路の上を、円を描いて走る模型の列車にもついて行った。■

**参照** チャールズ・ダーウィン p.142-149 ■ グレゴール・メンデル p.166-171 ■ トマス・ハント・モーガン p.224-225

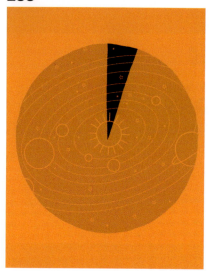

# 宇宙の95％は正体不明だ
## フリッツ・ツビッキー（1898年〜1974年）

### 前後関係

**分野**
物理学と宇宙論

**以前**

**1923年** エドウィン・ハッブルは、銀河の実態が、天の川より数百万光年先にある独立した星系であることを確認する。

**1929年** ハッブルは、宇宙が膨張していて、銀河が、われわれからより急速に遠ざかっていれば、それだけ遠くにある（いわゆるハッブル・フロー）ことを立証する。

**以後**

**1950年代** アメリカの天文学者ジョージ・アベルは、銀河団の最初の詳細な目録を編集する。銀河団に関するその後の研究は、暗黒物質の存在を何度も裏づけている。

**1950年代〜現在** ビッグバンの様々なモデルにおいて、ビッグバンのときには、現在、目に見えているものよりずっと多い物質が生み出されたはずだと予測されている。

**検**出可能な見える物質以外のものによって宇宙が支配されているという考えは、スイスの天文学者フリッツ・ツビッキーによって初めて提案された。1922年〜1923年、エドウィン・ハッブルは「星雲」が実は遠い銀河であることに気づいた。その10年後、ツビッキーは、かみのけ座銀河団の全質量を測定することに着手した。彼はビリアル定理と呼ばれる数学モデルを用いて、銀河団を作っている個々の銀河の相対速度か

宇宙は膨張していて、その速度は常に増加し続けている。

銀河系の周縁部は、目に見える物質の質量から考えられる速度より、**速く回転している**。

↓

したがって、その領域には、その回転速度の原因となる**別の隠れた質量**が存在するに違いない。

膨張は**暗黒エネルギー**によって引き起こされていて、暗黒エネルギーは宇宙の全エネルギーの**約70％**を占める。

その別の質量は、**暗黒物質**として知られていて、宇宙の全エネルギーの**約25％**を占める。

↓

宇宙の全エネルギーの**約5％**が**目に見える物質**によって占められているに過ぎない。

## パラダイム・シフト 251

参照　エドウィン・ハッブル p.236-241　■　ジョルジュ・ルメートル p.242-245

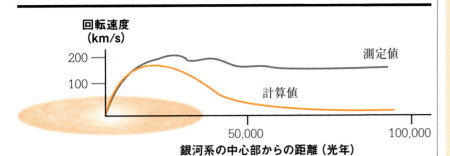

銀河系の質量分布が、目に見える物質の質量分布に一致しているなら、銀河系の円盤部の外側（銀河ハロー）にある星は、星が密集している中心部から離れるにつれて、回転速度が遅くなるはずだった。ヴェラ・ルービンの研究によると、中心部からの距離が一定の距離を超えると、距離にかかわらず、星は一定の回転速度で進む傾向があった。そのことによって、銀河ハローに暗黒物質が存在することが明らかになった。

ら、銀河団の全質量を算出した。驚いたことに、その結果は、銀河団の星の合計光量から示唆される質量の約400倍の質量を銀河団が持っているというものだった。ツビッキーは、この驚くべき量の目に見えない物質を「暗黒物質」と呼んだ。

ツビッキーの結論は、当時ほとんど見過ごされたが、1950年代までに、新しい技術によって、目に見えない物質を検出する新しい手段を使えるようになっていた。大量の物質が冷た過ぎて可視光では輝けないが、赤外線と電波を放射することは明らかだった。銀河の目に見える構造と目に見えない構造を科学者が理解し始めると、「正体不明の質量」はかなり減った。

### 目に見えないものが実在する

暗黒物質が実在することは、1970年代に最終的に認められた。それは、アメリカの天文学者ヴェラ・ルービンが、天の川の中で軌道を描きながら回っている星の速度を地図に表わして、天の川の質量の分布を測定したあとのことだった。彼女は、大量の質量が、銀河系の周縁部にある銀河ハローとして知られる領域に分布していることを示した。暗黒物質が、ブラックホールや自由浮遊惑星のような、検出しにくい形態の通常の物質である可能性は、研究によって裏づけられていない。現在のところ、暗黒物質の有効な候補として、仮説上の粒子WIMP（ウィンプ）が想定されている。

1990年代後半から、「暗黒エネルギー」に比べれば、暗黒物質でさえ、ささやかなものであることが明らかになってきた。暗黒エネルギーは宇宙の膨張を加速させるものであり、その性質はまだ知られていない――それは、時空自体の不可欠な特徴か、「クインテッセンス」という第五の基本的な力に関係するものかもしれない。宇宙の全エネルギーの約70％が暗黒エネルギーで、また約25％が暗黒物質であり、通常の物質は残りの約5％を占めるに過ぎないと考えられている。■

### フリッツ・ツビッキー

フリッツ・ツビッキーは、1898年、ブルガリアのバルナで生まれた。スイス人の祖父母に育てられ、物理学に対して早くから才能を示した。1925年、アメリカに向けて出発し、カリフォルニア工科大学に行き、退職するまでそこで研究した。

暗黒物質の研究以外に、大きくて重い爆発する星の研究でも知られている。ツビッキーとヴァルター・バーデは、白色矮星とブラックホールの中間の大きさの中性子星の存在を示した最初の人物で、大きくて重い星の残骸が生じる巨大な星の爆発に対して「超新星」という用語を作った。また、彼らは、ある種類の超新星が、爆発のあいだ、常に同じ最高輝度に達することを示した。そして、そのことによって、ハッブルの法則と独立に、遠く離れた銀河までの距離を測定する方法を開発し、のちの暗黒エネルギーの発見への道を開いた。

### 重要な著書

1934年　超新星について（ヴァルター・バーデと共著）
1957年　形態天文学

# 万能計算機
## アラン・チューリング（1912年〜1954年）

多量の数を扱う問題に答えることは、一連の数学的手順、すなわちアルゴリズムに還元できる。

→ チューリングマシンは、適切な指示によって、解答可能なものであればどんなアルゴリズムに対しても答えを出せる。

↓

様々な作業は、プログラムできる装置の中の様々な指示を用いることによって解決できる。

← これは万能計算機だ。

## 前後関係

**分野**
**コンピュータ科学**

**以前**

**1906年** アメリカの電気技術者リー・ド・フォレストは、初期の電子計算機で重要だった三極真空管を発明する。

**1928年** ドイツの数学者ダヴィット・ヒルベルトは、「決定問題」を考案する。それは、アルゴリズムが、あらゆる種類の入力を扱えるかどうかを問うものだ。

**以後**

**1943年** チューリングの暗号解読の考えをいくつか用いた、真空管でできたコロッサスというコンピュータが、ブレッチリー・パークで稼働し始める。

**1945年** アメリカを本拠地にしていた数学者ジョン・フォン・ノイマンは、現代のプログラム内蔵式コンピュータの基本的論理構造、すなわちアーキテクチャーを説明する。

**1946年** 部分的にチューリングの概念に基づいた「エニアック」という初めてのプログラム可能な汎用コンピュータが公開される。

**5** 20、74、2395、4、999、……のような1,000個の乱数を並べ替えて昇順にすることを想像しよう。それにはある種の自動的手順が役に立つ。たとえば、次のものがある。

**A** 左端から一番目と二番目の数に着目し、Bに進め。

**B** 二番目の数の方が小さければ、数を入れ替えてAに戻れ。二番目の数が同じか、大きければ、Cに進め。

**C** 前の手順で比べた二番目の数を、新しく着目する一番目の数にせよ。右隣に次の数があれば、それを新しく着目する二番目の数にして、Bに進め。右隣に次の数がなければ、終了せよ。

この一連の指示はアルゴリズムとして知られている手順だ。アルゴリズムは、今日、どのコンピュータ・プログラマーにもよく知られているが、1936年に初めて形式化された。イギリスの数学者で論理学者のアラン・チューリングは、アルゴリズムを形式化し、それを実行するチューリングマシンという機械を考え出した。彼の研究は最初、

**参照** ドナルド・ミッキー p.286-291 ■ ユーリ・マニン p.317

論理を使うものだった。チューリングは、数を扱う作業を、最も単純で、最も基本的で、自動的な形に還元することに興味を持っていた。

### a-マシン

チューリングは、状況を具体的にイメージできるように仮想の機械を考え出した。「a-マシン」（"a" は "automatic（自動的）"の略）は、ひとつの数か文字、記号を書き込んだマス目が連なった長い紙のテープと、読み取りと印刷をおこなうテープヘッドからできていた。テープヘッドは、規則に従って、マス目の記号を読み取り、別の記号に書き換えるか、そのままにしておく。次に、マス目ひとつ分、左か右に動き、この手順を繰り返す。規則を変えると、一連の記号も異なったものになる。

この全体の過程は、前に述べた数の並べ替えのアルゴリズムと比較することができる。数の並べ替えのアルゴリズムは、ひとつの特定の作業のために作られている。それと同様に、チューリングは、特定の作業に対する一揃いの指示、すなわち規則を持っている様々な機械を想定した。さらに彼は、次のように付け加えた。「規則を、別の規則と交換できるものと考えれば、万能計算機に近いものが手に入る」。

現在、この装置は、万能チューリングマシン（UTM）として知られ、指示とデータの両方を含む無限の記憶装置（メモリー）を持っている。チューリングが規則を交換すると呼んだことは、現在、プログラミングと呼ばれることになった。このようにして、チューリングは、入力と情報の処理、出力を伴う、多くの作業に適応可能な、プログラムできるコンピュータという概念を初めて発表した。■

> コンピュータは、
> 人間をだまして自身を人間だと
> 思わせられれば、
> 知性があると呼ばれるに
> 値するだろう。
> アラン・チューリング

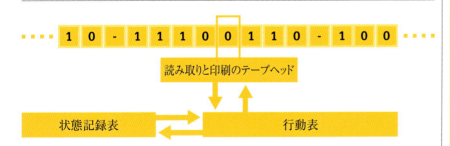

**チューリング・マシン**はコンピュータの数学モデルだ。テープヘッドは、行動表に書き込まれた規則に従って、長いテープの数を読み取り、別の数に書き換えるか、そのままにして、左か右に動く。状態記録表は変化を記録し、その変化を行動表に戻す。

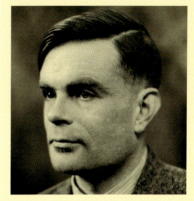

### アラン・チューリング

1912年にロンドンで生まれたチューリングは、学校で数学に対して並外れた才能を示した。1934年、ケンブリッジ大学のキングスカレッジから数学の第一級の学位を得て、確率論に取り組んだ。1936年から1938年に、アメリカのプリンストン大学で研究し、そこで汎用計算機についての理論を提案した。

第二次世界大戦のあいだ、いわゆるエニグマ機械によって作られたドイツの暗号を解読するために、「ボンブ」として知られる完全に機能するコンピュータを設計し、製作した。また、量子論と生物学における形と模様に興味を持っていた。1945年、ロンドンの国立物理学研究所へ行き、そのあとマンチェスター大学へ移り、コンピュータのプロジェクトに取り組んだ。1952年、同性愛行為（当時は違法）の容疑で裁判にかけられ、その2年後、シアン化物中毒で亡くなった。これは、事故ではなく自殺によると思われる。2013年、死後の恩赦が与えられた。

**重要な著書**

1939年　暗号技術への確率の応用についての報告

# 化学結合の性質
## ライナス・ポーリング（1901年〜1994年）

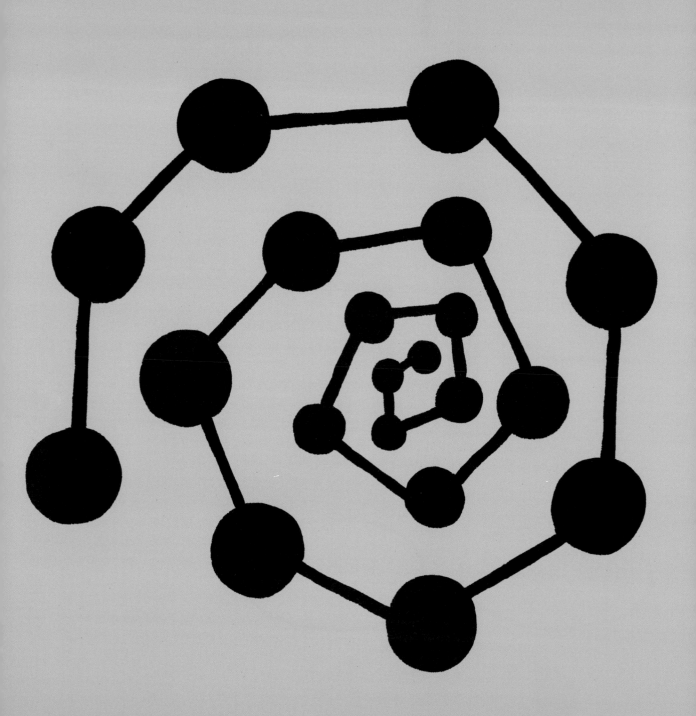

## 前後関係

**分野**
**化学**

**以前**

**1800年** アレッサンドロ・ボルタは、イオン化傾向の高いものから低いものへ金属を列挙する。

**1852年** イギリスの化学者エドワード・フランクランドは、原子は決まった結合力を持っていて、それによって、化合物の化学式が決まると述べる。

**1858年** アウグスト・ケクレは、炭素は原子価が4である——他の原子と4つの結合を作る——ことを示す。

**1916年** アメリカの物理化学者ギルバート・ルイスは、共有結合が、分子中の2個の原子に1対の電子が共有される結合であることを示す。

**以後**

**1938年** イギリスの数学者チャールズ・コールソンは、水素について、分子軌道の波動関数を正確に計算する。

---

1920年代後半と1930年代初頭、アメリカの化学者ライナス・ポーリングは、一連の画期的な論文で、化学結合の性質を量子力学的に説明した。彼はヨーロッパに行き、ミュンヘンでドイツの物理学者アルノルト・ゾンマーフェルトと、コペンハーゲンでニールス・ボーアと、チューリッヒでエルヴィン・シュレーディンガーと量子力学を研究した。分子中の化学結合を研究するには、量子力学を学ぶ必要があると考えたからであった。

### 軌道の混成

ポーリングは、アメリカに戻ると、およそ50の論文を発表した。1929年には、複雑な構造を持つ結晶のX線回折パターンを解釈する一連の5つの法則を定めた。それらは、現在、ポーリングの法則として知られている。また、共有結合（2個の原子がそれぞれ出した電子を、両方の原子で共有することによってできる結合）による分子、特に有機化合物の炭素原子の結合に関心を向けた。

炭素原子は全部で6個の電子を持ち、

**電子軌道**

s軌道　$p_x$軌道

$p_y$軌道　$p_z$軌道

電子は、球状のs軌道や、座標軸に沿った葉状のp軌道など様々な軌道で原子核の周りを回る。

---

それぞれの電子は電子殻中の各軌道に収まっている。ヨーロッパにおける量子力学の開拓者は、最初の2個を「1s電子」と名づけた。それらは炭素の原子核の周りにある球状の1s軌道に存在する。1s軌道の外側には、2個の「2s電子」が存在する、さらに大きな球状の2s軌道がある。また、葉状の「2p軌道」が3つあり、それぞれ原子核の両側に突き出している。$p_x$軌道は$x$軸上にあり、$p_y$軌道は$y$軸上に、$p_z$軌道は$z$軸上にある。炭素原子の残りの2個の電子は、たとえば、$p_x$に1個と$p_y$に1個というように、これらの軌道のうちの2つを占めている。

量子力学的な、電子の新しいイメージは、電子の軌道を確率密度の「雲」に見立てたものだった。電子を、軌道を回る点としてではなく、軌道全体にわたってぼやけて存在するものとして考えた。この新しい、実体の非局在的イメージによって、化学結合について、根本的な新しい考えがいくつか可能になった。結合は、軌道が正面から重な

---

**量子力学**では、新しいやり方で**電子**のふるまいを説明する。

→ 量子力学を用いて**分子**の構造を説明できる。

→ **化学結合の性質は、電子の量子力学的ふるまいを反映している。**

## パラダイム・シフト　257

**参照** アウグスト・ケクレ p.160-165 ■ マックス・プランク p.202-205 ■ エルヴィン・シュレーディンガー p.226-233 ■
ハリー・クロトー p.320-321

り合う強い「シグマ（σ）」結合か、軌道が互いに平行して広がる弱い「パイ（π）」結合として考えられるようになった。

ポーリングは、分子の中で、炭素の原子軌道が「混成」して、他の原子とのより強い結合をもたらすという考えを思いついた。彼は、1つの2s軌道と3つの2p軌道が混成して、4つのsp³混成軌道ができ、それらはすべて同等で、互いに109.5度の角度を成し、原子核から正四面体の頂点に向かって突き出していることを明らかにした。それぞれのsp³混成軌道は、他の原子とσ結合を作ることができる。このことは、メタン$CH_4$の水素原子と四塩化炭素$CCl_4$の塩素原子が、すべて同じようにふるまう事実と一致していた。種々の有機化合物の構造を調べると、隣接する4

> 1935年までに、
> 化学結合の性質をほぼ完全に
> 理解したと思った。
> **ライナス・ポーリング**

個の原子が、正四面体の配置になっていることが多かった。ダイヤモンドは炭素原子だけでできた結晶で、その構造は、1914年にX線結晶構造解析によって初めて解明された。結晶は、個々の炭素原子が正四面体の頂点にある他の4個の炭素原子に、σ結合で結合しており、その構造がダイヤモンドの硬さの理由になっている（下図を参照）。

炭素原子が他の原子に結合するもうひとつの方法は、1つの2s軌道と2つの2p軌道が混成して、3つのsp²混成軌道を作ることだ。これらの軌道は、互いに120度の角度を成し、同じ平面上で、原子核から突き出している。これは、エチレンのような分子の配置に一致する。エチレンは、$H_2C=CH_2$という二重結合を持つが、この場合、炭素原子間に、sp²混成軌道の1つによってσ結合が作られ、混成していない2p軌道によってπ結合が作られる。

さらに、1つの2s軌道と1つの2p軌道が混成して、2つのsp混成軌道を作る場合もある。sp混成の軌道は180度離れて直線で突き出している。これ

### メタン

炭素原子の2s軌道1つと2p軌道3つが混成して4つのsp³混成軌道ができ、それぞれσ結合を作る。

### エチレン

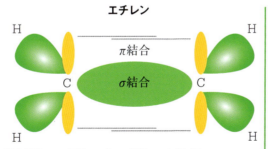

炭素原子の2s軌道1つと2p軌道2つが混成し、3つのsp²混成軌道ができ、それぞれσ結合を作る。残りの2p軌道は、炭素原子間でπ結合を作る。

### 二酸化炭素

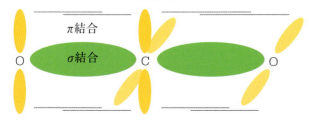

炭素原子の2s軌道1つと2p軌道1つが混成して2つのsp混成軌道ができ、それぞれσ結合を作る。残りの2つの2p軌道は、π結合でそれぞれ酸素原子と結合する。

### ダイヤモンド

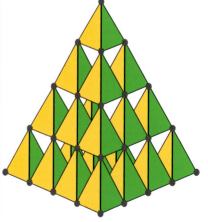

**ダイヤモンドの各炭素原子**は、sp³混成軌道によって、正四面体の頂点に位置する4つの他の炭素原子に結合する。その結果、共有結合性の炭素─炭素結合によって保持された無限の格子ができ、ダイヤモンドは非常に強固になる。

は、二酸化炭素$CO_2$の構造と一致し、炭素原子のsp混成軌道のそれぞれが酸素原子と$\sigma$結合を作り、残りの2つの混成していない2p軌道によって$\pi$結合が作られる。

## ベンゼンの新しい構造

ベンゼン$C_6H_6$の構造は、アウグスト・ケクレを悩ませた。それは、60年以上前、その構造が環であることをケクレが初めて提案したときのことだった。ケクレは最終的に、炭素原子は交互に一重結合と二重結合によって結合しているはずで、分子が2つの同等の構造のあいだを行ったり来たりしていると提案した（p.164）。

その代わりとなるポーリングの解答はあざやかなものだった。ポーリングが言うには、ベンゼンの炭素原子はすべて$sp^2$混成軌道を作っているので、炭素原子同士と、炭素原子と水素原子の結合はすべて同じ平面上にあり、互いに120度の角度を成している。また、それぞれの炭素原子には、2p軌道に電子が1個残っており、これらの電子は6個のすべての炭素原子を結びつける$\pi$結合を作る。この$\pi$結合では、電子は炭素の原子核から離れて、環の上下にとどまる（右下図を参照）。

## イオン結合

室温では、メタンとエチレンは気体で、ベンゼンやその他多くの有機化合物は液体だ。それらは小さな分子で、気体や液体の状態で容易に動き回る。対照的に、炭酸カルシウムや塩化ナトリウムのような塩は、たいてい固体で、高温でのみ融解する。そして、塩化ナトリウム$NaCl$は分子量が62であるのに対して、ベンゼンは78であり、大きくは違わない。それらのふるまいの違いは分子量によってではなく、その構造によって説明される。

ベンゼンは、原子間の共有結合によって単一の分子にまとまっている。それに対して、塩化ナトリウムは、ベンゼンとはまったく異なる性質と構造を持っている。銀のような色の金属ナトリウムは、緑色がかった塩素ガスの中で激しく反応し、白い固体の塩化ナトリウムを生じる。ナトリウム原子は、原子核の周りに、電子で満たされた安定な電子殻と、その外側に電子を1個持っている。一方、塩素原子は、電子殻が電子で満たされて安定になるには電子が1個足りない。それらが反応すると、1個の電子がナトリウム原子から塩素原子に移ることで、両方が、電子で満たされた安定な電子殻となる。このとき、ナトリウムはナトリウムイオン$Na^+$になり、塩素は塩化物イオン$Cl^-$になる（上図を参照）。そして、正の電荷を持つナトリウムイオン$Na^+$と負の電荷を持つ塩化物イオン$Cl^-$は、静電

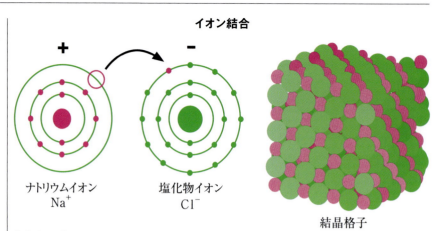

**塩化ナトリウム**において、ナトリウム原子の電子が塩素原子へ移ることで、安定なイオンができる。それぞれ正と負の電荷を持つイオンは静電気的な引力によって保持され、安定な結晶格子ができる。

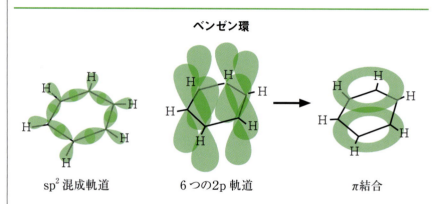

**ベンゼン環**において、炭素原子同士、炭素原子と水素原子は$sp^2$混成軌道によって$\sigma$結合を作る。さらに炭素原子同士は、6つの2p軌道から作られた非局在的な$\pi$結合によって結合する。

> この世界に
> 科学者が研究してはならない分野
> はない。答えられない問題が
> 常にいくつか残るだろう。
> それらはまだ提起されていない問題
> であることが多い。
> ライナス・ポーリング

気的な引力によって強く結合している。

塩化ナトリウムは、X線結晶構造解析によって分析された最初の化合物だった。そして、実際には、NaClという分子の形では存在しないことがわかった。その構造は、交互に並ぶナトリウムイオンと塩化物イオンの無限の配列からできている。各ナトリウムイオンは6個の塩化物イオンに囲まれ、各塩化物イオンは6個のナトリウムイオンに囲まれている。他の多くの塩も同様に、一方のイオンが無限の格子を作り、その隙間をもう一方のイオンが埋めるという構造をしている。

## 電気陰性度

ポーリングは、完全にイオン結合でできた塩化ナトリウムや、共有結合でできたメタンのような化合物だけでなく、結合がイオン結合でも共有結合でもなく、その中間である化合物の結合について説明した。その研究によって、ポーリングは電気陰性度の概念を考案することになった。それは、1800年にアレッサンドロ・ボルタによって初めて導入された金属のイオン化列（正のイオンになりやすいものから順に、金属元素を並べたもの）を、ある程度、再現したものだった。ポーリングは、2つの異なる元素間の共有結合、たとえばC−O結合の強さが、C−C結合とO−O結合の強さの平均から予想されるものより強いことを発見した。結合を強くしている電気的な要因があるに違いないと考え、その要因に対する値を計算することに着手した。その値は、現在、ポーリングの電気陰性度として知られている。

電気陰性度は、各元素の原子がどのくらい強く電子を自分自身に引きつけるかの尺度だ。最も電気陰性度の大きい元素はフッ素Fで、よく知られている元素の中で最も小さいものはセシウムCsだ。フッ化セシウムという化合物では、フッ素原子が、セシウム原子から電子を完全に引き離し、イオン化合物$Cs^+F^-$となっている。

共有結合による化合物の水$H_2O$には、イオンは存在しない。しかし、酸素は水素よりもずっと電気陰性度が大きく、その結果、酸素原子は水素原子の電子を強く引きつけ、酸素原子が小さな負電荷を、水素原子が小さな正電荷を持つことになる。この正と負の電荷によって水分子同士は結合する。これが、水が大きな表面張力と高い沸点を持っている理由である。

ポーリングは1932年に電気陰性度という尺度を初めて提案し、その後の数年間に、さらに発展させた。ポーリングは、化学結合の性質を解明する研究に対して、1954年にノーベル化学賞を受賞した。■

## ライナス・ポーリング

ライナス・カール・ポーリングは、アメリカのオレゴン州のポートランドに生まれた。まだオレゴン州にいるあいだに、初めて量子力学について聞き、1926年に奨学金を得てヨーロッパに行き、数名の世界的な専門家のもとで量子力学を研究した。アメリカに戻ってカリフォルニア工科大学の准教授になり、ほとんどずっとそこで過ごした。

ポーリングは生体分子に強い興味を持ち、鎌状赤血球貧血が分子病であることを発見した。平和運動家でもあり、アメリカとベトナムのあいだに立って調停を試みたことに対して、1963年にノーベル平和賞を授与された。

その後の人生で、代替医療への情熱の結果、自らの評価を損ねた。風邪を予防するためにビタミンCを多く摂取することを支持したが、その療法は、効果がないことがのちに示された。

### 重要な著書

1939年　化学結合論

# 恐ろしい力が
# 原子核の内部に閉じ込められている

## J. ロバート・オッペンハイマー（1904年〜1967年）

# 262 J. ロバート・オッペンハイマー

## 前後関係

**分野**
物理学

**以前**
**1905年** アルベルト・アインシュタインは、質量とエネルギーが等価であることを示した $E=mc^2$ という有名な方程式を発表する。これは、非常に小さな質量がどのように大量のエネルギーを「蓄えているか」を表している。

**1932年** ジョン・コッククロフトとアーネスト・ウォルトンは、陽子でリチウムの原子核を分裂させる実験をおこなう。この実験によって、原子核の中に閉じ込められている莫大なエネルギーの存在が示唆される。

**1939年** レオ・シラードは、ウラン235の1回の核分裂で3つの中性子が放出されることを見つける。そして、連鎖的な核分裂反応が可能であることを提案する。

**以後**
**1954年** ソ連のオブニンスク原子力発電所が稼働し始める。これは、全国電力系統網のために発電する初めての原子力発電所である。

---

```
ウランの原子核を分裂させると3つの中性子が放出される。
                    ↓
放出された3つの中性子は、さらに最大3つの原子の原子核を分裂させることができるが、
少なくとも1つが分裂すれば、連鎖反応は開始される。
                    ↓
原子核が分裂するたびに、その質量の一部がエネルギーに変わる。
            ↙                               ↘
連鎖反応は中性子を吸収することによって    連鎖反応は制御できず、
制御することができる(原子炉)。            爆発を起こすだけのエネルギーを
                                          放出する(原子爆弾)。
            ↘                               ↙
         恐ろしい力が原子核の内部に閉じ込められている。
```

---

　1938年、世界は原子力時代の入り口に立っていた。ひとりの男が名乗り出て、この新しい時代の先駆けとなる科学的活動を率いた。J.ロバート・オッペンハイマーにとって、この決断は最終的に自分を打ちのめすことになった。彼は、これまでで最大の科学の計画——マンハッタン計画——の責任者だったが、その計画における自分の役割を深く後悔することになった。

## 中心への衝動

　オッペンハイマーの変化に富んだ職業人生は「活動の中心にいたい」という強い衝動によって特徴づけられていた。1926年、ドイツのゲッティンゲン大学で、オッペンハイマーは、マックス・ボルンとともに、ボルン-オッペンハイマー近似を作り出した。オッペンハイマーに言わせれば、それは「分子が分子である理由」を説明するために用いられた。この方法によって、単一の原子を超えて、化合物のエネルギーを説明できるように量子力学が拡張された。それは、意欲を要する数学的課題だった。なぜなら、分子中の個々の電子に対して、途方もなく広い範囲の可能性を計算する必要があったからだ。ドイツにおけるオッペンハイマーの研究は、現代化学のエネルギーの計算に不可欠であることが判明していた。そして、原子爆弾へとつながる最後のブレークスルーは、オッペンハイマーがアメリカに戻ってから訪れた。

## 核分裂とブラックホール

　原子爆弾の製造へとつながる連鎖反応は、ドイツの化学者オットー・ハーンとフリッツ・シュトラスマンがベルリンの実験室で「原子を分裂させた」1938年の12月中旬に始まった。彼らは、ウランに中性子を照射する実験をおこ

# パラダイム・シフト

**参照** マリ・キュリー p.190-195 ■ アーネスト・ラザフォード p.206-213 ■ アルベルト・アインシュタイン p.214-221

> われわれは世界が同じでないことを知った。少数の人々が笑った。少数の人々が泣いた。ほとんどの人々が沈黙していた。わたしはヒンドゥー教の経典の言葉を思い出した──「今、わたしは世界の破壊者である死神になった」
>
> **J. ロバート・オッペンハイマー**

なった。その結果、中性子吸収によってウランより重い元素ができるか、1つ以上の核子（陽子か中性子）の放出によってウランより軽い元素ができる代わりに、ずっと軽い元素のバリウムができ、それはウランの原子核より100核子少ないことがわかった。当時理解されていた原子核に関する反応で、100核子の損失を説明できるものはなかった。

ハーンは当惑して、コペンハーゲンにいる研究仲間のリーゼ・マイトナーとオットー・フリッシュに手紙を出した。それから1か月以内に、マイトナーとフリッシュは、核分裂の基本的な仕組みを解明し、どのようにウランがバリウムとクリプトンに分裂したか、行方不明の核子はエネルギーに変換されたこと、連鎖的な核分裂反応が起こりうることを理解した。1939年、デンマークの物理学者ニールス・ボーアは、このニュースをアメリカに伝えた。ボーアの説明は、「ネイチャー」誌のマイトナーとフリッシュの論文の発表とともに、東海岸の科学界を興奮させた。毎年おこなわれる理論物理学会議のあと、プリンストンでのボーアとジョン・アーチボルト・ホイーラーの会話から、核分裂のボーアーホイーラー理論がもたらされた。

同じ元素の原子はすべて、同じ数の陽子を持つが、中性子の数は変わることがあり、互いに同位体と呼ばれる。ウランの場合、2つの天然に存在する同位体がある。ウラン238（U-238）は天然ウランの99.3%を占め、原子核には92個の陽子と146個の中性子がある。残りの0.7%はウラン235（U-235）で、原子核には92個の陽子と143個の中性子がある。低エネルギーの中性子によってU-235で核分裂が起きると、その過程でU-235自身が分裂し、エネルギーが放出されるという発見が、ボーアーホイーラー理論に組み込まれた。

そのニュースが西海岸に届いたとき、バークレーにいたオッペンハイマーはそれに魅了された。真新しい理論について一連の講義とセミナーをおこない、恐ろしい力の兵器──オッペンハイマーの考えでは、新しい科学を利用する「適切で、誠実で、実用的な方法」──を作れる可能性にすぐに気づいた。»

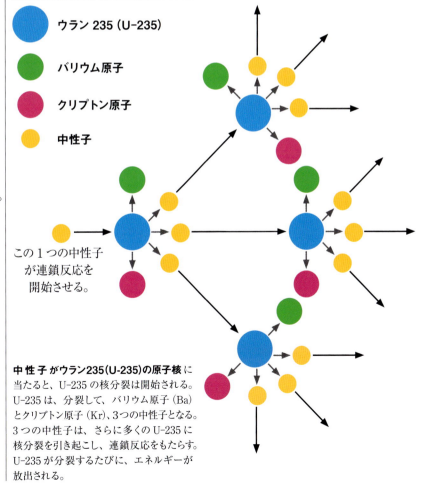

中性子がウラン235（U-235）の原子核に当たると、U-235の核分裂は開始される。U-235は、分裂して、バリウム原子（Ba）とクリプトン原子（Kr）、3つの中性子となる。3つの中性子は、さらに多くのU-235に核分裂を引き起こし、連鎖反応をもたらす。U-235が分裂するたびに、エネルギーが放出される。

この1つの中性子が連鎖反応を開始させる。

しかし、東海岸の大学の研究室が、核分裂の実験結果を争って再現する一方で、オッペンハイマーは、自らの重力で収縮し、崩壊してブラックホールを形成する星の研究に集中した。

## アイデアの誕生

核兵器のアイデアはすでに噂になっていた。早くも1913年に、H.G.ウェルズは「原子の内部エネルギーを利用して」「原子爆弾」を作ることについて書いた。ウェルズの小説『解放された世界』で、技術革新は1933年に起きることになっていた。その1933年に、アーネスト・ラザフォードは、ロンドンの「ザ・タイムズ」紙に掲載された講演の中で、核分裂の過程で放出される大量のエネルギーについて言及した。しかし、彼は、このエネルギーを利用するという考えを「ばかげた考え」として退けた。なぜなら、その過程は非常に効率が悪いため、放出されるよりずっと多くのエネルギーを必要とするからだった。

核兵器の製造を可能にする方法を理解し、一方で、戦争に向かっている世界に核兵器がもたらす恐ろしい帰結を理解するには、レオ・シラードというイギリスに住むハンガリー人が必要だった。シラードは、ラザフォードの講演についてよく考え、最初の核分裂から出現する「二次中性子」によって、さらなる核分裂が生じ、核分裂の連鎖反応が増大していくことを理解した。彼は「世界が深い悲しみに向かっていることに疑問の余地はなかった」ことをのちに思い出している。

ドイツとアメリカにおける実験は、連鎖反応が実際に可能であることを示し、その実験に促されて、シラードともうひとりのハンガリー人亡命者エドワード・テラーは、アルベルト・アインシュタインに手紙を書いた。アインシュタインは1939年10月11日に、その手紙の内容をアメリカ大統領のルーズベルトに伝え、そのわずか10日後に、アメリカで最初に原子爆弾を開発できる可能性を検討するため、ウランに関する諮問委員会が設置された。

## 巨大科学の誕生

アメリカで最初に原子爆弾を開発しようという決意から生まれたマンハッタン計画は、考えうる最大規模の科学だった。アメリカとカナダにある広大な敷地と無数の小さな施設を含む多くの部門からなる組織で、13万人を雇い、終了するまでに、20億ドル以上（2014年の金額で260億ドル、1ドル＝110円とした場合2兆8,600億円）を使い、あらゆることが最高機密とされた。

1941年の初頭に、爆弾のために核分裂物質を作る5つの異なる方法を追求するという決定が下された。その方法とは、ウラン238からウラン235を分離するための電磁分離とガス拡散、熱拡散の3つの方法と、原子炉の技術に関

> われわれは、最も恐ろしい兵器を作り、それは世界の性質を突然、大きく変えた。そして、われわれは、それを作ったことによって、科学が人間にとってよいものかどうかという疑問を再び提起している。
> J.ロバート・オッペンハイマー

高く、優れた知性の持ち主と思われたいという願望があった。マンハッタン計画の研究で最もよく知られているが、オッペンハイマーの最も永続的な科学への貢献は、中性子星とブラックホールに関する、カリフォルニア大学バークレー校での戦前の研究だった。

### 重要な著書

1927年　分子の量子論について
1939年　継続する重力収縮について

J.ロバート・オッペンハイマー

ジュリアス・ロバート・オッペンハイマーは、神経質で、やせた少年だった。概念の理解が速く、ニューヨーク市の倫理協会運動の学校で教育を受けた。ハーバード大学を卒業したあと、ケンブリッジ大学のアーネスト・ラザフォードのもとで、2年間過ごし、そのあとドイツのゲッティンゲン大学に移り、そこでマックス・ボルンの世話になった。

オッペンハイマーは複雑な人物で、優れた才能と言えるのは、物事の中心にいることであり、どこへ行っても、影響力の大きな友人を作った。しかし、毒舌で悪名が

**1945年8月9日**、プルトニウム爆弾「ファットマン」は、長崎上空で投下された。2017年の原爆死没者名簿登録者数は175,743人であり、20万人近くの人が犠牲になったとも言われる。

する2つの方法だった。1942年12月2日、シカゴ大学のスカッシュのコートで、核分裂を含む制御された連鎖反応を起こすことに初めて成功した。反応に使われたエンリコ・フェルミのシカゴパイル1は、ウランから新たに発見されたプルトニウム――不安定な元素で、ウランより重く、急速な連鎖反応が起き、より破壊力の大きな爆弾を作るのに使うことができる――を作り出す原子炉の原型だった。

## 魔の山

オッペンハイマーはマンハッタン計画の秘密兵器の研究を率いるために選ばれ、ニューメキシコ州のロスアラモスの使われなくなった寄宿学校を、原子爆弾の製造の研究施設として承認した。この「サイトY」には、これまでで最も高い密度でノーベル賞受賞者が一か所に集められることになった。

重要な基礎研究の多くはすでにおこなわれていたので、ロスアラモスの科学者の多くは、ニューメキシコ州の荒野での研究を、単に「工学の問題」に過ぎないと片付けた。しかし、原子爆弾の製造を可能にしたのは、オッペンハイマーが3,000人の科学者の協調を図ったことだった。

## 心変わり

1945年7月16日に成功したトリニティ実験と、1945年8月6日に広島上空で起きた「リトルボーイ」と呼ばれた原子爆弾の爆発は、オッペンハイマーを大喜びさせた。しかし、この出来事はロスアラモスの所長に大きな影響を及ぼした。この爆弾が落とされる以前に、ド

イツはすでに降伏していた。ロスアラモスの多くの科学者は、爆弾の公開実験をおこなえばそれで十分だ――爆弾の恐ろしい力を見たあと、日本はきっと降伏するだろう――と感じていた。しかし、原子爆弾は実際に落とされた。広島は必要悪だと考える者もいたが、8月9日の長崎上空で起きた「ファットマン」と呼ばれたプルトニウム爆弾の爆発は正当化するのが難しかった。

一年後、オッペンハイマーは、原子爆弾はすでに敗れていた敵に落とされたという自分の意見を公的に述べた。1945年10月、彼は、大統領のH.S.トルーマンに会い、「自分の手に血がついているように感じる」と話した。トルーマンは怒り狂った。1954年、議会聴聞会は、オッペンハイマーから、秘密情報の使用許可の権限を剥奪し、公共政策に影響を与えられないようにした。オッペンハイマーは、そのときすでに軍産複合体の出現を監督し、巨大科学の新たな時代への先駆者を務めていた。オッペンハイマーは、科学による新たな恐怖の出現をどう管理するかにおいて、科学者が現在考えなければならない、科学者の行動がもたらす倫理的帰結を象徴する存在となった。■

# 基本的構成要素
## 1945年〜現在

# はじめに

- **1946年** フレッド・ホイルは、**新しい元素がどのように星の中で作られるか**を説明する。
- **1951年** バーバラ・マクリントックは、遺伝子がどのように染色体上で動き回ることができるかを示して、**遺伝子の組換え**を実証する。
- **1953年** ジェームズ・ワトソンとフランシス・クリックは、**DNAの化学構造**を発見する。
- **1961年** シェルドン・グラショーは、**電弱相互作用**のための新しい対称性モデルを示す。

- **1948年** リチャード・ファインマンは、**量子電磁力学**という新しい分野に取り組む。
- **1953年** ハロルド・ユーリーとスタンリー・ミラーは、**生命の起源のための可能な化学的仕組み**を示す。
- **1957年** ヒュー・エヴェレット3世は、量子力学の**多世界解釈（MWI）**を初めて提案する。
- **1961年** チャールズ・キーリングは、大気中の**二酸化炭素濃度**が増加していることを示す。

**20**世紀後半は、ほとんどすべての科学の分野で、急速に技術が進歩した。最初のコンピュータは1940年代に作られ、新しい科学である「人工知能」が出現した。欧州原子核研究機構(CERN)の大型ハドロン衝突型加速器（LHC）は、これまで作られた科学で用いられる最大の装置だ。高性能の顕微鏡によって原子を直接見ることが初めて可能となる一方で、新しい望遠鏡によって太陽系の先の惑星が明らかになった。21世紀までに、科学はおもにチームの活動となり、ますます高価になる装置と学際的協力が必要になった。

## 生命の暗号

1953年、シカゴ大学で、アメリカの化学者のハロルド・ユーリーとスタンリー・ミラーは、巧妙な実験を計画し、稲妻が大気中で化学反応を引き起こしたとき、地球上で生命が始まることができたかどうかを明らかにした。同じ年、アメリカとソビエト連邦のライバルのチームと競争していた2人の分子生物学者、アメリカ人のジェームズ・ワトソンとイギリス人のフランシス・クリックは、デオキシリボ核酸、すなわちDNAの分子構造を明らかにし、生命の遺伝暗号を解く鍵をもたらし、その後50年たたないうちに、ヒトのゲノムの完全な地図作製につながった。

遺伝の仕組みに関する新しい知識を身につけたアメリカの生物学者リン・マーギュリスは、一部の生物は、他の生物に取り込まれることが可能で、しかも、その両方が繁栄し続け、この過程がすべての多細胞生物の複雑な細胞を作り出したという理論を提案した。この理論は20年後になされた遺伝学上の発見によってついに証明された。アメリカの微生物学者マイケル・シヴァネンが、遺伝子がある種から別の種へどのように移るかを明らかにする一方で、1990年代に、獲得形質を伝えることができるという古いラマルクの考えが、エピジェネティクスの発見とともに、新たに見直された。進化の仕組みに関する知識は以前よりずっと豊かになりつつあった。

独自のヒト・ゲノム計画を運営し始めたばかりのアメリカのクレイグ・ヴェンターは、20世紀の終わりまでに、コンピュータでDNAを設計することに

# 基本的構成要素

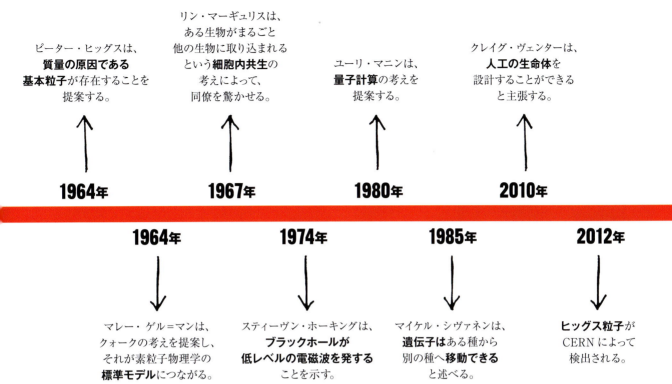

よって人工の生命を作り出した。スコットランドで、イアン・ウィルムットとその同僚は、多くの挫折ののち、ヒツジのクローニングに成功していた。

## 新しい粒子

物理学において、量子力学の不思議さは、アメリカのリチャード・ファインマンなどによってさらに探究された。彼らは量子論的な相互作用を、「仮想の」粒子の交換の観点から説明した。ポール・ディラックは1930年代に反物質の存在を正しく予測し、その後の数十年間に、原子より小さな新しい粒子が、粒子加速器を用いた衝突によって出現した。この奇妙な粒子の集団から、自然の基本粒子をその性質に従って配列した素粒子物理学の標準モデルが現れた。標準モデルによって予測されていたヒッグス粒子が、CERNのLHCによって2012年に検出され、標準モデルの説得力は大きく高まった。

その一方で、「万物の理論」——自然の4つの基本的な力(重力、電磁気力、強い力、弱い力)をすべて統合する理論——は、多くの新しい方向に進んだ。アメリカのシェルドン・グラショーが「電弱」理論として、電磁気力と弱い力を統合する一方で、超弦理論では、空間の3次元と時間の1次元に加えて、6つの隠れた次元の存在を提案することによって、物理学のすべての理論をひとつに統合しようと試みられた。アメリカの物理学者ヒュー・エヴェレット3世は、複数の世界が存在するために数学的に基礎となるものがあるかもしれないと提案した。現実が新しい世界へと分裂する多世界解釈というエヴェレットの理論は、最初、無視されたが、ここ数年にかけて支持者を得てきた。

## 未来の方向

難問が残っている。たとえば、量子力学と一般相対性理論は統合が難しいが、量子ビットによって、計算の革命が起きる可能性がある。想像すらできない新しい問題が出現するだろう。科学の歴史を案内役とするなら、予期しないことが起きると予期すべきだ。■

# われわれは星くずでできている
## フレッド・ホイル（1915年〜2001年）

## 前後関係

**分野**
天体物理学

**以前**
**1854年** ドイツの物理学者ヘルマン・フォン・ヘルムホルツは、太陽はゆっくりとした重力収縮によって熱を生み出していると提案する。

**1863年** イギリスの天文学者ウィリアム・ハギンズによる恒星のスペクトル分析によって、恒星にも、地球で見られる元素があることが明らかとなる。

**1905年〜1910年** アメリカとスウェーデンの天文学者は、恒星の光度を分析し、それらの星を矮星と巨星に分類する。

**1920年** アーサー・エディントンは、恒星は核融合によって、水素をヘリウムに変えると主張する。

**1934年** フリッツ・ツビッキーは、大きくて重い星の最後の大爆発に対して「超新星」という用語を作る。

**以後**
**2013年** 深海の化石から、超新星由来の鉄と思われるものが見つかる。

星が核融合によってエネルギーを生み出すという考えは、イギリスの天文学者アーサー・エディントンによって1920年に初めて提案された。彼によれば、星は水素の原子核を融合してヘリウムに変える工場だ。ヘリウムの原子核は、それを作るために必要な4つの水素の原子核より少し質量が少ない。この質量の差は$E=mc^2$の方程式に従ってエネルギーに変わる。エディントンは、重力の内向きの引力と放射の外向きの圧力のバランスの観点から星の構造モデルを考案した。

### もっと重い元素を作る

1939年、アメリカの物理学者ハンス・ベーテは、水素の融合が取りうる異なる経路の詳細な分析を発表した。そのうちのふたつの経路は太陽のような星で支配的な、遅い、低温の連鎖状の経路と、もっと大きくて重い星で支配的な、速い、高温のサイクル状の経路だった。1946年から1957年に、イギリスの天文学者フレッド・ホイルなどは、ヘリウムが関与する融合反応によって、炭素や鉄などのもっと重い元素がどのように生じるかを明らかにした。現在、超新星爆発――大きくて重い星の最終段階――において、鉄より重い元素ができることがわかっている。生命に必要な元素は星で作られている。■

宇宙はまったく遠くない。
あなたの車が真上に進めれば、
一時間で行ける距離しか
離れていない。
**フレッド・ホイル**

**参照** マリ・キュリー p.190-195 ■ アルベルト・アインシュタイン p.214-221 ■ アーネスト・ラザフォード p.206-213 ■ ジョルジュ・ルメートル p.242-245 ■ フリッツ・ツビッキー p.250-251

基本的構成要素　271

# 動く遺伝子
## バーバラ・マクリントック（1902年～1992年）

## 前後関係

**分野**
**生物学**

**以前**
**1866年**　グレゴール・メンデルが、遺伝現象は「粒子」——のちに遺伝子と呼ばれるようになる——によって決定されると説明する。
**1902年**　テオドル・ボヴェリとウォルター・サットンが、それぞれ別々に、染色体が遺伝に関係すると結論づける。
**1915年**　トマス・ハント・モーガンは、ショウジョウバエの実験によって、初期の遺伝理論が正しいことを立証し、遺伝子が同じ染色体にある場合は関連しうることを示す。

**以後**
**1953年**　ジェームズ・ワトソンとフランシス・クリックは、染色体の構成成分であるDNAの二重らせんモデルを提出し、遺伝物質がどのように自己複製するかを示す。
**2000年**　最初のヒトゲノム計画の結果が公表され、その後、ヒトの23対の染色体にある2万～2万5千の遺伝子の位置が特定される。

**20**世紀初頭、グレゴール・メンデルが述べた遺伝の粒子は遺伝子として確認され、また、遺伝子を運ぶのは、顕微鏡でしか見えない糸の染色体であることがわかった。1930年代に、アメリカの遺伝学者バーバラ・マクリントックは、染色体が安定した構造をしているものではなく、染色体の遺伝子の位置は変化しうるということを、初めて認識した。

### 遺伝子の交換

マクリントックは、トウモロコシを用いて遺伝の研究をおこなった。トウモロコシの実の粒は一つひとつが子世代なので、実を調べることで、多種多様な粒の色の遺伝に関するデータが得られる。マクリントックは、交配実験と顕微鏡を使った染色体の観察を組み合わせて研究した。1930年に、有性生殖において生殖細胞ができる際に、染色体が対合して、部分的に

**様々な色の粒**が交じったトウモロコシから、マクリントックは、その原因が遺伝子の組換えであることを突きとめ、1951年に論文として発表した。

X形の構造を作ることに気づいた。X形の構造は、対合した染色体でその一部分を交換している部位であると彼女は考えた。そして、同じ染色体上の連鎖していた遺伝子の組合せが変わることで、様々な色の粒といった新しい形質ができると理解した。

これは、遺伝子の組換えと呼ばれ、より広範囲の遺伝的多様性を次世代にもたらす。その結果、環境が変化しても、生物は生き残る可能性が高まる。■

**参照**　グレゴール・メンデル p.166-171　■　トマス・ハント・モーガン p.224-225　■　ジェームズ・ワトソンとフランシス・クリック p.276-283　■　マイケル・シヴァネン p.318-319

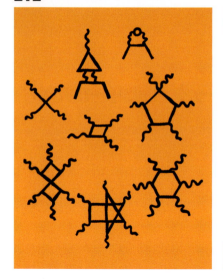

# 光と物質のふしぎな理論
## リチャード・ファインマン（1918年〜1988年）

### 前後関係
**分野**
物理学

**以前**
**1925年** ルイ・ド・ブロイは、質量のある粒子が、波のようにふるまうことができると提案する。

**1927年** ヴェルナー・ハイゼンベルクは、粒子の位置と運動量のような、量子レベルの特定の対となる値に、本来備わっている不完全性があることを示す。

**1927年** ポール・ディラックは量子力学を単一の粒子でなく、場に適用する。

**以後**
**1950年代後半** ジュリアン・シュウィンガーとシェルドン・グラショーは電弱理論を考案する。これは、弱い力と電磁気力を統合するものである。

**1965年** ムー＝ヤング・ハンと南部陽一郎、オスカー・グリーンバーグは、「色荷」として知られている性質の観点から、強い力のもとでの粒子の相互作用を説明する。

1920年代の量子力学で生じていた問題のひとつは、物質の粒子が力によってどのように相互作用するかだった。また、電磁気学は量子スケールで機能する理論を必要としていた。そこで登場した理論が量子電磁力学（QED）で、その理論では、粒子どうしの電磁気の交換によって、粒子の相互作用を説明する。それはとてもうまく機能したが、その開発者のひとりであるリチャード・ファインマンは、それを「ふしぎな」理論と呼んだ。なぜなら、それが描く世界のイメージが視覚化しにくいからだ。

### 力を伝える粒子
ポール・ディラックがQEDの理論に向かって最初の一歩を踏み出した。この理論は、電荷を帯びた粒子が、電磁エネルギーの量子すなわち「光子」の交換によって、相互作用するという考えに基づいている。光子はハイゼンベルクの不確定性原理に従って、非常に短い期間、無から生じ、これによって「空の」空間において利用できるエネルギーの量の揺らぎが生じうる。こういった光子は「仮想」粒子と呼ばれることもあるが、物理学者が電磁気におけるその関与を確認している。

しかし、QEDには問題があった。最も重大なことは、その方程式を使って計算すると、意味のない無限大になることであった。

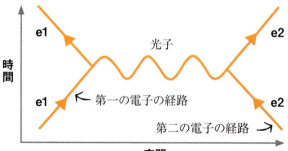

**ファインマンの図**は、粒子が相互作用するやり方を示す。ここでは、ふたつの電子が、光子を交換することによって互いに反発している。

**参照** エルヴィン・シュレーディンガー p.226-233 ■ ヴェルナー・ハイゼンベルク p.234-235 ■ ポール・ディラック p.246-247 ■ シェルドン・グラショー p.292-293

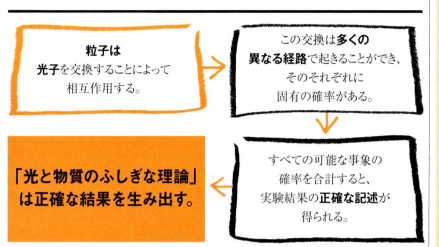

> 粒子は光子を交換することによって相互作用する。

> この交換は多くの異なる経路で起きることができ、そのそれぞれに固有の確率がある。

> すべての可能な事象の確率を合計すると、実験結果の正確な記述が得られる。

> 「光と物質のふしぎな理論」は正確な結果を生み出す。

## 確率を合計する

1947年、ドイツの物理学者ハンス・ベーテは、実験結果を反映するように方程式を修正する方法を提案した。1940年代後半、日本の物理学者の朝永振一郎や、アメリカ人のジュリアン・シュウィンガーとリチャード・ファインマンなどはベーテの考えを採用し、それを発展させて、数学的に理にかなったQEDを作り出した。それは、量子力学に従って相互作用が起こりうる、すべての可能な形を考慮することによって、意味のある結果を生み出した。

ファインマンは「ファインマンの図」——粒子間の可能な電磁相互作用の単純な図による説明であり、働いている過程の直感的な説明となる——を発明することによって、この複雑な問題を取り組みやすくした。重要なブレークスルーは、粒子が時間をさかのぼる経路を含めて、各経路の確率の合計として相互作用をモデル化する数学的方法を見つけたことだった。合計すると、確率の多くは相殺される——たとえば、特定の方向に進んでいる粒子の確率が、その反対方向に進んでいる粒子の確率と同じであれば、それらの確率を加えれば、合計はゼロになる。時間をさかのぼるタイムトラベルを伴う「奇妙な」ものを含むすべての可能性の確率を合計すれば、直線で進むように見える光のように、よく知っている結果になる。しかし、特定の条件で合計した確率は奇妙な結果をもたらし、実際、実験によって、光は必ずしも直線で進まないことが示されている。このように、われわれが知っている世界と異なるように感じられるとしても、QEDは現実の正確な説明を与える。

QEDはうまく機能したので、ほかの基本的な力に対する同様の理論のモデルになった。その結果、強い力は量子色力学（QCD）によってうまく説明され、一方、電磁気力と弱い力は、電弱ゲージ理論において統合された。これまでのところ、重力だけがこの種のモデルに従うのを拒んでいる。■

### リチャード・ファインマン

1918年、ニューヨークで生まれたリチャード・ファインマンは、若い頃に数学の才能を示し、マサチューセッツ工科大学（MIT）で学位を取ったあと、プリンストン大学の大学院入学試験の数学と物理学で満点を取った。1942年に博士号を取得したあと、マンハッタン計画においてハンス・ベーテのもとで研究し、原子爆弾を開発した。第二次世界大戦の終了後、コーネル大学でベーテとともに研究を続け、ここでQEDに関する最も重要な研究をおこなった。

ファインマンは自分の考えを伝えるのが上手だった。ナノテクノロジーの可能性を促進した。晩年に、QEDを含む現代物理学を説明する本を書き、それはベストセラーとなった。

#### 重要な著書

1950年　電磁相互作用の量子論の数学的定式化

1985年　光と物質のふしぎな理論——私の量子電磁力学

1985年　ご冗談でしょう、ファインマンさん

# 生命は奇跡ではない
## ハロルド・ユーリー（1893年〜1981年）
## スタンリー・ミラー（1930年〜2007年）

### 前後関係

**分野**
化学

**以前**

**1871年** チャールズ・ダーウィンは、生命は「温かくて小さな池」に誕生したのではないかと示唆する。

**1922年** ロシアの生化学者アレクサンドル・オパーリンは、複雑な化合物は原始大気中で生成されたと提案する。

**1952年** アメリカでは、ケネス・ワイルドが、二酸化炭素と水蒸気の混合気体に600ボルトで放電をおこない、一酸化炭素ができることを確認する。

**以後**

**1961年** スペインの生化学者ジョアン・オロは、ユーリーとミラーの混合気体に、さらに存在していた可能性の高い物質を加え、DNAの構成物質の生成に成功する。

**2008年** ミラーの教え子であるジェフリー・バダーらは、ずっと多くの有機物質を得るために、最新でより鋭敏な技術を用いる。

---

地球の原始大気は、**複数の気体の混合物**からなっていた。

↓

**エネルギーを十分**に与えることで、混合気体は**反応**を起こしたに違いない。

↓

**最初期の生命体の構成単位となる物質**ができることで、**より複雑な化合物**が作られたに違いない。

↓

**生命は奇跡ではない。**

---

科学者は、長い間、生命の起源について考えをめぐらせてきた。1871年、チャールズ・ダーウィンは、ジョセフ・フッカーに宛てた手紙で、次のように述べた。

「あらゆる種類のアンモニアやリン酸塩、光、熱、電気などがある温かくて小さな池で、タンパク質が化学的に作られ、さらに複雑な変化を受けられるようになることが想像できる……」。1953年、アメリカの化学者ハロルド・ユーリーと大学院生だったスタンリー・ミラーは、地球の原始大気を実験室で再現する方法を見つけ、無機物質から、生命に不可欠な有機化合物を作るのに成功した。

ユーリーとミラーの実験以前に、化学と天文学の進歩によって、太陽系で生命が存在しない惑星の大気が、すでに分析されていた。1920年代には、イギリスの遺伝学者J.B.S.ホールデンとロシアの生化学者アレクサンドル・オパーリンが、独自に、次のようなことを示唆した。生命誕生前の地球の環境が、それらの惑星に似ていたなら、原始のスープの中で簡単な化学物質が反応してより複雑な分子ができ、さ

# 基本的構成要素

**参照** イェンス・ヤコブ・ベルセリウス p.119 ■ フリードリヒ・ウェーラー p.124-125 ■ チャールズ・ダーウィン p.142-149 ■ フレッド・ホイル p.270

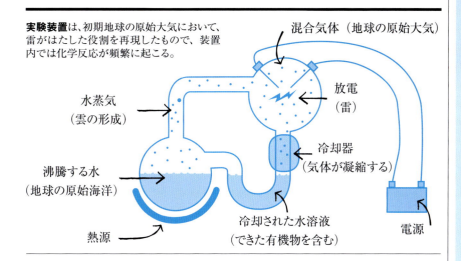

**実験装置**は、初期地球の原始大気において、雷がはたした役割を再現したもので、装置内では化学反応が頻繁に起こる。

## ハロルド・ユーリーとスタンリー・ミラー

ハロルド・クレイトン・ユーリーは、アメリカ合衆国のインディアナ州ウォルカートンで生まれた。放射性同位体の分離について研究し、重水素の発見によって、1934年ノーベル化学賞を受賞した。マンハッタン計画では世界で初めて原子爆弾が開発されたが、その際に重要だった、ウラン235を分離・濃縮する気体拡散法を、彼は開発した。シカゴ大学で、生命の起源に関する実験をミラーとおこなったのち、カリフォルニア大学サンディエゴ校に移り、アポロ11号が持ち帰った月の石を研究した。

スタンリー・ロイド・ミラーは、カリフォルニア州オークランドに生まれた。カリフォルニア大学バークレー校で化学の勉強をしたのち、シカゴ大学の大学院に入り、ハロルド・ユーリーと研究をおこなった。のちに、カリフォルニア大学サンディエゴ校の教授になった。

### 重要な著書

1953年　想定される原始地球環境下におけるアミノ酸の生成

らにそれらの分子から生命が進化することはなかったに違いない。

### 地球の初期大気の再現

1953年、ユーリーとミラーは、オパーリン–ホールデンの理論を検証するため、最初の長期にわたる実験をおこなった。ガラスフラスコをつなげて密閉し、外気から遮断された装置に、水と、地球の原始大気と当時考えられていた気体の混合物——水素、メタン、アンモニア——を入れた。水は熱せられて水蒸気となり、フラスコなど装置全体の中を満たした。フラスコのひとつには一対の電極がつけられ、雷に見立てた火花放電が絶え間なく起こるようになっていた。雷は、原始地球での反応の引き金のひとつと考えられていた。火花放電は、分子をいくつか壊し、他の分子と連続的に反応できる高い反応状態にするのに十分なエネルギーの供給源となった。

1日もたたないうちに混合物はピンク色に変わり、2週間すると、(メタン由来の) 炭素の少なくとも10％から、メタン以外の有機化合物ができた。また炭素の2％から、アミノ酸ができた。この実験は「サイエンス」誌に「想定される原始地球環境下におけるアミノ酸の生成」と題する論文として発表された。今や、世界の人々は、ダーウィンの「温かくて小さな池」で、最初の生命体の誕生を想像できるようになった。さらに装置の改良が進むことで、少なくとも25種類のアミノ酸ができた。

その後、地球の原始大気は二酸化炭素、窒素、水蒸気が主成分であったという説が有力となり、この大気成分で生命の起源に関する実験がおこなわれている。また、現在の海洋底には、火山から硫化水素や水素、メタン、アンモニアが噴出している場所があり、生命の誕生はこのような場所で起こったとも考えられている。さらに、地球や地球外の隕石からは数多くのアミノ酸が見つかっており、太陽系外の惑星に生命の徴候がないかの探査が盛んにおこなわれている。■

> (宇宙に関する) わたしの研究は、生命が他の惑星でも生じるということに、少しも疑いを残さないものである。わたしが疑うのは、人類が最も知的な生命体であるということだ。
> **ハロルド・ユーリー**

# デオキシリボ核酸（DNA）の構造を提案したい
## ジェームズ・ワトソン（1928年〜）
## フランシス・クリック（1916年〜2004年）

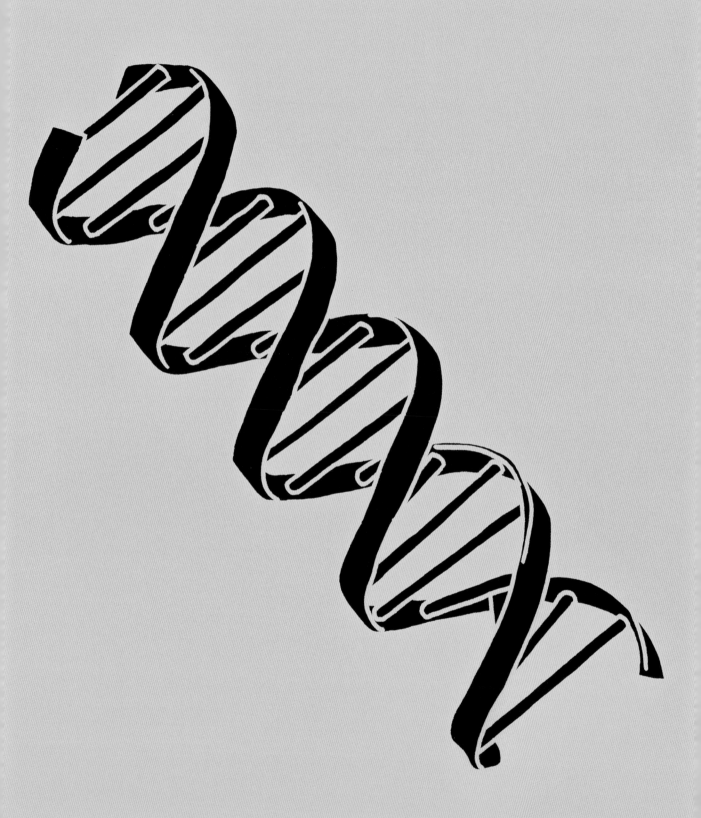

# ジェームズ・ワトソンとフランシス・クリック

## 前後関係

**分野**
生物学

**以前**

**1869年** フリードリヒ・ミーシャーは、白血球中に初めてDNAを見つける。

**1920年代** フィーバス・レヴィーンなどは、DNAを分析して、糖とリン酸、4種類の塩基からできていることを示す。

**1944年** エイブリーらの実験によって、DNAが遺伝子の本体であることがわかる。

**1951年** ライナス・ポーリングは、いくつかの生体分子が α ヘリックス構造であると提案する。

**以後**

**1963年** フレデリック・サンガーは、DNAの塩基配列を決定する方法を開発する。

**1960年代** DNAの暗号が解読される——DNAの3つの塩基が、タンパク質中の個々のアミノ酸に相当する。

**2010年** クレイグ・ヴェンターとそのチームは、人工的に作られたDNAを生きている細菌に導入する。

1953年4月、生物の基本的な謎に対する答えが、科学雑誌「ネイチャー」に短い論文で発表された。その論文では、遺伝情報が生物の体内で保持される仕組みと、それが次世代に伝わる仕組みが説明されていた。重要なことは、遺伝情報を担っているデオキシリボ核酸（DNA）の二重らせん構造がその論文で初めて述べられたことである。

この論文を書いたのは、29歳のアメリカの生物学者ジェームズ・ワトソンと、ワトソンより年上でイギリス人の生物物理学者フランシス・クリックだった。1951年から、彼らは、ケンブリッジ大学のキャヴェンディッシュ研究所で、所長のローレンス・ブラッグ卿のもと、DNAの構造という課題に共同で取り組んでいた。

DNAは当時の関心の高いテーマであり、その構造はもう少しでわかりそうだと期待が高まっていた。1950年代初頭、ヨーロッパとアメリカ、ソ連のチームが、DNAの3次元構造を最初に解明しようと競い合っていた。DNAは、化学的に暗号化された形式で遺伝情報を担い、正確に自己複製されて、娘細胞へと伝わるとともに、その遺伝情報は子供に伝えられなければならなかった。このような性質を満たす構造は、とらえにくいものだった。

### DNAの過去

DNAには長い研究の歴史がある。1880年代、ドイツの生物学者ヴァルター・フレミングは、細胞分裂のときに、細胞内に現れる「X」の形をした構造体（のちに染色体と名づけられた）について報告した。1900年、グレゴール・メンデルによる遺伝の法則が再発見された——メンデルが、対になっている遺伝の単位（のちに遺伝子と呼ばれた）

> **とても美しいから、本当に違いない。**
> ジェームズ・ワトソン

## ジェームズ・ワトソンとフランシス・クリック

ジェームズ・ワトソン（右）は1928年にアメリカのシカゴで生まれた。15歳の若さでシカゴ大学に入学した。ワトソンは、大学院で遺伝学の研究をしたあと、イングランドのケンブリッジに移動し、フランシス・クリック（左）とチームを組んだ。ワトソンはのちにアメリカに戻り、ニューヨークのコールド・スプリング・ハーバー研究所で研究した。1988年から、ヒトゲノムプロジェクトで研究したが、遺伝データの特許化について意見が一致せず、このプロジェクトを去った。

フランシス・クリックは、1916年に、イギリスのノーサンプトンの近くで生まれた。第二次世界大戦中、対潜水艦用の機雷を開発した。1947年、生物学を研究するためにケンブリッジに行き、そこでジェームズ・ワトソンと研究を始めた。のちに、クリックは「セントラルドグマ」——遺伝情報は細胞内で基本的に一方向に流れるというもの——で知られるようになった。晩年、クリックは脳の研究に注目し、意識の理論を考案した。

### 重要な著書

**1953年** 核酸の分子構造——デオキシリボ核酸の構造

**1968年** 二重らせん

## 基本的構成要素

参照　チャールズ・ダーウィン p.142-149 ■ グレゴール・メンデル p.166-171 ■ トマス・ハント・モーガン p.224-225 ■ バーバラ・マクリントック p.271 ■ ライナス・ポーリング p.254-259 ■ クレイグ・ヴェンター p.324-325

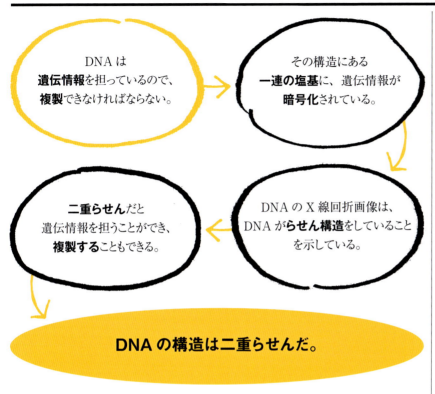

1940年代の終わりまでに、巨大なポリマー——構成単位（モノマー）が繰り返して結合した巨大な分子——として、DNAの基本的な化学式が明らかになった。1952年までに、バクテリオファージ（細菌に感染するウイルス）を用いた実験によって、ライバル候補であるタンパク質ではなく、DNAが、遺伝情報を担う物質であることが明らかになった。

### 手際を要する研究手段

競い合っている研究者たちは、いくつかの進歩した研究手段を用いていた。その中には、X線回折による結晶構造解析があった。それは、結晶中をX線が通るとき、回折することを利用して、原子の独自の配列を知る研究方法である。回折によって生じた斑点と線とにじみからなる回折パターンを写真にとり、そのパターンから結晶内の構造の詳細を明らかにできた。しかし、これは簡単な作業ではなかった。

があると提案した最初の人物だった。メンデルの法則が再発見されたのと同じ頃、アメリカの医者ウォルター・サットンによる交配実験と、ドイツの生物学者テオドール・ボヴェリによる交配実験から、一揃いの染色体（遺伝子を担っている棒状の構造体）が、分裂している細胞からその娘細胞のそれぞれに伝わることが明らかになった。その結果に基づくサットン－ボヴェリの理論では、染色体が遺伝物質の担体であると提案された。

まもなく、多くの科学者が、この謎の染色体を調べるようになった。1915年、アメリカの生物学者トマス・ハント・モーガンは、染色体が実際に遺伝情報の担体であることを明らかにした。

次の段階は、染色体の構成分子——遺伝子の候補である分子——を調べることだった。

### 遺伝子の新しいふたつの候補

1920年代、2種類の分子が候補にあげられた。それは、ヒストンと呼ばれるタンパク質と核酸であり、核酸は1869年にスイスの生物学者フリードリヒ・ミーシャーによってヌクレインとして発見されていた。ロシア系アメリカ人の生化学者フィーバス・レヴィーンなどは、DNAのおもな成分を詳しく特定し、DNAの構成単位であるヌクレオチドは、デオキシリボースという糖とリン酸、4種類の塩基のどれか1種類からできていることがわかった。

生化学における
顕著な一般化の一例だ……
20種類のアミノ酸と
4種類の塩基は、
わずかな例外を除いて、
自然界全体で同じだ。
**フランシス・クリック**

## ポーリングが優勢

キャヴェンディッシュ研究所のイギリスの研究チームは、ライナス・ポーリングが率いるアメリカの研究者たちを何とか打ち負かしたかった。1951年、ポーリングとその同僚のロバート・コーリーとハーマン・ブランソンは、分子生物学においてすでにブレークスルーを達成していた。彼らは、血液中の酸素を運ぶ物質であるヘモグロビンなどの多くの生体分子が、コルク抜きのようならせん（ヘリックス）の形をしていることを提案したのだった。ポーリングはこの分子の構造をアルファ（$\alpha$）ヘリックスと名づけた。

ポーリングの発見によって、キャヴェンディッシュ研究所はわずかな差で先を越されたようであり、DNAの正確な構造はポーリングの手の届くところにあるように思われた。その後、1953年初頭、ポーリングはDNAの構造は三重らせんの形をしていると提案した。この頃、ジェームズ・ワトソンは、キャヴェンディッシュ研究所で研究していた。ワトソンはまだ25歳で、若さから来る熱意と、動物学のふたつの学位を持ち、バクテリオファージの遺伝子と核酸について研究したことがあった。クリックは37歳で、脳と神経科学に関心がある生物物理学者だった。クリックはタンパク質や核酸など、生物の巨大分子について研究したことがあった。また、キャヴェンディッシュ研究所のチームが、$\alpha$ヘリックスの考えに対して、ポーリングを打ち負かそうと急いでいるのを観察し、のちに、そのチームの誤った想定と行き詰った探究について分析している。

ワトソンとクリックはふたりとも、別の分野ではあったが、X線結晶構造解析をおこなった経験があった。彼らは自分たちを魅了するふたつの疑問を一緒に考え始めた。それは、物質であるDNAがどのようにして遺伝情報を暗号化しているのかと、遺伝情報はどのようにして生体分子に変換されるのかだった。

## 重要な結晶の写真

ワトソンとクリックは、タンパク質の$\alpha$ヘリックスモデルでポーリングが成功したことを知っていた。このモデルでは、タンパク質分子が一本のコルク抜きのような形でねじれ、アミノ酸3.6個ごとに一回転する。彼らは、DNAに対するポーリングの三重らせんモデルが、最新の研究結果からは支持されないと思った。DNAのとらえにくい構造は、一重らせんでも三重らせんでもないと考えるようになった。彼らは自分たちではほとんど実験をお

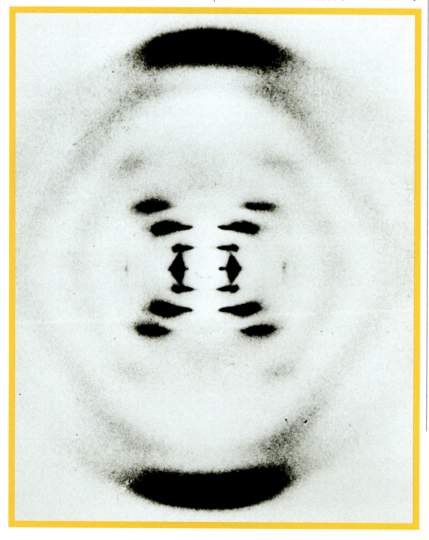

**このDNAのX線回折写真**は、1953年にロザリンド・フランクリンによって撮られ、DNAの構造を解明するための最大の手がかりとなった。DNAのらせん構造は斑点と線のパターンから突き止められた。

こなわなかった。その代わり、他人からデータを集めた。その中には、DNAに含まれる原子どうしやDNAの構成要素間の結合の角度に関する実験結果もあった。また、彼らは、X線結晶構造解析について知識を蓄え、DNAやその類似分子の最高品質の画像を撮っている研究者に接触した。そういった画像のひとつが、「写真51」であり、それは、彼らがブレークスルーを達成する鍵となった。

写真51はDNAのX線回折画像であり、ベネチアンブラインドの薄板を通して見た「X」に似ている。われわれの目には不鮮明に見えるが、当時は、DNAのX線回折画像の中でも最も鮮明で、最も情報に富んだものだった。この歴史的な写真を撮った人物が誰かについては議論がある。この写真は、X線結晶構造解析の専門家の、ロザリンド・フランクリンというイギリスの生物物理学者と彼女が担当していた大学院生レイモンド・ゴスリングがいるロンドンのキングスカレッジの研究室のものだった。フランクリンとゴスリングのそれぞれが様々な機会にこの画像を撮影した人物として認められてきた。

われわれは
生命の秘密を発見した。
フランシス・クリック

DNAの構造の理論的モデルに関するロザリンド・フランクリンによる報告書の草稿は、ワトソンとクリックによる二重らせんの発見の手がかりとなったが、彼女は生前、ほとんどその功績を認められなかった。

### ボール紙のモデル

分子生物学に関心のある物理学者モーリス・ウィルキンスも、キングスカレッジで研究していた。1953年初頭、おそらく科学の手続きを破る行為として、ウィルキンスはフランクリンとゴスリングが撮った画像を、彼らに許可なく、ワトソンに見せた。このアメリカ人はすぐにその重要性に気づき、それが意味することをすぐにクリックに伝えた。突然、ワトソンとクリックの研究が正しい道を進んでいることが判明した。

この時点から、出来事の正確な順序がはっきりしなくなり、発見についての、のちの説明と矛盾してくる。フランクリンは、未発表の報告書の草稿で、DNAの構造と形について自分の考えを述べていた。ワトソンとクリックは様々な案に取り組む中で、その考えも検討対象として組み込んでいた。ポーリングの$\alpha$ヘリックスモデルから導かれ、ウィルキンスが支持したおもな考えでは、DNAの巨大分子に、らせんが繰り返されるパターンがあることに重点が置かれていた。フランクリンによる検討事項のひとつは、構造上の「背骨」であるリン酸とデオキシリボースの鎖が中心にあり、そこから塩基が外に突き出ているのか、その逆かということだった。ワトソンとクリックに協力したもうひとりの研究仲間として、オーストリア生まれのイギリスの生物学者マックス・ペルツがいた。彼は、ヘモグロビンなどのタンパク質の構造に関する研究で、1962年にノーベル化学賞を受賞するが、ペルツもフランクリンの未発表の報告書を見ることができて、その内容を、常に連絡を取り合っているワトソンとクリックに伝えた。彼らは、DNAの背骨が外側にあって、塩基が内側に向いて、おそらく対になって結合しているという考えを追求した。彼らは、DNA分子の下位単位——背骨になっているリン酸と糖と、アデニン、チミン、グアニン、シトシンの4種類の塩基——の形にボール紙を切り出して、それらを様々に配置した。

1952年、ワトソンとクリックはエルヴィン・シャルガフに会った。シャルガフはオーストリア生まれの生化学者で、シャルガフの規則として知られているものを考案した。それは、DNAの中でグアニンとシトシンの量が等しく、アデニンとチミンの量が等しいというものだった。

### ピースを合わせる

シャルガフの規則から、ワトソンと

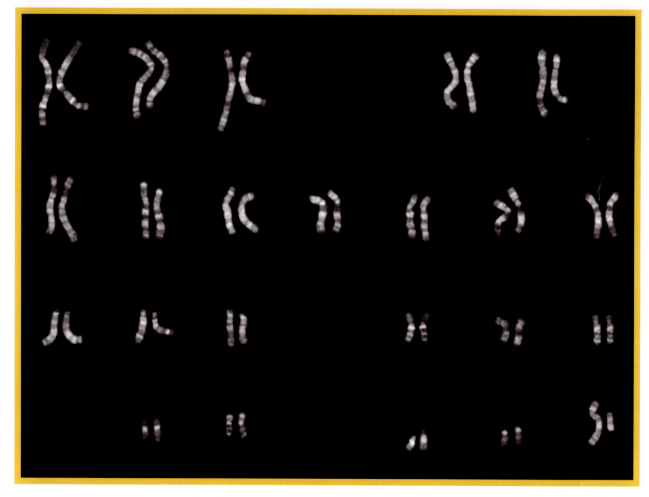

**ヒト（男性）の染色体**が示されている。ワトソンとクリックの発見以前、母細胞から娘細胞へ細胞分裂を通じて伝わる遺伝子を、染色体が担っていることが知られていた。

クリックは、アデニンは常にチミンとだけ結合し、グアニンは常にシトシンとだけ結合すると考え始めた。ワトソンとクリックは、ボール紙のピースを組み立てて、3次元のジグソーパズルを完成させるに当たって、膨大な量のデータ、数学の計算、X線回折画像、化学結合とその角度についての自分たちの知識、その他のデータをうまく調和させようとしていた。データはすべて近似値であり、ある程度誤差を含んでいた。最後の瞬間が訪れたのは、チミンとグアニンの配置にわずかな調整を加えることによって、ピースがひとつにまとまり、塩基の対が中心部に沿って結合した優美な二重らせんが生まれたときのことだった。3.6個のアミノ酸で一回転したタンパク質の $\alpha$ ヘリックスと異なり、DNAは約10.4個の塩基対で一回転した。

ワトソンとクリックが示したモデルは、互いに巻きついている二本のらせん状の、あるいはコルク抜きのようなリン酸と糖の背骨に塩基対の横木が付いている「ねじれたはしご」が直立したようなものだった。塩基の配列は文章中の文字のように働き、小さな単位の情報を担い、組み合わさって全般的な指令となる、つまり、遺伝子として働く。遺伝子は、タンパク質などの分子の作り方を細胞に伝える。

### 閉じたり、開いたりする

各塩基対は、水素結合で結合している。水素結合は比較的簡単にできたり外れたりするので、二重らせんの一部は、水素結合が外れることによって「開かれ」、鋳型として働くことができる。

この「閉じる」と「開く」によって、ふたつの過程が起きうる。第一に、開いた二重らせんの片方を鋳型として、

RNAを合成できる。そのあと、RNAは遺伝情報を運び、タンパク質の生産にかかわる。

第二に、二重らせんの全長が開くとき、それぞれのらせんが鋳型となり新しい相補的な相手を作り、元のDNAと同じDNAが複製される。生物の一生を通して、成長や修復のために細胞がふたつに分裂するとき、また、生殖細胞である精子と卵が、自らの持ち分の遺伝子を担って受精卵を作り、次世代が始まるとき、DNAは複製される。

## 「生命の秘密」

1953年2月28日、ワトソンとクリックは、自分たちの発見に大喜びして、ケンブリッジで最も古いパブのひとつであるザ・イーグルへ昼食を取りに行った。そこは、キャヴェンディッシュ研究所や他の研究所の仲間がよく会うところだった。クリックは、彼とワトソンが「生命の秘密」を発見したと発表して、飲んでいる者を驚かせたと言われている。この話は、ワトソンが著書『二重らせん』の中でそう書いているだけで、クリックは、そんなことが本当にあったことを否定している。

1962年、ワトソンとクリック、ウィ

> 生きているうちに自分のゲノムの配列が決定されるとは夢にも思わなかった。
> ジェームズ・ワトソン

ルキンスは、「核酸の分子構造および生体における情報伝達に対するその意義の発見」に対してノーベル生理学医学賞を授与された。しかし、その受賞は物議を醸した。受賞に先立つ数年間、ロザリンド・フランクリンは、重要なX線回折画像を撮ったことや、ワトソンとクリックの研究の方向を定めるのに役立った報告書を書いたことを、公式にはほとんど認められなかった。彼女は1958年にまだ37歳のとき、卵巣がんで亡くなったので、1962年のノーベル賞を受賞する資格はなかった。この賞が死後に授与されないことになっているからだ。受賞を早めて、フランクリンを共同受賞者にすべきだったと言う者もいたが、規則によって、受賞者の数の上限は3人だった。

重要な研究を成し遂げたあと、ワトソンとクリックは世界的な有名人になった。彼らは分子生物学の分野で研究を続け、何度も賞を授与され、その栄誉に浴した。DNAの構造が判明したあと、次の大きな課題は、遺伝の「暗号」を解くことだった。1964年までに、科学者は、塩基配列がどのように、生物の構成要素であるタンパク質のアミノ酸配列に翻訳されるかを解明した。

今日、科学者は、生物の全遺伝情報（ゲノム）を特定できる。DNAを操作して、遺伝子を取り除いたり、別の遺伝子を挿入したりできる。2003年、これまでで最も大きい国際的な生物学の研究計画であるヒトゲノムプロジェクトにおいて、ヒトゲノム——2万を超える遺伝子——の地図作製が完了したと発表された。クリックとワトソンの発見は、遺伝子工学と遺伝子治療への道を開いた。■

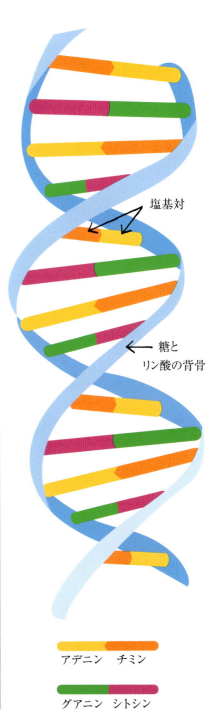

**DNA分子**は、糖とリン酸からなる背骨に塩基対が結合してできた二重らせん構造をしている。塩基対は、常に、アデニンとチミンか、シトシンとグアニンの組合せになっている。

# 起きうるすべてのことは起きる
## ヒュー・エヴェレット3世（1930年〜1982年）

### 前後関係

**分野**
物理学と宇宙論

**以前**
**1600年** イタリアの哲学者ジョルダーノ・ブルーノは、人が住んでいる世界の無限性を信じたことで、火刑に処せられる。

**1924年〜1927年** ニールス・ボーアとヴェルナー・ハイゼンベルクは、波動関数の破綻を引き起こすことによって、波と粒子の二重性に関する測定上の矛盾を解決しようとする。

**以後**
**1980年代** デコヒーレンスとして知られている原理を、多世界解釈が成り立つ仕組みにしようと試みられる。

**2000年代** スウェーデンの宇宙論者マックス・テグマークは、宇宙の無限性を説明する。

**2000年代** 量子コンピュータの理論において、計算能力は、日常の世界にない重ね合わせによって得られる。

---

バランスを取って立っているカードは、倒れて**表向きか裏向き**になる。

量子論は**両方の結果が起きること**を認める。したがって、それぞれのカードの倒れ方が、それぞれの可能な世界で起きる。

この実験を4回繰り返せば、**16のパラレルワールド**（2×2×2×2）が生まれる。

自然が結果を決めない量子論は、**観測と一致している**。

**起きうるすべてのことは起きる。**

---

ヒュー・エヴェレット3世はSF愛読者の崇拝の的だ。なぜならエヴェレットの量子力学の多世界解釈（MWI）が現実についての科学者の考えを変えたからだ。

エヴェレットの研究は、量子力学の中心にある、人を当惑させる弱点によって触発された。量子力学は、物質の最も基本的なレベルでの物質の相互作用を説明できるが、実験と一致しないように思われる奇妙な結果ももたらし、そこでは測定上の矛盾の中心にある二項対立（p.232−233）が生じる。

量子の世界においては、原子より小さな粒子は、エルヴィン・シュレーディンガーの波動関数によって記述されるように、位置と速度、スピンのいくつもの可能な状態にあり、すなわち「重ね合わせ」で存在できるが、多くの可能性という現象は観測されるとすぐに

基本的構成要素 **285**

参照　マックス・プランク p.202-205　■　ヴェルナー・ハイゼンベルク p.234-235　■　エルヴィン・シュレーディンガー p.226-233

この「マルチバース（多重宇宙）」は、ワシントンの国立美術館の 41,000 個の LED ライトのインスタレーションで、多世界解釈に触発されて作られた。

消える。量子系を測定するという行為そのものが量子系を何らかの状態に「押しやり」、量子系にその選択肢を「選ぶ」ことを強要するように思われる。コイントスは明白な表か裏となり、一度に、表と裏の両方にはならない。

### コペンハーゲンのごまかし

1920年代、ニールス・ボーアとヴェルナー・ハイゼンベルクは、コペンハーゲン解釈によって、測定問題を避けようと試みた。この解釈では、量子系で観測をするという行為が、波動関数を破綻させ、唯一の結果をもたらすと考える。これは広く受け入れられた解釈だが、多くの理論家はこの解釈を不満足に思っている。なぜなら、この解釈が、波動関数の破綻の仕組みについて何も明らかにしていないからだ。この解釈はシュレーディンガーも悩ませた。シュレーディンガーにとって、世界の数学的表現は客観的現実を持っていなければならなかった。アイルランドの物理学者ジョン・ベルが言うように「シュレーディンガー方程式によって示される波動関数は、完全でないか、正しくない」。

### 多世界

エヴェレットの考えは、量子論的重ね合わせに起きていることを説明することだった。エヴェレットは、波動関数の客観的現実が存在するものとし、（観測されていない）破綻は観測されておらず、起きていないものとした——なぜ自然は、誰かが測定するたびに、特定のバージョンの現実を「選ばなくては」ならないのか？　続いて、エヴェレットはもうひとつの質問をした——量子系にとって利用可能な様々な選択肢に何が起きているのか？

MWIではすべての可能性が実は起きていると述べられる。現実は新しい世界へと分裂するが、われわれが目にするのは、ひとつの結果だけだ。世界間の交流はありえないし、われわれは何かを測定するたびに、だまされて何かが失われると思っているからだ。

エヴェレットの理論はすべての人に受け入れられたわけではないが、量子力学の解釈に対する理論的障害を取り除く。パラレルワールドは、MWIから論理的に予測されるものだ。MWIは検証できないと批判されてきたが、それは変わるかもしれない。「デコヒーレンス」として知られている効果は、MWIが成り立つことを証明するかもしれない仕組みだ。■

### ヒュー・エヴェレット3世

ワシントンに生まれたヒュー・エヴェレットは、早熟な少年だった。12歳のとき、アインシュタインに手紙を書いて、宇宙をひとつに保っているものについて尋ねた。プリンストン大学で数学を勉強しているあいだに、いつのまにか物理学を専攻するようになった。MWI——量子力学の中心にある謎に対するエヴェレットの答え——は、1957年の博士号のテーマであり、MWIのせいで、多世界を提案したことに対して笑い物になった。1959年にコペンハーゲンへ出かけて、MWIの考えについてニールス・ボーアと議論したことは大失敗だった——ボーアはエヴェレットが言ったことをすべて認めなかった。エヴェレットは自信を失い、物理学を離れて、アメリカの軍需産業で働いたが、今日、MWIは量子論の主流の解釈と考えられている。もっとも、それは、エヴェレットにとって遅すぎ、彼はアルコール依存症となり、51歳の若さで死んだ。生涯、無神論者で、自分の灰はごみと一緒に捨ててくれと頼んでいた。

**重要な著書**

1956年　確率のない波動力学
1956年　宇宙の波動関数の理論

# 三目並べの完全試合
## ドナルド・ミッキー（1923年〜2007年）

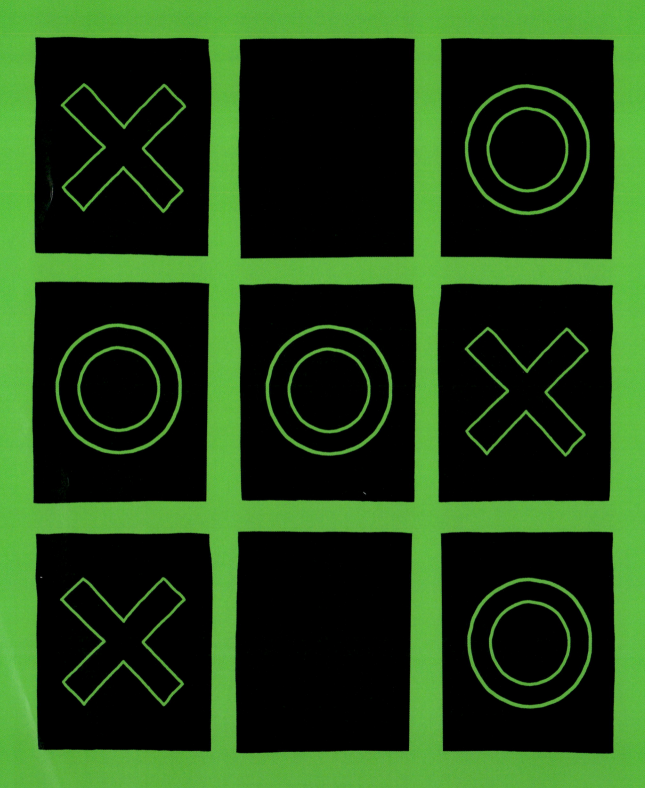

## ドナルド・ミッキー

### 前後関係

**分野**
**人工知能**

以前

1950年　アラン・チューリングは、機械の知能を測定するテスト（チューリングテスト）を提案する。

1955年　アメリカのプログラマー、アーサー・サミュエルは、チェッカーをプレーするプログラムを、プレーを学べるように改良する。

1956年　「人工知能」という用語が、アメリカ人のジョン・マッカーシーによって作られる。

1960年　アメリカの心理学者フランク・ローゼンブラットは、経験から学ぶニューラルネットワークを備えたコンピュータを作る。

以後

1968年　高いレベルの技能を初めて実現したチェスのプログラム、マックハックが、アメリカのリチャード・グリーンブラットによって作られる。

1997年　チェスの世界チャンピオン、ガルリ・カスパロフは、IBMのコンピュータ、ディープ・ブルーに敗れる。

> 機械は考えることができるか？　短く答えるなら「できる。われわれが思考と呼ぶものを人間がおこなっているのであれば、思考する機械は存在する」。
> **ドナルド・ミッキー**

1961年のコンピュータは、おもに、一部屋分の大きさの大型汎用コンピュータだった。ミニコンピュータは1965年まで登場せず、今日われわれが知っているマイクロチップが登場するのは数年先だった。コンピュータのハードウェアがこのように巨大で、専門化していたので、イギリスの研究者ドナルド・ミッキーは、機械学習と人工知能に関する小さな計画のために単純な物を使うことに決めた。それは、マッチ箱とガラスビーズだった。また、ミッキーは機械におこなわせる作業として、〇と×を交替に並べる三目並べという単純なゲームを選んだ。出来上がったものが、MENACE（Matchbox Educable Noughts And Crosses Engine）だった。

ミッキーのMENACEは、接着剤でくっつけた、たんすのように配置した304個のマッチ箱でできていた。それぞれの箱にはコード番号と、ゲームが進むにつれてできる〇と×の並びを書いた3×3の格子図が付けられていた。〇と×の並べ方は、回転させると同じになるものや左右対称のものを除くと304通りあるので、マッチ箱の数も304個あった。

各マッチ箱には色で区別された9種類のビーズが入っていた。ビーズのそれぞれの色は、MENACEが9つのマス目のどれか1つに〇を入れることに相当した。たとえば、緑色のビーズは左下のマス目に〇を入れることを示し、赤色のビーズは中心のマス目の〇を示した。また、マッチ箱の内箱には2枚の厚紙が入っていて、両端を合わせてV字形になっていた。

### ゲームの仕組み

MENACEが、図に〇も×もないマッチ箱──最初の手の箱──を使ってゲームを始めたとする。プレーするときには、内箱を取り出し、V字の先が下に来るよう、揺すって傾ける。ビーズはでたらめに転がり、そのうちの1つがV字の先に落ちる仕組みになっていた。最初にV字の先に落ちたビーズの色によって、MENACEの最初の〇の位置が決まる。このとき、このビーズを内箱から取り出しておき、内箱は元に戻す。次に、対戦相手が最初の×を入れる。MENACEの2回目では、

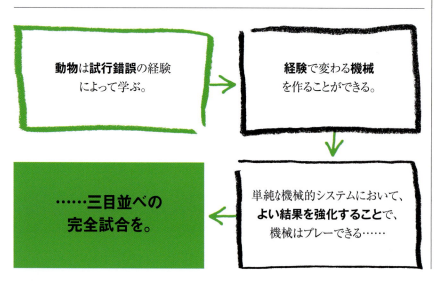

基本的構成要素 **289**

**参照** アラン・チューリング p.252-253

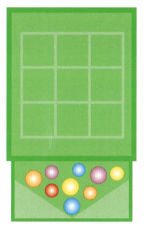 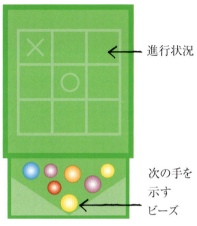 

←進行状況

←次の手を示すビーズ

**MENACEの304個のマッチ箱のそれぞれが、**可能な盤面（○と×の並びを書いた格子図）を表した。マッチ箱の中のビーズはその盤面に対する次の可能な手を表した。「V字」の最下部のビーズが次の手を決めた。一連のゲームで、MENACEは、勝ったときにはビーズが追加され、負けたときにはビーズは取り除かれたので、経験から学ぶことができた。

この時点での○と×の位置に対応したマッチ箱が選ばれる。そのマッチ箱から取り出された内箱のV字の先に落ちたビーズの色で、MENACEの二番目の○の位置が決まる。このビーズも取り出しておく。続いて対戦相手が二番目の×を入れ、…最終的な結果が出る。このとき、MENACEの一連のビーズを記録しておく。

## 勝ち、負け、引き分け

MENACEは、勝ったときは強化、すなわち「ほうび」を受け取る。取り出しておいたビーズは、一連の勝つ手を示しており、それらのビーズは、それぞれ同じ色の3個の「ボーナス」ビーズと一緒に、元の各マッチ箱に戻される。以降のゲームで、○と×の同じパターンが現れたら、このマッチ箱は再びプレーに登場するが、今度は勝利に結びついたビーズをより多く持っている。そういったビーズが選ばれる可能性、すなわち、同じ手で、もう一度勝つ可能性が高まっていることになる。

MENACEが負けた場合、一連の負ける手を表すビーズは元に戻さない。MENACEは「罰」を受けたことになるが、これにも前向きの効果がある。以降のゲームで、○と×の同じパターンが現れたら、負けたときの一連のビーズは少なくなっており、そのことで、再度負ける可能性が減ることになる。引き分けの場合は、取り出されたビーズは元のマッチ箱に戻され、ささやかなほうびとして、同じ色のボーナス・ビーズが1個ずつ与えられる。同じパターンが再び現れたとき、その

**世界初のプログラムできる電子計算機コロッサス**は、1943年に、イングランドのブレッチリー・パークで暗号を解読するために作られた。ミッキーはコンピュータを使う職員を教育した。

ビーズが選ばれる可能性は高くなっているが、勝って3個のボーナス・ビーズをもらった場合ほどではない。

ミッキーの目的はMENACEが「経験から学ぶ」ことだった。○と×の所定のパターンに対して、特定の一連の手が勝っていれば、その手は徐々に出やすくなり、逆に負けにつながる手は、出にくくなるだろう。MENACEは、試行錯誤によって進歩し、経験とともに順応し、ゲームが多くなれば、それだけ強くなるはずだった。

## 変更できる要素を管理する

ミッキーは起こりうる問題を検討した。選ばれたビーズが、すでに○か×で占められているマス目に○を入れよと指示したら、どうなるだろう？ ミッキーは、それぞれのマッチ箱に空いているマス目に相当するビーズだけを入れることで対応した。つまり、○が左上で、×が右下の並びのマッチ箱には、それらのマス目に相当する色のビーズは含まれない。ミッキーはすべてのマッチ箱に、9色のビーズを入れるこ

とは「不必要に問題を複雑にする」と考えた。それは、MENACEが勝つことや引き分けることを学ぶだけでなく、従うルールも学ばなくてはならないことを意味するからだった。そういった開始時の複雑さは、システム全体を崩壊させる原因となりうる。このことから、機械学習は単純に始めて、徐々に改良を加えるのがよいという原理が示された。

また、ミッキーは、MENACEが負けるとき、その最後の一手が、百パーセント致命的な手であることを指摘した。その前の手は、窮地に追い込まれる負けの要因ではあったが、最後の手ほど決定的な要因ではなかった――たいてい、負けをまぬがれる可能性が残っていた。ゲームの開始までさかのぼっていくと、前の手ほど、最終的な負けのより弱い要因になっていた――すなわち、手が積み重なっていくにつれて、それぞれの手が最後の一手になる確率が増える。したがって、手の数が増えるにつれて、致命的となる選択を取り除くことがより重要となる。ミッキーは、このことを、それぞれの

> 専門的知識は直感的なものだ。
> それは専門家自身が
> 手に入れやすいとは限らない。
> ドナルド・ミッキー

手に対して、異なる数のビーズを入れることによって、シミュレートしてみた。つまり、MENACEの2回目の手（全体としては3回目の手）を決めるそれぞれのマッチ箱――マス目に○と×がすでに1つずつ入っているもの――には、各色のビーズを3個ずつ入れた。MENACEの3回目の手に対しては、それぞれの色のビーズを2個ずつ入れ、4回目の手に対しては、1個ずつ入れた。そして、4回目の手で致命的な選択をした場合は、その位置を指定する唯一のビーズを取り除くことになる。そのビーズがなければ、同じ状況は再発しえなかった。

### 人間対MENACE

それでは、結果はどうだったか？ MENACEはミッキーを最初の対戦相手として200回を超えるゲームをおこなった。MENACEは初め不安定で負け続けたが、すぐに安定して引き分けが多くなり、そのあと何度か勝ちを収めた。これに対抗するため、ミッキーは普通とは違うやり方を始めた。MENACEは順応するのに時間がかかったが、やがて勝ちを収めた。

MENACEは、機械学習の単純な例であり、変更できる要素を変えることが結果にどのように影響しうるかを示した。実は、ミッキーのMENACEについての記述は長い説明の一部であり、続いて、MENACEのふるまいを、試行錯誤による動物の学習と比較し、次のように説明している。

「本質的に、動物は、多かれ少なかれ、でたらめな動きをして、選ぶ。つまり、『望ましい』結果を生み出したものをあとから繰り返すということだ。この説明はマッチ箱のモデルにぴったりの

### ドナルド・ミッキー

1923年にビルマ（現在のミャンマー）のヤンゴンで生まれたミッキーは、1942年にオックスフォード大学への奨学金を得たが、戦争に協力して、ブレッチリー・パークの暗号解読チームに参加し、コンピュータの開拓者アラン・チューリングの親しい同僚となった。

1946年、オックスフォード大学に行き、哺乳類の遺伝学を研究した。しかし、人工知能に対する興味が大きくなり、1960年代までに、人工知能がおもな研究対象になっていた。1967年、エジンバラ大学に移り、人工知能と知覚に関する学部の初代学部長になった。視覚が使え、教えることができる研究用ロボットのフレディー・シリーズの開発に取り組んだ。ほかにも、一連の有名な人工知能の計画を運営し、グラスゴーにチューリング研究所を創設した。

ミッキーは80歳代まで現役の研究者であり続けた。2007年、ロンドンへの移動中の自動車事故で亡くなった。

### 重要な著書

1961年　試行錯誤

ように思われる。実際、MENACEは、非常に純粋な形で、試行錯誤による学習のモデルとなっているので、別の種類の学習要素が現れたとき、それは試行錯誤の要素に誤って混じったものである可能性が高い」。

### 転機

MENACEを考案する前、ドナルド・ミッキーは、生物学、外科学、遺伝学、発生学において際立って優れた研究経歴を歩んでいた。MENACEのあと、人工知能（AI）という急速に発展している分野に移った。自分の機械学習の考えを、組み立てラインや工場生産、製鋼所を含む何百もの状況に適用できる「強力な道具」に発展させた。コンピュータが普及するにつれて、ミッキーの人工知能の研究は、人間のプログラム製作者が考えもしないような方法で学ぶコンピュータプログラムと制御構造の設計に用いられた。人間の知能を注意深く適用することによって、機械はより賢くなれることをミッキーは実証した。最近のAIの発展として、同様の原理を用いて、動物の脳の神経回路網をまねたネットワークが開発されている。

また、ミッキーはメモ化の考えを思いついた。その考えでは、機械あるいはコンピュータに入力すると、その計算結果が「メモ」として保存された。同じ入力が再びあると、装置は、すぐにメモを起動して答えを思い出し、新たに再計算せず、その結果、時間と資源が節約できた。■

**新しいコンピュータの技術**はAIの急速な発展をもたらし、1997年に、チェス専用コンピュータのディープ・ブルーは、世界チャンピオンのガルリ・カスパロフを負かした。このコンピュータは、何千もの過去のゲームを分析することによって戦略を学んだ。

> 彼には、コンピュータにチェスをさせるという問題を解決できるかもしれないという、試してみたい考えがあった……それは定常状態に達するという考えだった。
> **キャスリーン・スプラックルン**

# 基本的な力の統一
## シェルドン・グラショー（1932年〜）

### 前後関係

**分野**
物理学

**以前**
1820年　ハンス・クリスティアン・エルステッドは、磁気と電気が同じ現象の2つの側面であることを発見する。

1864年　ジェームズ・クラーク・マクスウェルは、電磁波を一揃いの方程式で表す。

1933年　β崩壊のエンリコ・フェルミの理論では、弱い力が説明される。

1954年　ヤン-ミルズ理論は、4つの基本的な力を統一するための数学的基礎を築く。

**以後**
1974年　第4の種類のクォーク、「チャーム」クォークが発見され、物質の新しい基礎構造が明らかとなる。

1983年　力を伝える、WボソンとZボソンが、スイスの欧州原子核研究機構（CERN）の大型ハドロン衝突型加速器で発見される。

現在、物理学者は4つの基本的な力を認めている。それらは、重力と電磁気力、2つの核力で、その核力とは、弱い力と強い力であり、それらは、原子核の内部の小さい粒子をひとつに保っている。われわれはすでに弱い力と電磁気力が、単一の「電弱」力の異なる現れ方であることを知っている。この発見は、4つの力すべての関係を説明する「万物の理論」の発見への道に踏み出した重要な一歩だった。

### 弱い力

弱い力は最初、ベータ（β）崩壊を説明するために引き合いに出された。β崩壊は一種の核放射で、中性子は、原子核の内部で陽子に変わり、その過程で電子か陽電子が放射される。1961年、ハーバード大学の大学院生シェルドン・グラショーは、弱い力の理論と電磁気力の理論を統一するという野心的な目標を与えられた。グラショーはこれを達成できなかったが、弱い力によって相互作用を媒介する、力を伝える粒子について説明した。

### 力を伝える粒子

場の量子力学的説明では、力は、電磁気力を伝える光子などのゲージボソンの交換によって「感じ」られるものである。ゲージボソンは、ひとつの粒子から放出され、別の粒子によって吸収される。通常、どちらの粒子も相互作用によって本質的に変化しない。弱い力は、この対称性を破り、クォーク（陽子や中性子の構成粒子）をある種類から別の種類に変える。それでは、どんな種類のゲージボソンが関わっているのか。力が非常に狭い領域

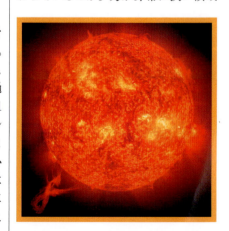

**弱い力による粒子の崩壊**が、太陽の核融合反応を起こしていて、水素をヘリウムに変えている。これがなければ、太陽は輝かない。

**参照** マリ・キュリー p.190-195 ■ アーネスト・ラザフォード p.206-213 ■ ピーター・ヒッグス p.298-299 ■ マレー・ゲル＝マン p.302-307

> 「万物の理論」は、
> 基本的な力の統一についての説明を提案する。

ビッグ・バンの直後の並外れて高い温度で、4つのすべての力がひとつの「特別な力」として統一されていたと提案されている。

約 $10^{32}$ K の温度で、**重力**がその他の力から分かれた。

約 $10^{27}$ K で、**強い力**が分かれた。

約 $10^{15}$ K で、**電磁気力**と**弱い力**が分かれた。

## シェルドン・グラショー

シェルドン・リー・グラショーは1932年に、ロシア系ユダヤ人移民の息子として、ニューヨークで生まれた。友人のスティーヴン・ワインバーグとともに高校に通い、1950年に卒業すると、ふたりともコーネル大学で物理学を学んだ。グラショーはハーバード大学から博士号を取得し、そこで、WボソンとZボソンの説明を思いついた。ハーバード大学のあと、1961年にカリフォルニア大学バークレー校に行き、その後1967年にハーバード大学に戻って、物理学の教授になった。

1960年代、グラショーはマレー・ゲル＝マンのクォークモデルを拡張し、「チャーム」として知られている性質を加え、第4のクォークを予測し、それは1974年に発見された。最近の数年間、超弦理論にひどく批判的で、それが検証可能な予測を欠いていることから物理学におけるその位置に異議を唱え、それを「腫瘍（しゅよう）」と表現している。

### 重要な著書

1961年　弱い力の部分的対称性
1988年　相互作用——素粒子物理学者の心の中を行く旅
1991年　物理学の魅力

で働き、遠くに移動できないという理由で、弱い力と結びついたゲージボソンは比較的大きくて重くなければならないとグラショーは推測した。彼は正か負の電荷を持つゲージボソン $W^+$ と $W^-$、電荷を持たないゲージボソンZを提案した。WとZという弱い力を伝える粒子は1983年、欧州原子核研究機構（CERN）の粒子加速器によって検出された。

### 統一

1960年代、ふたりの物理学者、アメリカのスティーヴン・ワインバーグとパキスタンのアブドゥス・サラムは、それぞれ独立に研究し、ヒッグス場（p.298–299）をグラショーの理論に組み込んだ。その結果できたワインバーグ–サラムモデル、あるいは電弱統一理論は、弱い力と電磁気力を単一の力にまとめることに成功した。

これは驚くべき結果だった。それと言うのも、弱い力と電磁気力はまったく異なる領域で働くからだ。電磁気力が目に見える宇宙の端まで届く一方で（電磁気力は光の質量ゼロの光子によって伝わる）、弱い力は、かろうじて原子核内で届くだけで、電磁気力の千分の一ぐらいの強さだ。これらの力の統一によって、ビッグバンの直後のような特定の高エネルギーの状態のもとで、4つのすべての基本的な力がひとつの「特別な力」に統一できるのではないかという興味をかき立てる可能性も開かれた。万物の理論などの証拠を求めて探索が続いている。■

# われわれは地球温暖化の原因だ
## チャールズ・キーリング（1928年〜2005年）

## 前後関係

**分野**
**気象学**

**以前**

**1824年** ジョゼフ・フーリエは、地球の大気が地球をより暖かくしていると提案する。

**1859年** アイルランドの物理学者ジョン・ティンダルは、地球の大気中で、二酸化炭素（$CO_2$）と水蒸気、オゾンが熱を取り込むことを証明する。

**1903年** スウェーデンの化学者スヴァンテ・アレニウスは、化石燃料を燃やすことによって放出される$CO_2$が大気の温暖化の原因になっているかもしれないと提案する。

**1938年** イギリスの工学者ガイ・カレンダーは、地球の平均気温が1890年と1935年のあいだに0.5℃上昇したと報告する。

**以後**

**1988年** 科学的研究の評価をおこない、世界規模の政策を先導するために、気候変動に関する政府間パネル（IPCC）が設立される。

---

二酸化炭素は、地球の大気中で熱を取り込む**温室効果ガス**だ。

↓

大気中のその**濃度**は、化石燃料の燃焼と一致して**増加**している。

↓

地球の**気温は上昇**している。

↓

われわれは地球温暖化の原因だ。

---

**大**気中の二酸化炭素（$CO_2$）の濃度が、上昇しているだけでなく、災害をもたらす温暖化の原因になるという認識は、1950年代に初めて科学界と世間一般に広く注目された。それまでの科学者は、大気中の$CO_2$の濃度はときどき変化するが、常に約0.03％、すなわち約300ppmと想定していた。1958年、アメリカの地球化学者チャールズ・キーリングは、自分が開発した高感度の機器を使って、$CO_2$の濃度を測り始めた。

### 定期的な測定

キーリングはいくつかの場所――カリフォルニア州のビッグサー、ワシントン州のオリンピック半島、アリゾナ州の高山の森林――で$CO_2$を測定した。また、南極での測定結果や航空機からの測定結果も記録した。1957年、ハワイ州のマウナロア山の頂上の海抜3,000mのところに測候所を創設して定期的に$CO_2$の濃度を測定し、3つのことを発見した。

第一に、地域的に、一日の中で変化

参照　ヤン・インゲンホウス p.85　■　ジョゼフ・フーリエ p.122-123　■　ロバート・フィッツロイ p.150-155

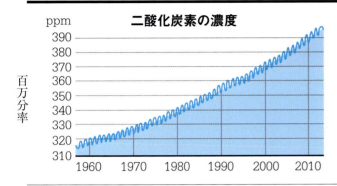

**二酸化炭素の濃度**

キーリングのグラフは、大気中の $CO_2$ の濃度が前年比で増加していることを示している。

一年の中の小さな変動（青色の線で示されている）は、植物による $CO_2$ の吸収の季節的変化による。

太陽からの熱を取り込むのを助長するので、$CO_2$ 濃度の増加は、地球温暖化をもたらす可能性が高い。キーリングは次のことを見つけた。「南極で、$CO_2$ 濃度は、一年に約 1.3ppm の割合で増加していた……観測された増加の割合は、ほぼ、化石燃料の燃焼から予想される値 1.4ppm である」。すなわち、人類は地球温暖化の少なくとも原因の一部にはなっている。■

があった。その濃度は、緑色植物が最も活発に $CO_2$ を吸収する午後3時頃最低だった。第二に、地球規模で、一年を通しての変化があった。北半球は植物が育つ土地が南半球より多く、植物が成長していない北半球の冬のあいだ、$CO_2$ の濃度はゆっくり上昇した。5月にピークに達し、そのあと植物が成長し始め、再び $CO_2$ を吸収し始めた。その濃度は、北半球の植物が冬に備えて地上部だけ枯れる10月に最低まで下がった。第三に、重要なこととして、その濃度は容赦なく増加していた。極氷のコアは空気の泡を含んでいて、それは、紀元前9,000年からのほとんどの時期、$CO_2$ の濃度が 275ppm から 285ppm のあいだで変化してきたことを示していた。1958年にキーリングが測定すると 315ppm で、2013年5月までに、平均濃度は初めて 400ppm を超えた。1958年から2013年までの濃度の増加は 85ppm で、55年間に27％増加したことを意味した。これは、大気中の $CO_2$ 濃度が増加していることを示す初めての具体的な証拠だった。$CO_2$ は温室効果ガスであり、

これまでより多い数の人々が
生活水準を向上させようと
努力するにつれて、
エネルギーの需要は
間違いなく増える。
**チャールズ・キーリング**

### チャールズ・キーリング

ペンシルベニア州のスクラントンで生まれたチャールズ・キーリングは、科学者であるだけでなくピアノの名手だった。1954年、カリフォルニア工科大学の地球化学の博士研究員として、大気の試料中の二酸化炭素を測定する新しい機器を開発した。カリフォルニア工科大学では、おそらく交通のせいでその濃度が常に変わっていたので、ビッグサーの原野に野営しに行ったが、そこでも小さいが有意な変化があった。このことに触発されて、キーリングは生涯の研究となることを始めた。1956年、カリフォルニア州のラ・ホーヤにあるスクリップス海洋研究所に入り、そこで43年間研究した。

2002年、キーリングは、科学における生涯の業績に対するアメリカで最も権威のある賞、アメリカ国家科学賞を受賞した。キーリングが亡くなってからは、息子のラルフが、大気をモニタリングするキーリングの研究を引き継いだ。

### 重要な著書

1997年　気候変動と二酸化炭素——概論

# バタフライ効果
## エドワード・ローレンツ（1917年〜2008年）

**前後関係**

分野
**気象学**

**以前**

**1687年** ニュートンの運動法則では、世界は予測可能であると考えられている。

**1880年代** アンリ・ポアンカレは、重力で相互作用する3つ以上の天体の運動は、通常、混沌としていて、予測不能であることを示す。

**以後**

**1970年代** カオス理論は、交通の流れやデジタルの暗号化、関数をモデル化するためや、自動車と航空機を設計するために用いられる。

**1979年** ブノワ・マンデルブロは、マンデルブロ集合を発見する。それは、非常に単純な規則を用いて、複雑な模様がどのように作り出されるかを示す。

**1990年代** カオス理論は、複雑な自然現象を説明しようとする複雑系科学の一分野と考えられる。

科学の歴史の大部分は、系のふるまいを予測する単純なモデルの開発にささげられてきた。惑星の運動のような自然界の現象は、この図式に容易に当てはまる。初期条件である惑星の質量、位置、速度などがわかれば、未来の配置は計算できる。しかし、多くの過程からなる現象、たとえば、浜辺で砕ける波、ろうそくから立ちのぼる煙、天気のパ

- ニュートンの法則によれば、**世界は予測できる。**
- ビリヤードをする際、ボールとテーブルに関する**すべてのデータ**を持っていれば、最初にキューで突いたあとのボールの軌道を計算することは可能なはずだ。
- しかし、データがいかに正確であろうと、最初の状態を**再現することは不可能**だ……
- ……なぜなら、最初の設定における**多くの非常に小さな違い**によって、最終的なボールの分布が大きく変わるからだ。
- こういったわずかな不確かさによって、**システムがどのように変化するかを**知ることができない。
- **カオス的現象の正確な予測**は不可能だ。

基本的構成要素 **297**

参照　アイザック・ニュートン p.62-69 ■ ブノワ・マンデルブロ p.316

ターンなどは混沌としていて、予測不能である。カオス理論はそういった予測不能な現象を説明しようとする。

## 三体問題

1880年代に、カオス理論への最初の進展があった。それは、フランスの数学者アンリ・ポアンカレが「三体問題」に取り組んだときのことだった。ポアンカレは、恒星と惑星と衛星という三体から成る系、たとえば太陽－地球－月の系に関して、安定な軌道はわからないことを示した。重力による天体の相互作用は計算するのに複雑すぎるだけでなく、初期条件のわずかな違いが、大きな、予測不能の変化をもたらすことをポアンカレは見いだした。

## 突然の発見

その後、この分野はほとんど発展しなかった。1960年代になって、科学者は、ある時刻の大気の状態に関する十分なデータと、そのデータを処理するのに十分な能力のコンピュータがあれば、気象の変化は予測できると考えた。これまで以上のコンピュータによって予測の範囲が広がるはずだという想定に基づいて、マサチューセッツ工科大学（MIT）のアメリカ人気象学者エドワード・ローレンツは、3つの単純な方程式だけを用いたシミュレーションを数回おこなった。毎回同じ初期状態を入力したので、結果も同じと予想されたが、毎回大きく異なる結果が出たことに、ローレンツは仰天した。入力した数値を調べると、プログラムが、端数を小数第6位から小数第3位に切り上げていたことがわかった。このような、初期状態のほんのわずかな変更が、最終結果に大きな影響を与えていた。この初期条件への鋭敏な依存は「バタフライ効果」――ブラジルで蝶がはばたいてわずかな空気が動くと、その小さな変化が時間とともに拡大し、テキサス州をトルネードが襲うという予測不能な結果が生じるという考え――と名づけられた。

エドワード・ローレンツは、未来に起きることを今知ることはできないということは、実は、カオス系を支配する法則には含まれていると説明し、予測可能性の限界を定めた。気象だけでなく、交通システム、株式市場の変動、液体と気体の流れ、銀河の成長がカオス的で、すべてカオス理論を用いてモデル化されている。■

航空機の翼が通った跡にできた渦の先端で、乱気流が生じている。系が乱気流を生み出す臨界点の研究は、カオス理論の発展の鍵となった。

### エドワード・ローレンツ

1917年、コネチカット州のウエスト・ハートフォードで生まれたエドワード・ノートン・ローレンツは、1940年にハーバード大学から数学の理学修士号を受けた。第二次世界大戦中、気象学者として働き、アメリカ陸軍航空隊のために気象予報をおこなった。戦後、マサチューセッツ工科大学（MIT）で気象学を研究した。

ローレンツによる初期条件への鋭敏な依存の発見は、偶然であり、科学における素晴らしい「わかった」瞬間のひとつだった。気象系の単純なコンピュータシミュレーションをおこなっていて、ほとんど同じ初期条件を与えているにもかかわらず、自分のモデルでは結果が大きく異なることをローレンツは発見した。1963年のローレンツによる論文は、完全な気象予測が幻想であることを示したもので、影響力が大きかった。ローレンツは、肉体的にも学問的にも生涯、活動的で、2008年の死の直前まで、学術論文を寄稿し、ハイキングとスキーを楽しんだ。

### 重要な著書

1963年　決定論的な非周期の流れ

# 真空は
# 何もないわけではない
## ピーター・ヒッグス（1929年～）

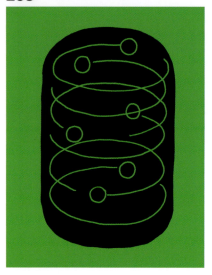

### 前後関係

**分野**
物理学

**以前**
**1964年** ピーター・ヒッグスとフランソワ・アングレール、ロバート・ブラウトは、すべての素粒子に質量を与える場について説明する。

**1964年** 三つの別々の物理学者のチームが、新しい、大きくて重い粒子（ヒッグス粒子）の存在を予測する。

**以後**
**1966年** 物理学者のスティーヴン・ワインバーグとアブドゥス・サラムは、ヒッグス場を用いて、電弱理論を考案する。

**2010年** 欧州原子核研究機構（CERN）の大型ハドロン衝突型加速器（LHC）は、全出力が出せるようになる。ヒッグス粒子の探索が始まる。

**2012年** CERNの科学者は、ヒッグス粒子の説明と一致する新しい粒子の発見を発表する。

カクテルパーティーで物理学者が集まっている部屋を想像しよう。これは、あらゆるものを、**真空さえも**満たしているヒッグス場のようなものだ。

↓ ↓

**税務署員**がパーティーに入ってきて、妨げられずに部屋の奥にあるバーまで進む。

**ピーター・ヒッグス**が入ってくる。物理学者はヒッグスに話しかけたいので、周りに集まり、彼の進行を妨げる。

↓ ↓

税務署員は物理学者の「場」と**ほとんど相互作用せず**、**低質量の粒子**と似ている。

ピーター・ヒッグスは「場」と**強く相互作用し**、ゆっくり部屋を通る。ヒッグスは**高質量の粒子**のようなものだ。

↓ ↓

**真空は何もないわけではない。**

2012年の大きな科学の出来事は、スイスの欧州原子核研究機構（CERN）の大型ハドロン衝突型加速器（LHC）を使って研究している科学者が、新しい粒子を発見し、つかまえにくいヒッグス粒子かもしれないと発表したことだった。ヒッグス粒子は、宇宙のすべての物に質量を与え、物理学の標準モデルを完成させるのに必要だ。その存在は1964年に、ピーター・ヒッグスを含む6人の物理学者によって仮定されていた。ヒッグ

# 基本的構成要素

**参照** アルベルト・アインシュタイン p.214-221 ■ エルヴィン・シュレーディンガー p.226-233 ■ ジョルジュ・ルメートル p.242-245 ■ ポール・ディラック p.246-247 ■ シェルドン・グラショー p.292-293

ス粒子の発見は「なぜ一部の力を伝える粒子には質量があり、残りのものには質量がないのか？」という質問に答えるものだった。

## 場とボソン

古典的（量子以前の）物理学では、電場や磁場は、空間に広がる連続した、滑らかに変化している実在物と想像されていた。量子力学では、連続体の概念は否定され、場は離散的な「場の粒子」の分布となり、そこでは場の強さは場の粒子の密度である。場を通過している粒子は、ゲージボソンと呼ばれる「仮想の」力を伝える粒子の交換によって場に影響される。

ヒッグス場は空間を満たしていて、素粒子はヒッグス場と相互作用することで質量を得る。たとえば、スキーヤーとかんじきを履いた人が雪原を横断しているとしよう。それぞれの人は雪とどのくらい強く「相互作用する」かによって、かかる時間が異なる。スキーで滑る人は低質量の粒子のようなもの

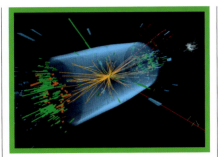

**ヒッグス粒子**は、生じてから1兆分の1秒以内に壊れる。それは、ほかの粒子がヒッグス場と相互作用するとき生じる。

で、かんじきで歩く人は、進みながらより大きな質量を感じる。光子とグルーオンのような質量のない粒子はヒッグス場によって影響されず、野原の上空を飛ぶガンのようにまっすぐに進む。

## ヒッグス粒子の探索

1960年代、ピーター・ヒッグスとフランソワ・アングレール、ロバート・ブラウトを含む6人の物理学者は、「自発的な対称性の破れ」の理論を考案した。この理論は、弱い力を媒介する粒子で

あるゲージボソンWとZには質量がある一方で、光子とグルーオンには質量がない理由を説明するものだった。この対称性の破れは電弱理論（p.292-293）の考案において非常に重要だった。ヒッグスは、ヒッグス粒子（と言うより、ヒッグス粒子の崩壊生成物）がどのように検出できるかを示した。

ヒッグス粒子の探索のため、世界最大の科学の計画として、LHC──外周がおよそ27kmで、地下約100mに埋められた、巨大なハドロン衝突器──が建設された。全出力で運転すると、LHCはビッグバン直後に存在したのと同等のエネルギーを発生し、それは、10億回の衝突ごとにヒッグス粒子1つを生み出すのに足りるエネルギーだ。難しいのは、莫大な数の残骸の中から、ヒッグス粒子の痕跡を見つけることだ。そして、ヒッグス粒子は非常に大きくて重いので、現れるとすぐに崩壊する。しかし、ほぼ50年間待ったあと、ヒッグス粒子はついに確認された。■

## ピーター・ヒッグス

1929年にイングランドのニューカッスル・アポン・タインで生まれたピーター・ヒッグスは、ロンドンのキングスカレッジで学士号と博士号を取り、そのあと上級研究員としてエジンバラ大学に入った。ロンドンでの任務を終えたあと、1960年にエジンバラに戻った。ヒッグスはケアンゴーム山脈で歩いているとき「ひとつの大きな考え」を思いついた。それは、力の場が高質量のゲージボソンと低質量のゲージボソンの両方を生み出すことを可能にする仕組みだった。ほかの者も同じ路線に沿って研究していたが、今日、われわれは、ブラウト－アングレール－ヒッグス場ではなく「ヒッグス場」と言う。それは、ヒッグスの1964年の論文で、どうすればヒッグス粒

子を見つけることができるかが説明されていたからだ。博士号を取得できるレベルで素粒子物理学を研究していなかったので、自分には「根本的な無能さ」があるとヒッグスは述べている。この不利な条件にもかかわらず、ヒッグスは、フランソワ・アングレールとともに、1964年の自分たちの研究に対して、2013年のノーベル物理学賞を共同受賞した。

### 重要な著書

**1964年** 破れた対称性とゲージ・ベクトル中間子の質量

**1964年** 破れた対称性とゲージボソンの質量

# 共生は
# どこででも起きている
## リン・マーギュリス（1938年〜2011年）

### 前後関係
**分野**
生物学

**以前**
**1858年** ドイツの医学者ルドルフ・フィルフョーは、細胞は細胞からのみ生じ、自然発生的には生じないと提案する。

**1879年** ドイツの微生物学者アントン・ド・バリーは、異なる種類の生物が一緒に生きている現象に対して、「共生」という用語を作る。

**1905年** コンスタンチン・メレシュコフスキーは、葉緑体と核は、共生によってできたという説を唱えたが、証拠は示せなかった。

**1937年** フランスの生物学者エドゥワール・シャトンは、細胞の構造によって、生物を真核生物と原核生物に分ける。

**以後**
**1970年〜1975年** アメリカの微生物学者カール・ウーズは、葉緑体のDNAが細菌のDNAによく似ていることを発見する。

　チャールズ・ダーウィンが進化論を提唱した1850年代に、生物の体はすべて細胞からできており、新しい細胞は、元の細胞の分裂によってのみ生じる、という細胞説が提唱された。そして、食物を作る葉緑体のような細胞内の構造物にも、やはり分裂によって増えるものがあるようだった。

　葉緑体が分裂によって増えるという発見から、ロシアの植物学者コンスタンチン・メレシュコフスキーは、かつて葉緑体は独立した別の生物だったかもしれないと考えた。細胞内共生説は、メレシュコフスキーによって1905年に初めて提唱された。しかし、受け入れられたのは、アメリカの生物学者リン・セーガン（後のマーギュリス）が証拠を提示した1967年になってからのことだった。

　複雑な細胞には、細胞小器官——核（細胞全体を統御する）、ミトコンドリア（エネルギーを取り出す）、葉緑体（光合成をおこなう）など——と呼ばれる細胞内構造があり、動物や植物、多くの微生物の体はこのような細胞からできている。現在、このような細胞は真核細胞と呼ばれており、単純なつくりをした細菌のような原核細胞から進化したものである。メレシュコフスキーは、単純なつくりの細胞が集まっている原初の状態を想像した。そこには、光合成によって食物を作る細胞があれば、他の細胞を捕食し、丸ごと飲み込む細胞もあった。ときには、飲み込まれた細胞が消化されずに生き残ることがあり、それが葉緑体になったと彼は提案したが、細胞内共生説は忘れられていった。

### 新しい証拠
　1930年代になると、電子顕微鏡の発明と生化学の進歩によって、生物学者は細胞内部の働きを解明する手段を

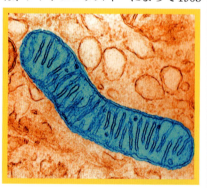

**ミトコンドリア**は、真核細胞に見られる細胞小器官で、エネルギーを蓄えた化学物質のアデノシン三リン酸（ATP）を作る。このミトコンドリアは、青色に着色されている。

# 基本的構成要素

参照　チャールズ・ダーウィン p.142-149
　　　ジェームズ・ワトソンとフランシス・クリック p.276-283　ジェームズ・ラブロック p.315

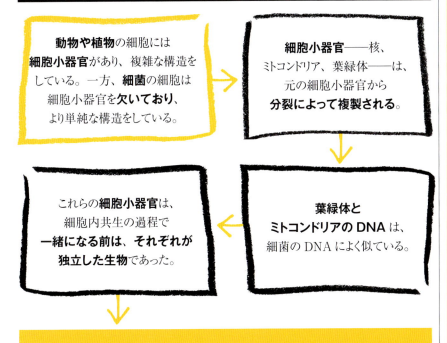

### リン・マーギュリス

リン・アレキサンダー（後にセーガン、それからマーギュリスとなる）は、シカゴ大学に14歳ちょうどで入学し、カリフォルニア大学バークレー校で博士号を取得した。細胞の多様性への関心から、彼女は、細胞内共生説という進化理論を復活させ、支持した。彼女の業績を、イギリスの生物学者リチャード・ドーキンスは、「20世紀の進化生物学のなかで、最大級の業績のひとつだ」と述べている。

マーギュリスは、進化の原動力として、共生は競争と同じくらい重要であると考え、生物というものは、自己組織化するシステムであると見なした。彼女は後に、地球も自己調節する生き物と見なせるという、ジェームズ・ラブロックのガイア仮説を支持した。彼女は、その業績が評価され、アメリカ科学アカデミーの会員となり、アメリカ国家科学賞を受賞した。

**重要な著書**

1967年　有糸分裂する細胞の起源について
1970年　真核細胞の起源
1982年　五つの王国：図説生物界ガイド

得た。1950年代までには、DNAは生命活動を支える遺伝的指示書であり、世代を通じて伝えられることがわかった。真核細胞では、DNAは核内に収められているが、葉緑体とミトコンドリアにもDNAが存在することが明らかになった。

1967年、マーギュリスは、細胞内共生説を復活させ、この発見を用いて実証した。また彼女は、地球の生命史の初期に、酸素による「大虐殺」が起こったことも示唆した。およそ20億年前、光合成をおこなう生物が繁栄して地球には酸素が豊富に存在するようになったが、酸素は、当時の多くの微生物にとって毒だったのである。捕食性の微生物は、エネルギーを取り出す過程で酸素を「取り込む」ことができた別の微生物を飲み込むことで生き残った。この飲み込まれた微生物が、今日では細胞のミトコンドリアになったのである。マーギュリスのこの説は、徐々に説得力をもつものとなり、今では広く認められるようになった。たとえば、ミトコンドリアや葉緑体のDNAは環状であるが、細菌のDNAも同じように環状構造をしている。

協力することで進化が起こるという考えは、新しいものではなかった。ダーウィンは、花蜜を提供する植物と花粉を運ぶ昆虫の進化を、相互に利益がある関係から説明できるのではないかと考えていた。しかし、生命の始まりの時期に、細胞が共生によってひとつになるほど、共生が密接に起こりうるとは誰も考えなかった。■

# クォークは3つずつ現れる
## マレー・ゲル＝マン（1929年〜）

# マレー・ゲル＝マン

## 前後関係

**分野**
物理学

**以前**

1932年　新しい粒子である中性子が、ジェームズ・チャドウィックによって発見される。この時点で、3つの質量のある、原子より小さい粒子——陽子、中性子、電子——が知られている。

1932年　最初の反粒子として陽電子が発見される。

1940年代〜1950年代　ますます強力になる粒子加速器によって、原子より小さい粒子が多数検出される。

**以後**

1964年　オメガ粒子（$\Omega^-$）の発見によって、クォークモデルが裏づけられる。

2012年　ヒッグス粒子が、欧州原子核研究機構（CERN）で発見され、標準モデルの重要性が増す。

原子の構造の理解は、19世紀の終わりから劇的に変化してきた。1897年、J.J.トムソンは、陰極線が原子よりずっと小さな粒子の流れであるという大胆な提案をして、電子を発見した。1905年、マックス・プランクの光の量子論に基づいて、アルベルト・アインシュタインは、光は、われわれが現在光子と呼んでいる、非常に小さな質量のない粒子の流れと考えられるべきだと提案した。1911年、トムソンの弟子のアーネスト・ラザフォードは、原子の核は小さくて、高密度で、その周りの軌道上に電子があると推定した。分割できない完全体という原子のイメージは壊された。

1920年、ラザフォードは、最も軽い元素である水素の原子核を陽子と名づけた。12年後、中性子が発見され、陽子と中性子でできた原子核という、より複雑なイメージが現れた。その後、1930年代に、宇宙線——宇宙空間から来る高エネルギー粒子の流れ——の研究によって、高エネルギーであり、アインシュタインが示した質量とエネルギーの等価性の原理（$E=mc^2$）に従っ

> どうすれば、少数の単純で美しい式を書くことによって、自然の普遍的な規則性を予測することができるようになれるだろうか？
> マレー・ゲル＝マン

て、大きな質量を持つ新しい粒子が明らかとなった。

原子核内部の相互作用の性質を説明するため、1950年代と1960年代に膨大な量の研究がおこなわれ、宇宙のすべての物質に対する概念的枠組みが示された。多くの科学者がこの進展に貢献したが、アメリカの物理学者マレー・ゲル＝マンは、標準モデルと呼ばれる素粒子の分類法の構築において、きわめて重要な役割を果たした。

### 粒子の動物園

理論素粒子物理学者の目標は「ささやか」だ——彼らは「宇宙のすべての物質を支配する基本的な法則」を説明することを目標としているだけだ——と、ゲル＝マンは冗談を言っている。また、理論家は「鉛筆と紙、くずかごを用いて研究するが、最も大事なのはくずかごだ」と言っている。対照的に、実験家のおもな道具は、粒子加速器だ。

1932年、物理学者のアーネスト・ウォルトンとジョン・コッククロフトは、イングランドのケンブリッジにある粒子加速器を用いて、初めて原子核を分裂させた。そのときから、ますます強

---

素粒子物理学の**標準モデル**の考案を通じて、**ハドロン**（陽子と中性子）が**クォーク**と呼ばれるもっと小さな粒子**からできている**と理論家が予測することなる。

↓

クォークは、粒子加速器で陽子を衝突させることによって**検出される**。

←

**クォークは2つか3つずつ集まって、ハドロンを作る。**

# 基本的構成要素

参照 マックス・プランク p.202-205 ■ アーネスト・ラザフォード p.206-213 ■ アルベルト・アインシュタイン p.214-221 ■ ポール・ディラック p.246-247 ■ リチャード・ファインマン p.272-273 ■ シェルドン・グラショー p.292-293 ■ ピーター・ヒッグス p.298-299

力な粒子加速器が建設されてきた。粒子加速器は、原子より小さい粒子を、光の速さ近くまで速め、ターゲットに、あるいは互いに衝突させる。現在、研究は、理論的予測に基づいて推進されている——最大の粒子加速器であるスイスの大型ハドロン衝突型加速器（LHC）は、おもに、理論上のヒッグス粒子を見つけるために作られた（p.298 – 299）。LHCは超電導磁石の27kmの環であり、作るのに10年を要した。原子より小さい粒子同士の衝突によって、それらは構成単位に分裂する。放出されるエネルギーはときには非常に大きなものとなり、日常の条件下では存在できない新しい種類の粒子を生み出す。多量の短命で風変わりな粒子が噴出し、そのあと素早く消滅あるいは崩壊する。研究者が自由に使えるエネルギーはますます増えており、彼らはそのエネルギーを用いて、物質自体の誕生——ビッグバン——のときの条件にさらに近づくことによって、物質の謎を探ろうとしている。その探索の過程は、ふたつの時計をぶつけて壊し、そのあと、残骸をより分けて、どのようにして時計が動くかを見いだそうとすることにたとえられてきた。

1953年までに、100を超える、強く相互作用している粒子が検出され、当時はそのすべてが基本的な粒子と考えられた。この新しい種類の粒子のにぎやかな状況は「粒子の動物園」と名づけられた。»

**1962年に作られた**カリフォルニア州のスタンフォード線形加速器は、3kmの長さで、世界最長の線形加速器だ。1968年に、ここで、陽子がクォークからできていることが初めて実証された。

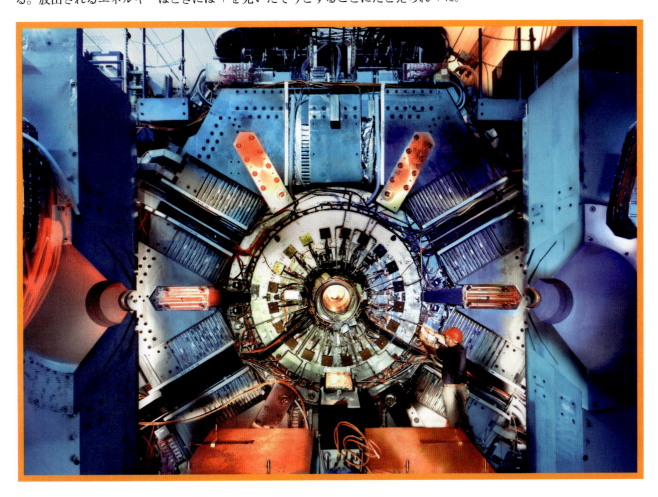

## 八道説

1960年代までに、科学者は、4つの基本的な力——重力、電磁気力、弱い力、強い力——によってどのように作用されるかに応じて粒子を分類していた。質量のあるすべての粒子は重力によって作用される。電磁気力は電荷のある粒子に作用する。弱い力と強い力は原子核の中の非常に狭い範囲で働く。陽子や中性子など「ハドロン」と呼ばれる重い粒子は「強く相互作用していて」、4つの基本的な力すべての作用を受ける。また、電子とニュートリノのような、軽い粒子である「レプトン」は強い力によって作用されない。

ゲル＝マンは、仏教の崇高な八正道をもじって「八道説」と呼んでいる八重項の分類法を用いて粒子の動物園を理解した。メンデレーエフが周期表に化学元素を配置するときしたように、ゲル＝マンは、素粒子を配置する表を想像し、まだ発見されていないもののための空所を残しておいた。最も無駄のない図式を作ろうとして、ハドロンが新しい、未発見の基本的な副次的単位を含んでいることを提案した。ハドロンはもはや基本的な粒子ではないので、この変更は、素粒子の数を扱いやすい数に下げた——ハドロン

> マーク氏に3クォーク！
> ジェームズ・ジョイス

はもう複数の基本的要素の組み合わせに過ぎなかった。ゲル＝マンは、風変わりな名前を好む傾向があり、ジェームズ・ジョイスの小説『フィネガンズ・ウェイク』のお気に入りの言葉にちなんで、この要素を「クォーク」と名づけた。

## 実在するか、実在しないか？

ゲル＝マンは、こういった考えを提案した唯一の人物ではなかった。1964年、カリフォルニア工科大学の学生ジョージ・ツワイクは、ハドロンは自分が「エース」と呼ぶ4つの基本要素からできていると提案していた。欧州原子核研究機構（CERN）の雑誌「フィジックス・レターズ」誌は、ツワイクの論文の掲載を断ったが、同じ年、同じ考えを概説した年上のゲル＝マンの論文は掲載した。

ゲル＝マンの論文が掲載されたのは、そのパターンに対して根底にある実体が存在すると彼が提案していなかったからかもしれない——彼は整理する図式を提案していただけだった。しかし、この図式は不満足に思われた。なぜなら、クォークは、－1/3や+2/3のような分数の電荷を持つようになっていたからだ。こういった電荷は、整数の電荷だけを認めていた従来の理論にとって無意味だった。こういった

標準モデルでは、素粒子をその性質に従って表に並べる。このモデルによって予測されたヒッグス粒子は2012年に発見された。

副次単位がハドロンの内部に取り込まれて、隠れたままであるなら、こういったことは問題にならないことにゲル＝マンは気づいた。3つのクォークからできている、予測されていたオメガ粒子（$\Omega^-$）は、ゲル＝マンの発表のあとすぐに、ニューヨーク州のブルックヘブン国立研究所で検出された。このことは、この新しいモデルを裏づけた。ゲル＝マンは、このモデルが自分とツワイクの両者によるものとすべきだと主張した。

最初、ゲル＝マンは、クォークが実在するとは思っていなかった。しかし、今は、クォークは最初、数学的な存在物と思っていたが、クォークが実在する可能性を除外したわけではなかったと苦しい言い訳をしている。1967年から1973年にかけてのスタンフォード線形加速器センター（SLAC）での実験において、電子が、陽子の中の硬い顆粒状粒子からそれて散乱し、その過程でクォークの実在が明らかになった。

## 標準モデル

標準モデルは、ゲル＝マンのクォークモデルから発展した。標準モデルでは、粒子はフェルミオンとボソンに分かれる。フェルミオンは物質の構成要素であり、ボソンは力を伝える粒子だ。フェルミオンはさらに2種類の素粒子、クォークとレプトンに分かれる。クォークは2つか3つずつ集まり、ハドロンと呼ばれる複合粒子を作る。3つのクォークからなる小さい粒子はバリオンとして知られ、陽子と中性子が含まれる。クォークと反クォークの対からできているものは中間子と呼ばれ、π中間子とK中間子が含まれる。クォークには全部で6種類の「フレーバー」——アップ、ダウン、ストレンジ、チャーム、トップ、ボトム——がある。クォークの明確な特徴は、それらが「色荷」を持っていることで、それは、クォークが強い力によって相互作用することを可能にする。レプトンは色荷を持っておらず、強い力によって作用されない。6種類のレプトン——電子、ミュー粒子、タウ粒子、電子ニュートリノ、ミューニュートリノ、タウニュートリノ——がある。ニュートリノは電荷を持っておらず、弱い力によってだけ相互作用し、そのため、検出するのがきわめて難しい。それぞれの粒子には、対応する反物質である「反粒子」もある。

標準モデルでは、相互作用する力を、「ゲージボソン」という力を伝える粒子の交換の結果として説明する。それぞれの力には、独自のゲージボソンがある——弱い力は$W^+$ボソンと$W^-$ボソン、Zボソンによって、電磁気力は光子によって、強い力はグルーオンによって媒介される。

標準モデルは堅固な理論であり、実験によって実証されてきた。特に顕著なのは、2012年のCERNでのヒッグス粒子——ほかの粒子に質量を与える粒子——の発見だ。しかし、このモデルでは説明できない問題も残されている。■

> われわれの研究は
> 楽しいゲームだ。
> **マレー・ゲル＝マン**

### マレー・ゲル＝マン

マンハッタンに生まれたマレー・ゲル＝マンは、神童だった。7歳で計算法を独学し、15歳でエール大学に入った。マサチューセッツ工科大学（MIT）から博士号を取得し、1951年に卒業した。そのあと急にカリフォルニア工科大学に行き、そこでリチャード・ファインマンと研究し、「ストレンジネス」と呼ばれる量子数を発見した。日本の物理学者、西島和彦が同じ発見をしていたが、それを「エータ荷」と呼んでいた。

幅広い興味を持ち、13か国語を流暢に話すゲル＝マンは、言葉遊びや難解な引用を用いて、自らの博識家としての知識の幅広さを示すのを楽しんでいる。新しい粒子に面白い名前をつける傾向の創始者かもしれない。クォークの発見によって、1969年にノーベル物理学賞を受賞した。

### 重要な著書

1514年　$\Omega^-$粒子の予測

1964年　八道説——強い力の対称性の理論

# 万物の理論？
## ガブリエーレ・ヴェネツィアーノ（1942年〜）

# 310 ガブリエーレ・ヴェネツィアーノ

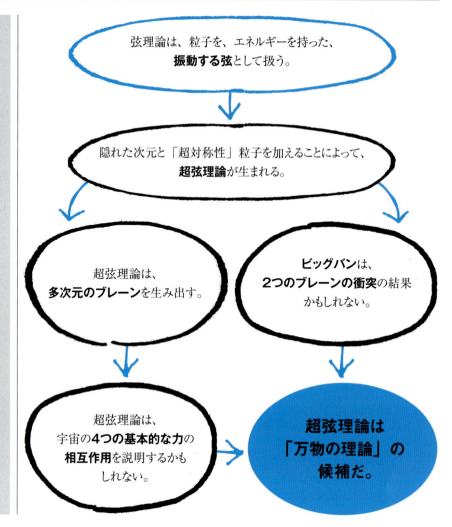

**前後関係**

分野
物理学

以前

**1940年代** リチャード・ファインマンなどの物理学者は、量子電磁力学（QED）を考案する。QEDでは、電磁気力によって量子レベルの相互作用を説明する。

**1960年代** 素粒子物理学の標準モデルによって、それまで知られている全種類の、素粒子と、それらの相互作用が明らかになる。

以後

**1970年代** 弦理論は一時的に人気がなくなり、量子色力学によって、強い力がよりうまく説明されるように思われる。

**1980年代** リー・スモーリンとイタリアのカルロ・ロヴェッリは、ループ量子重力理論を考案する。それは、隠れた余剰次元を理論化する必要を取り除く。

簡単に言って、超弦理論は注目に値する考えで、宇宙のすべての物質が点のような粒子ではなく、エネルギーを持った、非常に小さな「弦」からできているというものだ。弦の振動状態が、自然界で見られる量子化されたふるまい（電荷やスピンのような離散的な性質）を生み出し、たとえば、バイオリンの弦をかき鳴らすことによって生じる倍音に似た働きをする。超弦理論は、長く平坦ではない道で発展してきた。しかし、まだ多くの物理学者に受け入れられておらず、この理論の研究は現在も続いている。特に、それが、電磁気力と弱い力、強い力の「ゲージ」理論とアインシュタインの重力の理論を統合しようとする理論であるからだ。

## 強い力を説明する

弦理論は、原子核の中で核子を結合している強い力と、クォークからできた、強い力で相互作用するハドロンのふるまいを説明するモデルとして始まった。

1960年、ハドロンの性質に関する研究の一部として、アメリカの物理学者ジェフリー・チューは根本的な、新しいアプローチを提案した。それは、ハドロンが従来の意味で、素粒子であるという先入観を捨てて、S行列と呼ばれる数学的対象の観点から、その相互作用をモデル化するという

# 基本的構成要素

参照　アルベルト・アインシュタイン p.214-221　■　エルヴィン・シュレーディンガー p.226-233　■　ジョルジュ・ルメートル p.242-245　■
ポール・ディラック p.246-247　■　リチャード・ファインマン p.272-273　■　ヒュー・エヴェレット3世 p.284-285　■
シェルドン・グラショー p.292-293　■　マレー・ゲル＝マン p.302-307

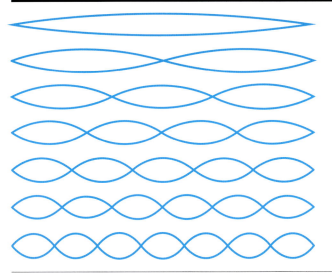

**超弦理論**によると、われわれが観測する量子化された性質は、バイオリンで鳴らす倍音に似た、異なる振動状態を弦が取ったときに生じる。

ものだった。イタリアの物理学者ガブリエーレ・ヴェネツィアーノは、チューのモデルを調べたとき、粒子がまっすぐな1次元の線に沿ってところどころ現れるパターンを見いだした。1970年代に、物理学者はこういった弦とそのふるまいを示し続けたが、その研究は、腹立たしいほど複雑で、直感に反する結果を生み出し始めた。たとえば、素粒子はスピンと呼ばれる性質を持っていて、それは特定の値だけを取れる。弦理論では、ボソン（ゼロか整数のスピンを持つ素粒子で、「力を伝える」）は扱えたが、フェルミオン（半整数のスピンを持つ素粒子で、物質のもとになる）は扱えなかった。また、この理論は、光の速さより速く進み、そのことによって時間をさかのぼる粒子の存在も予測した。さらに、この理論は少なくとも26の次元を仮定しなければうまく機能しないため、理論を一層複雑なものにした。余剰次元の概念は昔からあった。ドイツの数学者テオドール・カルツァは、余剰次元（第5次元）を用いて、電磁気力と重力を統合しようとした。余剰次元は数学的には問題でないが、なぜわれわれはすべての次元を感じないのかという問題を提起した。1926年、スウェーデンの物理学者オスカル・クラインは、そういった余剰次元が、日常の巨視的スケールでは感じられないが、ある仕組みによって量子スケールの環に「丸まる」ことを説明した。

弦理論は1970年代半ばに人気を落とした。量子色力学（QCD）の理論は、クォークに「色荷（しきか）」の概念を導入することで、強い力によるクォークの相互作用を説明し、それは弦理論よりずっ

超弦理論は、素粒子を、小さな点ではなくて、振動する弦の小さな環として考えることによって、自然をより深く説明しようとする試みだ。
**エドワード・ウィッテン**

## ガブリエーレ・ヴェネツィアーノ

1942年、イタリアのフィレンツェで生まれたガブリエーレ・ヴェネツィアーノは故郷の都市で学び、そのあと、イスラエルのワイズマン科学研究所から博士号を取得し、欧州原子核研究機構（CERN）にしばらくいたあと、1972年にワイズマン科学研究所の物理学教授として戻った。1968年にマサチューセッツ工科大学（MIT）にいたとき、強い力を説明するためのモデルとして、弦理論を思いつき、このテーマの研究を開拓し始めた。1976年以降、ヴェネツィアーノは、ジュネーブにあるCERNの理論部門でおもに研究し、1994年から1997年にかけて所長を務めた。1991年からは、ビッグバン直後の熱い、密度の高い状態を説明するために、超弦理論とQCDがどのように役立つかを調べることに集中している。

**重要な著書**

1968年　直線的に上昇する軌跡に対する、交差対称性があり、レッジェ的ふるまいをする振幅の構築

と優れた説明だった。しかし、弦理論は研究すればするほど、強い力をまったく説明できないとされた。

## 超弦の登場

ブレークスルーは超対称性の考えとともに、1980年代初頭に訪れた。これは、素粒子物理学の標準モデル（p.304-307）の既知の素粒子が、それぞれ未発見の「超対称パートナー」——すべてのボソンに対応するフェルミオンと、すべてのフェルミオンに対応するボソン——を持つという提案だった。これが事実なら、弦に伴う顕著な問題の多くがすぐになくなり、弦を説明するのに必要な次元の数は10まで下がる。こういった粒子が検出できていないのは、現在の粒子加速器が生み出すエネルギーをはるかに超えたエネルギーでしか、これらの粒子は単独で存在しえないからかもしれない。

この「超対称性弦理論」はすぐに「超弦理論」として知られるようになった。しかし、大きな問題が残っており、特に、超弦理論について5つの解釈ができることがあった。また、超弦理論は、弦と点だけでなく、ひとまとめにして「ブレーン」という多次元の構造も生み出すはずだという証拠が増え始めた。ブレーンはわれわれの3次元の世界の中を動いている2次元の膜に似ているものとして考えることができる——同様に、3次元のブレーンは、4次元の空間の中を動くことができる。

## M理論

1995年、アメリカの物理学者エドワード・ウィッテンは、M理論という新しいモデルを示し、超弦理論の解釈が複数あるという問題に解決策を提供した。ウィッテンは、次元をひとつ加えて総次元数を11に上げることで、5つの解釈を、単一の理論として表現できるようにした。M理論に必要な時空の11次元は、当時人気のあった「超重力」（超対称性重力）のモデルに必要な11次元と同じだった。ウィッテンの理論によると、必要な、空間の7つの余剰次元は「コンパクト化」される——球に似た非常に小さな構造に丸められ、極微のスケールで、効果的に作用する。

しかし、M理論の大きな問題は、理論自体の細部が、現在、わかっていないことだ。現時点の限界にもかかわらず、M理論は物理学と宇宙論の様々な分野に大きな刺激を与えている。ブラックホールの特異点は超弦現象として解釈できるし、ビッグバンの初期段階も超弦現象として解釈できる。M理

> 超弦理論では、われわれの宇宙が、大きな宇宙のパンの一枚のスライスであるようなマルチバースを想像する。他のスライスは、われわれの宇宙とは異なる、余剰次元の空間に存在する。
> **ブライアン・グリーン**

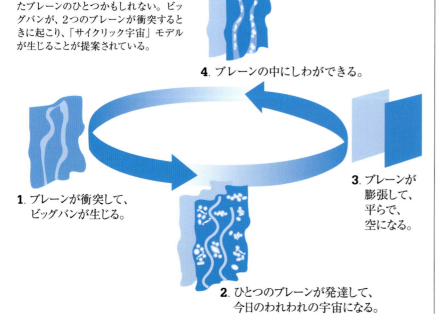

**超弦理論**は多次元のブレーンの存在を予測する。われわれの宇宙は、そういったブレーンのひとつかもしれない。ビッグバンが、2つのブレーンが衝突するときに起こり、「サイクリック宇宙」モデルが生じることが提案されている。

1. ブレーンが衝突して、ビッグバンが生じる。
2. ひとつのブレーンが発達して、今日のわれわれの宇宙になる。
3. ブレーンが膨張して、平らで、空になる。
4. ブレーンの中にしわができる。

論の興味深い結果のひとつは、ニール・トゥロックとポール・スタインハートのような宇宙論研究者が提案した「サイクリック宇宙」モデルだ。この理論では、われわれの宇宙は、11次元の時空の中で、きわめて短い距離で、互いに分離された多くのブレーンのひとつに過ぎない。ブレーン同士の衝突は、エネルギーの巨大な放出をもたらし、新たなビッグバンを引き起こすことができると論じられている。

## 万物の理論

M理論は「万物の理論」の有力候補として提案されている。それは、電磁気力と弱い力、強い力をうまく説明する場の量子論とアインシュタインの一般相対性理論による重力の説明を統合する理論だ。これまでのところ、重力の量子論的説明はあまりうまくいっていない。重力は、他の3つの力と根本的に性質が異なるように思われる。重力は弱いが、非常に長い距離を隔てて作用する。M理論では重力の奇妙なふるまいは、量子レベルの重力の影響は余剰次元に「漏れ出る」ので、われわれの3次元空間では一部しか感じられないと説明する。

超弦理論は万物の理論の唯一の候補ではない。1980年代後半から、ループ量子重力理論（LQG）がリー・スモーリンとカルロ・ロヴェッリによって考案されてきた。この理論では、粒子の量子化された性質は、弦からではなく、非常に小さな環に量子化される時空の構造から生じる。様々に発展したLQGには、新たな次元を追加する必要がないなど、超弦理論よりも優れた興味深い点があり、いくつかの主要な宇宙論の問題にうまく適用されている。しかし、超弦も、環になった時空も「万物の理論」になれるかは、まだ結論は出ていない。■

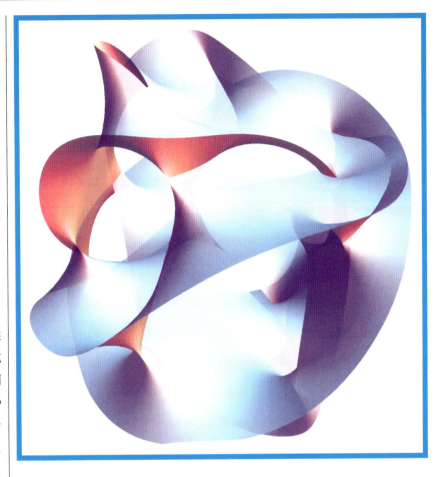

これは、**カラビーヤオ多様体**と呼ばれる6次元の数学的構造を2次元に表したものだ。超弦理論の6つの隠れた次元は、このような形であると提案されている。

> 超弦理論が間違いであれば、それはささいな間違いではない。それは大きな間違いであり、それゆえ、何らかの価値がある。
> **リー・スモーリン**

# ブラックホールは消滅する
## スティーヴン・ホーキング（1942年〜2018年）

## 前後関係

**分野**
宇宙論

**以前**
**1783年** ジョン・ミッチェルは、非常に大きい重力により、光を取り込む物体について理論を立てる。

**1930年** スブラマニアン・チャンドラセカールは、特定の質量を超える、崩壊している星の核は、ブラックホールを生み出すことを提案する。

**1971年** ブラックホールらしきもの——はくちょう座X-1——が初めて見つかる。

**以後**
**2002年** われわれの銀河の中心近くで、軌道を描いて回っている星が観測されたことで、巨大なブラックホールの存在が示唆される。

**2012年** アメリカの超弦理論家ジョセフ・ポルチンスキーは、量子もつれが、ブラックホールの事象の地平線に、極度に熱い「ファイアウォール」を生み出すことを提案する。

**2014年** ホーキングは、ブラックホールが存在するとはもう考えていないと発表する。

1960年代、イギリスの物理学者スティーヴン・ホーキングは、ブラックホールのふるまいに興味を持つようになった数人の優れた研究者のひとりだった。特異点（ブラックホールの質量のすべてが集中している時空内の点）の宇宙論的側面に関する博士論文を書き、恒星質量ブラックホールの特異点と、ビッグバンという宇宙の初期状態における特異点を比較した。1973年頃、ホーキングは、量子力学と、原子より小さいスケールでの重力のふるまいに興味を持つようになった。また、彼はブラックホールがその名前にもかかわらず、物質とエネルギーを飲み込むだけでなく、熱放射しているという重要な発見をした。それは「ホーキング放射」と呼ばれ、ブラックホールの事象の地平線——ブラックホールと外側の境界面——でおこっている。事象の地平線近くで、原子より小さい粒子と反粒子のペアが生成されると、ペアの一方がブラックホールの中に引き込まれ、もう一方が外側に残る。遠くの観測者からは、あたかも事象の地平線からエネルギーを持った粒子が放射されるように見え、一方、ブラックホールはエネルギーを失って質量を減らし、消滅するとされている。■

わたしの目標は単純だ。なぜ宇宙が今のようになっているのか、そもそもなぜ宇宙が存在するのか、つまり宇宙を完全に理解することだ。
**スティーヴン・ホーキング**

**参照** ジョン・ミッチェル p.88-89 ■ アルベルト・アインシュタイン p.214-221 ■ スブラマニアン・チャンドラセカール p.248

基本的構成要素 **315**

# ガイアという有機体
## ジェームズ・ラブロック（1919年〜）

## 前後関係

**分野**
生物学

**以前**
**1805年** アレクサンダー・フォン・フンボルトは、自然はひとつの全体として表すことができると明言する。

**1859年** チャールズ・ダーウィンは、生物はその環境によって作られると主張する。

**1866年** ドイツの博物学者エルンスト・ヘッケルは、生態学という用語を作る。

**1935年** イギリスの植物学者アーサー・タンズリーは、地球の生物と景観、気候をひとつの巨大な生態系として説明する。

**以後**
**1970年代** リン・マーギュリスは、微生物の共生関係と地球の大気について説明する。のちに、ガイアを、一連の相互的に作用する生態系として定義する。

**1997年** 京都議定書で、温室効果ガスの削減目標が定められる。

1960年代初頭、火星で生物を探す方法を考えるために、NASA（アメリカ航空宇宙局）が、カリフォルニア州のパサデナにチームを編成した。イギリスの環境科学者ジェームズ・ラブロックは、このことをきっかけに、地球の生物について考えるようになった。

ラブロックは、生物の生存に必要な条件を調べた。液体の水が十分な量存在するには、平均地表温度は10〜16℃が適温である。また、細胞は一定程度の塩類を必要とし、通常、5％を超える濃度では生きられず、海水の濃度は3.4％で維持されている。また、大気中の酸素濃度は、5〜6億年前には約20％となり、現在までその濃度は維持されている。酵素濃度が16％以下になると、十分呼吸ができなくなり、逆に25％まで上がると、森林火災は消えなくなる。

進化は、生物と物質的環境がパートナーとして強く結びついて踊るダンスだ。このダンスから、ガイアが現れる。
**ジェームズ・ラブロック**

### ガイア仮説

ラブロックは、地球全体が、ひとつのまとまった自己調節する有機体であると考え、ガイアと名づけた。生物は、地表の気温や大気中の酸素濃度、海水の化学組成などを調節している。しかし、環境に対する人間の影響が、この微妙なバランスを崩すかもしれないとラブロックは警告している。■

**参照** アレクサンダー・フォン・フンボルト p.130-135 ■ チャールズ・ダーウィン p.142-149 ■ チャールズ・キーリング p.294-295 ■ リン・マーギュリス p.300-301 ■

# 雲は小さな雲が積み重なってできている
## ブノワ・マンデルブロ（1924年〜2010年）

### 前後関係

**分野**
**数学**

**以前**
**1917年〜1920年** フランスで、ピエール・ファトゥとガスリン・ジュリアは、複素数を用いて集合を作る。できた集合は「規則的」（ファトゥ集合）か「カオス的」（ジュリア集合）で、フラクタルの先駆けとなるものだ。

**1926年** イギリスの数学者で気象学者のルイス・フライ・リチャードソンは、「風は速度を持っているか」という論文を発表し、カオス系の数学モデルを開拓する。

**以後**
**現在** フラクタルは、複雑性科学の分野の一部となっている。海洋生物学、地震のモデル化、人口の研究、油と流体の力学などに用いられている。

1970年代、ベルギーの数学者ブノワ・マンデルブロは、コンピュータを用いて、自然界のパターンをモデル化した。そのことで、数学の新しい分野——フラクタル幾何学——を創始した。

### 分数の次元

従来の幾何学は整数の次元を用いるが、フラクタル幾何学は分数の次元を用いる。分数の次元は「でこぼこの尺度」と考えることができる。たとえばイギリスの海岸線を棒で測定する場合、棒が長ければ、それだけ測定値は短くなる。海岸線に沿ってでこぼこをならしているからだ。イギリスの海岸は1.28という分数の次元を持っており、その次元は、棒が短くなるとどのくらい測定値が増えるかを示す指標だ。

フラクタルの特徴は自己相似性である。たとえば、雲もフラクタル的性質

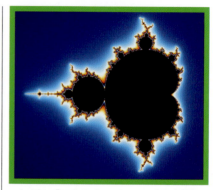

**マンデルブロ集合**は、フラクタルとして表される複素数の集合で、フラクタルがあらゆるスケールで無限に現れる。図として視覚化されると、ここに示されているような独特の形を生み出す。

があるので、細部を見ても、広い範囲を見ても同じに見える。われわれの身体には、フラクタルの多くの例がある。たとえば、肺が枝分かれして空間を効率的に満たすやり方が挙げられる。カオス関数と同様、フラクタルは初期条件の小さな変更に鋭敏であり、気象のようなカオス系を分析するために用いられている。■

**参照** ロバート・フィッツロイ p.150-155 ■ エドワード・ローレンツ p.296-297

基本的構成要素 317

# 計算の量子モデル
## ユーリ・マニン（1937年〜）

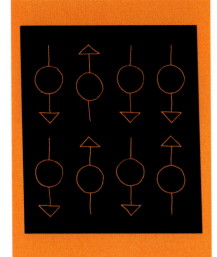

**前後関係**

**分野**
**コンピュータ科学**

**以前**
**1935年** アルベルト・アインシュタインとボリス・ポドリスキー、ネイサン・ローゼンは、「EPRパラドックス」を考案し、量子もつれを初めて説明する。

**以後**
**1994年** アメリカの数学者ピーター・ショアは、量子コンピュータを用いて因数分解をおこなうアルゴリズムを考案する。

**1998年** ヒュー・エヴェレット3世の量子力学の多世界解釈を用いて、理論家が、量子コンピュータがオンでもオフでもある重ね合わせの状態を考える。

**2011年** 中国のホーフェイにある中国科学技術大学の研究チームは、4個の量子ビットを用いて、143の素因数を正しく見つける。

　　量子情報処理は、量子力学の最新分野のひとつだ。それは、従来の計算方法とは根本的に異なる様式で働く。ロシア系ドイツ人の数学者ユーリ・マニンは、その理論を考案した最初期の先駆者のひとりである。

　ビットは従来のコンピュータにおける情報の基本単位で、0と1のふたつの状態のどちらかを表す。一方、量子計算における情報の基本単位は量子ビットと呼ばれる。量子論では、光は粒子と波の両方として扱えるように、量子ビットも0と1の両方を重ね合わせた状態として表すことができ、これにより並列的な計算が可能となる。さらに複数の量子ビットを考えた場合、量子ビット同士で計算結果を照合する「もつれ」によって、計算能力が並外れたものとなる。

### 理論を実証する

　1980年代に、量子コンピュータが最初に発表されたとき、理論的なものに過ぎないと思われた。しかし、最近、数個の量子ビットを用いた計算が達成された。さらに、実用化するには、何百か何千もの量子ビットを備えなければならないという問題があり、取り組みが続いている。■

**量子ビットの情報**は、球の表面のあらゆる点——0か1かそのふたつの重ね合わせ——として表すことができる。

**参照** アルベルト・アインシュタイン p.214-221　■　エルヴィン・シュレーディンガー p.226-233　■　アラン・チューリング p.252-253　■　ヒュー・エヴェレット3世 p.284-285

# 遺伝子は種から種へ移動できる
## マイケル・シヴァネン（1943年～）

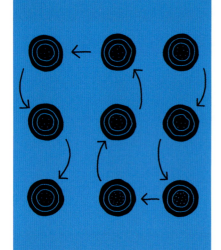

**前後関係**

分野
生物学

以前
**1928年** フレデリック・グリフィスは、のちにDNAとわかるものの移動によって、ある系統の細菌が、別の系統に形質転換されうることを示す。

**1946年** ジョシュア・レーダーバーグとエドワード・テータムは、細菌において自然に起こる遺伝物質の交換を発見する。

**1959年** 秋葉朝一郎と落合国太郎は、抗生物質に耐性のあるプラスミド（小さな環状DNA）が細菌間で移動できることを報告する。

以後
**1993年** アメリカの遺伝学者マーガレット・キッドウェルは、細菌よりも複雑な生物において遺伝子が種の境界を越えて移動した例を見つける。

**2008年** アメリカの生物学者ジョン・ベースなどは、脊椎動物における遺伝子水平伝播の証拠を示す。

---

熱で殺された**細菌**は、生きている細菌に**その形質を移す**ことがある。
→ これは、細菌同士で**遺伝子が移動できる**から起こる。
↓
**類似した遺伝子**が、脊椎動物を含めて**分類学的に遠い種**でも見つかっている。
← **遺伝子は種から種へ移動できる。**

---

生物の連続性——生物の成長、生殖、進化——は、親から子供へと遺伝子が伝えられる垂直方向の過程として広く見られる。しかし、1985年、アメリカの微生物学者マイケル・シヴァネンは、遺伝子は子供へ伝えられるだけではなく、生殖と関係なく、種間で水平方向に伝わることもでき、遺伝子水平伝播は進化において重要な役割を果たしていると提案した。1928年、イギリスの医者フレデリック・グリフィスは肺炎を引き起こす細菌を研究していた。病原性を持たない生きた細菌を、熱で殺した病原性の細菌と混ぜるだけで、病原性を持つ生きた細菌が現れることを見つけた。グリフィスはその結果を、死んだ細胞から漏れて、生きている細胞内に入った、形質を転換する「化学的な素」によるものとした。DNAの構造が解明される四半世紀前、グリフィスは、DNAが、同じ世代の細胞

# 基本的構成要素

種間の遺伝子の移動は、
ある種の遺伝的変異を表しているが、
その関係はよくわかっていない。
**マイケル・シヴァネン**

間で水平方向に伝わることを示す最初の証拠を見つけた。

1946年、アメリカの生物学者ジョシュア・レーダーバーグとエドワード・テータムは、細菌が、その自然なふるまいの一部として遺伝物質を交換していることを実証した。1959年、秋葉朝一郎と落合国太郎が率いる日本の微生物学者のチームは、DNAの水平移動によって、細菌の抗生物質に対する耐性が、非常に速く広がることを説明した。

## 微生物は形質転換する

細菌は、プラスミドと呼ばれる小さな、動ける環状DNAを持っている。一部の細菌は、特定の種類の抗生物質に抵抗する遺伝子を持っている。その遺伝子はDNAが複製されるとき常に複製され、そのDNAが伝播されて細菌の集団に広がる。このような遺伝子水平伝播はウイルスによっても起きうる。レーダーバーグの学生ノートン・ジンダーがそのことを発見した。ウイルスは、細菌よりずっと小さく、細菌を含む、生きている細胞内に侵入する。ウイルスは、宿主の遺伝子に干渉し、宿主から宿主へ移るとき、もとの宿主の遺伝子を持っていくことがある。

## 発生の遺伝子

1980年代半ばから、シヴァネンは胚の発生が細胞レベルで遺伝的に制御されている方法が分類学的に遠い種でも類似していることに注目し、それを、進化の際に起こった、生物間の遺伝子の移動によるものとした。動物の発生の遺伝的制御は、異なる種でも類似するように進化してきたが、その理由は、類似していれば、遺伝子の交換が役立つ可能性が最大になるからだとシヴァネンは論じた。

ゲノム（全遺伝情報）の解析が多くの種で完了し、化石の記録が再調査される中、遺伝子水平伝播が微生物だけでなく、より複雑な植物と動物でも起きていることが証拠によって示唆されている。ダーウィンの生命の樹は、究極の普遍的な共通の祖先ではなくて、多数の祖先を持つ複雑な網のようなものになるかもしれない。遺伝子水平伝播は、分類学、病害虫防除、遺伝子工学に関係する可能性を持ちつつ、その真の重要性はまだ解明の途上にある。■

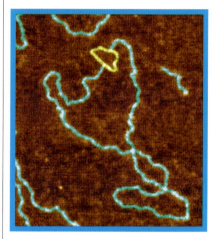

**この顕微鏡写真で**青く染色されているDNAプラスミドは、細菌の染色体から独立しているが、遺伝子を複製でき、新しい遺伝子を生物に導入するために使うことができる。

## マイケル・シヴァネン

マイケル・シヴァネンは、ワシントン大学とカリフォルニア大学バークレー校で化学と生化学の教育を受け、そのあと、微生物学の分野を専門に研究した。1975年にハーバード・メディカル・スクールの微生物学と分子遺伝学の教授に任命され、そこで、細菌の抗生物質耐性の発現とハエの殺虫剤耐性の発現の研究をおこなった。研究結果に基づき、遺伝子水平伝播の理論と、適応と進化におけるその役割について発表した。

1987年から、シヴァネンは、カリフォルニア大学デービス校医学部の医微生物学と免疫学の教授を務めている。

### 重要な著書

1985年　種を越える遺伝子の伝播
　　　——新しい進化論への関わり
1994年　遺伝子水平伝播——証拠と可能な帰結

# このサッカーボールは高い圧力に耐えることができる
## ハリー・クロトー（1939年〜2016年）

> 丈夫で、弾力性のある分子を作った。

↓

> その性質のため、工学と医学の多くの分野で多数の応用が可能だ。

↓

> それはサッカーボールのような形をしている。

↓

> このサッカーボールは高い圧力に耐えることができる。

## 前後関係

**分野**
化学

**以前**
1966年　イギリスの化学者デーヴィッド・ジョーンズは、中空の炭素分子を合成できると予測する。

1970年　日本とイギリスの科学者が、独立して、カーボン60（$C_{60}$）分子の存在を予測する。

**以後**
1988年　$C_{60}$がろうそくのすすの中に見つかる。

1993年　ドイツの物理学者ヴォルフガング・クレッチマーとアメリカの物理学者ドン・ハフマンは「フラーレン」を合成する方法を開発する。

1999年　オーストリアの物理学者マルクス・アーントとアントン・ツァイリンガーは、$C_{60}$が波のような性質を持っていることを示す。

2010年　$C_{60}$のスペクトルが、地球から6,500光年離れたところにある宇宙塵(じん)で見つかる。

---

この二世紀以上のあいだ、科学者は、元素の炭素Cには、3つの同素体——ダイヤモンド、グラファイト、非晶質炭素（すすと木炭の主要成分）——しか存在しないと考えていたが、1985年にイギリスの化学者ハリー・クロトーとそのアメリカの仲間であるロバート・カールとリチャード・スモーリーの研究とともに変わった。彼らは、レーザー光線を使ってグラファイトを蒸発させて、偶数の炭素原子からなる様々な炭素クラスターを作り出した。最もたくさんできたクラスターは、化学式が$C_{60}$と$C_{70}$で、それまでに見られたことのない分子だった。

$C_{60}$（カーボン60）は、注目に値する性質を持っていることがすぐにわ

**参照** アウグスト・ケクレ p.160-165 ■ ライナス・ポーリング p.254-259

# 基本的構成要素 321

かった。彼らは、それがサッカーボールのような構造をしていることに気づいた。それは、炭素原子でできた完全に球形のかごで、それぞれの炭素原子が、3つの別の炭素原子に結合し、多面体のすべての面が5角形か6角形になっている。$C_{70}$はサッカーボールよりラグビーボールに似ていて、赤道に当たる部分に炭素原子の追加の環がある。

$C_{70}$と$C_{60}$は両方とも、クロトーに、アメリカの建築家バックミンスター・フラーが設計した超現代的なジオデシックドームを思い出させたので、彼はこれらをバックミンスターフラーレンと名づけ、今ではバッキーボールあるいはフラーレンとも呼ばれている。

## バッキーボールの性質

クロトーのチームは、$C_{60}$分子が安定で、分解せずに高温まで熱することができることを見つけた。それは約650℃で気体に変わった。無臭で水に溶けないが、有機溶媒には少し溶けた。また、バッキーボールは、粒子と波の両方の性質を示す、それまで見つかった最大の物体のひとつだった。1999年、オーストリアの研究者は、$C_{60}$の分子を狭いスリットに通し、波のようにふるまうときにできる干渉縞を観測した。

固体の$C_{60}$は、グラファイトと同じぐらい軟らかいが、強く圧縮するとダイヤモンドの非常に硬い形態に変わる。このサッカーボールは高い圧力に耐えられるようだ。

純粋な$C_{60}$は半導体——電気伝導性が、絶縁体と伝導体の中間——である。しかし、ナトリウムやカリウムのようなアルカリ金属の原子が加えられると伝導体となり、低温では超伝導体にさえなり、まったく抵抗なしに電気を伝える。

また、$C_{60}$は反応性に富み、多くの種類の生成物ができる。それらの性質については研究の最中だ。

## ナノの新しい世界

$C_{60}$の発見は、フラーレンの研究という化学のまったく新しい分野につながった。そのひとつがカーボンナノチューブの合成だ。それは、円筒形のフラーレンで、幅はわずか数nmだが、長さは最大数mmになる。熱と電気の優れた伝導体で、化学的に不活性で、非常に強く、工学的に非常に有用なものとなっている。■

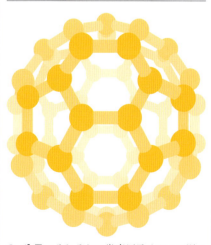

$C_{60}$**分子**のそれぞれの炭素原子は3つの別の炭素原子に結合している。この分子は全部で32面あり、そのうち12面が5角形で、20面が6角形で、独特のサッカーボールのような形をしている。

### ハリー・クロトー

ハロルド・ウォルター・クロトシナーは、1939年、イングランドのケンブリッジシャーで生まれた。メカノという組み立て玩具に魅了され、化学を研究することに決め、1975年にサセックス大学の教授になった。H-C≡C-C≡C-C≡Nのような多数の炭素間結合を持った化合物を求めて宇宙を観測することに関心があり、分光学を用いてそういった化合物の証拠を見つけた。ライス大学のリチャード・スモーリーとロバート・カールのレーザー分光学のことを聞いて、テキサス州で彼らに加わり、一緒に$C_{60}$を発見した。2004年から、クロトーはフロリダ州立大学でナノテクノロジーに取り組んでいる。

1995年、クロトーは、教育と訓練のための科学映画を作るために、ヴェガ・サイエンス・トラストを設立した。その映画はインターネットのサイト www.vega.org.uk で自由に利用できる。

### 重要な著書

1981年　星間分子のスペクトル
1985年　60——バックミンスターフラーレン（ヒース、オブライエン、カール、スモーリーとともに）

# 遺伝子を導入して、病気を治す
## ウィリアム・フレンチ・アンダーソン
（1936年〜）

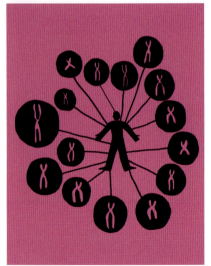

**前後関係**

**分野**
生物学

**以前**
**1984年** アメリカの研究者リチャード・マリガンは、マウスから採取された細胞に遺伝子を導入するための道具としてウイルスを使う。

**1985年** ウィリアム・フレンチ・アンダーソンとマイケル・ブリーズは、この技術が欠陥のある細胞を正常にするために使えることを示す。

**1989年** アンダーソンは、人間の遺伝子治療の最初の安全性試験をおこなう。その一年後、最初の臨床試験をおこなう。

**以後**
**1993年** イギリスの研究者は、嚢胞性線維症の遺伝子治療の基礎となる動物実験が成功したことを発表する。

**2012年** 人間に対する嚢胞性線維症の遺伝子治療において、初めての複数回投与試験が始まる。

---

**遺伝病**はたくさんあり、**欠陥のある遺伝子によって引き起こされる。**

↓

**正常に機能している遺伝子**は、DNAを切断する酵素を用いて、正常な細胞から**分離することができる。**

↓

ベクター（ウイルスや、プラスミドと呼ばれる小さな環状DNA）を用いて、**遺伝子を細胞に導入することができる。**

↓

**遺伝子を導入して、病気を治すことができる。**

---

ヒトのゲノム（ヒトの全遺伝情報）には、約20,000の遺伝子がある。遺伝子は、生きている生物の遺伝に関する分子レベルの単位だ。しかし、遺伝子はうまく働かないことがよくある。欠陥のある遺伝子は、正常な遺伝子が適切に複製されないときにでき、その「間違い」は親から子へ伝わる。そういったいわゆる遺伝病から生じる症状は、関係している遺伝子によって決まる。遺伝子は、タンパク質の合成を制御するが、その合成は、遺伝子に間違いがあるとうまくいかない。たとえば、血液凝固の遺伝子がうまく働かなければ、血液を凝固させるタンパク質が正常に合成されず、血友病になる。

遺伝病は従来の薬では治らず、長いあいだ、症状を軽減させ、患者の生活をできるだけ快適にすることしかできなかった。しかし、1970年代、科学者は病気を治すために「遺伝子治療」——欠陥のある遺伝子を「健康な」遺伝子に入れ替えること——の可能性を検討し始めた。

**参照** グレゴール・メンデル p.166-171　■　トマス・ハント・モーガン p.224-225　■　クレイグ・ヴェンター p.324-325　■　イアン・ウィルムット p.326

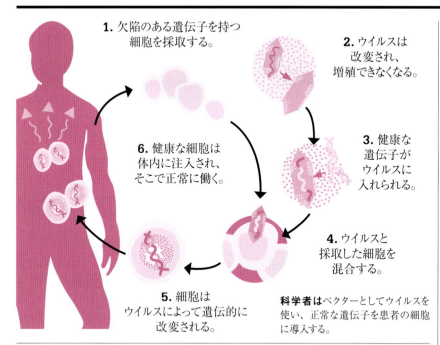

1. 欠陥のある遺伝子を持つ細胞を採取する。
2. ウイルスは改変され、増殖できなくなる。
3. 健康な遺伝子がウイルスに入れられる。
4. ウイルスと採取した細胞を混合する。
5. 細胞はウイルスによって遺伝的に改変される。
6. 健康な細胞は体内に注入され、そこで正常に働く。

**科学者は**ベクターとしてウイルスを使い、正常な遺伝子を患者の細胞に導入する。

## 新しい遺伝子を導入する

遺伝子は、ベクター（遺伝子を「運ぶ」もの）によって病気になった器官の細胞に導入される。研究者はベクターとして機能するものについていくつか調べた。その中には、病気の治療ではなく、しばしば病気を引き起こすものと知られるウイルスもあった。ウイルスは感染サイクルの一部として生きている細胞に自然に侵入するが、治療用の遺伝子を運ぶことができるだろうか？

1980年代、ウィリアム・フレンチ・アンダーソンを含むアメリカの科学者のチームは、ウイルスを用いて、遺伝子を実験室で培養した細胞に挿入することに成功した。彼らは、それを、遺伝的な免疫不全症にかかった動物で試験した。その目的は、治療用の遺伝子を動物の骨髄に入れて骨髄に健康な赤血球を作らせ、免疫不全症を治すことだった。白血球で試験したときはもっとうまくいったが、その試験は治療にはあまり効果がなかった。

遺伝子治療は、善行
——遺伝子治療は人間の苦しみを軽減する——という
基本的道義によって
支持できるので倫理的だ。
**ウィリアム・フレンチ・アンダーソン**

そのような状況だったが、1990年、アンダーソンは最初の臨床試験をおこなった。重症複合免疫不全症——この病気の患者は感染を受けやすいので、無菌の環境で一生を過ごさなければならないことがある——のふたりの少女を治療した。

アンダーソンのチームは、ふたりの少女から細胞を採取し、遺伝子を運ぶウイルスで処理し、その細胞を輸液して少女たちに戻した。この治療は二年間にわたって数回繰り返された。そして、うまくいった。しかし、その効果は一時的なものに過ぎなかった。なぜなら、新しく作られた細胞は、欠陥のある遺伝子をまだ受け継いでいたからだ。これは、今でも、遺伝子治療の研究者にとって中心課題のままだ。

## 将来の見込み

注目すべきブレークスルーがほかの病気の治療でもたらされた。1989年、アメリカで研究していた科学者は、嚢胞性線維症を引き起こす遺伝子を特定した。この病気では、欠陥のある細胞が、肺や消化器系を詰まらせる粘着性の粘液を作り出す。原因である欠陥のある遺伝子の特定から5年以内に、リポソーム——ある種の油滴——をベクターとして使って、健康な遺伝子を運ぶ技術が開発された。

遺伝子治療を発展させるためには、克服すべき多くの課題が残っている。有効で、安全な遺伝子治療への探求が続いている。■

# コンピュータの画面上で新しい生物を設計する
## クレイグ・ヴェンター（1946年～）

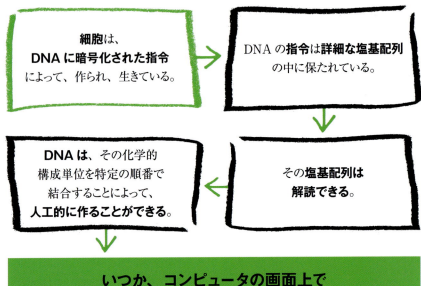

細胞は、DNAに暗号化された指令によって、作られ、生きている。

DNAの指令は詳細な塩基配列の中に保たれている。

その塩基配列は解読できる。

DNAは、その化学的構成単位を特定の順番で結合することによって、人工的に作ることができる。

いつか、コンピュータの画面上で新しい生物を設計できるようになるだろう。

## 前後関係

**分野**
**生物学**

**以前**
**1866年** グレゴール・メンデルは、エンドウの遺伝形質が特定の規則に従って現れることを示す。

**1902年** アメリカの生物学者で医者のウォルター・サットンは、染色体が遺伝形質の担体であると提案する。

**1910年～1911年** トマス・ハント・モーガンは、サットンの理論をショウジョウバエの実験で証明する。

**1995年** 細菌のゲノムで、初めて全塩基配列が決定される。

**2003年** ヒトゲノムについて、大部分の塩基配列が決定される。

**2007年** クレイグ・ヴェンターは、人工のDNAを合成する。

**以後**
**2010年** ヴェンターは、初めての生物の合成を発表する。

　2010年5月、生物学者クレイグ・ヴェンターが率いるアメリカの科学者のチームは、人工の生物を初めて作り出した。その生物、単細胞の細菌は、その化学的構成要素から作られた。生命を作り出す夢は新しいものではない。1771年、ルイージ・ガルヴァーニは電気を用いて、切断されたカエルの足を痙攣させた。それに触発されて、小説家のメアリー・シェリーは『フランケンシュタイン』を書いた。しかし、徐々にわかってきたことは、生命には電気だけでなく、細胞内で起きている化学的過程（代謝）が重要であることだった。

1950年代半ばまでに、生命の秘密は、

## 基本的構成要素

参照　グレゴール・メンデル p.166-171 ■ トマス・ハント・モーガン p.224-225 ■ バーバラ・マクリントック p.271 ■
ジェームズ・ワトソンとフランシス・クリック p.276-283 ■ マイケル・シヴァネン p.318-319 ■ ウィリアム・フレンチ・アンダーソン p.322-323

> われわれは生命に対する
> 新しい価値体系を
> 生み出しつつある。
> クレイグ・ヴェンター

デオキシリボ核酸（DNA）という分子にあることがわかった。長い一連のDNAの化学的構成要素は、細胞の働きを制御する遺伝暗号であることが突き止められた。生命を作り出すことはDNAを作り出すことを意味し、ヌクレオチドという構成単位が持つ塩基――個々のヌクレオチドは4種類の塩基のうち1種類を持つ――を正確に配列することを意味した。

## DNAを作る

でたらめな塩基配列では生物は生きることができない。科学者は、生物を作り出すために、自然界に存在する生物から配列を複製する必要があった。1990年までには、人工的にDNAを作成することが技術的に可能となり、ヒトの全遺伝情報、すなわちゲノムを解読する国際的なヒトゲノムプロジェクトが始まった。

1995年、生物のゲノムで初めて、細菌ゲノムの全塩基配列が決定された。その3年後、ヴェンターはヒトゲノムプロジェクトが遅々として進まないことにいら立ち、このプロジェクトから離れた。そして、ヒトゲノムをもっと速く決定し、データを公表するセレラ・ジェノミクス社を設立した。2007年、彼のチームは、マイコプラズマという細菌のDNAに基づいて、人工のDNAを作ったと発表した。2010年までに、彼のチームは人工のDNAを、DNAを取り除いた別の細胞に移植し、事実上、新しい生物を作り出した。

## コンピュータが生み出す生命

マイコプラズマのような単純な生物のDNAでさえ数十万のヌクレオチドからできている。これらのヌクレオチドをすべて、特定の順番で人工的に結合していくのは大変な作業なので、コンピュータを用いて自動的におこなった。その装置は、現在、生物の遺伝情報を解読し、病気の遺伝的要因を特定することなどに用いられている。■

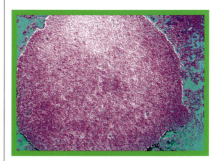

マイコプラズマは、細胞壁のない細菌で、既知の最小の生物である。そこで、ヴェンターは人工的に作ったDNAを移植する初めての生物として選んだ。

### クレイグ・ヴェンター

アメリカのユタ州ソルトレークシティーで生まれたクレイグ・ヴェンターは、学校の成績は良くなかった。徴兵されてベトナム戦争に行き、野戦病院で働き、生物医学に興味を持つようになった。カリフォルニア大学サンディエゴ校で学んだあと、1984年にアメリカ国立衛生研究所（NIH）に入った。1990年代に、ヒトゲノムを解読する技術の開発を手伝い、ゲノム研究という成長分野の開拓者となった。1992年、NIHを離れて非営利のゲノム科学研究所を設立した。ゲノム配列を決定する新しい方法を発明し、最初、インフルエンザ菌に重点的に取り組んだ。次にヒトゲノムに目を向け、セレラ・ジェノミクス社を設立し、ヒトゲノム解読のために改良した装置を作った。2006年、人工的に生物を作る研究のために、非営利のJ.クレイグ・ヴェンター研究所を設立した。

**重要な著書**

2001年　ヒトのゲノムの配列
2007年　ヒトゲノムを解読した男

# 自然の新しい法則
## イアン・ウィルムット（1944年〜）

親の一方から、遺伝的に同一の子供を作ることがクローニングであり、自然界で普通に起きている。たとえば、イチゴがほふく枝を伸ばして無性的に生殖する場合、子供は親のすべての遺伝子をそのまま受け継ぐ。しかし、人為的なクローニングは難しい。成熟した細胞は完全な個体になろうとしないからだ。多細胞生物のクローニングは、1958年にイギリスの生物学者F.C.スチュワードが、ニンジンの根を用いて初めて成功させた。彼は、成熟した根の細胞から植物体全体を作った。動物のクローニングはもっと難しかった。

### 動物のクローンを作る

動物では、受精卵と初期胚の細胞だけが全能性を持った細胞——成長して個体を形成できる細胞——と考えられていた。1980年代までに、科学者は、初期胚の細胞を分離することで、クローンを作ることができたが、簡単なことではなかった。イギリスの生物学者イアン・ウィルムットのチームは、体細胞の核を、あらかじめ核を除いておいた未受精卵に移植して、クローンを作成することに成功した。

核の供与にはヒツジの乳腺上皮細胞を用い、核移植した未受精卵が正常に発生できるように、別のヒツジの子宮内に入れた。合計で、27,729個の細胞が胚に成長し、そのうちのひとつが1996年に生まれ、ドリーと名づけられて成体になるまで生き続けた。■

## 前後関係

**分野**
**生物学**

**以前**

**1953年** ジェームズ・ワトソンとフランシス・クリックは、DNAが遺伝情報を担い、また自己複製できる二重らせん構造を示す。

**1958年** F.C.スチュワードは、成熟した（分化した）組織からニンジンのクローンを作る。

**1984年** デンマークの生物学者スティーン・ウィラードセンは、胚の細胞と遺伝物質を取り除いておいた卵細胞を融合する方法を開発する。

**以後**

**2001年** ノアという名前のガウル（ウシの一種）が、絶滅を危惧されている動物として初めて繁殖目的のクローニングによってアメリカで生まれる。ノアは2日後に赤痢で死ぬ。

**2008年** 治療目的の組織のクローニングは、マウスのパーキンソン病を治すのに効果があることが示される。

人間のクローニングを求める圧力は強力だ。しかし、それが人の命にとって当たり前の、あるいは重要なことになると想定する必要はない。
**イアン・ウィルムット**

**参照** グレゴール・メンデル p.166-171 ■ トマス・ハント・モーガン p.224-225 ■ ジェームズ・ワトソンとフランシス・クリック p.276 − 283

# 太陽系の外の世界
## ジェフリー・マーシー（1954年〜）

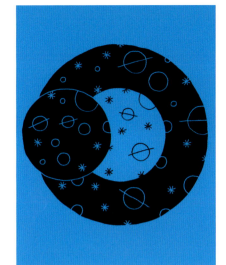

## 前後関係

**分野**
天文学

**以前**

**1960年代** 天文学者は、恒星の進路の「ふらつき」を測定することによって新しい惑星を見つけようと考えたが、そのような動きは、今でも、最高性能の望遠鏡の能力の範囲を超えている。

**1992年** ポーランドの天文学者アレクサンデル・ヴォルシュチャンは、パルサー（燃え尽きた星の核）の周りの軌道上で、太陽系外惑星を初めて見つける。

**以後**

**2009年〜2013年** NASA（アメリカ航空宇宙局）の人工衛星ケプラーは、惑星が前を通るときの恒星の明るさのわずかな低下を探すことで、3,000を超える太陽系外惑星の候補を発見する。ケプラーのデータに基づいて、天文学者は、天の川銀河の中に、太陽のような恒星の周りを回る地球のような惑星が110億ぐらいありうると予測する。

太陽以外の恒星の周りを回る惑星を見つけることは、最近まで技術的に難しかった。最初に見つかったのはパルサーの周りを回る惑星だった。パルサーは、高速で回転しながら電波などを放射する中性子星で、その惑星に引っぱられて、電波信号がわずかに変化した。1995年に、スイスの天文学者のミシェル・マイヨールとディディエ・ケローはペガスス座51番星bを発見した。それは、地球から約51光年離れた太陽のような恒星の周りを回る木星ぐらいの大きさの惑星だ。それ以来、1,000を超える太陽系外惑星が確認されている。

## 惑星ハンター

カリフォルニア大学バークレー校の天文学者ジェフリー・マーシーは、彼のチームとともに、人間が最初に見つけた100個の惑星のうちの70個を見つけている。遠くにある惑星はほとんど見えないが、間接的にはその存在がわかる。恒星に対する惑星の重力の影響が、恒星の視線速度――恒星が地球に近づいたり遠ざかったりする速度――を変化させ、視線速度は光の振動数の変化から測定できる。太陽系外惑星に生命が存在するかどうかはまだわかっていない。■

**視線速度法**は、恒星が発する光の振動数のわずかなドップラー偏移（p.127）を検出することに基づいている。恒星は、軌道を回っている惑星の重力によって、地球に対して前後に引っぱられる。

地球

恒星

恒星が地球に近づいているときの青方偏移

恒星が地球から遠ざかっているときの赤方偏移　太陽系外惑星

**参照** ニコラウス・コペルニクス p.34-39 ■ ウィリアム・ハーシェル p.86-87 ■ クリスチャン・ドップラー p.127 ■ エドウィン・ハッブル p.236-241

# 科学者人名録

# 科学者人名録

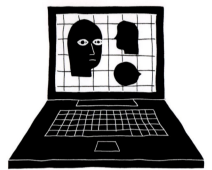

科学は、もともと、個人あるいは少人数の集団が、世間から孤立し、ときにはなにか宗教的な目的を探求するかのようにして、おこなうものだった。しかし現代では、社会の中で重要な役割をはたす現実的な営みに変わってきている。今日、実際には多くのプロジェクトが共同作業に基づいており、特定の人物を選び出すのは困難で、実に不公平になることがある。かつてないほどさまざまな研究分野が存在し、分野を隔てる境界が不鮮明になってきている。数学者は物理学の問題を解決し、物理学者は化学反応の性質を説明し、化学者は生命の神秘を探し求め、生物学者は人工知能（AI）に目を向ける。ここでは、われわれが世界を理解する上で一助となった科学者のほんの一部を紹介する。

## ピタゴラス
**紀元前570年頃～前495年**

ギリシア人の数学者ピタゴラスの人生については、文字として残された著作がなくほとんど知られていない。ギリシアのサモス島に生まれ、紀元前518年頃に南イタリアのクロトンに移り、ピタゴラス学派と呼ばれる哲学と宗教の秘密結社を創設した。結社の取り巻きは自分たちのことを「マテーマティコイ」と呼び、万物の根源は数であると考えた。万物の関係は数に要約できるとピタゴラスは信じ、学派はこの発見に取り組んだ。科学と数学への貢献は多くあるが、ピタゴラスは振動弦の和音を研究し、「直角三角形の斜辺の二乗は、他の2辺の二乗和と等しい」というピタゴラスの定理（三平方の定理）をおそらく初めて説明した。

参照　アルキメデス p.24-25

## クセノパネス
**紀元前570年頃～前475年**

コロポン出身のクセノパネスは、流浪の生涯を送ったギリシア人の哲学者、詩人である。幅広い関心は、広範囲を旅して注意深く観察することで得られた知識を反映するものだった。太陽のエネルギーが海を温め、雲を生み出し、雲が原動力となることが、地球上の自然現象の背景にあると発見した。星は燃える雲で、月は圧縮された雲というように、天体の起源は雲である、とクセノパネスは考えた。はるか内陸で海の生物の化石が発見されることから、地球は洪水と干ばつの時期を繰り返したと考えた。クセノパネスは、神の力は説明できない自然現象を提示した最初期の人だが、その発見の大半は、彼の死後、何世紀もの間、注目されなかった。

参照　エンペドクレス p.21　■　張衡 p.26-27

## アールヤバタ
**476年～550年**

インドのグプタ帝国で学問の中心であったクスマプラで働いていたヒンドゥーの数学者、天文学者アールヤバタは、のちにイスラム学者に多大な影響を与えた短い書を残した。アールヤバタがわずか23歳のときに書いた著書『アールヤバティーヤ』には、算術、代数、三角法、天文学の章が収められている。また、円の直径に対する円周の長さの比であるπ（パイ）の概算値は、3.1416であるとして小数第4位まで正確に記載されている。他にも、地球の円周の概算値も39,968kmと明記してあり、現在正しいとされている40,075kmにかなり近い。アールヤバタは、見えている星の動きは、地球の自転によるものであり、惑星の軌道は楕円であることも提示しているが、太陽系の太陽中心説を提案するまでには至らなかったようである。

参照　ニコラウス・コペルニクス p.34-39　■　ヨハネス・ケプラー p.40-41

## ブラフマグプタ
**598年～670年**

インドの数学者、天文学者であるブラフマグプタは、数の体系にゼロ(0)の概念を取り入れ、ある数を同じ数で差し引

いた結果と定義した。また、負の数を扱う法則も詳述している。グルジャラ・プラティーハーラ朝の首都ビッラマーラに住み、働きながら、628年に代表作を書き上げた。『ブラフマー・スプタ・シッダーンタ』(梵天により啓示された正しい天文学)と呼ばれた書には、数学記号を使わずに、二次方程式の解の公式を言葉で説明した。この書は後の世紀にバグダードでアラビア語に訳されて、のちにアラブの科学者に多大なる影響を与えた。

参照　アルハゼン p.28-29

## ジャービル・イブン・ハイヤーン
### 722年頃〜815年頃

ペルシアの錬金術師ジャービル・イブン・ハイヤーン(ラテン名:ジーベル)は、合金の製造、金属の試験、分別蒸留の細かい手法などを記述した実験科学者である。3,000冊近くの書物がジャービルの手によるものとされているが、その多くはおそらくジャービルの死後の世紀に書かれたものである。ジャービルの著作のほとんどは中世ヨーロッパでは知られていないが、ジャービルによるとされる『金属貴化秘術全書』が、13世紀に登場している。ヨーロッパで代表的な錬金術書となったが、おそらくフランシスコ会の修道士ターラントのポールによるものである。当時は、著名な先行者の名前を著者が使うことは一般的だった。

参照　ジョン・ドルトン p.112-113

## イブン・シーナー
### 980年〜1037年

ペルシアの医師イブン・シーナー(ラテン名:アヴィセンナ)は、10歳のときにはコーランをすべて暗記した神童だった。数学、論理学、天文学、物理学、錬金術、音楽など幅広い分野で書いている。代表的な著作がふたつある。『治癒の書』と膨大な医学百科事典『医学典範』で、後者は17世紀に入っても大学の教科書として使用されていた。治療法をまとめただけではなく、運動、マッサージ、食事、睡眠の重要性を強調し、健康維持の方法も説明した。政治変動の激しい時代を生き、移動し続ける必要性に迫られ、研究が中断されることも多かった。

参照　ルイ・パスツール p.156-159

## アンブロワーズ・パレ
### 1510年頃〜1590年

フランス軍の軍医を30年務め、手足を切除したあとに動脈を結ぶのに結紮糸(けっさつし)を使うなど、新しい手法を開発した。解剖学を研究し、義肢を開発し、幻肢として知られる状態を最初に医学的に説明したひとりである。幻肢とは、手足を切断したあと、無いはずの手足に感覚があるように感じる症状である。また、金、銀、陶材、ガラスを使って義眼を作った。外因死した人の内臓を調べて、初めて法的効力がある医学報告書を作成し、これが現代法医学の始まりとなった。パレの功績により、それまで低かった外科医の社会的地位が高まり、パレはフランス国王4人のお付きの外科医を務めた。1575年に、パレの技法を詳述した『パレ全集』が発行された。

参照　ロバート・フック p.54

## ウィリアム・ハーベー
### 1578年〜1657年

イギリスの医師ウィリアム・ハーベーは、初めて正確に血液循環の説明を記した。血液は心臓からひとつの血管系に送り出されて体内を素早く流れることを示した。それ以前は、血管系はふたつあり、静脈が肝臓から栄養素を含んだ紫色の血を運び、動脈が肺から深紅の生命の元となる血を運ぶと考えられていた。数多くの実験で血流を立証し、様々な動物の拍動を研究した。だが、デカルトの機械論的自然観に反対して、血液はそれ自体が生命力を持っていると信じていた。当初は反対されたが、ハーベーが死去するまでには、血液循環論は広く受け入れられた。17世紀後半には新しい顕微鏡が登場し、動脈と静脈を繋ぐさらに細い毛細血管が発見された。

参照　ロバート・フック p.54 ■
アントーニ・ファン・レーウェンフック p.56-57

## マラン・メルセンヌ
### 1588年〜1648年

フランスの修道士メルセンヌは、今日では、素数に関する研究で著名である。$2n-1$が素数である場合、$n$は素数であることを示した。あらゆる科学分野で膨大な研究をしたが、その中でも和声学では、弦の振動数の法則について探求した。パリに住み、ルネ・デカルトと共同研究し、ガリレオと密にやり取りをし、ガリレオの著作をフランス語に訳した。科学の理解には実験が鍵であると強

く提唱し、正確なデータの必要性を強調して、精密さが足りないと同時代人の多くを批判した。1635年、パリ・アカデミーを設立した。ヨーロッパ中から100名以上が集った私設の科学団体で、のちにフランス科学アカデミーとなった。

**参照** ガリレオ・ガリレイ p.42-43

## ルネ・デカルト
### 1596年～1650年

　フランスの哲学者デカルトは、17世紀の科学革命における主要人物で、ヨーロッパを広範に旅して、当時の著名人の多くと活動した。前提とされていた知識を徹底的に疑うことにより、ヨーロッパの科学者が、アリストテレスの非実証的アプローチを乗り越える手助けをした。デカルトは、数学に基づき、4本の柱からなる科学研究の手法を生み出した。1）自明でない限り、真実として受け入れないこと。2）一番単純な要素にまで問題を分解すること。3）単純なものから複雑なものへと移行して問題を解くこと。4）最後に結果を確認すること。また、$x$軸、$y$軸、$z$軸を用いて、空間における点を数で表すデカルト座標系を開発した。これにより、形を数で表すことができ、数を形で表すこともでき、解析幾何学の数学分野を築いた。

**参照** ガリレオ・ガリレイ p.42-43 ■ フランシス・ベーコン p.45

## ヘニッヒ・ブラント
### 1630年頃～1710年

　ドイツの化学者ブラントの若年期のことはほとんど知られていない。三十年戦争で戦い、除隊後は錬金術に身を捧げ、卑金属を金へ変える賢者の石を求めたことで知られる。1669年、尿を煮詰めた残留物を加熱することで、蝋のような白い物質を作り、暗闇で光ることからギリシア語で光を運ぶものという意味のphosphorus（リン）と名づけた。リンは反応性に富む物質で、地球上では、単体として発見されたことがなく、このような元素が単離されたのは初めてだった。ブラントはこの方法を秘密にしたが、ロバート・ボイルが1680年に独自にリンを発見した。

**参照** ロバート・ボイル p.46-49

## ゴットフリート・ライプニッツ
### 1646年～1716年

　ドイツのライプニッツは、ライプチヒ大学で法律を学んだ。デカルト、ベーコン、ガリレオの考えに興味を抱き、ますます科学に関心を持つようになり、全人知をまとめるという生涯の探求を開始することとなった。のちに、クリスティアーン・ホイヘンスの下、パリで数学を学び、微積分学の開発を始めた。微積分学は、科学の発展に不可欠な変化率を計算する数学的手法であり、アイザック・ニュートンも同時期に開発した。ニュートンとはやり取りしていたが、仲がたがいした。ライプニッツは活発に科学の研究を推し進め、ヨーロッパ中の600人を超える科学者とやり取りし、ベルリン、ドレスデン、ウィーン、サンクトペテルブルクにアカデミーを設立した。

**参照** クリスティアーン・ホイヘンス p.50-51 ■ アイザック・ニュートン p.62-69

## ドニ・パパン
### 1647年～1712年

　フランス生まれのイギリス人の物理学者、発明家パパンは、若くして、クリスティアーン・ホイヘンスとロバート・ボイルの空気と圧力の実験を手伝い、1679年に圧力鍋を発明した。鍋の蒸気が蓋を持ち上げるのを見て、パパンはシリンダー内のピストンを動かすのに蒸気を使うアイデアを思いつき、初の蒸気機関の設計図を描いた。自身では蒸気機関を制作したことはなかったが、1709年に、オールの代わりにパドルを使う実用性を実証した蒸気船（外輪船）の外車輪を制作した。

**参照** ロバート・ボイル p.46-49 ■ クリスティアーン・ホイヘンス p.50-51 ■ ジョゼフ・ブラック p.76-77

## スティーヴン・ヘールズ
### 1677年～1761年

　イギリスの牧師ヘールズは、植物生理学で先駆的な実験を数多く行った。植物の葉から蒸散する水蒸気を測定し、これにより、溶解している栄養素を植物中に運ぶ液体が根から絶え間なく上方へと流れるのは、蒸散によるものであるという発見にたどり着いた。樹液は根の高圧部分から、水蒸気が蒸散している低圧部分へと移動する。このことを、1727年に、自身の著作『植物静力学』で発表している。また、動物実験も幅広く実

施したが、おもに犬で実験し、初めて血圧を測定した。化学反応で発生した気体を集めるのに使用する機器として、気体採取用の水槽も発明した。

参照　ジョゼフ・プリーストリー p.82-83　■ ヤン・インゲンホウス p.85

## ダニエル・ベルヌーイ
### 1700年〜1782年

ダニエル・ベルヌーイは、非凡なスイスの数学者一家の中で、おそらく一番才能に恵まれていた。叔父のヤコブ、父親のヨハンはともに、微積分学の発展において重要な業績を残した。1738年、『流体力学』を出版した。その中で、液体の性質を説明し、「ベルヌーイの定理」を公式化した。液体の圧力は、速度が増すと減る、というものである。この定理は、飛行機の翼がどのように揚力を得るのかを理解する上で鍵となる。エネルギー保存則を破らないように、流体は圧力を運動エネルギーと交換しているに違いないと気がついた。数学と物理学だけではなく、天文学、生物学、海洋学も研究した。

参照　ジョゼフ・ブラック p.76-77　■ ヘンリー・キャヴェンディッシュ p.78-79　■ ジョゼフ・プリーストリー p.82-83　■ ジェームズ・ジュール p.138　■ ルートヴィッヒ・ボルツマン p.139

## ビュフォン伯ジョルジュ＝ルイ・ルクレール
### 1707年〜1788年

1749年から生涯を終えるまで、貴族であり博物学者であったビュフォン伯は、大作となった『博物誌』に精力的に取り組んだ。博物学と地質学におけるすべての知識をまとめることが目的だった。死後16年経ってから、助手らによって完成した百科事典は44巻にも及んだ。地球の地史を組み立て、それまでに考えられていたのよりもさらに古いと提唱した。種の絶滅を図表にし、チャールズ・ダーウィンよりも一世紀前に、人類と猿人類の共通の祖先を示唆している。

参照　カール・フォン・リンネ p.74-75　■ ジェームズ・ハットン p.96-101　■ チャールズ・ダーウィン p.142-149

## ギルバート・ホワイト
### 1720年〜1793年

イギリスの副牧師ホワイトは、ハンプシャーの小さな村セルボーンで、生涯ひとりで静かに暮らした。1789年に刊行された著書『セルボーンの自然史と古事』は、知人に宛てた書簡をまとめたものである。この書簡では、自然を体系的に観察して記録してあり、生物の相互関係に関するホワイトの意見が展開されている。ホワイトは、事実上、初の生態学者だった。すべての生物は、われわれが現在生態系と呼んでいる環境において、それぞれ役割を持っている、とホワイトは気づいた。ミミズのことを、「植物の成育を大いに促進させ、ミミズなしでも植物は成育するが、成育は弱々しいようだ」と言及している。同じ場所で何年も記録を取るというホワイトの手法は、のちの生物学者に多大なる影響を及ぼした。

参照　アレクサンダー・フォン・フンボ ルト p.130-135　■ ジェームズ・ラブロック p.315

## ニセフォール・ニエプス
### 1765年〜1833年

最も古く現存する写真は、フランスの発明家ニエプスによるもので、1825年にサン＝ルー＝ド＝ヴァレンヌの田舎にあったニエプスの私有地の周りにあった建物を撮ったものだった。カメラ・オブスキュラ（暗室）の中に投影された画像を固定させる技術を見つけるために、何年も試行錯誤を繰り返した。1816年、塩化銀を塗った紙を使って陰画を作ったが、日の光に当てると消えてしまった。1822年頃、ビチューメン（瀝青）を塗布した金属板やガラス板を使った写真製版法「ヘリオグラフィ」を考案した。瀝青は光に当たると固まり、ラベンダー油で板を洗うと、固まった部分だけが残った。画像を固定させるのに、日の光に8時間当てる必要があった。晩年は、この手法を改善するために、ルイ・ダゲールと共同研究した。

参照　アルハゼン p.28-29

## アンドレ＝マリ・アンペール
### 1775年〜1836年

1820年、フランスの物理学者アンペールは、エルステッドが電気と磁気の関連を偶然に発見したことを耳にし、この関係を説明する数学的、物理学的理論の公式化に着手した。その過程で、電流が作る磁場における電流と磁場の数学的関係を示した「アンペール

の法則」を発見した。1827年、研究結果を著書『電気力学的諸現象の数学的理論集』で発表し、この新しい科学分野を電気力学と名づけた。電流の単位「アンペア」はアンペールの名に由来する。

**参照** ハンス・クリスティアン・エルステッド p.120 ■ マイケル・ファラデー p.121

## ルイ・ダゲール
### 1787年～1851年

初の実用的な写真撮影の工程は、フランスの画家、物理学者ダゲールによって発明された。1826年から、ダゲールはニセフォール・ニエプスと協力して、ヘリオグラフィを研究した。ヘリオグラフィでは最低でも8時間の露光を要した。1833年、ニエプスの死後、ダゲールは、ヨウ化させた銀板の像を、水銀蒸気にさらして食塩水で定着させる方法を開発した。これにより露光時間が20分へと短縮され、初めて人の写真を撮れるくらい実用的になった。1839年、この方法をすべて記述して「ダゲレオタイプ」と命名し、財をなした。

**参照** アルハゼン p.28-29

## オーギュスタン・フレネル
### 1788年～1827年

フランスの技術者、物理学者フレネルは、フレネルレンズの発明者として知られている。フレネルレンズにより、灯台の光は遠くでも見える。フレネルは、交流のあったトマス・ヤングの二重スリット実験を基にして光の性質を研究した。光学分野において数多くの重要な理論的研究をして、光がひとつの媒質から別の媒質へと伝わるとき、どのように屈折、反射するのかを説明した公式を作った。数々の業績の重要性が認められたのは、フレネルの死後だった。

**参照** アルハゼン p.28-29 ■ クリスティアーン・ホイヘンス p.50-51 ■ トマス・ヤング p.110-111

## チャールズ・バベッジ
### 1791年～1871年

イギリスの数学者バベッジは、最初のデジタルコンピュータを着想した。印刷された数表の数字ミスに悩まされたバベッジは、自動で表計算する機械を設計した。1823年、計算機の製作のために技術者ジョセフ・クレメントを雇った。バベッジの「階差機関」は真鍮の歯車を使った見事な仕掛けだったが、資金と気力が尽きて試作品しか作れなかった。1991年、ロンドンの科学博物館がバベッジの設計に基づいて、当時可能だったと思われる技術だけを用いて階差機関を作ったところ、1～2分で止まってしまうことも多かったが、とにかく動いた。また、バベッジは、蒸気で動く「解析機関」も構想した。これは、パンチカードの指示により、データを「ストア」に溜め、「ミル（工場）」で計算して、結果を印刷する、というもので、現代の意味において実際のコンピュータだったかもしれない。弟子であったエイダ・ラブレス（詩人バイロン卿の娘）がプログラムを書き、世界初のプログラマーと呼ばれたが、解析機関は完成しなかった。

**参照** アラン・チューリング p.252-253

## サディ・カルノー
### 1796年～1832年

ニコラ・レオナール・サディ・カルノーは、フランス軍の将校だったが、1819年、科学に専念するため嘱託となった。産業革命さなかのイギリスにフランスが追いつくことを願って、カルノーは蒸気機関の設計、製造を開始した。1824年、研究成果を唯一の著書『火の動力に関する考察』にまとめた。この中で、蒸気機関の効率は、機関の一番熱いところと一番冷たいところの温度差におもに依存することを指摘した。この熱力学に関する先駆的な研究は、のちにドイツのルドルフ・クラウジウス、イギリスのケルビン卿ウィリアム・トムソンによって発展したが、カルノーの時代にはほとんど無視された。わずか36歳にして、コレラ流行時にほとんど無名で他界した。

**参照** ジョゼフ・フーリエ p.122 ■ ジェームズ・ジュール p.138

## ジャン＝ダニエル・コラドン
### 1802年～1893年

スイスの物理学者コラドンは、光が全反射する性質を利用して、光を管の中に閉じ込めておけることを証明した。これにより、曲がった管の中でも、光を進ませることができるようになり、それは現代の光ファイバーの中心的な仕組みになっている。ジュネーブ湖でおこなった実験で、音は空気中よりも水中の方が4倍速く伝わることを証明した。実際に水中で音を50km伝え、イギリス海峡を横

断する伝達手段として使うことを提案した。水の圧縮率を研究して、水力学分野における重要な仕事もした。

**参照** レオン・フーコー p.136-137

## ユストゥス・フォン・リービッヒ
### 1803年〜1873年

ドイツのダルムシュタットで化学物質の製造を営む家に生まれたリービッヒは、幼い頃に父親の実験室で初めて化学実験を行った。化学の分野でカリスマ性のある教授になり、リービッヒの実験室ベースの教育法は多大なる影響を与えた。植物の成育には硝酸塩が重要であることを発見し、初の工業用肥料を開発した。また、食物の化学にも関心を抱き、牛肉エキスを作る製造工程を開発した。彼が設立したリービッヒ肉エキス会社（The Liebig Extract of Meat Company）はのちに、商標登録された固形スープの素 Oxo を作った。

**参照** フリードリヒ・ウェーラー p.124-125

## クロード・ベルナール
### 1813年〜1878年

フランスの生理学者ベルナールは、実験医学の先駆者であった。身体の内部調節を初めて研究した科学者である。ベルナールの研究により、外部環境が変化しても内部環境が安定に維持される仕組み、すなわち「ホメオスタシス（恒常性）」という現代的な概念が導かれた。消化における膵臓と肝臓の役割を研究し、化学物質がどのように分解され、身体の組織を作る複合分子へと再構築されるのかを説明した。1865年、代表作となる『実験医学序説』が出版された。

**参照** ルイ・パスツール p.156-159

## ウィリアム・トムソン
### 1824年〜1907年

ベルファストで生まれた物理学者トムソンは、22歳のときグラスゴー大学で自然哲学の教授となった。1892年、爵位を授かり、グラスゴー大学を流れる川ケルビンにちなんで、ケルビン男爵となった。物理的な変化は根本的にはエネルギーの変化と考え、これにより、物理学の様々な分野が統合された。熱力学第二法則を発展させ、すべての分子運動が止まる絶対零度の正しい値 $-273.15°C$ を確立した。ケルビン絶対温度目盛は、絶対零度を0ケルビン（K）としたもので、単位は彼の名前にちなんでつけられた。微弱な電信信号を受け取る反射検流計を発明し、1866年に大西洋横断ケーブルの敷設を統括した。また、羅針儀と潮候推算機も開発した。ダーウィンの進化論を否定したり、大胆な発言を多くしたりして、議論を招くことが頻繁にあった。その中には、1903年にライト兄弟が初飛行に成功する前年、飛行機が実際に成功することはない、と予想したことも含まれるが、「物理学でこれから発見されるものは何もない」と述べたとされることについては、真偽は疑わしい。

**参照** ジェームズ・ジュール p.138 ■
ルートヴィッヒ・ボルツマン p.139 ■
アーネスト・ラザフォード p.206-213

## ヨハネス・ファン・デル・ワールス
### 1837年〜1923年

オランダの物理学者ヨハネス・ファン・デル・ワールスは、1873年に書いた博士論文で熱力学分野において多大なる貢献をした。論文の中で、分子レベルでは液体と気体は連続したものであることを示した。液体と気体というふたつの状態は区別できないだけではなく、本質的には同じと考えるべきであるとした。また、分子間に働く力の存在を仮定した。その力は、現在、ファンデルワールス力と呼ばれ、溶解度など物質の特性を説明するのに用いられる。

**参照** ジェームズ・ジュール p.138 ■
ルートヴィッヒ・ボルツマン p.139 ■
アウグスト・ケクレ p.160-165 ■
ライナス・ポーリング p.254-259

## エドアール・ブランリー
### 1844年〜1940年

パリ・カトリック大学で物理学の教授だったブランリーは、無線電信の先駆者だった。1890年、ブランリー・コヒーラーとして知られる無線検波器を発明した。検波器の中には互いに少し離れた電極がふたつあり、電極の間には鉄の削りくずが入っている。信号を検波器が受け取ると、削りくずの電気抵抗が減り、電極間に電流が流れる。この発明はのちに、イタリアのグリエルモ・マルコーニが無線電信の実験に使用し、より感度が高い検波器が開発される1910年まで、無線電信に広く利用された。

**参照** アレッサンドロ・ボルタ p.90-95 ■

マイケル・ファラデー p.121

## イワン・パブロフ
### 1849年〜1936年

　牧師の息子であったロシアのパブロフは、サンクトペテルブルグ大学で化学と生理学を学ぶために父親の志を継ぐ計画を断念した。1890年代に、餌を持っていないのにパブロフが部屋に入ると、犬の唾液が出るのに気づき、犬の唾液分泌を研究した。これは学習した行動に違いないと考え、30年にもおよぶ「条件反射」と呼ぶ実験を開始した。ある実験では、犬に餌を与えるたびにベルを鳴らした。学習（条件づけ）の時期を経て、ベルの音を聞いただけで唾液が出ることを発見した。今日の生理学者はパブロフの説明は単純化され過ぎていると考えているが、彼のこの研究は行動の科学的研究の基礎を築いた。

**参照**　コンラート・ローレンツ p.249

## アンリ・モアッサン
### 1852年〜1907年

　フランスの化学者モアッサンは、フッ化水素カリウム溶液の電気分解によってフッ素を単離したことで、1906年にノーベル化学賞を受賞した。その溶液を−50℃に冷却したところ、陰極には純粋な水素、陽極には純粋なフッ素が得られた。また、人工ダイヤモンドを合成する実験のために、3,500℃に達する電気アーク炉も開発した。実験は成功しなかったが、炭素を高温高圧にさらすことでダイヤモンドを作れるというモアッサンの理論は、のちに正しいことが証明された。

**参照**　ハンフリー・デービー p.114 ■ レオ・ベークランド p.140-141

## フリッツ・ハーバー
### 1868年〜1934年

　ドイツの化学者ハーバーの科学分野における偉業は複雑である。プラス面では、ハーバーと同僚のカール・ボッシュは、水素と大気中の窒素からアンモニア（$NH_3$）を合成する工程を開発した。アンモニアは肥料の必須成分であり、ハーバー・ボッシュ法により人工肥料の工業生産が可能になり、食料生産を大幅に増加させた。マイナス面では、塹壕戦で使用する塩素ガスやその他の毒ガスを開発し、第一次世界大戦のイーペルの戦いでは塩素ガスの使用を直接指揮した。同じく化学者であった妻のクララは、イーペルの戦いに夫が関与していたことに抗議して1915年に自殺した。

**参照**　フリードリヒ・ウェーラー p.124-125 ■ アウグスト・ケクレ p.160-165

## C.T.R.ウィルソン
### 1869年〜1959年

　チャールズ・トムソン・リーズ・ウィルソンはスコットランドの気象学者で、雲の研究に特に関心を抱いていた。研究用に、雲の形成に必要な過飽和状態を作るため、密閉容器の中で湿った空気を膨張させる方法を開発した。ウィルソンは容器内に埃の粒子が存在するとより容易に雲が形成されることに気づいた。埃がないと、空気の飽和状態が臨界点を超えたときのみ雲が発生した。雲は大気中のイオン（荷電粒子）に水滴が付着して形成される、とウィルソンは考えた。この理論を試すために、容器に放射線を当てて、得られたイオンによって雲が形成されるか観察した。そして、水滴が放射線の通った跡に残ることを発見した。ウィルソンの霧箱は、原子物理学の研究に欠かせないことが証明され、1927年にノーベル物理学賞が与えられた。1932年、霧箱を使って陽電子が初めて見つかった。

**参照**　ポール・ディラック p.246-247 ■ チャールズ・キーリング p.294-295

## ユージン・ブロッホ
### 1878年〜1944年

　フランスの物理学者ブロッホは、分光学を研究し、量子化された光の考えを用いて、アルベルト・アインシュタインの光電効果の解釈を支持する証拠を示した。第一次世界大戦のときに、ブロッホは軍事通信に携わり、無線受信機用の初の電子増幅器を開発した。1940年、ビシー政府による反ユダヤ主義の法律の犠牲となり、パリ大学の物理学教授の地位を追われる。占領されていない南フランスに逃げるも、1944年に秘密国家警察に捕らえられ、アウシュビッツへと送られたのちに殺された。

**参照**　アルベルト・アインシュタイン p.214-221

## マックス・ボルン
### 1882年〜1970年

　1920年代、ドイツの物理学者ボルンは、ゲッティンゲン大学で実験物

理学の教授を務める傍ら、行列力学を定式化するために、ヴェルナー・ハイゼンベルク、パスクアル・ヨルダンとともに研究をした。行列力学とは量子力学を扱う数学的手段である。エルヴィン・シュレーディンガーが同じ量子力学を説明するのに波動関数の方程式を考案した際に、ボルンは、シュレーディンガーの方程式が、時空連続体の特定の点に粒子がある確率を示すものだ、という意味を最初に示唆した。1933年、ナチスがユダヤ人を教職から追放した際に、ボルンは家族とともにドイツを離れ、イギリスに移り、1939年に帰化した。1954年、量子力学の業績でノーベル物理学賞を受賞した。

**参照** エルヴィン・シュレーディンガー p.226-233 ■ ヴェルナー・ハイゼンベルク p.234-235 ■ ポール・ディラック p.246-247 ■ J.ロバート・オッペンハイマー p.260-265

## ニールス・ボーア
### 1885年～1962年

デンマークの物理学者ボーアは、量子物理学における初期の指導的理論家であり、量子革命における最初の大きな貢献は、アーネスト・ラザフォードの原子モデルを改良したことだった。1913年、電子は原子核の周りにある特定の量子化された軌道を占めているという考えをつけ加えた。1927年、「コペンハーゲン解釈」として知られるようになる量子現象の説明をヴェルナー・ハイゼンベルクとともに考案した。この解釈の中心となる概念は、ボーアの相補性の原理である。相補性の原理では、光子や電子のふるまいのような物理現象は、それを観察する実験設定により異なって見える可能性があると述べられている。

**参照** アーネスト・ラザフォード p.206-213 ■ エルヴィン・シュレーディンガー p.226-233 ■ ヴェルナー・ハイゼンベルク p.234-235 ■ ポール・ディラック p.246-247

## ジョージ・エミール・パラーデ
### 1912年～2008年

ルーマニア生まれの細胞生物学者パラーデは、1940年にブカレスト大学医学部を卒業した。第二次世界大戦の終結時にアメリカに移住し、ニューヨークのロックフェラー研究所で重要な研究の多くを行った。電子顕微鏡で細胞構造を観察できる組織標本の新しい手法を開発し、細胞構造の理解を大いに進展させた。1950年代にリボソームを発見したことが自身最大の功績である。リボソームは細胞質内にある小顆粒で、以前はミトコンドリアの断片と考えられていたが、実際にはタンパク質合成が行われる場所で、アミノ酸を特定の配列に繋ぐ。

**参照** ジェームズ・ワトソンとフランシス・クリック p.276-283 ■ リン・マーギュリス p.300-301

## デヴィッド・ボーム
### 1917年～1992年

アメリカの理論物理学者ボームは、量子力学の伝統にとらわれない解釈を前進させた。われわれが時間、空間、意識として経験する現象よりも現実的な基本秩序として、宇宙における「内在秩序」の存在を仮定し、空間や時間、個別に存在する質点の通常の概念も、より深い秩序から得られる「外在秩序」として構成できる、としている。1950年代初期までプリンストン大学でアルベルト・アインシュタインとともに研究をしたが、マルクス主義の政治的見解からアメリカを離れ、はじめはブラジルへ、のちにロンドンへと移り、1961年からロンドンのバークベック・カレッジで物理学の教授を務めた。

**参照** エルヴィン・シュレーディンガー p.226-233 ■ ヒュー・エヴェレット3世 p.284-285 ■ ガブリエーレ・ヴェネツィアーノ p.308-313

## フレデリック・サンガー
### 1918年～2013年

イギリスの生化学者サンガーは、ノーベル賞を二度受賞した4名のうちのひとりである。二度ともノーベル化学賞を受賞した。最初は1958年に、ホルモンタンパク質であるインスリンのアミノ酸配列を決定して受賞した。インスリンにおけるサンガーの功績は、それぞれのタンパク質には固有のアミノ酸配列があることを示すことで、DNAがタンパク質をコードする仕組みを理解する鍵となった。1980年にDNAの塩基配列決定法の研究で二度目のノーベル化学賞を受賞した。また、サンガーのチームは、ヒトのミトコンドリアDNAの全塩基配列を決定した。ミトコンドリアは、母親からのみ受け継ぐ細胞小器官で、そのDNAには37

の遺伝子があることがわかっている。ゲノム研究における世界有数の研究所であるサンガー研究所は、イギリスのケンブリッジシャーのサンガーの家近くに、その栄誉を称えて設立された。

参照　ジェームズ・ワトソンとフランシス・クリック p.276-283 ■ クレイグ・ヴェンター p.324-325

## マービン・ミンスキー
### 1927年～2016年

アメリカの数学者、認知科学者ミンスキーは、人工知能における初期の先駆者で、1959年にマサチューセッツ工科大学（MIT）に人工知能研究所を共同創設し、以降の研究拠点とした。経験から学習し、進化する人工頭脳であるニューラルネットワークの生成に重点的に取り組んだ。1970年代、ミンスキーは同僚のシーモア・パパートとともに、「心の社会」と呼ばれる知能論を開発し、知的でない部分のみで構成されるシステムから知能が生まれる仕組みを研究した。そして、「人間がおこなうとしたら知能が必要なものを機械にやらせる科学」とミンスキーは人工知能を定義づけた。映画『2001年宇宙の旅』のアドバイザーも務め、地球外知的生命体の可能性について考察した。

参照　アラン・チューリング p.252-253 ■ ドナルド・ミッキー p.286-291

## マーティン・カープラス
### 1930年～

現代科学では、結果をシミュレートするためのモデルを、コンピュータで作成することが多くなってきている。1974年、オーストリア系アメリカ人の理論化学者カープラスは、イスラエル系アメリカ人の同僚アリー・ウォーシェルとともに、光に当たると形を変え、目の働きに欠かせない網膜の分子モデルをコンピュータで作成した。網膜の分子における電子の動きをモデル化するために、カープラスとウォーシェルは、古典物理学と量子力学を用いた。このモデルは、複雑な反応系をコンピュータによってモデル化したもので、その精巧さと正確さの点で大きく改善されていた。カープラス、ウォーシェルは、イギリスの化学者マイケル・レヴィットとともに、この分野における功績で2013年にノーベル化学賞を受賞した。

参照　アウグスト・ケクレ p.160-165 ■ ライナス・ポーリング p.254-259

## ロジャー・ペンローズ
### 1931年～

1969年、イギリスの数学者ペンローズは、物理学者スティーヴン・ホーキングと共同研究をして、ブラックホールに入った物体がどのように特異点へ向かって崩壊するかを示した。その後、ブラックホールを取り巻く時空における重力の影響を数学的に説明した。また、脳内で生じる量子力学的な影響に基づく意識論や、近年ではサイクリック宇宙論を唱えるなど、幅広い話題に関心を寄せている。サイクリック宇宙論とは、ひとつの宇宙の熱力学的死（最終状態）が、無限の循環で別の宇宙のビッグバンとなる、というものである。

参照　ジョルジュ・ルメートル p.242-245 ■ スブラマニアン・チャンドラセカール p.248 ■ スティーヴン・ホーキング p.314

## フランソワ・アングレール
### 1932年～

2013年、ベルギーの物理学者アングレールは、基本粒子に質量を与えるヒッグス場として現在知られているものを独自に提案して、ピーター・ヒッグスとともにノーベル物理学賞を受賞した。1964年に、同僚のベルギーのロバート・ブラウトとともに、「真空」には物質に質量を与える場がある可能性を最初に提示した。ノーベル賞は、2012年に欧州原子核研究機構（CERN）でヒッグス粒子が発見された結果、授与された。ヒッグス粒子は、ヒッグス場に関連する粒子で、その発見は、アングレール、ブラウト、ヒッグスの予想を裏付けるものとなった。ブラウトは2011年に他界し、ノーベル賞の受賞を逃した。同賞は死後には授与されないためである。

参照　シェルドン・グラショー p.292-293 ■ ピーター・ヒッグス p.298-299 ■ マレー・ゲル＝マン p.302-307

## スティーヴン・ジェイ・グールド
### 1941年～2002年

アメリカの古生物学者グールドの専門分野は、西インド諸島の陸産貝類の進化であったが、進化と科学に関して幅広い著作を残した。1972年、グールドは同僚のナイルズ・エルド

リッジとともに、「断続平衡説」と呼ばれる進化理論を提案した。進化は、ダーウィンが考えたような漸進的なものではなく、数千年というような短い期間で急速に起こり、その後に長期的な安定した期間が訪れるとされる。この理論を裏づける証拠として、生物における進化のパターンが刻まれている化石標本をあげた。1982年、特定の形質がある理由のために受け継がれ、のちにまったく別の機能を持つようになることを説明するのに、グールドは「外適応」という用語を作った。グールドの研究は、自然選択がどのように起きたのか、その仕組みの理解を広げた。

参照　チャールズ・ダーウィンp.142-149 ■ リン・マーギュリスp.300-301 ■ マイケル・シヴァネンp.318-319

## リチャード・ドーキンス
### 1941年～

イギリスの動物学者ドーキンスは、『利己的な遺伝子』（1976年）などの科学書で知られている。専門分野における最大の貢献は、「延長された表現型」の概念である。生物の遺伝子型は、ゲノムにある遺伝子の総体である。そして表現型は、遺伝子の発現によって生じるものの総体である。個々の遺伝子は、生物体内における様々な物質の合成を指定しているだけに過ぎないが、表現型は、その合成から生じるすべてだと考えられるべきである。たとえば、シロアリ塚は、シロアリの延長された表現型の一部と考えられる。延長された表現型は、遺伝子が次世代へと生存の機会を最大化する手段、とドーキンスは考え

ている。

参照　チャールズ・ダーウィンp.142-149 ■ リン・マーギュリスp.300-301 ■ マイケル・シヴァネンp.318-319

## ジョスリン・ベル・バーネル
### 1943年～

1967年、イギリスの天文学者バーネルは、ケンブリッジ大学で研究助手を務める傍ら、クェーサー（遠くの銀河中心核）を観察していて、宇宙から奇妙なひと続きの規則的な無線パルスを発見した。バーネルが一緒に研究していたチームは、地球外知的生命からのメッセージかもしれないというかすかな希望を込めて、そのパルスのことを冗談でLGM（リトル・グリーン・メン、小さな緑の男たち）と呼んだ。のちに、パルスは高速で回転する中性子星から発せられていることが確認され、そのような星はパルサーと名づけられた。1974年、バーネルの上級研究員がパルサーの発見によりノーベル物理学賞を受賞した。バーネルは発見時に学生だったため、受賞を逃した。フレッド・ホイルなど有数の天文学者はバーネルが受賞の対象外となることに抗議した。

参照　エドウィン・ハッブルp.236-241 ■ フレッド・ホイルp.270

## マイケル・ターナー
### 1949年～

アメリカの宇宙学者ターナーは、ビッグバンのときに何が起こったのかを理解することに焦点を当てて研究している。今日における宇宙の構造は、銀河系の存在や物質と反物質の非対称性なども、ビッグバンの前に起きた宇宙のインフレーションと呼ばれる急速な膨張の発生時に生じる量子力学的な変動で説明できる、とターナーは信じている。1998年、宇宙全体を満たし、宇宙はすべての方向に加速度的に膨張しているという観測結果を説明するのに必要な仮説のエネルギーに対して、ターナーは「暗黒エネルギー」という用語を作った。

参照　エドウィン・ハッブルp.236-241 ■ ジョルジュ・ルメートルp.242-245 ■ フリッツ・ツビッキーp.250-251

## ティム・バーナーズ＝リー
### 1955年～

現存する科学者の中でワールド・ワイド・ウェブを発明したイギリスのコンピュータ科学者バーナーズ＝リーほど、われわれの日々の生活に多大な影響を及ぼした人はいない。1989年、バーナーズ＝リーは欧州原子核研究機構（CERN）で働いているときに、インターネットを経由して世界中で書類を共有できるネットワークを構築する構想を得た。1年後に、初のウェブブラウザとウェブサーバーを構築し、1991年、CERNは初のウェブサイトを作った。今日、バーナーズ＝リーは、政府に管理されないインターネットへの自由なアクセスを求めて運動をしている。

参照　アラン・チューリングp.252-253

# 用語解説

## あ 行

**圧力 Pressure**：物体を押す継続的な力。気体の圧力は、気体の分子の運動によって生じる。

**アミノ酸 Amino acids**：アミノ基（-NH$_2$）とカルボキシル基（-COOH）を含む有機物質。タンパク質はアミノ酸からできている。個々のタンパク質はアミノ酸の特定の配列からできている。

**アルカリ Alkali**：水に溶けて、酸を中和する化学物質。塩基とも言う。

**アルゴリズム Algorithm**：数学とコンピュータ・プログラミングにおける、計算をおこなうための論理的手順。

**アルファ（α）粒子 Alpha particle**：2つの中性子と2つの陽子からできていて、α崩壊と呼ばれる放射性崩壊のときに出る。アルファ粒子はヘリウム原子の原子核と同じである。

**暗黒エネルギー Dark energy**：重力と反対の方向に作用するあまり理解されていない力で、宇宙の膨張を引き起こしている。宇宙の全エネルギーの約70%は暗黒エネルギーである。

**暗黒物質 Dark matter**：目に見える物質への重力の効果によってのみ検出される目に見えない物質。暗黒物質が銀河をひとつに保っている。宇宙の全エネルギーの約25%を占める。

**イオン Ion**：ひとつ以上の電子を失うか得るかして、電荷を帯びた原子あるいは原子団。

**イオン結合 Ionic bond**：2つの原子が電子をやりとりして、イオンになる2原子間の結合。イオンの反対の電荷が原子どうしを引きつける。

**一般相対性理論 General relativity**：時空の理論的記述であり、その中でアインシュタインは非慣性系を検討した。一般相対性理論では、質量による時空のゆがみとして重力を記述している。一般相対性理論による多くの予測が実証されてきた。

**遺伝子 Gene**：生物の遺伝の基本単位であり、タンパク質のような化学物質を合成するための暗号化された指令を含んでいる。

**運動量 Momentum**：物体の運動の勢い（激しさ）を表す量。物体の質量と速度の積に等しい。

**ATP**：アデノシン三リン酸。エネルギーを蓄えた化学物質で、そのエネルギーを生物が利用する。

**エネルギー Energy**：ある物体がほかの物体に対して仕事をする能力。エネルギーは多くの形態で存在することができる。たとえば、運動エネルギー（運動）や、ポテンシャルエネルギー（たとえば、バネに蓄えられているエネルギー）。ある形態から別の形態に変わることができるが、生み出したり、破壊したりすることは決してできない。

**塩 Salt**：酸と塩基の反応から生じる化合物。

**塩基（核酸の） Base**：DNAやRNAの構成要素であるプリン塩基（アデニン、グアニン）とピリミジン塩基（シトシン、チミン、ウラシル）。

**エントロピー Entropy**：系の乱雑さの尺度。エントロピーは、系が取りうる様式の数である。

**温室効果ガス Greenhouse gases**：地球の表面から放射されるエネルギーを吸収し、それが宇宙空間に逃げないようにする二酸化炭素やメタンのようなガス。

## か 行

**回折 Diffraction**：障害物の周りの波の屈折と、小さな穴を通ったあとの波の広がり。

**カオス系 Chaotic system**：初期条件の小さな違いに反応して、ふるまいが、時間とともに根本的に変化する系。

**角運動量 Angular momentum**：物体の回転の尺度であり、物体の質量と形、回転速度を考慮に入れている。

**重ね合わせ Superposition**：電子のような粒子は、測定されるまで、可能なすべての状態で同時に存在するという量子物理学の原理。

**加速度 Acceleration**：速度の変化率。加速度は、物体の方向または速さを変える力によって生じる。

**ガンマ（γ）崩壊 Gamma decay**：放射性崩壊の一種で、原子核は高エネルギーで、短波長のγ線を出す。

共有結合 Covalent bond：２原子間で電子を共有している結合。

クォーク Quark：陽子や中性子を作っている原子より小さい粒子。

屈折 Refraction：ある媒質から別の媒質に進むとき電磁波が曲がること。

原子 Atom：普通の実験ではそれ以上分割することができない最小の粒子。原子は物質の最小部分と考えられたが、今では原子より小さい粒子が多く知られている。

原子価 Valency：ある原子がほかの原子と作ることができる化学結合の数。

原子核 Nucleus：陽子と中性子からできている原子の中心部分。原子核が原子の質量のほとんどを占めている。

原子番号 Atomic number：原子核の中の陽子の数。個々の元素は異なる原子番号を持っている。

元素 Element：物質を構成している原子の種類。自然界には約90種類あり、人工的な元素も含めて、現在118種類が確認されている。

弦理論 String theory：物理学の理論的枠組みであり、この理論では、点のような粒子が一次元の弦に置き換えられる。

光学 Optics：視覚や光のふるまいの研究。

光合成 Photosynthesis：植物が太陽のエネルギーを用いて、水と二酸化炭素から食物を作る過程。

光子 Photon：ある場所から別の場所へ電磁気力を伝える光の粒子。光量子とも言われた。

光電効果 Photoelectric effect：特定の物質の表面に光が当たると、そこから電子が出ること。

呼吸 Respiration：生物が酸素を取り込み、それを使って食物をエネルギーと二酸化炭素に分解する過程。

黒体 Black body：電磁波をすべて吸収する理論上の物体。黒体はその温度に応じてエネルギーを放射するので、必ずしも黒くない。

古典力学 Classical mechanics：ニュートン力学としても知られている。力の作用下での、物体の運動を記述する一揃いの法則。古典力学によって、光の速さに近い速さで移動していない巨視的物体に対して正確な値がわかる。

## さ 行

細胞 Cell：独力で生きられる生物の最小単位。細菌と原生生物のような生物は単細胞である。

細胞内共生 Endosymbiosis：互いの利益のために、ある生物が別の生物の体内すなわち細胞内で生きるという生物間の関係。

酸 Acid：水に溶けると、水素イオンを遊離し、リトマス紙を赤色に変える化学物質。

磁気 Magnetism：磁石による引力と斥力。磁気は磁場によって、あるいは、粒子の磁気モーメントの性質によって生じる。

色荷 Colour charge：この性質があることによって、クォークは強い力によって作用を受ける。

時空 Space-time：空間の３つの次元と時間の１つの次元が結合してできた単一の連続体。

シグマ（σ）結合 Sigma bond：原子間で、電子の軌道が正面から出会って形成される共有結合。比較的強い結合。

視差 Parallax：観測者が移動するときの、異なる距離にある物体の相対的な見かけの移動。

事象の地平線 Event horizon：ブラックホールの周りの境界のことで、そこより内側だとブラックホールの重力が強すぎて、光が逃げられない。

自然選択 Natural selection：生物が繁殖できる可能性を高める形質が伝えられる過程。

質量 Mass：物体を加速するために必要な力の尺度である物体の性質。

種 Species：互いに繁殖できて、繁殖能力のある子供を生み出せる似た生物の集団。

周期表 Periodic table：原子番号に従って配置されたすべての元素を含む表。

重力 Gravity：質量のある物体間の引力。質量のない光子も、一般相対性理論で時空のゆがみとして記述される重力の作用を受ける。

蒸散 Transpiration：植物が葉の表面から水蒸気を放出する過程。

進化 Evolution：生物が時間とともに変化する過程。

スピン Spin：原子より小さい粒子の角運動量に似た性質。

斉一説 Uniformitarianism：過去に起こった地質現象は、現在起こっているものと同じであったとする考え。

生気論 Vitalism：生物は非生物と基本的に異なるという考え。生気論では、生物が特別な「生気」に依存しているとする。今はもう主流の科学から否定されている。

生態学 Ecology：生物と環境の関係の科学的研究。

赤方偏移 Redshift：地球から離れていく銀河が発する光が、ドップラー効果によって波長が伸びること。これによって、可視光のスペクトルが赤色のほうへ移動する。

絶対零度 Absolute zero：可能な最低温度――0Kあるいは-273.5℃。

染色体 Chromosome：DNAとタンパク質からできていて、細胞の遺伝情報を含んでいる構造体。

速度 Velocity：物体の速さと方向の尺度。

## た 行

太陽系外惑星 Exoplanet：太陽でない恒星の周りを回っている惑星。

太陽中心説 Heliocentrism：宇宙の中心に太陽がある宇宙のモデル。

大陸移動 Continental drift：数億年かけて地球上を動く大陸のゆっくりとした移動。

炭化水素 Hydrocarbon：炭素と水素だけから成る化合物。炭素原子が鎖状につながったものと、環状につながったものがある。

力 Force：押す力や引く力のことで、物体を動かしたり、その形を変化させたりする。

地球中心説 Geocentrism：宇宙の中心に地球がある宇宙のモデル。

中性子 Neutron：原子核の一部を構成している電気的に中性の原子より小さい粒子。中性子は1つのアップクォークと2つのダウンクォークからできている。

強い力 Strong nuclear force：4つの基本的な力のひとつであり、この力によって、クォークが結びついて中性子や陽子ができる。

DNA：デオキシリボ核酸。染色体の中で遺伝情報を担っている二重らせんの形の大きな分子。

電荷 Electric charge：電気現象を生じさせるもの。電荷には2種類があり、電気の正・負によって正電荷・負電荷に分けられる。同種（同符号）の電荷は互いに反発しあい、異種（異符号）の電荷は互いに引きあう。

電気分解 Electrolysis：電流を流すことによって生じる物質の化学変化。

電子 Electron：負電荷の原子より小さい粒子。

電磁気力 Electromagnetic force：自然界の4つの基本的な力のひとつ。粒子間の光子の移動を伴う。

電磁波 Electromagnetic radiation：空間を移動するエネルギーの一形態。お互いに90度の角度をなして振動している電場と磁場を伴う。可視光は電磁波の一種である。

電弱理論 Electroweak theory：電磁気力と弱い力をひとつの「電弱」力として説明する理論。

電流 Electric current：電子あるいはイオンの流れ。

動物行動学 Ethology：動物の行動の科学的研究。

特異点 Singularity：大きさがゼロの時空の点。

特殊相対性理論 Special relativity：光の速度も、物理学の法則もすべての観測者に対して同じであるべきだと考えた結果生まれた理論。特殊相対性理論では、絶対時間や絶対空間の可能性が排除される。

ドップラー効果 Doppler effect：波の発生源に対する相対運動によって観測者が感じる波の振動数の変化。

## な 行

波 Wave：空間を進んでいく振動であり、ある場所から別の場所へエネルギーを伝える。

ニュートリノ Neutrino：非常に小さな質量で、電気的に中性の、原子より小さい粒子。ニュートリノは検出されずに物質を通り抜けることができる。

熱的死 Heat death：空間の全域で温度差がなく、仕事をおこなうことができない宇宙の可能な最終状態。

熱力学 Thermodynamics：熱そのものや、エネルギーや仕事に熱がどう関係するかを扱う物理学の分野。

## は 行

場 Field：時空全域にわたる力の分布のことで、時空の各点に力の値がある。重力場は場の一例であり、場の特定の点で感じられる力は、重力の発生源からの距離の二乗に逆比例している。

パイ($\pi$) Pi：円周と直径の長さの比率。おおよそ22/7あるいは3.14159に等し

い。

パイ（π）結合 Pi bond：原子間で、電子を含む葉状の軌道が、横に並んで重なっている共有結合。

パウリの排他原理 Pauli exclusion principle：2つのフェルミオン（質量のある粒子）は、同じ系内で、同じ量子状態を取ることはできないという量子物理学の原理。

反粒子 Antiparticle：反対の電荷を持っていることを除いて、普通の粒子と同じ粒子。すべての粒子は対応する反粒子を持っている。

ビッグバン Big Bang：宇宙は特異点の爆発から始まったという理論。

ヒッグス粒子 Higgs boson：ヒッグス場と関係している原子より小さい粒子で、物質との相互作用によって物質に質量を与える。

標準モデル Standard model：素粒子物理学の理論的枠組みであり、このモデルには、12種類の基本的なフェルミオン（6種類のクォークと6種類のレプトン）が存在する。

フェルミオン Fermion：電子やクォークのような原子より小さい粒子で、物質を形づくる。

不確定性原理 Uncertainty principle：ある性質（たとえば、運動量）をより正確に測定すると、その分だけ別の性質（たとえば、位置）を詳しく知ることができず、その逆も同じであるという量子力学の特性。

フラクタル Fractal：似た形を様々な規模で見ることができる幾何学的パターン。

ブラックホール Black hole：非常に密度が高いため、光がその重力場から逃れられない宇宙の物体。

プレートテクトニクス Plate tectonics：大陸移動と、海洋底が拡大する様式についての研究。

ブレーン Brane：超弦理論における、0から9次元の物体。

分岐学 Cladistics：最も近縁の祖先によって種をグループに分ける生物の分類システム。

分子 Molecule：化合物の化学的性質を備えた化合物の最小単位で、2つ以上の原子からできている。

ベータ（β）崩壊 Beta decay：原子核が$\beta$粒子（電子と陽電子）を出す放射性崩壊。

偏光 Polarized light：波がすべて一平面だけで振動している光。

放射性崩壊 Radioactive decay：不安定な原子核が、粒子や電磁波を出す過程。

放射線 Radiation：放射性物質から出る粒子の流れや電磁波。

ボソン Bosons：粒子間で力を伝える原子より小さい粒子。

ポリマー Polymer：1種類または数種類の比較的小さな分子からなる化合物（モノマー）が多数つながってできた分子。

## ま 行

マルチバース Multiverse：あらゆる可能な出来事が起こる仮説上の一連の宇宙。

ミトコンドリア Mitochondria：細胞にエネルギーを供給する細胞内の構造体。

もつれ Entanglement：空間の中でどれだけ離れているかにかかわらず、ある粒子の変化が別の粒子に作用するといった、量子物理学における粒子間の関係。

## や 行

有機化学 Organic chemistry：炭素を含む化合物の化学。

陽子 Proton：原子核の中の正電荷を帯びた粒子。陽子は2つのアップクォークと1つのダウンクォークからできている。

陽電子 Positron：電子と対の反粒子で、電子と同じ質量だが、正電荷を持っている。

弱い力 Weak nuclear force：4つの基本的な力のひとつであり、原子核の内部で作用し、ベータ崩壊の原因となる。

## ら 行

粒子 Particle：速度と位置、質量、電荷を持つことができる物質の非常に小さな粒。

量子電磁力学（QED）Quantum electrodynamics：光子の交換の観点から、原子より小さい粒子の相互作用を説明する理論。

量子力学 Quantum mechanics：エネルギーの、離散的な塊すなわち量子の観点から、原子より小さい粒子の相互作用を扱う物理学の分野。

レプトン Leptons：4つの基本的な力のうちで、強い力以外の力の作用を受けるフェルミオン。

# 索引

太数字(ゴシック体)は見出し項目の掲載ページ。

## あ 行

アールヤバタ　330
アーント、マルクス　320
アインシュタイン、アルベルト　50, 64, 69, 88-89, 110, 111, 139, 182, 200, 202, 205, 212, **214-221**, 228, 232, 235, 242-243, 262, 264, 304, 310, 317
アヴィセンナ　98
アガシー、ルイ　108, 109, **128-129**
秋葉朝一郎　318, 319
亜酸化窒素　78
アダムズ、ジョン・クーチ　87
アッシャー、ジェームズ　98
アナクシメネス　21
アニング、メアリー　15, 108, 109, **116-117**
アベル、ジョージ　250
アボガドロ、アメデオ　105, 112, 113
天の川　201, 238, 240, 241, 251, 327
アミノ酸　156, 159, 275, 278, 283
嵐　153, 154, 155
アリストテレス　12, 18, 21, 28, 32, 33, 36, 42, 45, 48, 53, 60, 64, 74, 132, 156
アル＝スーフィー、アブドゥル・ラフマーン　19
アル＝トゥーシー、ナーシル・アル＝ディーン　**23**
アル・ビールーニー　98
アルカリ金属　114, 119, 176, 178
アルキメデス　18, **24-25**, 36
アルゴリズム　19, 252, 253
アルハゼン　12, 13, 19, **28-29**, 43, 45, 50
アルファー、ラルフ　244, 245
アルファ($a$)ヘリックス　280, 281, 282
アルファ($a$)粒子　12, 194, 210, 211, 213, 231
アレクサンドリアのプトレマイオス　14, 19, 26, 29, 36, 37, 38, 40
アレニウス、スヴァンテ　294
アングレール、フランソワ　298, 299, 338
暗黒エネルギー　238, 245, 250, 251
暗黒物質　15, 201, 245, 250, 251
アンダーソン、ウィリアム・フレンチ　**322-323**
アンダーソン、カール　246, 247

アンドロメダ星雲　240
アンペール、アンドレ＝マリ　120, 121, 183, 184, 333
イオン　119, 258, 259
イオン化列　259
イオン結合　119, **258-259**
異性体　125, 164
一般相対性理論　220, 242-243, 247, 269, 313
遺伝　168-171, 224-225, 249, 271, 278, 279, 322, 324
遺伝学　109, 118, 149, 170-171, 224-225, 268, 271, 278, 318-319
遺伝子　170, 171, 224, 225, 249, 271, 278-283, 318-319, 326
遺伝子工学　283, 319
遺伝子水平伝播　318-319
遺伝子治療　15, 283, 322-323
遺伝子の組換え　268, 271
稲妻　73, 92
イブン・サフル　28
イブン・シーナー(アヴィセンナ)　42, 116, 331
イブン・ハイヤーン、ジャービル(ジーベル)　112, 331
イブン・ハルドゥーン　23
イワノフスキー、ドミトリ　196, 197
陰極線　186, 304
インゲンホウス、ヤン　72, 73, **85**
隕石　101, 275
インド(古代の)　19
インフレーション　242, 243, 339
ヴィーン、ヴィルヘルム　204
ウィッグルスワース、ヴィンセント　53
ウィッテン、エドワード　311, 312
ウィラードセン、スティーン　326
ウィラビイ、フランシス　61
ウィルキンス、モーリス　281, 283
ウイルス　196-197, 279, 319, 322, 323
ウィルソン、C. T. R.　336
ウィルソン、ロバート　245
ウィルムット、イアン　269, **326**
ウェーラー、フリードリヒ　109, **124-125**
ウーズ、カール　300

ヴェーゲナー、アルフレート　200, **222-223**
ヴェサリウス、アンドレアス　14
ヴェネツィアーノ、ガブリエーレ　**308-313**
ウェルズ、ホーレス　78
ヴェンター、クレイグ　268-269, 278, **324-325**
ウォーターストン、ジョン　139
ヴォルシュチャン、アレクサンデル　327
ウォルトン、アーネスト　262, 304
ウォレス、アルフレッド・ラッセル　23, 73, 109, 148
渦状星雲、渦状銀河　238-241, 242
宇宙
　宇宙と相対性理論　220-221
　宇宙と波動関数　233
　宇宙の始まり　242-245
　宇宙の膨張　15, 127, 201, 238-241, 243, 251
　宇宙の未来　245
　多世界、パラレルワールド　269, 284-285
　不確かな世界　235
宇宙項　216, 243
宇宙塵　320
宇宙線　304
宇宙マイクロ波背景放射(CMBR)　242-244
ウッドワード、ジョン　85
ウラン　192-193, 194, 209, 262, 263, 264, 265
星雲　238-241, 250
運動の法則　14, 33, 42-43, 64, 67, 72
エアリー、ジョージ　102
衛星　67, 327
エヴェレット3世、ヒュー　233, 268, 269, **284-285**, 317
ATP(アデノシン三リン酸)　300
エーテル　13, 46, 49, 50, 51, 136, 185, 217, 218, 219, 220
エジソン、トーマス　121
エスマーク、イェンス　128
エチレン　257, 258
X線　108, 186-187, 192, 203, 208, 248

## 索引

X線結晶構造解析　257, 259, 279-280, 281, 283
エディントン、アーサー　221, 270
エネルギーの保存　138
エピクロス　23
エピジェネティクス　268
M理論　312-313
エラトステネス　18, 19, **22**
エルサッサー、ウォルター・モーリス　44
エルステッド、ハンス・クリスティアン　15, 108, **120**, 121, 182, 282
エルドリッジ、ナイルズ　144, 338
エルトン、チャールズ　134-135
塩　119, 124, 258-259
塩化ナトリウム　258-259
塩基　278, 279, 281, 282, 283, 325
エンゲルマン、テオドール　85
エントロピー　138, 202, 203-205
エンペドクレス　13, 18, **21**
塩類　315
欧州原子核研究機構（CERN）　268, 293, 298, 306
オーウェン、リチャード　109, 116, 117
大型ハドロン衝突型加速器（LHC）　268, 269, 298, 299
オーガン、クリス　172
オールダム、リチャード・ディクソン　188-189
オストロム、ジョン　172
オゾン　294
落合国太郎　318, 319
オッペンハイマー、J.ロバート　201, **260-265**
オディエルナ、ジョヴァンニ・バティスタ　54
オパーリン、アレクサンドル　274, 275
オメガ粒子　304, 307
オレーム、ニコル、リジューの司教　37
オロ、ジョアン　274
温室効果、温室効果ガス　294-295, 315
温度勾配　122-123
音波　127

## か行

カーソン、レイチェル　132, 134, 135
カーチス、ヒーバー　240
カープラス、マーティン　338
カーボン60、カーボン70　320-321
カーボンナノチューブ　141, 321
カーライル、アンソニー　92, 95
カール、ロバート　320, 321
ガイア仮説　132, 301, 315
海王星　68, 86, 87
ガイガー、ハンス　211
回折　50, 51, 187, 229, 232, 256, 279, 280
カオス理論　296-297, 316
化学結合　119, 162-163, 201, 254-259
科学的方法　12, 32, 45
核
　原子核　201, 208, 210-213, 228, 230, 231, 256, 260-263, 292, 304, 306, 310
　細胞の核　170, 224
角運動量　80
核酸　279, 280, 283
核分裂　262, 263, 264, 265
核融合　270
核力　292
化合物　72, 105, 113, 114, 119, 162-164
重ね合わせ　233, 284, 285, 317
火山活動　99
可視光　108, 127, 187, 217, 251
風　72, 80, 126, 153, 154
火星　32, 36, 315
化石　15, 74, 98-100, 109, 115, 116-117, 118, 145, 146, 172-173, 222-223, 270, 319
化石燃料　294, 295
仮想粒子　272
加速度　42, 65-66, 220
ガッサンディ、ピエール　52
カッシーニ、ジョヴァンニ　58, 59
カニッツァーロ、スタニズラオ　162, 176
カメラ・オブスキュラ　29
カメラリウス、ルドルフ　104
ガモフ、ジョージ　244
ガリレイ、ガリレオ　12, 32, 36, 39, **42-43**, 44, 45, 48, 58, 64, 65, 80
ガルヴァーニ、ルイージ　92, 93, 95, 114, 324
カルツァ、テオドール　311
カルノー、サディ　122, 138, 334
ガレ、ヨハン　64
ガレノス　14
カレンダー、ガイ　294
がん　186, 195
環境
　環境への被害、環境の保全　135, 294-295, 315
干渉　111
岩石　55, 99-101, 103, 116, 128-129, 189
感染　157, 196-197, 323

測候所　155
カント、イマヌエル　120, 238
ガンマ（γ）線　194, 210
気圧　32, 46-49, 112, 152, 153, 154
気圧計　32, 47-49, 152, 154
キーリング、チャールズ　268, **294-295**
希ガス　178, 179
気候変動　128, 135, 294-295
気象
　風向きのパターン　80
　地球温暖化　294-295
　予報　150-155
気体　14, 49, 274, 275
気体の分子運動論　46, 49, 72
キッドウェル、マーガレット　318
軌道　86, 87
　楕円軌道　32, 40-41, 52, 64, 67
　電子軌道　212, 231, 256
ギブソン、レジナルド　140
キャヴェンディッシュ、ヘンリー　72, 76, **78-79**, 82, 88, 89, 95, 102, 188
キュヴィエ、ジョルジュ　55, 74, 115, 118, 129, 145
キュリー、ピエール　192, 193, 209
キュリー、マリ（スクウォドフスカ）　109, **190-195**, 209
凝縮　76, 77, 79
共生　315
共有結合　119, 256, 257, 258, 259
恐竜　109, 116-117, 172-173
行列力学　230, 234, 246
ギルバート、ウィリアム　14, 32, **44**, 120
キルヒホフ、グスタフ　203, 204
銀河　89, 127, 201, 238-241, 242, 245, 250-251
銀河団　201, 250-251
金星　36, 39, 40, 103
　金星の太陽面通過　32, 52
金属　95, 114, 176, 178
空気　18, 21, 79, 82-83, 84, 112-113
　空気中の光の速さ　108, 136, 137
空気抵抗　42, 43, 65, 66
空気ポンプ　47-48
グース、アラン　242
クーパー、アーチボルド　124, 162, 163
グールド、ジョン　146
グールド、スティーヴン・ジェイ　144, 338
クォーク　292, 293, 302-307, 311
クセノパネス　13, 18, 330
クック、キャプテン・ジェームズ　52

屈折　28, 29, 50, 51, 86, 110, 136, 189
クテシビウス　18, 19
クライン、オスカル　311
クラウジウス、ルドルフ　138
グラショー、シェルドン　268, 272, 292-293
クラペイロン、エミール　122
グリーンバーグ、オスカー　272
グリーンブラット、リチャード　288
クリック、フランシス　224, 268, 271, 276-283, 326
グリフィス、フレデリック　318
クリプトン　263
グルーオン　299, 306, 307
クルックシャンク、ウィリアム　95
クルックス、ウィリアム　186
グレゴリー、ジェームズ　52
クレッチマー、ヴォルフガング　320
クレメンツ、フレデリック　134
クローニング　269, 326
クロール、ジェームズ　128
グロステスト、ロバート　28
クロトー、ハリー　320-321
クロノメーター　59
ゲイ＝リュサック、ジョセフ・ルイ　162
経度　58-59, 103
系統学　74
ゲージボソン　292, 299, 306, 307
ケールロイター、ヨーゼフ・ゴットリープ　104, 168
ケクレ、アウグスト　15, 109, 119, 124, 160-165, 256, 258
血液循環　331
ゲノム（全遺伝情報）　15, 271, 278, 283, 319, 324, 325
ケプラー、ヨハネス　26, 28, 32, 36, 39, 40-41, 44, 52, 64, 67
ケリカー、アルベルト・フォン　56
ゲル＝マン、マレー　269, 293, 302-307
ケルヴィン卿　98, 100
ケロー、ディディエ　327
原核細胞　300
原子　56, 105, 139
　核モデル　192
　結合　119, 124, 162-165, 201, 256-259
　原子の構造　13, 179, 192, 193, 210-211, 213, 228, 229-231
　原子の配置　124
　分裂　201, 208, 260-265
原子価　119, 124, 162-163, 256
原始的原子　201, 243, 244

原子時計　216, 220
原子の電子殻　212-213, 230-231, 258
原子爆弾　201, 262, 264-265
原子番号　179, 212
原子より小さい粒子　111, 234, 304, 305, 314
原子量　14, 108, 112-113, 162, 176, 178-179, 208
原子力　260-265
原子論　208-211
原生生物　33
元素
　新しい元素　15, 114, 178, 268
　元素の結合　162
　元素の分類　176
顕微鏡　33, 54, 56-57, 157, 158, 170, 197, 268, 300
弦理論　310, 311, 312, 313
光学　13, 19, 28-29, 32
合金　24
光合成　72, 73, 85, 300, 301
光子（光量子）　50, 88, 110, 182, 217, 228, 229, 231, 245, 247, 272-273, 292, 293, 299, 304, 307
抗生物質に対する耐性　318, 319
光電効果　205, 216-217
コーリー、ロバート　280
コールソン、チャールズ　256
呼吸　83, 85, 315
黒体　202, 202-205
ゴスリング、レイモンド　281
古生物学　15, 116-117, 118, 172-173
古代ギリシア人　12, 13, 18, 20-22, 60, 132
コッククロフト、ジョン　262, 304
コッセル、ヴァルター　119
コッホ、ロベルト　156, 159, 196, 197
コペルニクス、ニコラウス　14, 26, 32, 34-39, 40, 52, 64, 238
コペンハーゲン解釈　232-233, 234, 235, 285
コラドン、ジャン＝ダニエル　334
コリオリ、ガスパール＝ギュスターヴ・ド　80, 126
ゴルトシュタイン、オイゲン　187
コレンス、カール　168, 170
昆虫　33, 53, 73, 104
ゴンドワナ大陸　223
コンピュータ　15, 252-253, 268, 288-291, 317

## さ 行

細菌　33, 57, 158, 159, 196, 197, 278, 279, 300, 301, 318, 319, 324, 325
サイクロンのような形　153-154
細胞　54, 56, 170, 322, 323
　分裂　224, 278-279, 300, 301
細胞小器官　300, 301
細胞内共生　268, 269, 300, 301
サットン、ウォルター　225, 271, 279, 324
佐藤勝彦　242
サミュエル、アーサー　288
サモスのアリスタルコス　18, 22, 36, 37, 38
サラム、アブドゥス　293, 298
サロス周期　20
サンガー、フレデリック　278, 337
酸素　14, 72, 73, 76, 78, 79, 82, 83, 84, 85, 105, 163, 301, 315
三体問題　297
CTスキャン　187
ジーモン、エドワーツ　140
ジーンズ、ジェイムズ卿　204, 205
シヴァネン、マイケル　268, 269, 318-319
シェーレ、カール＝ヴィルヘルム　78, 82, 83, 84
ジェフリーズ、ハロルド　188, 189
シェラック　140, 141
紫外線　108, 203
紫外発散　204, 205
視覚　19, 28-29
時間の遅れ　216, 220
磁気　15, 32, 44, 89, 92, 108, 120-121, 182-185, 292
色荷　272, 307, 311
時空　15, 64, 88-89, 200, 201, 220, 221, 313
シグマ（$\sigma$）結合　256, 257
視差法　238, 240
事象の地平線　88, 89, 314
地震　89, 188-89
地震波（地震学）　188-189
自然選択　60, 109, 118, 134, 142-149, 168, 172, 249
自然発生　53, 109, 156, 157, 159
自然発生説　156-159
質量とエネルギーの等価性　219-220, 304
質量の保存　84
自発的な対称性の破れ　299

# 索引 347

シャーパンティ、ジョーン・ド　128
シャトレ、エミリー・デュ　138
シャトン、エドゥワール　300
シャプリー、ハーロー　240
シャルガフ、エルヴィ　281
シャルル、ジャック　78
シャンベラン、シャルル　197
種　60-61, 74-75, 116
　　種間の遺伝子の移動　318-319
　　種の進化　23, 60, 75, 118, 142-149, 172-173
シュヴァルツシルト、カール　88
シュウィンガー、ジュリアン　246, 272, 273
周期表　15, 109, 162, 176-179
ジュース、エドアルト　222, 223
重力　24, 33, 41, 43, 62-69, 73, 88-89, 102, 103, 183, 200, 214-221, 248, 269, 270, 273, 292, 293, 306, 310, 311, 313, 314
重力レンズ効果　220, 221
ジュール、ジェームズ　76, **138**
シュカート、ジークムント　121
受精　73, 104, 148, 169, 171, 224, 283, 326
シュタール、ゲオルク　84
シュトラスマン、フリッツ　208, 262
シュプレンゲル、クリスティアン　73, **104**
受粉　73, 104
ジュラ紀　116-117, 172
ジュリア、ガスリン　316
シュレーディンガー、エルヴィン　200, 202, **226-233**, 234, 246, 247, 256, 284, 285
ショア、ピーター　317
蒸気機関　77
ジョーンズ、デーヴィッド　320
食　19, 20, 26, 27, 32, 58-59
植物学　18, 61
食物連鎖　134
シラード、レオ　54, 262, 264
進化、進化論　23, 60, 73, 74, 75, 109, 118, 133, 142-149, 168, 172-173, 224, 268, 275, 300, 315, 318, 319, 325
真核細胞　300, 301
沈括　26
真空　13, 46, 47-48, 216, 218, 298-299
人工、人工物　124, 125, 140-141, 269, 324-325
人工知能　268, 286-291

浸食　99
ジンダー、ノートン　319
彗星　12, 13, 40-41, 68, 87
水星　36, 52, 69, 221
水素　72, 76, 78-79, 82, 162-163, 213, 228, 230, 234, 270, 292, 304
スヴェルドラップ、ハラルド　81
スコット、デイヴ　42, 66
スターティヴァント、アルフレッド　224
スタインハート、ポール　313
スタンリー、ウェンデル　196
スチュワード、F. C.　326
ステヴィン、シモン　42
ステノ、ニコラウス　32, **55**, 115
スナイダー＝ペレグリニ、アントニオ　222
スパランツァーニ、ラザロ　156, 158, 159
スピン　231, 246, 284, 310, 311
スポルディング、ダグラス　249
スミス、アダム　101
スミス、ウィリアム　55, **115**, 118
スモーリー、リチャード　320, 321
スモーリン、リー　310, 313
スライファー、ヴェスト　241, 242
刷込み　249
スワンメルダム、ヤン　33, **53**
斉一説　146
生気論　124
生殖　53, 60-61, 73, 104, 118, 158, 171, 283, 318
　　生殖と遺伝　168-171, 224, 225, 271
生殖細胞　171, 283
性染色体　225
生態学　108, 109, 132-135, 315
生態系　134, 315
生得的な行動、学習による行動　249
青方偏移　127, 239, 327
生命　159, 268, 274-275
人工の生命　269
成長の段階　33, 53
赤外線　87, 88, 108
赤方偏移　127, 240, 241, 242, 327
絶滅　116, 145, 149
セネビエ、ジャン　85
セファイド型変光星　239, 241
染色体　15, 168, 170-171, 224-225, 271, 278, 282, 319, 324
潜熱　77, 122
層位学　33, 55, 96-101, 115
相対性理論　15, 69, 185, 200, 219-220
ソディ、フレデリック　210

ソランダー、ダニエル　75
素粒子物理学　228, 269, 299, 304, 310, 312
ゾンマーフェルト、アルノルト　256

## た 行

ダーウィン、エラズマス　144, 145
ダーウィン、チャールズ　15, 23, 53, 60, 73, 74, 100, 104, 109, 118, 129, 135, **142-149**, 152, 168, 172, 225, 249,
ターナー、マイケル　339
大気　14, 15, 123, 274-275, 294, 315
体積　24-25
堆積岩　99
タイタン　51
ダイヤモンド　257
太陽　26-27, 64, 66, 68-69, 221
　　黒体　203, 204
　　融合反応　270, 292
　　惑星の運動　32, 36-39, 41
太陽系外惑星　327
太陽中心説　18, 32, 38-39, 40, 41, 43, 52, 64
大陸移動　200, 222-223
対立形質　171
タウンリー、リチャード　49
ダゲール、ルイ　334
多世界解釈（MWI）　233, 268, 284, 285
炭化水素　141, 163
タンズリー、アーサー　132, 134, 315
炭素14　195
炭素化合物　163, 257
タンパク質　279, 280, 282, 283
チェザルピーノ、アンドレア　60
チェルマク、エーリヒ　168, 170
力　42, 43, 64-69, 307
　　基本的な力　251, 269, 273, 292-293, 306, 310
地球　26-27, 32, 36-39, 40, 64, 66, 67
　　円周　19, 22
　　核　188, 189
　　磁場　44
　　大気　15, 123, 274-275, 294
　　地球の自転　73, 126
　　地球の年齢　73, 98, 100, 101
　　密度　73, 79, 89, 102-103, 188
地球温暖化　294-295
地球科学　73, 102, 128, 222-223
地球中心説　13, 32, 36, 40, 41
地質学　15, 33, 44, 55, 73, 98-101, 115, 188-189, 223

窒素　79
チャドウィック、ジェームズ　192, 193, 213, 304
チャンドラセカール、スブラマニアン　201, **248**, 314
チュー、ジェフリー　310
中国(古代の)　18-19, 26-29
中性子　192, 193, 194, 212, 213, 262-263, 304, 306
中性子星　248, 251
中性子の縮退圧　248
チューリング、アラン　15, 201, **252-253**, 288, 290
超弦理論　269, 293, 310, 312
張衡　19, **26-27**
超新星　13, 19, 40-41, 248, 251, 270
地理学　22
ツァイリンガー、アントン　320
月　26-27, 42, 64, 66, 103
土(元素)　18, 21
ツビッキー、フリッツ　201, 248, **250-251**, 270
強い力　269, 292, 293, 306, 307, 310-312
ツワイク、ジョージ　306, 307
デ・ラ・ビーチ、ヘンリー　116, 117
DNA　75, 171, 172, 262, 274, 300, 301, 318, 319, 322, 324-325
　DNAの構造　168, 186, 224, 268, 271, 276-283, 326
ディッケ、ロバート　245
ディラック、ポール　200, 228, 231, 234, **246-247**, 248, 269, 272
ティンダル、ジョン　294
テータム、エドワード　318, 319
デービー、ハンフリー　78, 79, 92, 95, **114**, 119, 176
デーベライナー、ヨハン　176
テオフラストス　18, 60, 132
デカルト、ルネ　12, 13, 45, 46, 50, 332
テグマーク、マックス　284
デコヒーレンス　284, 285
デモクリトス　21, 105, 112, 208
テラー、エドワード　264
電気　14, 73, 90-95, 108, 114, 119, 120-121, 138, 182-185, 186, 292
電気陰性度　259
電気化学的二元論　119
電気の伝導体　321
電気分解　114, 119
電気力学　184, 218

電子　111, 119, 164, 187, 192, 200, 208-212, 217, 228, 229, 230, 231, 232, 234, 246, 256, 259, 292, 304, 307
電磁気　15, 108, 109, 120-121, 182-185, 200, 219, 269, 272, 273, 292, 306, 307, 310
電磁波　50, 108, 120, 136, 182-185, 194, 200, 211-212, 217, 247, 292
電弱統一理論　293
電弱理論　268, 269, 272, 273, 299
電池　13, 15, 73, 93-95, 108, 119, 120
電動機　15, 108, 121, 182
天王星　68, 86, 87
電波　182, 184, 251
電波望遠鏡　244, 245
ド・ジッター、ウィレム　221, 243
ド・バリー、アントン　300
ド・フォレスト、リー　252
ド・フリース、ユーゴー　168, 170, 224
ド・ブロイ、ルイ　202, 229-230, 232, 233, 234, 272
同位体　194-195, 263, 264, 275
動物学　61, 249
動物行動学　249
動物電気　92, 93
トゥロック、ニール　313
ドーキンス、リチャード　249, 339
特殊相対性理論　200, 217-219, 221, 246
特別な力　293
時計　18, 19, 32, 51, 59, 89, 216, 220
ドシー、ロバート　105
土星　36, 51, 87
ドップラー、クリスチャン　108, **127**, 241
ドップラー効果　108, 241, 327
ドネ、アルフレッド　137
ドブジャンスキー、テオドシウス　144
トムソン、J. J.　112, 186, 187, 192, 200, 209-210, 211, 304
トムソン、ウィリアム　335
　→ケルヴィン卿も参照
朝永振一郎　246, 273
ドランブル、ジャン=バティスト　58
トリウム　193
トリチェリ、エヴァンジェリスタ　32, 46, 47, 48, 49, 152
ドルトン、ジョン　14, 21, 80, 105, 108, **112-113**, 162, 176, 208
トンプソン、ベンジャミン　76
トンボー、クライド　86

## な 行

長崎　265
流れ
　海流　81, 126
　マントル内の対流　222, 223
ナッタ、ジュリオ　140
南部陽一郎　272
ニーダム、ジョン　156, 158, 159
ニエプス、ニセフォール　333
ニコルソン、ウィリアム　92, 95
二酸化炭素　72, 76, 77, 78, 82, 85, 257, 258, 268, 294-295
西島和彦　307
二重らせん　224, 271, 278, 279, 281, 282-283, 326
ニュートリノ　194, 306, 307
ニュートン、アイザック　13, 14, 24, 29, 32, 33, 40, 41, 42, 43, 45, 50-51, 59, **62-69**, 72, 86, 87, 88, 98, 102, 110, 119, 126, 136, 137, 138, 183, 216, 296
ニューランズ、ジョン　176-177, 178
ヌクレオチド　325
ネーゲリ、カール・フォン　168
熱　15, 76-77, 79, 122-123, 138
熱的死　245, 338
熱放射　202-205, 314
熱力学　15, 77, 122, 138, 203-204
燃焼　14, 79, 82, 83, 84
ノイマン、ジョン・フォン　233, 252
嚢胞性線維症　322, 323

## は 行

パークス、アレグザンダー　140, 141
パーケシン　141
ハーシェル、ウィリアム　68, **86-87**, 108
バーデ、ヴァルター　248, 251
バーナーズ=リー、ティム　339
ハーバー、フリッツ　336
ハーベー、ウィリアム　14, 53, 157, 331
ハーマン、ロバート　245
ハーン、オットー　208, 262-263
ハイアット、ジョン　140, 141
バイオーム　134
パイ($\pi$)結合　257
ハイゼンベルク、ヴェルナー　15, 200, 202, 228, 230, 232, **234-235**, 246, 272, 284, 285
パウリ、ヴォルフガング　230-231, 234, 248

# 索引

ハギンズ、ウィリアム 127, 270
白色矮星 247, 248
ハクスリー、トマス・ヘンリー 109, 149, 159, **172-173**
パスカル、ブレーズ 46, **47**, 49
パスツール、ルイ 109, **156-159**, 197
バダー、ジェフリー 274
パターソン、クレア 98, 101
バタフライ効果 296-297
バッキーボール 321
バックランド、ウィリアム 129
ハットン、ジェームズ 55, 73, **96-101**, 146
ハッブル、エドウィン 127, 201, **236-241**, 242, 243, 250
波動関数 232-233, 234, 284, 285
ハドレー、ジョージ 72, 73, **80**, 126
ハドロン 304, 306, 307, 310
場の量子論 234, 247, 313
パパン、ドニ 332
ハフマン、ドン 320
パブロフ、イワン 249, 336
バベッジ、チャールズ 334
パラーデ、ジョージ・エミール 337
バリウム 263
ハリケーン 153
ハリソン、ジョン 59
パルサー 248, 327
パレ、アンブロワーズ 331
ハレー、エドモンド 12, 67, 68, 80, 102, 103
バロット、クリストフ・ボイス 126, 127
パワー、ヘンリー 49
ハン、ムー＝ヤング 272
バンクス、ジョセフ 93, 94
パンゲア 223
反射 51, 137
万能チューリングマシン 15, 201, 252-253
反物質 235, 246-247, 269, 307
万物の理論 182, 269, 292, 293, 308-313
反粒子 208, 246, 304, 307, 314
火 18, 21, 84
ビオ、ジャン＝バティスト 122
光 28-29, 88-89, 111, 127, 180-185, 220, 221, 246, 273, 314
　波 50, 108, 110-111, 127, 136, 182-183, 228-229, 241
　波と粒子の二重性 200, 230, 234, 284
　光の速さ 33, 108, 136-137, 200, 216, 217-219, 311

量子化 202, 216-217, 228, 234
ピクテ、ラウール 82
ヒストン 279
微生物 156-159, 300, 301, 315, 319
微生物学 196-197
ピタゴラス 13, 18, 22, 330
ヒッグス、ピーター 269, 293, **298-299**
ヒッグス粒子 13, 269, 298-299, 304, 305, 306, 307
ビッグバン 15, 201, 241, 242, 243, 244-245, 250, 293, 299, 305, 310-314
ヒットルフ、ヨハン 186-187
ヒッパルコス 19, 20, 26
ヒトゲノム 15, 268-269, 271, 278, 283, 324, 325
ヒューイッシュ、アントニー 248
ヒューウェル、ウィリアム 73
ビューフォート、フランシス 152, 153
ヒューメイソン、ミルトン 241
ビュフォン伯、ジョルジュ＝ルイ・ルクレール 72, 73, 98, 100, 333
氷河作用 128-129
氷河時代 108, 129
病原菌、病原体 157, 159, 196
標準モデル 269, 304, 307
ヒルベルト、ダヴィット 252
広島 265
ファインマン、リチャード 182, 246, 268, 269, **272-273**, 310
ファウラー、ラルフ 247, 248
ファトゥ、ピエール 316
ファラデー、マイケル 15, 108, 114, 120, **121**, 182-183, 184, 186
ファン・デル・ワールス、ヨハネス 335
フィゾー、イッポリート 58, 108, 127, 137
フィッツロイ、ロバート **150-155**
フィリップス、ジョン 98, 100
フィルフォー、ルドルフ 300
ブヴァール、アレクシス 87
ブーゲ、ピエール 102
フーコー、レオン 108, 126, **136-137**
フーリエ、ジョゼフ **122-123**, 294
フェルミ、エンリコ 231, 246, 265, 292
フェルミオン 231, 246, 306, 307, 311, 312
フェレル、ウィリアム 80, 126
フォーセット、エリック 140
フォルジャー、ティモシー 81
フォン・ゲーリケ、オットー 46, 47-48
不確定性原理 232, 234-235, 272

フクスル、ゲオルク 115
双子 168
フッカー、ジョセフ 144, 274
フック、ロバート 14, 33, 48, 50, **54**, 56, 57, 67, 69
物質 208, 216, 246-247, 292, 307
物質波 229-230, 234, 235
ブラーエ、ティコ 32, 39, **40-41**, 59
フラーレン 320, 321
ブラウト、ロバート 298, 299
ブラウン、ロバート 46, 104, 139
フラカストロ、ジローラモ 157
フラクタル 316
プラスチック 125, 140-141
プラスミド 318, 319, 322
ブラック、ジョゼフ 72, **76-77**, 78, 82, 122
ブラッグ卿、ローレンス 278
ブラックホール 15, 88-89, 201, 248, 251, 264, 269, 312, 314
ブラッドリー、ジェームズ 58
プラトン 18, 23, 36, 45, 60
ブラフマグプタ 19, 330
プランク、マックス 50, 182, 200, **202-205**, 216, 217, 228, 229, 230, 232, 235, 304
フランクランド、エドワード 124, 162, 256
フランクリン、ベンジャミン 72, 73, **81**, 92
フランクリン、ロザリンド 186, 281, 281, 283
ブランソン、ハーマン 280
ブラント、イェオリ 114
ブラント、ヘニッヒ 332
ブランリー、エドアール 335
ブリーズ、マイケル 322
プリーストリー、ジョゼフ 72, 73, 76, 78, 79, **82-83**, 84, 92
フリードマン、アレクサンドル 243
振り子 32, 51, 102, 126, 137
フリッシュ、オットー 263
プルースト、ジョゼフ 72, **105**, 112
ブルーノ、ジョルダーノ 284
プルトニウム 194, 265
プレートテクトニクス 223
プレーフェア、ジョン 99
ブレーン 310, 312, 313
フレネル、オーギュスタン 334
フレミング、ヴァルター 170, 278
フロギストン 13, 14, 72, 79, 82, 83, 84
ブロッホ、ユージン 336
ブロンニャール、アレクサンドル 55, 115
分岐学 74, 75

分光学 238
分子 15, 105, 113, 139, 162, 256, 257, 258, 320-321
分子運動論 24, 46, 49, 72, 139
フンボルト、アレクサンダー・フォン 108, 109, **130-135**, 315
分類学 60, 61, 74, 116, 319
ベイエリンク、マルティヌス **196-197**
ベイトソン、ウィリアム 170, 171
ヘヴィサイド、オリヴァー 185
ベークウェル、ロバート 115
ベークランド、レオ **140-141**
ベーコン、フランシス 12, 28, 29, 32, **45**, 222
ベーコン、ロジャー 56
ペース、ジョン 318
ベータ($\beta$)崩壊 194, 292
ベータ($\beta$)粒子 194, 210
ベーテ、ハンス 270, 273
ヘールズ、スティーヴン 72, 332
ベギエ・ド・シャンクルトワ、アレクサンドル=エミー 177, 179
ベクレル、アンリ 192, 208-209, 210
ヘス、ハリー 222
ベッカー、ヘルベルト 213
ヘッケル、エルンスト 74, 132, 315
ベッヒャー、ヨハン・ヨアヒム 84
ヘニッヒ、ヴィリー 74, 75
ヘリウム 79, 270, 292
ペリエ、フロラン 47
ベル、ジョスリン 248, 339
ベル、ジョン 285
ベルセリウス、イェンス・ヤコブ 105, 108, 119, 124, 125, 162
ヘルツ、ハインリヒ 184, 216
ペルツ、マックス 281
ヘルツシュプルング、アイナー 240
ベルディ、ガスパロ 47
ベルトレ、クロード・ルイ 105
ベルナール、クロード 335
ベルヌーイ、ダニエル 24, 46, 72, 139, 333
ヘルムホルツ、ヘルマン・フォン 138, 270
ヘルモント、ヤン・バプティスタ・ファン 85, 156
ベルレーゼ、アントニオ 53
ヘロドトス 20, 132
ヘロン 18
ペンジアス、アーノ 245
ベンゼン 109, 163-165, 258
変態 53

ヘンリー、ジョセフ 120, 121, 152
ペンローズ、ロジャー 338
ポアソン、シメオン=ドニ 44
ボアン、ギャスパール 60
ポアンカレ、アンリ 296, 297
ホイーラー、ジョン・アーチボルト 263
ホイヘンス、クリスティアーン 32, **50-51**, 110, 136
ホイル、フレッド 244, 268, **270**
ボイル、ロバート 14, 21, 32, **46-49**, 76, 78
貿易風 72, 80, 126
ボヴェリ、テオドール 224, 271, 279
望遠鏡 15, 56, 86-87, 238, 241, 244, 245, 268
放射 88, 122, 192-195, 202-205, 208-209, 216-217, 229, 233, 242, 244, 245, 251, 269, 270, 292, 314
放射性崩壊 100-101, 194, 232, 247
放射線 101, 187, 192, 201, 208, 210
放射年代測定 116, 194-195
放射能 100, 193, 194, 210
放射能の半減期 194
ボーア、ニールス 13, 176, 212, 228, 229, 230, 232, 234, 235, 256, 263, 284, 285, 337
ホーキング、スティーヴン 88, 89, 269, 314
ボース、サティエンドラ・ナート 231
ボーテ、ヴァルター 213
ボーデ、ヨハン・エレルト 87
ボーム、デヴィッド 233, 337
ホームズ、アーサー 101, 222
ポーリング、ライナス 162, 164, 201, **254-259**, 278, 280, 281
ホールデン、J.B.S. 274, 275
星 15, 18, 26, 27, 36, 39, 40, 89, 127, 220, 238-240, 247, 248, 250-251, 270, 327
星の元素合成 244
ボソン 231, 292-293, 299, 306, 307, 311, 312
ポドリスキー、ボリス 317
ボネ、シャルル 85
ポパー、カール 13, 45
ポリマー 140-141
ボルタ、アレッサンドロ 15, 73, **90-95**, 114, 119, 120, 121, 256, 259
ボルタ電堆 93, 114, 120
ポルチンスキー、ジョセフ 89, 314
ボルツマン、ルートヴィッヒ **139**, 202, 204-205

ボルトウッド、バートラム 100
ボルン、マックス 230, 232, 234, 246, 262, 264, 336
ホロックス、エレミア 32, 40, **52**
ポロニウム 109, 193, 213
ホワイト、ギルバート 333
ボンプラン、エメ 133, 135

## ま 行

マーギュリス、リン 268, 269, **300-301**, 315
マーシー、ジェフリー 327
マースデン、アーネスト 192, 193, 211
マイケルソン、アルバート 136, 218
マイコプラズマ 325
マイトナー、リーゼ 208, 263
マイヤー、アドルフ 196
マイヤー、エルンスト 144
マイヤー、ロータル 176, 179
マイヨール、ミシェル 327
マクスウェル、ジェームズ・クラーク 50, 108, 109, 120, 139, **180-185**, 217, 247, 292
マクリントック、バーバラ 224, 268, **271**
摩擦 42, 65
マスケリン、ネヴィル 73, 87, **102-103**
マゼラン雲 239
マッカーサー、ロバート 135
マッカーシー、ジョン 288
マニン、ユーリ 269, **317**
マリガン、リチャード 322
マリクール、ピエール・ド 44
マルサス、トマス 73, 147, 148
マンデルブロ、ブノワ 296, **316**
マンハッタン計画 201, 262, 264, 265, 273, 275
ミーシャー、フリードリッヒ 278, 279
水 18, 21, 95
 水中の光の速さ 108, 137
 沸騰と凍結 76-77
 水の組成 79
 水を押しのけること 18, 24-25
ミッキー、ドナルド **286-291**
ミッチェル、ジョン **88-89**, 314
ミトコンドリア 300, 301
ミュラー、アーヴィン・ヴィルヘルム 56
ミラー、スタンリー 156, 159, 268, **274-275**
ミランコビッチ、ミルティン 128
ミリカン、ロバート・アンドリューズ 110, 217

# 索引

ミルズ、ロバート　292
ミルン、ジョン　188
ミレトスのアナクシマンドロス　23
ミレトスのタレス　13, 18, **20**, 21, 44
ミンコフスキー、ヘルマン　221
ミンスキー、マービン　338
無機化学物質　124, 125
無矛盾歴史　233
メキシコ湾流　72, 73, 81
メシエ、シャルル　86
メタン　257, 258
メナス(MENACE)　288-291
メルセンヌ、マラン　331
メレシュコフスキー、コンスタンチン　300
メンデル、グレゴール　109, 118, 149, **166-171**, 224, 225, 271, 279, 324
メンデレーエフ、ドミトリ　21, 109, 112, 114, 162, **174-179**, 306
モアッサン、アンリ　336
モーガン、トーマス・ハント　168, 200, **224-225**, 271, 279, 324
モーズリー、ヘンリー　176, 179
モーリー、エドワード　218
モーリー、マシュー　81, 153
木星　32, 36, 39, 43, 58-59, 127, 136
モナコ大公アルベール1世　81
モホロビチッチ、アンドリア　188
モンゴルフィエ兄弟　78

## や 行

ヤブロンカ、エヴァ　118
ヤング、トマス　50, 108, **110-111**, 182, 229
ヤンセン父子(ハンスとサハリアス)　54
有機化学　162, 163, 165
ユークリッド　28, 29
有性生殖　271
ユーリー、ハロルド　156, 159, 268, **274-275**
輸送のための予報　155
陽子　194, 212, 213, 263, 292, 304, 306, 307
陽電子　246, 247, 292, 304
葉緑体　85, 300, 301
余剰次元　311, 312, 313
ヨルダン、パスクアル　230, 234, 246
弱い力　269, 292, 293, 306, 307, 310
四根、四体液　13, 21
ヨンソン、クラウス　110, 111

## ら 行

ライエル、チャールズ　99, 128, 129, 146-147, 148
ライプニッツ、ゴットフリート　33, 69, 332
ラヴォアジェ、アントワーヌ　14, 72, 73, 78, 82, 83, **84**, 105, 122, 124
落体　42-43, 66
ラザフォード、アーネスト　12, 13, 98, 100, 192, 193, 194, 201, **206-213**, 264, 304
ラジウム　109, 193, 195, 209, 211
ラプラス、ピエール＝シモン　88, 122
ラブロック、ジェームズ　132, 301, **315**
ラマルク、ジャン＝バティスト　23, 109, **118**, 144, 145, 147
ラム、マリオン　118
ラムゼー、ウィリアム　179
ランキン、ウィリアム　138
リービット、ヘンリエッタ　238, 239-240
リービッヒ、ユストゥス・フォン　124-125, 165, 335
リチャードソン、ルイス・フライ　316
リッター、ヨハン・ヴィルヘルム　120
リッペルスハイ、ハンス　54
粒子
　力を伝える粒子　299, 307
　粒子の崩壊　292
　波のような性質　226-233, 234, 246, 272
粒子加速器　15, 269, 293, 298, 299, 304-305, 306
流体　24, 72, 333
量子　50, 200, 202-205
量子色力学　273, 310, 311
量子計算　269, 284, 317
量子電磁力学　182, 200, 246, 247, 268, 272, 273, 310
量子トンネリング　232, 234, 235
量子波動関数　213
量子ビット　269, 317
量子もつれ　314, 317
量子力学　162, 164, 202, 205, 228, 231, 233, 247, 256, 262, 269, 272, 273, 284-285, 292, 299, 314, 317
量子論　185, 202, 203, 212, 218, 228, 246-247, 284, 285, 317
リンデマン、レイモンド　135
リンネ、カール・フォン　60, 72, **74-75**, 104, 116
ル・ヴェリエ、ユルバン　64, 86, 87

ルイス、ギルバート　119, 256
ルービン、ヴェラ　251
ループ量子重力理論(LQG)　310, 313
ルクリュ、エリゼ　222
ルメートル、ジョルジュ＝アンリ　201, 238, **242-245**
レイ、ジョン　33, **60-61**, 74
レイリー卿　204, 205
レヴィーン、フィーバス　278, 279
レーウェンフック、アントーニ・ファン　33, 54, **56-57**, 158
レーダーバーグ、ジョシュア　318, 319
レーマー、オーレ　32-33, **58-59**, 127, 136
レーマン、インゲ　188, 189
レーマン、ヨハン　115
レーン、カール　140
レオナルド・ダ・ヴィンチ　55, 118
レクセル、アンダース・ヨハン　87
レディ、フランチェスコ　53, 156, 157-158
レティクス、ゲオルク・ヨアヒム　38
レプトン　306, 307
錬金術　14, 19, 48, 79
連星　108, 127
レントゲン、ヴィルヘルム　108, 109, **186-187**, 192
ロイエン・スネル、ヴィレブロト・ファン　29
ロヴェッリ、カルロ　310, 313
ローゼン、ネイサン　317
ローゼンブラット、フランク　288
ローマ教皇グレゴリウス13世による改暦　39
ローレンツ、エドワード　**296-297**
ローレンツ、コンラート　201, **249**
ローレンツ、ヘンドリック　219, 229
ロケット　65
ロック、ジョン　60

## わ 行

ワイルド、ケネス　274
ワインバーグ、スティーヴン　293, 298
惑星　68, 86-87, 275
　太陽系外惑星　15, 127, 327
　惑星の運動　13, 20, 26-27, 32, 36-39, 41, 52, 64, 67-68, 296
ワット、ジェームズ　77, 79, 99, 101
ワトソン、ジェームズ　224, 268, 271, **276-283**, 318, 324, 326
ワルミング、オイゲン　132, 134

# 出典一覧

Dorling Kindersley and Tall Tree Ltd would like to thank Peter Frances, Marty Jopson, Janet Mohun, Stuart Neilson, and Rupa Rao for editorial assistance; Helen Peters for the index; and Priyanka Singh and Tanvi Sahu for assistance with illustrations. Directory written by Rob Colson. Additional artworks by Ben Ruocco.

## PICTURE CREDITS

The publisher would like to thank the following for their kind permission to reproduce their photographs:

(Key: a-above; b-below/bottom; c-centre; f-far; l-left; r-right; t-top)

**25 Wikipedia:** Courant Institute of Mathematical Sciences, New York University (bl). **27 J D Maddy:** (bl). **Science Photo Library:** (tr). **38 Getty Images:** Time & Life Pictures (t). **39 Dreamstime.com:** Nicku (tr). **41 Dreamstime.com:** Nicku (tr). **43 Dreamstime.com:** Nicku (tr). **47 Dreamstime.com:** Georgios Kollidas (bc). **48 Chemical Heritage Foundation:** (bl). **Getty Images:** (cr). **51 Dreamstime.com:** Nicku (bl); Theo Gottwald (tc). **54 Wikipedia:** (crb). **55 Dreamstime.com:** Matauw (cr). **56 Science Photo Library:** R W Horne / Biophoto Associates (bc). **57 US National Library of Medicine, History of Medicine Division:** Images from the History of Medicine (tr). **61 Dreamstime.com:** Georgios Kollidas (bl); Igor3451 (tr). **65 NASA:** (br). **68 Wikipedia:** Myrabella (tl). **69 Dreamstime.com:** Georgios Kollidas (tr). **NASA:** Johns Hopkins University Applied Physics Laboratory / Carnegie Institution of Washington (bl). **74 Dreamstime.com:** Isselee (crb). **75 Dreamstime.com:** Georgios Kollidas (bl). **77 Dreamstime.com:** Georgios Kollidas (tr). **Getty Images:** (bl). **79 Getty Images:** (bl). **Library of Congress, Washington, DC:** (cr). **81 NOAA:** NOAA Photo Library (cr). **83 Dreamstime.com:** Georgios Kollidas (tr). **Wikipedia:** (bl). **85 Getty Images:** Colin Milkins / Oxford Scientific (cr). **87 Dreamstime.com:** Georgios Kollidas (bl). **Wikipedia:** (tl). **89 Science Photo Library:** European Space Agency (tl). **92 Getty Images:** UIG via Getty Images (bl). **94 Getty Images:** UIG via Getty Images. **95 Dreamstime.com:** Nicku (tr). **99 Dreamstime.com:** Adischordantrhyme (b). **100 Dreamstime.com:** Nicku (bl). **101 Getty Images:** National Galleries Of Scotland (tr). **103 Dreamstime.com:** Deborah Hewitt (tl). **The Royal Astronomical Society of Canada:** Image courtesy of Specula Astronomica Minima (bl). **104 Dreamstime.com:** Es75 (crb). **111 Wikipedia:** (tr). **113 Dreamstime.com:** Georgios Kollidas (bl). **Getty Images:** SSPL via Getty Images (cr). **114 Getty Images:** SSPL via Getty Images (cr). **117 Getty Images:** After Henry Thomas De La Beche / The Bridgeman Art Library (bl); English School / The Bridgeman Art Library (tr). **121 Getty Images:** Universal Images Group (cr). **123 Wikipedia:** (bl). **124 iStockphoto.com:** BrianBrownImages (cb). **125 Dreamstime.com:** Georgios Kollidas (tr). **129 Dreamstime.com:** Whiskybottle (bl). **Library of Congress, Washington, D.C.:** James W. Black (tr). **132 Corbis:** Stapleton Collection (bl). **135 Science Photo Library:** US Fish And Wildlife Service (tr). **Wikipedia:** (bl). **137 Wikipedia:** (bl). **138 Getty Images:** SSPL via Getty Images (crb). **141 Corbis:** Bettmann (tr). **Dreamstime.com:** Paul Koomen (cb). **145 Dreamstime.com:** Georgios Kollidas (bc). **146 Dreamstime.com:** Gary Hartz (bl). **147 Image courtesy of Biodiversity Heritage Library. http://www.biodiversitylibrary.org:** MBLWHOI Library, Woods Hole (tc). **148 Getty Images:** De Agostini (bl). **Wikipedia:** (tr). **149 Getty Images:** UIG via Getty Images. **152 Getty Images:** (bl). **153 NASA:** Jacques Descloitres, MODIS Rapid Response Team, NASA / GSFC (tl). **154 Getty Images:** SSPL via Getty Images (tl). **155 Dreamstime.com:** Proxorov (br). **157 Science Photo Library:** King's College London (tr). **159 Dreamstime.com:** Georgios Kollidas (tr). **164 Science Photo Library:** IBM Research (tr). **165 Dreamstime.com:** Nicku (bl). **Wikipedia:** (tr). **168 Getty Images:** (bl). **iStockphoto.com:** RichardUpshur (tr). **171 Getty Images:** Roger Viollet (tl). **172 Dreamstime.com:** Skripko Ievgen (tl). **176 Alamy Images:** Interfoto (cr). **178 iStockphoto.com:** Cerae (tr). **179 iStockphoto.com:** Popovaphoto (tr). **183 123RF.com:** Sastyphotos (br). **185 Dreamstime.com:** Nicku (tr). **187 Getty Images:** SSPL via Getty Images (clb); Time & Life Pictures (tr). **192 Getty Images:** (bl). **193 Wikipedia:** (br). **195 Dreamstime.com:** Sophie Mcaulay (b). **197 US Department of Agriculture: Electron and Confocal Microscopy Unit, BARC:** (tr). **Wikipedia:** Delft University of Technology (bl). **204 NASA:** NASA / SDO (tr). **205 Getty Images:** (bl). **209 Getty Images. 210 Getty Images:** SSPL via Getty Images (bl). **218 Bernisches Historisches Museum:** (bl). **221 Wikipedia:** (tr). **223 Wikipedia:** Bildarchiv Foto Marburg (b). **225 US National Library of Medicine, History of Medicine Division:** Images from the History of Medicine (tr). **228 Wikipedia:** Princeton Plasma Physics Laboratory (b). **231 Getty Images:** SSPL via Getty Images (tr). **232 Getty Images:** Gamma-Keystone via Getty Images (tr). **235 Getty Images:** (tr). **238 Getty Images:** (bl). **239 Alamy Images:** WorldPhotos (tl). **240 NASA:** JPL-Caltech (br). **243 Corbis:** Bettmann (tr). **244 NASA:** WMAP Science Team (br). **245 NASA:** (tr). **247 Getty Images:** Roger Viollet (bl). **249 Wikipedia:** © Superbass/CC-BY-SA-3.0 - https://creativecommons.org/licenses/by-sa/3.0/deed (via Wikimedia Commons) - http://commons.wikimedia.org/wiki/File:Christian_Moullec_5.jpg (cr). **251 Corbis:** Bettmann (tr). **253 Alamy Images:** Pictorial Press Ltd (tr). **259 National Library of Medicine:** (tr). **264 Wikipedia:** U.S. Department of Energy (bl). **265 USAAF. 271 123RF.com:** Kheng Ho Toh (cr). **273 Corbis:** Bettmann (tr). **278 Wikipedia:** © 2005 Lederberg and Gotschlich / Photo: Marjorie McCarty (bl). **280 Science Photo Library. 281 Alamy Images:** Pictorial Press Ltd (tc). **282 Wikipedia:** National Human Genome Research Institute. **285 Getty Images:** The Washington Post (tl). **289 Getty Images:** SSPL via Getty Images (cb). **290 University of Edinburgh:** Image from Donald Michie Web Site, used with permission of AIAI, University of Edinburgh, http://www.aiai.ed.ac.uk/~dm/donald-michie-2003.jpg (br). **291 Corbis:** Najlah Feanny / CORBIS SABA. **292 SOHO (ESA & NASA):** (br). **293 Getty Images:** (tr). **295 National Science Foundation, USA:** (bl). **297 NASA:** NASA Langley Research Center (cb). **Science Photo Library:** Emilio Segre Visual Archives / American Institute Of Physics (tr). **299 © CERN:** (tc). **Wikipedia:** Bengt Nyman. File licensed under the Creative Commons Attribution 2.0 Generic licence: http://creativecommons.org/licenses/by/2.0/deed.en (bl). **300 Science Photo Library:** Don W. Fawcett (cb). **301 Javier Pedreira:** (tr). **305 Getty Images:** Peter Ginter / Science Faction. **307 Getty Images:** Time & Life Pictures (tr). **313 Wikipedia:** Jbourjai. **316 Dreamstime.com:** Cflorinc (cr). **319 Science Photo Library:** Torunn Berge (cr). **321 Wikipedia:** Trevor J Simmons (tr). **325 Getty Images:** (bl); UIG via Getty Images (cr).

All other images © Dorling Kindersley.
For further information see:
**www.dkimages.com**